普通高等教育“十三五”规划教材

多媒体技术应用
——基于创新创业能力培养

郭建璞　董晓晓　周　帜　主编

中国铁道出版社有限公司
CHINA RAILWAY PUBLISHING HOUSE CO., LTD.

内容简介

本书根据计算机基础教育的知识结构和专业需求编写而成，内容包括：多媒体技术概述、图像的设计与制作、数字音频的设计与制作、数字视频的设计与制作，以及多媒体新技术等。书中涵盖了图、文、声、像等多种媒体元素的设计与创作过程，同时，本书也是一部立体化的教材，提供了微视频，以方便读者学习。

本书通过对多媒体信息的处理过程、方法及多媒体数据处理软件和创作工具的讲解，为学生进一步深入和拓展传媒专业领域的计算机多媒体技术应用奠定坚实的基础；培养学生基于计算思维和设计思维的多媒体元素的综合处理能力。

本书适合作为高等院校非计算机专业尤其是文科（文史哲、经营类）和艺术类、师范类专业的教材，也可作为从事多媒体应用和创作人员的参考培训教材。

图书在版编目（CIP）数据

多媒体技术应用：基于创新创业能力培养/郭建璞，董晓晓，周帜主编. —北京：中国铁道出版社，2019.2（2019.4 重印）
普通高等教育“十三五”规划教材
ISBN 978-7-113-25159-8

Ⅰ.①多… Ⅱ.①郭… ②董… ③周… Ⅲ.①多媒体技术-高等学校-教材 Ⅳ.①TP37

中国版本图书馆 CIP 数据核字（2019）第 010783 号

书　　名：多媒体技术应用——基于创新创业能力培养
作　　者：郭建璞　董晓晓　周　帜　主编

策　　划：王占清　魏　娜　　　**读者热线：**（010）63550836
责任编辑：王占清　彭立辉
封面设计：刘　颖
责任校对：张玉华
责任印制：郭向伟

出版发行：中国铁道出版社有限公司（100054，北京市西城区右安门西街 8 号）
网　　址：http://www.tdpress.com/51eds/
印　　刷：三河市航远印刷有限公司
版　　次：2019 年 2 月第 1 版　2019 年 4 月第 2 次印刷
开　　本：787 mm×1 092 mm　1/16　**印张：**20.75　**字数：**500 千
书　　号：ISBN 978-7-113-25159-8
定　　价：49.00 元

前言

PREFACE

多媒体技术是一门应用前景广阔的计算机应用技术，通过对图像、音频、视频、动画和文字的综合处理，可帮助人们创造出许多丰富多彩赏心悦目的作品，为人们的学习、生活、工作增添色彩和乐趣。目前，多媒体应用技术已广泛深入到社会各个领域，同时也是当今世界许多大众文化产业发展的新领域。

多媒体技术的应用领域已涉足新闻出版、影视广告、艺术设计、科学研究等各个行业。学习多媒体技术知识、了解多媒体信息的处理过程、掌握利用多媒体应用软件工具进行专业的设计创作，能够利用多媒体知识解决自身专业领域的实际问题是学生应该具备的基本能力。同时，具备多媒体信息处理的能力也是创新、创业型人才培养的需要。本书正是为高校非计算机专业，尤其是为文科和艺术类学生设置的计算机基础教育的核心教材，以全面提高学生的多媒体技术综合应用能力。

为使读者能在较短时间掌握多媒体技术及应用，本书在介绍多媒体基础知识的同时，重点介绍计算机处理各种多媒体信息的数字化过程、多媒体素材的制作和多媒体技术的新发展，使读者将理论与实践相结合，达到熟练掌握、学以致用的目的。

本书是多位编者多年来教学实践和教材编写经验的结晶。全书共分 5 章：第 1 章介绍多媒体技术的基本概念、关键技术及应用发展；第 2 章介绍图像与图形处理技术、图像数字化过程，以及 Adobe Photoshop CC 的主要功能、使用方法及综合应用实例；第 3 章介绍数字音频技术、音频数字化过程，以及 Adobe Audition CC 的主要功能及应用实例；第 4 章介绍多媒体视频处理技术、视频数字化过程，以及 Premiere Pro CC 的主要功能、多媒体作品的综合处理过程及应用实例；第 5 章介绍多媒体新技术，包括音视频流媒体技术、虚拟现实技术、增强现实技术等内容。

本书内容翔实，图文并茂，针对相关专业学生的知识结构和专业需求而编写，在理论上结合实例讲述多媒体技术的基本知识、计算机处理多媒体信息的基本过程，在应用上详细介绍目前流行的图像、音频、视频、动画等多媒体创作软件的功能及用法，并配有典型实例，具有很强的实用性和操作性。本书还是一部立体化教程，书中的部分理论和应用实例提供了微视频，以方便读者学习。

正文涉及的案例素材可到中国铁道出版社资源网站 http://www.tdpress.com/51eds 下载。

本书适合作为高等院校非计算机专业，尤其是文科（文史哲、经管类）和艺术类、师范类专业的教材，也可作为从事多媒体应用和创作人员的参考培训教材。

建议课时安排表

章　　名	总学时数为 48 学时，2 学分			
	上课学时数		上机学时数	
	文科、师范	艺术类	文科、师范	艺术类
第 1 章　多媒体技术概述	4		2	
第 2 章　图像的设计与制作	8		16	
第 3 章　数字音频的设计与制作	2		6	
第 4 章　数字视频的设计与制作	2		6	
第 5 章　多媒体新技术	1		1	

本书由郭建璞、董晓晓、周帜主编，其中第 1、3、5 章由周帜编写，第 2 章由董晓晓编写，第 4 章由郭建璞编写，全书由郭建璞统稿。在编写过程中编者参考了许多多媒体技术和应用方面的相关书籍、文献和电子资料，在此向这些书籍、文献和电子资料的作者表示感谢。

由于时间仓促，编者水平有限，书中疏漏与不妥之处在所难免，敬请读者批评指正。

编者
于北京·中国传媒大学
2018 年 10 月

目录

CONTENTS

第 1 章 多媒体技术概述

◎ 学习要点：

- 掌握媒体、多媒体的定义及媒体类型的分类。
- 掌握常见媒体元素的特点。
- 掌握媒体类型的分类。
- 了解多媒体技术的基本特征。
- 了解多媒体技术的发展与应用。

建议学时：上课 4 学时，上机 2 学时。

1.1 基本概念

1.1.1 媒体、多媒体、多媒体技术和新媒体

1. 媒体

媒体（Media），又称媒介，是指承载或传递信息的载体。媒体的定义具有两层含义：其一，媒体是承载信息的物体，也可以理解为人类用于获取信息或传递信息的工具或技术方法，如日常生活中，大家熟悉的报纸、书本、杂志、广播、电影、电视、硬盘和光盘均是媒体；其二，媒体指信息的表示形式或传播形式，如文本、图像、声音、视频和动画等。目前，主要的媒体包括电视、广播、报纸、互联网、手机等。

媒体形式具有一定的领域特征。同样的多媒体信息，在不同领域中采用的媒体形式是不同的，书刊领域采用的媒体形式是文字、表格和图片；绘画领域采用的媒体形式是图形、文字或色彩；摄影领域采用的媒体形式是静止图像、色彩；电影、电视领域采用的媒体形式是图像或运动图像、声音和色彩。

上面所讲述的这些传统媒体与本书中所讨论的计算机中的媒体还有差别，计算机领域中采用的是文本、图像、图形、视频、音频动画等媒体形式，这些媒体形式相当于“媒体语言”的功能，每一种媒体语言都由各自的基本元素组成，遵循各自特有的规律，帮助人们进行知识和信息的交流。

2. 多媒体

多媒体一词译自英文 Multimedia，顾名思义，多媒体是多种媒体信息的综合，信息借助组合两种或两种以上的媒体为人机交互提供数据信息或传播方法。在信息领域中，多媒体是指文本、图形、图像、音频、视频和动画等这些“单”媒体通过计算机程序融合在一起形成的信息媒体，其含义是指运用存储与获取技术得到的计算机中的数字信息。

3. 多媒体技术

通常，人们谈论的多媒体技术往往与计算机联系起来，这是由于计算机的数字化和交互式处理能力，极大地推动了多媒体技术的发展。目前，可以把多媒体技术看成是先进的计算机技术与视听技术、通信技术融为一体而形成的一种新技术。

多媒体技术就是将文本、图形、图像、音频、视频和动画等多种媒体信息通过计算机进行数字化采集、编码、存储、传输、处理、解码和再现等，使多种媒体信息进行有机融合并建立逻辑连接，使得用户可以通过眼睛、耳朵等感官与计算机进行交互性的技术，所以多媒体技术又称计算机多媒体技术。

4. 新媒体

新媒体涵盖的内容较多，通常指利用数字技术、网络技术，通过网络方式、个人计算机、手机及移动终端设备，为用户提供信息和娱乐服务的传播形态都可以称为新媒体。新媒体是相对于报刊等传统的“旧”媒体而提出的概念，其主要特征是能对用户提供个性化内容和多种交互方式的媒体形式。严格来说，新媒体是媒体形态的一种。

1.1.2 常见媒体元素及其数字化

1. 媒体元素

多媒体中的媒体元素是指多媒体应用中可显示给用户的媒体形式。目前，常见的媒体元素主要有文本、图形、图像、音频、动画和视频 6 种类型。

（1）文本

文本（Text）包括字母、数字汉字等，是计算机多媒体处理的基础。现今主流的多媒体处理软件都包含文本编辑工具，例如，在 Word 等文本编辑软件中可以进行文章的录入、编辑和排版等；在 Photoshop 软件中可以设置图像的文字形式；在 Premiere 软件中可以为视频添加游动字幕。

文本可以独立存储，也可以与其他媒体形式共存。如果是独立存储的文本信息，没有其他任何有关格式的信息，则称为非格式化文本文件或纯文本文件；而带有各种文本排版信息等格式信息的文本文件称为格式化文本文件，该文件中带有字符、段落、页面等格式信息。文本的多样化包含两部分内容：第一指文字的变化形态，即字的格式（Style）、字的定位（Align）、字体（Font）、字的大小（Size），以及由这 4 种变化的各种组合；第二是指段落的多样化，如段落间距、首字下沉等。

（2）图形

图形（Graphic）一般指利用计算机程序生成的各种有规则的图，如直线、圆、圆弧、矩形、任意曲线等几何图和统计图等。图形通常由特定的数学公式来定义，其格式是一组描述点、线、面等几何图形的大小、形状及其位置、维数的程序集合，例如，line（xl，y1，x2，y2，color）、Circle（x，y，r，color）分别是画线、画圆的程序。在图形文件中只记录生成图的算法和图上的某些特征点，因此也称矢量图。通过读取程序并将其转换为屏幕上所显示的形状和颜色而生成图形的软件通常称为绘图软件。在计算机还原输出时，相邻的特征点之间用特定的诸多线段连接就形成曲线，若曲线是一条封闭的图形，也可靠着色算法来填充颜色。图形的最大优点在于可以分别控制处理图中的各个部分，如在屏幕上移动、旋转、放大、缩小、扭曲而不失真，不同的物体还可在屏幕上重叠并保持各自的特性，必要时仍可分开，因此，图形主要用于表示线框型的图画、工程制图、美术字、Logo 设计、应用程序图标等。绝大多数 CAD 和三维设计软件都使用矢量图形作为其基本的图形存储格式。

图形技术的关键是图形的制作和再现，图形只保存算法和特征点，所以相对于图像的大数据量来说，它占用的存储空间也就较小，但在屏幕每次显示时，它都需要经过重新计算。另外，在进行放大缩小、旋转处理时，图形的质量较高。除了特定的图形软件之外，Photoshop 中的钢笔工具组可以为图像添加基本的图形设计功能。

（3）图像

图像（Image）是指由输入设备捕捉的实际场景画面或以数字化形式存储的任意画面。计算机可以处理的各种不规则的静态图片，如扫描仪、数码照相机或摄像机输入的彩色、黑白图片或照片等都是图像。

图形与图像在用户看来是一样的，而从计算机技术上来说则完全不同。同样一幅图，例如一个圆，若采用图形媒体元素，其数据记录的信息是圆心坐标点（x, y）、半径 r 及颜色编码；若采用图像媒体元素，其数据文件则记录在那些坐标位置上有什么颜色的像素点。所以，图形的数据信息处理起来更灵活，而图像数据则与实际更加接近。

（4）音频

音频（Audio）经常用作音频信号或声音的同义词，声音主要分为波形声音、语音和音乐 3 种形式。

① 波形声音

波形声音几乎包含了自然界中所有的声音形式。声音的本质是一种用连续波形来表征的模拟量。

② 语音

人的说话声音常称为一种特殊的媒体，但也是一种波形，这种波形还有内在的语言、语音学的内涵，可以利用特殊的方法进行抽取，所以和波形声音的表现形式相同。

③ 音乐

音乐是符号化了的声音，这种符号就是乐曲，乐谱是转化为符号媒体的声音。MIDI 是十分规范的一种形式，其常见的文件格式是 MID 或 CMF 文件。随着人工智能技术的快速发展，MIDI 格式的音乐已经逐渐成为计算机自动生成音乐的标准格式。

（5）动画

动画（Animation）是运动的图画，实质是一幅幅静态图像的连续播放。动画的连续播放既指时间上的连续，也指图像内容上的连续，即播放的相邻两幅图像之间内容相差不大。计算机动画设计方法有两种；一种是造型动画。一种是帧动画，前者是对每一个运动的物体的各个组成部分分别进行设计将其划分为不同的对象，赋予每个对象一些特征，如大小、形状、颜色等，然后用这些对象构成完整的帧画面。造型动画的每帧由图形、声音、文字、调色板等造型元素组成，控制动画中每一帧中图元表演和行为的是脚本程序。帧动画则是由一幅幅位图组成的连续的画面，就像电影胶片或视频画面一样，要分别设计每个屏幕显示的画面。

计算机制作补间动画时，只要做好主动作画面，其余的中间画面都可以由软件自动完成。当这些画面仅是二维的透视效果时，就是二维动画；如果创造出空间立体的画面，就是三维动画；如果使其具有真实的光照效果和质感，就成为三维真实感动画。存储动画的文件格式有 FLC、MOV 等。

（6）视频

视频（Video）与动画类似，由若干有联系的图像帧数据连续播放便形成了视频。与动画的主要区别是，视频图像来自录像带、摄像机等视频信号源的影像，如录像带、影碟上的电影/电视节目、电视、摄像等，而动画的图像一般来源于计算机绘画。多种多样的视频图像极大地丰富和加强了多媒体应用系统的功能，为人们提供了丰富多彩的娱乐媒体信息。早期视频的主要播出形式是依靠电视为媒介，随着计算机技术的发展，需要将标准的彩色全电视信号，转换为计算机中所需的视频信息格式。其转换过程不仅要有通过视频信号的捕捉器来实现由模拟信号向数字信号的转换，还要有压缩和快速解压缩及播放的相应软硬件处理设备配合，同时在处理过程中免不了受到电视技术的各种影响。

2. 多媒体数据的数字化

传统的信号通常为模拟信号，这类信号不能够被计算机直接处理。为了使计算机能够处理上述媒体信息，就必须对它们进行数字化，即把那些在时间和幅度上连续变化的声音、图像和视频信号，转换成计算机能够处理的、在时间和幅度上均为离散量的数字信号。

计算机只能处理以二进制形式表示的数据信息。对于数字、西文字符、汉字等文本信息，可以通过数制转换、ASCII、汉字编码等方法将其传换为计算机可识别的二进制信息。而对于图像、声音、视频等模拟信号就必须先将其变换成计算机能够处理的数字信号，然后利用计算机进行存储、编辑、传输等自动化处理。模拟信号的数字化过程为：

媒体的模拟信号→采样→量化→编码→媒体的数字信号

（1）采样

采样（Sampling）是指把时间域或空间域的连续量转化成离散量的过程。对图像的采样是按照像素的数量将完整的图像划分成等分的像素块；对声音的采样是在模拟的波形文件中获得离散的采样点。

（2）量化

量化（Quantization）是把经过采样得到的离散值用一组最接近的电平值来表示。

因为采样值的取值范围是无穷的，所以把对采样值的表示限定在一定范围之内，就要量化，按照量化级的划分方式可分为有均匀量化和非均匀量化。图像的量化是利用色彩空间理论对图像的颜色进行描述；声音的量化是对波形的振幅的数值进行描述。

（3）编码

编码（Encoding）是指用二进制数来表示媒体信息的方法。

多媒体信号经编码器编码后成为具有一定字长的二进制数字序列，并以这样的形式在计算机内存储和传输。由解码器将二进制编码进行信号还原，进行多媒体信息的播放。

1.1.3 媒体类型

随着现代科技的发展，在传统媒体的基础上衍生出很多新的媒体，传统媒体和新媒体给媒体赋予许多新的内涵。在计算机领域，根据国际电信联盟电信标准局 ITU-T（国际电信联盟电信标准分局）的 ITU-TI.374 建议，媒体可分为以下五大类：

1. 感觉媒体

感觉媒体（Perception Medium）指能够直接作用于人的感官，使人能直接产生感觉的一类媒体，如视觉、听觉、触觉、嗅觉和味觉等。感觉媒体包罗万象，存在于人类感知的整个世界中。

2. 显示媒体

显示媒体（Presentation Medium）是感觉媒体与电信号之间的转换媒体，可以分为两种：输入显示媒体，输入显示媒体的主要功能是将感觉媒体转换为电信号，如键盘、鼠标器、传声器和扫描仪等；输出显示媒体主要负责将电信号转换为感觉媒体，如显示器、打印机、扬声器和投影仪等。

3. 表示媒体

表示媒体（Representation Medium）是为了加工、处理和传输感觉媒体而人为构造出来的一种媒体，换句话说，它是对感觉媒体的抽象描述，如文字、音频、图形、图像、动画和视频等信息的数字化编码表示。人类的感觉媒体通过表示媒体可以转换为计算机存储、处理和传输的信息形式。因此，表示媒体的研究是多媒体技术的重要内容。

4. 存储媒体

存储媒体（Storage Medium）又称存储介质，用来存放表示媒体，以便计算机随时调用和处理信息编码，如磁盘、光盘和内存等。

5. 传输媒体

传输媒体（Transmission Medium）又称传输介质，它是用来将表示媒体从一端传送到另一端的物理载体，如双绞线、同轴电缆、光纤和无线传输介质等。

为了更好地理解上述 5 种媒体，图 1-1 给出了一般信息的传递过程。

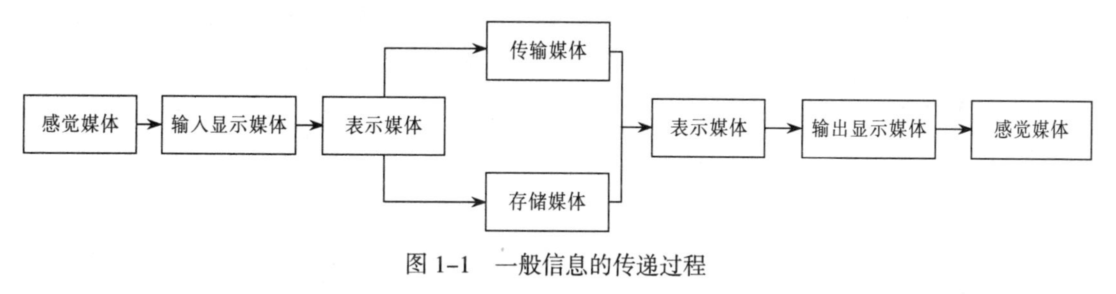

图 1-1　一般信息的传递过程

1.1.4　多媒体技术的基本特性

1. 多样性

多样性，又称媒体的多维化或复合性，指多媒体技术需要综合处理多种媒体信息，包括文本、音频、图形、图像、动画和视频等。例如，Photoshop 软件需要处理文本、图形和图像等媒体信息，Premiere 软件能够处理视频、音频、文本和图像等。

2. 集成性

集成性是指多种媒体信息的集成以及与这些媒体相关的设备集成。前者是指利用多通道技术将多种不同的媒体信息有机地进行组合，并对其统一采集、存储和加工处理，使之成为一个完整的多媒体信息系统；后者是指多媒体软硬件设备应该集成为一体，在网络技术的支持下，成为处理复合媒体的信息系统。

3. 交互性

交互性是多媒体技术的关键特征，是指能够为用户提供更加有效地控制和使用信息的手段。交互性可以增加用户对信息的注意和理解，延长信息的保留时间。多媒体的交互性可以分为 3 个阶段：从数据库中检索出用户需要的文字、照片和声音资料，是多媒体交互性的初级应用；通过交互特征使用户介入到信息过程中，则是交互应用的中级阶段；随着虚拟现实技术和增强现实技术的发展，当用户完全进入到一个与信息环境一体化的虚拟信息空间遨游时，就可以达到交互应用的高级阶段。

4. 实时性

多媒体系统需要处理各种复合的媒体信息的特性决定了多媒体技术必须要支持实时处理。例如，视频会议系统和可视电话等多媒体应用领域，声音和图像应该严格保持同步，否则传输的视频和声音就会失去意义。

1.2 多媒体系统的关键技术

1.2.1 多媒体数据压缩技术

将模拟多媒体信息转换为数字信息后，数字化的声音、图像和视频的数据量是非常巨大的。以图像为例，一幅 640×480 像素分辨率的真彩色图像，其原始文件的数量亮约为 943.72 KB［（640×480）像素×3 基色/像素×8bit/基色=943.72 KB］。如果是视频（运动图像），要以每秒 30 帧的速度播放，则视频信号的传输速率为 221.2 Mbit/s。如果使用存储容量为 650 MB 光盘，那么该光盘只能存放约 23 s 的视频文件。多媒体文件处理除了需要占的存储空间大以外，在网络传输中也要耗费大量的时间资源。以某一时刻家庭实际网络环境为例（假设网络的传输速率为 340 KB/s），下载一部 5 GB 的电影所需时间：5×1 024×1 024/340=15 420（s）≈4.3（h）。由此可见，未经过压缩的多媒体数据在存储、传输、后期处理中都不方便使用。为此，多媒体数据必须要进行压缩处理，并且视频、音频信号的数据压缩与解压缩是多媒体的关键技术。

1. 数据压缩的基本原理

数据压缩的对象是数据，并不是信息，数据和信息有着不同的概念。对于人类利用计算机推理与计算来说，数据用来记录和传送信息，是信息的载体。真正有用的不是数据本身，而是数据所携带的信息。数据压缩的目的是在传送和处理信息时，尽量减少数据量。

（1）多媒体的数据量、信息量和冗余量

据研究表明，多媒体虽然具有庞大的数据量，但其数据量并不完全等于其所携带的信息量。在信息论中，将不携带信息量的数据部分称为数据冗余。公式：信息量=数据量－数据冗余量，表明了信息量、数据量和数据冗余三者之间的关系。从公式中可以看出，为了减少多媒体信息的数据量，就需要尽可能多地去除其中的数据冗余，而更好地保留其中的信息量。

（2）数据冗余

不同类型的多媒体数据会包含有不同种类的数据冗余，一般来说，图像、声音和视频的数据冗余量较大。通常，图像、声音和视频中存在如下 6 种类型的冗余。

① 空间冗余：这是图像数据中经常存在的一种冗余，其表现为图像中大量的相邻像素完全一样或十分接近。在同一幅图像中，规则物体和规则背景（所谓规则是指表面是有序的而不是

杂乱无章的排列）的表面物理特性具有相关性，这些相关性的光成像结果在数字化图像中就表现为数据冗余。图 1–2 所示为具有空间冗余的图像，在图像中蓝天和白云相邻近的像素的颜色基本一致，具有空间冗余。

图 1–2　空间冗余图像

② 时间冗余：常存在于音频、视频多媒体数据中。一般来说，图像序列中的两幅相邻的图像，后一幅图像与前一幅图像之间有较大的相关，这反映为时间冗余。同理，在语音中，由于人在说话时其发音的音频是个连续和渐变的过程，而不是一个完全时间上独立的过程，因而语音数据存在时间冗余。空间冗余和时间冗余是指当人们将媒体信号看作是概率信号时所反映出的统计特性，因此有时这两种冗余也被称为统计冗余。图 1–3 所示为视频中相邻两帧的图像序列，用于展示时间冗余。

③ 信息熵冗余：又称编码冗余，是指单位数据量所携带的信息量少于数据本身而反映出来的数据冗余。

④ 结构冗余：数字化图像中，表面纹理存在非常强的纹理结构或纹理中具有大量相互重叠的图案及规则排列的图形等都存在冗余信息，称为在结构上存在冗余。图 1–4 所示为结构冗余示意图，结构冗余发生在结构特征明显的图像上。

图 1–3　时间冗余图像

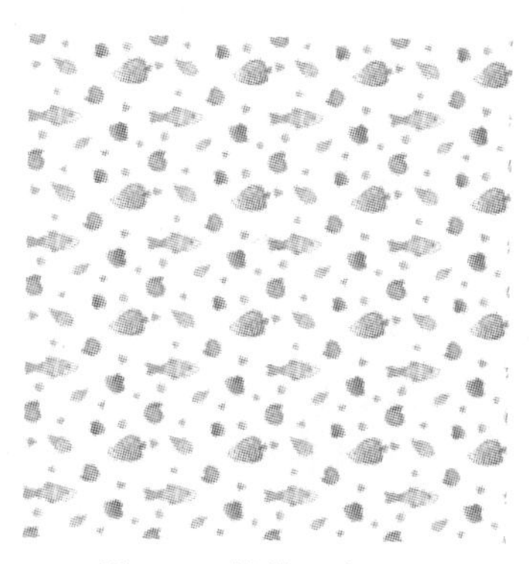

图 1–4　结构冗余示意图

⑤ 知识冗余：人类在认识自然并总结规律的基础上而获取的。人可以根据知识来进行图像判别，而计算机在处理图像数据时是不涉及经验的。在图像的理解过程经常伴随着基础知识，例如人脸的图像有固定的结构等。这类规律性的结构可由先验知识和背景知识得到，此类冗余为知识冗余。

⑥ 视觉冗余：人类的视觉系统由于受生理特性的限制，对于图像场的变化并不是都能感知的。通常，人类视觉的敏感度小于图像的表现力，即图像中微小的变化并不能被视觉所察觉。事实上，人类视觉系统的一般分辨能力估计为 2^6 灰度等级，而一般图像的量化采用的是 2^8 灰度等级，称为视觉冗余。

综上所述，多媒体数据中存在着如上所述的各种各样的冗余，并且图像、声音和视频等媒体的数据冗余量很大，具有良好的压缩潜力。当前，针对不同类型的冗余，人们已经提出了许多方法用于实施对多媒体数据的压缩，在保证图像、声音和视频质量的同时，尽可能地减少其数据量。

2. 数据压缩方法的分类

数据压缩技术经过多年的发展，针对不同的媒体类型已经研究出多种压缩方法。这些方法从不同角度针对多媒体的数据冗余进行压缩处理。按照数据失真度进行分类，常用的数据压缩方法可以分为两大类：一类是无损压缩法，也称冗余压缩法或熵编码；另一类是有损压缩法，也称熵压缩。

（1）无损压缩法

无损压缩法去掉或减少了数据中的冗余，但这些冗余值是可以重新插入到数据中的，因此，无损压缩是可逆的过程。例如，需压缩的数据长时间不发生变化，此时连续的多个数据值将会重复；这时若只存储不变样值的重复数目，显然会减少存储数据量，且原来的数据可以从压缩后的数据中重新构造出来（或者叫作还原、解压缩），信息没有损失。因此，无损压缩法也称无失真压缩。无损压缩法由于不会产生失真，因此在多媒体技术中一般用于文本数据的压缩，它能保证完全地恢复原始数据，一个很常见的例子就是磁盘文件的压缩。但这种方法压缩比比较低，一般在 2∶1～5∶1 之间。

无损压缩法常用于要求严格、不允许数据丢失的场合。例如，医院的影像系统、声音识别系统、卫星图像等。

（2）有损压缩法

熵定义为平均信息量，那么压缩了熵就会减少信息量，而损失的信息是不能再恢复的，因此这种有损压缩法是不可逆的。

有损压缩法由于允许一定程度的失真，适用于重构信号不一定非要和原始信号完全相同的场合，可用于对图像、声音、视频等数据的压缩。例如，采用混合编码的 JPEG 标准，它对自然景物的灰度图像，一般可压缩几倍到十几倍，而对于自然景物的彩色图像，压缩比将达到几十倍甚至上百倍。采用 ADPCM 编码的声音数据，压缩比通常能达到 4∶1～8∶1。压缩比最为可观的是视频数据，采用混合编码的 DVI 多媒体系统，压缩比通常可达 100∶1～200∶1。

3. 数据压缩算法的综合评价指标

数据压缩技术的核心是压缩算法，不同的算法会产生不同的压缩编码。数据压缩方法的优劣主要由压缩倍数、压缩后的图像质量、压缩和解压缩的速度等几方面来评价。此外，算法的复杂性和延时、压缩算法所需的软件和硬件资源也是应当考虑的因素。

衡量一种数据压缩技术好坏的综合指标：一是压缩比要大；二是实现压缩的算法要简单，压缩、解压速度快；三是恢复图像的质量要高。

（1）压缩的倍数

压缩的倍数也称压缩率，通常有两种衡量的方法：

① 由压缩前与压缩后的总的数据量之比来表示。例如，一幅 1 024 × 768 像素点组成的灰度图像，每像素具有 8 位，通过使其分辨率降低为 512 × 384 像素，又经数据压缩使每个像素平均仅用 0.5 位，则压缩倍数为 64 倍，或称其压缩率为 1∶64。

② 用压缩后的比特流中每个显示像素的平均比特数来表示。将任何非压缩算法产生的效果（如降低分辨率、帧率等）排除在外，用压缩后的比特流中每个显示像素的平均比特数来表示。例如，以 15 000 B 存储一幅 256 × 240 像素的图像，则压缩率为（15 000 × 8）/（256 × 240）=2 比特/像素。

（2）压缩后图像质量

有损压缩可以获得较大的压缩倍数，但采用大压缩倍数时要保证图像的质量是相当困难的。重建图像的质量通常是使用信噪比（SNR）或者简化计算的峰值信噪比（PSNR）来评价。由于信噪比并不能够完全反映人对图像质量的主观感觉，国际电信联盟无线电组织在 CCIR500 标准中，规定了在严格的观测条件（图像尺寸、对比度、亮度、观测距离、照明等）下对一组标准图像压缩前后的质量进行对比的主观评定标准。具体做法是，由若干人（分专业组和非专业组）对所观测的重建图像的质量按很好、好、尚可、不好、坏 5 个等级评分，然后计算平均分数。

对于音频数据压缩算法的质量评价也与此类似，可以用信噪比、加权信噪比以及主观评定方法来评价。

（3）压缩和解压缩的速度

压缩和解压缩的速度是压缩系统的两项重要的性能指标。

① 对称压缩：在有些应用中，压缩和解压缩都需要实时进行，这称为对称压缩，如电视会议的图像传输。

② 非对称压缩：在有些应用中，只要求解压缩是实时的，而压缩可以是非实时的，这称为非对称压缩，如多媒体 CD-ROM 节目的制作就是非对称压缩。

③ 压缩的计算量：数据的压缩和解压缩都需大量的计算。就目前开发的压缩技术而言，通常压缩的计算量比解压缩的计算量大，是一种不对称的压缩算法。例如，MPEG 的压缩编码计算量约为解码的 4 倍。

1.2.2 多媒体网络通信技术

文本、语音、视频等不同媒体信息类型对网络的需求并不相同，如语音和视频有较强的实时性要求，传输过程中允许出现某些字节的错误，但不能容忍时间上的延迟；而对于文本和图像数据来说，原则上允许一定时间上的延迟，却不允许出现任何内容的变化，因为即便是一个字节出现错误都会改变文本或图像的意义。传统的通信方式不能满足多媒体多样化的通信要求，因此需要构建多媒体网络通信技术。

多媒体通信要求网络具有高效的能力，这些能力包括以下四点：

1. 吞吐要求

网络的吞吐量就是它的有效比特率或有效带宽，即传输网络物理链路的比特率减去各种额外开销。对于吞吐要求也表现在对传输带宽的要求、对存储带宽的要求以及对流量的要求上。

2. 实时性和可靠性要求

多媒体通信的实时性和可靠性要求，与网络速率和通信协议都有关系。在多媒体通信中，为了获得真实的临场感，要求传输的延迟越短越好，对实时性的要求很高。

3. 时空约束

在多媒体通信系统中，同一对象的各种媒体间在空间和时间上都是互相约束、互相关联的，多媒体通信系统必须正确地反应它们之间的这种约束关系。

4. 分布处理要求

用户要求通信网络是高速率和高带宽、多媒体化、智能化、可靠和安全的。从技术角度来看，未来的通信是多网合一、业务综合和多媒体化的。针对目前多网共存的现状，研究各种媒体信息在分布环境下的运行，通过分布环境解决多点多人合作、远程多媒体信息服务等问题。

1.2.3 多媒体存储技术

多媒体存储技术包括多媒体数据库技术和海量数据存储技术。多媒体数据库的特点是数据类型复杂、信息量大，其中的声音和视频都是与时间有关的信息，在很多场合要求实时处理（压缩、传输、解压缩），同时多媒体数据的查询、编辑、显示和演播都向多媒体数据库技术提出了更高的要求。下面介绍多媒体计算机中常用的存储设备。

1. 移动存储器

随着多媒体应用系统的开发，对大容量活动存储设备的需求已越来越大。大容量活动存储设备按性能分为两类：移动硬盘和闪存盘类。图 1-5 所示为几种移动存储器。

（1）移动硬盘

移动硬盘是多媒体应用制作时可选的活动存储器。随着技术的发展，移动硬盘的体积变小，且携带方便、价格低廉，受到越来越多的多媒体编辑人员的喜爱。

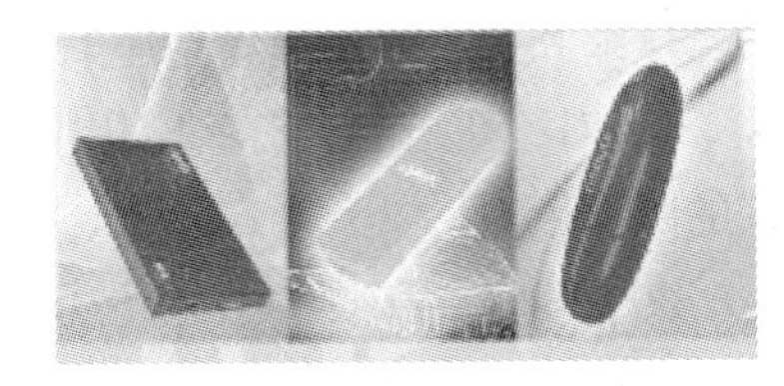

图 1-5　几种移动存储器

目前，移动硬盘接口采用 USB 3.0/3.1 标准，新的 USB 接口保证了多媒体数据的传输速率；移动硬盘的容量从几百 GB 到几 TB，可以同时将图像、音频和视频等存储在一个移动硬盘中，方便了用户的使用；移动硬盘可支持 Windows、Mac OS 等多种操作系统，实现即插即用。

（2）闪存盘

闪存盘是一种小体积的移动存储装置，其原理在于将数据存储于内建的闪存（Flash）中，并利用 USB 接口，以方便不同计算机间的数据交换。

它以普及的 USB 接口作为与计算机沟通的桥梁，并且可达到 512 GB 存储空间。在 Windows 和 Mac OS 操作系统下可以即插即用的功能使得计算机可以自动侦测到此装置，用户只需将它插入计算机 USB 接口就可以使用。

2. 新型存储设备——固态硬盘

固态硬盘（Solid State Disk 或 Solid State Drive，SSD）也称作电子硬盘或者固态电子盘，是由控制单元和固态存储单元（DRAM 或 Flash 芯片）组成的硬盘。由于固态硬盘没有普通硬盘的旋转介质，因而抗震性极佳。

固态硬盘的存储介质分为两种：一种是采用闪存作为存储介质；另外一种是采用 DRAM 作为存储介质。

① 基于闪存的固态硬盘：采用 Flash 芯片作为存储介质，这也是我们通常所说的 SSD。它的外观可以被制作成多种模样，例如，笔记本硬盘、微硬盘、存储卡、U 盘等样式。这种 SSD 固态硬盘速度快、可移动，而且数据保护不受电源控制，能适应于各种环境，但是由于 Flash 芯片的特性，使用年限不高，用户需要做好数据备份工作。

② 基于 DRAM 的固态硬盘：采用 DRAM 作为存储介质，仿效传统硬盘的设计、可被绝大部分操作系统的文件系统工具进行设置和管理，并提供工业标准的 PCI 和 FC 接口用于连接主机或者服务器。它是一种高性能的存储器，而且使用寿命很长，但是需要独立电源来保护数据安全。

目前，市场上出售的 SSD 硬盘分为 3 种接口，分别是：SATA 接口、M.2 接口和 MSATA 接口。其中，SATA 接口的 SSD 硬盘与传统的机械硬盘相似，可以直接使用 SATA 线将 SSD 硬盘与主板连接；M.2 接口和 MSATA 接口的 SSD 硬盘体积更小，可以像内存一样直接插在主板上，节约了安装的空间，在笔记本式计算机中应用广泛。图 1-6 所示为这 3 种接口 SSD 硬盘。

（a）SATA 接口

（b）M.2 接口

（c）MSATA 接口

图 1-6　不同接口的 SSD 硬盘

3. 新型存储模式

随着网络多媒体的不断发展，数据资料呈几何级数增长，但存储设备的发展速度却落后于网络带宽的发展，传统的以服务器为中心的存储架构面对源源不断的数据流无法适应。因此，以服务器为中心的存储模式开始向以数据为中心的存储模式转化，这种新的数据存储模式是独立的存储设备，且具有良好的扩展性和可靠性。NAS 和 SAN 是新型存储模式中的两种。

NAS（Network Attached Storage，网络附加存储）被定义为特殊的专用数据存储服务器，可用于任何网络环境中。其主要特点是：独立于操作平台，各种类型文件共享，主服务器和客户端可非常方便地从 NAS 上读取任意格式的数据。

SAN（Storage Area Network，存储局域网）是以数据存储为中心，采用可伸缩的网络拓扑结构，通过高速率的光通道直接连接，提供 SAN 内结点间的多路数据交换。数据存储管理集中且在相对独立的存储区域网内。最终，SAN 将实现在多种操作系统下最大限度的数据共享和数据优化管理，以及系统的无缝扩充。

4. 云存储技术

云存储是一种提供大规模的数据存储和分布式计算的业务应用架构体系，它指通过基于云的数据存储部署模式，应用分布式的计算方法，将网络中大量类型不同的数据存储设备通过应用软件集合起来，有效合理地进行资源和数据的统一计算和数据处理，终端用户通过远程或类似虚拟接入桌面的软件应用和程序接口方式集中访问云存储的数据资源和业务系统，从而实现大规模数据存储和接入环境下高效快速的资源分析和数据处理。

云存储技术的核心在于云计算技术的应用，利用分布式的网络系统，使得庞大的数据存储设备和软硬件服务资源可以通过网络的方式协同工作和计算，围绕云存储数据存储和管理的核心应用，提供数据资源和业务系统的应用服务。云存储的关键业务是如何面对海量数据的存储和管理。其中，虚拟化和存储池技术简化了存储并改变了容量的应用方式，存储设备都能够通过标准的、虚拟化的接入方式完成容量扩展，从而实现低成本的容量接入。对用户而言，使用虚拟化桌面等方式接入就能完成数据的访问和管理，各种形态存储设备组成的巨大存储容量在用户端看来仅仅是单一的一个存储池。

目前的云存储模式主要有两种：一种是文件的大容量分享，用户可以把数据文件保存在云存储空间里；另一种模式是云同步存储模式，例如，微软的 OneNote、谷歌的 GDrive 和苹果的 iCloud 等提供的云同步存储业务。

1.2.4 多媒体计算机专用芯片技术

多媒体系统除了能够对多媒体信息进行浏览之外，还要对多媒体文件进行后期处理，这都对多媒体系统的硬件提出了更高的要求。多媒体硬件厂商开发和设计了针对不同媒体类型而设计的专用芯片，这些专用芯片不仅集成度高，能大大提高处理速度，而且有利于产品的标准化。对于需要大量快速、实时进行音频/视频数据的压缩/解压缩、图像处理、音频处理的多媒体计算机来说，专用处理芯片更显得至关重要。

按照功能来划分，多媒体计算机专用芯片一般分为两种类型：一种是具有固定功能的芯片；另一种是可编程的处理器。具有固定功能的芯片，主要用于图像或者视频的压缩和解压缩处理，主要的厂商有 C-cube 公司、ESS 公司等。可编程的处理器比较复杂，它不仅需要快速/实时地完成视频和音频信息的压缩和解压缩，还要完成图像的特技效果（如淡入淡出、马赛克、改变比例等）、图像处理（图像的生成和绘制）、音频信息处理（滤波和抑制噪声）等各项功能。目前，这方面的产品已经成功地应用于多媒体计算机（MPC）中，主要生产厂商有 Intel 公司、得州仪器公司、NVIDIA 公司等。采用专用芯片的 DSP 相对传统的 CPU 芯片主要通过提高操作并行性等技术，快速地实现对信号的采集、变换、滤波、估值、增强、压缩、识别等处理，以得到符合人们需要的信号形式，从而有力推动多媒体技术的发展和应用。

为了较好地解决多媒体计算机综合处理文本、图形图像、声音、动画及视频信息采集等问题，MPC 通常采用 3 种解决方案：选用专用接口卡分别解决各种媒体元素的处理问题；设计专用芯片和软件构造多媒体计算机系统，如图形工作站；把多媒体技术融入 CPU 芯片中。早期 MPC 是采用第一种方案，即通过音频适配卡（声卡）解决声音输入/输出、实时编码/解码等问题，用视频适配卡（视频卡）解决视频信号的压缩和解压缩问题；使用图形适配卡（显卡）解决图形加速问题，等等。因此，这些接口卡的品质决定了多媒体信息处理的优劣。各类专用接口卡均有自己的性能指标，需要用户根据性能价格比和应用需求来合理选择。除了硬件性能之外，专用接口卡相应的驱动程序功能也在不断增强。随着计算机硬件制造技术的发展，后两种方案正逐步取代第一种方案。

1.2.5 多媒体输入/输出技术

多媒体输入/输出技术涉及各种媒体外设以及相关的接口技术，包括媒体转换技术、媒体识别技术、媒体理解技术和媒体综合技术。

1. 媒体转换技术

媒体转换技术包含两层含义：其一是指改变媒体的表现形式，如当前广泛使用的视频卡、音频卡都属于媒体转换设备；其二是媒体格式的转换技术，计算机系统中的图像、声音和视频都有多种编码格式，媒体格式转换是指按用户的需求来进行多媒体格式转换。

2. 媒体识别技术

媒体识别是对信息进行一对一的映像过程。例如，语音识别是将语音映像为一串字、词或句子；触摸屏识别是根据触摸屏上的位置识别其操作要求。

3. 媒体理解技术

媒体理解是对信息进行更进一步的分析处理和理解信息内容，如自然语言理解、图像理解、机器视觉等，对图像理解和机器视觉感兴趣的读者，可以参考本书第 5 章的相关内容。

4. 媒体综合技术

媒体综合是把低维信息映像成高维的模式空间的过程，例如，语音合成器就可以把文本转换为声音输出。

1.2.6　多媒体系统软件技术

多媒体系统软件技术主要包括多媒体操作系统、多媒体数据库管理技术等。当前的操作系统都包括了对多媒体的支持，可以方便地利用媒体控制接口（MCI）和底层应用程序接口（API）进行应用开发，而不必关心物理设备的驱动程序。

1. 多媒体操作系统

操作系统是计算机的核心系统软件，是计算机硬件、软件资源的控制管理中心，它以尽量合理的方式组织用户共享计算机的各种资源。随着多媒体技术的发展，操作系统支持的应用软件越来越多，传统的单任务处理的操作系统已无法适应，Windows 95 出现后，操作系统的多任务和多线程在 MPC 上实现，使得实时性强的多媒体信息处理和传输逐步得到改善。多媒体操作系统应在体系结构、资源管理（资源控制、实时调度、主存管理、输入/输出管理）及程序设计诸方面都能提供有力的支持，特别是对多媒体网络通信的支持，重点要解决好实时性、媒体同步和质量控制服务等问题。目前，在 PC 使用较多的多媒体操作系统有微软公司开发的 Windows 7、Windows 10 系统，苹果公司开发的 Mac OS 系统。在服务器中，主要有免费开源的 Linux 系统和商用的 UNIX 系统，其中 Linux 系统因其开源免费的特性，广泛应用在互联网企业的应用服务器中，可以为用户提供图片、音乐、动画和视频等资源。在移动终端，主要有谷歌公司的 Android 系统和苹果公司的 iOS 系统，其中 Android 系统被国内的手机厂商（如小米、华为等）广泛地使用。

2. 多媒体数据库及其管理系统

多媒体数据库是多媒体技术与数据库技术相结合的复合产物，其代表的是两个技术的融合，而不是简单地在传统数据库上做简单的包装。图形、图像、声音、动画、视频等多媒体数据的特点是数据量大，使得数据在数据库中存储方法和组织结构复杂，不能照搬传统的模式；多媒体数据的种类繁多，使得数据处理过程复杂，在数据库中需要对多种媒体数据进行协调统一。多媒体信息最大的特点是声音、图像和视频并存，这和传统数据库显示数据关系出入巨大，改变了数据库的查询、增加、删除等基本操作形式。由此可见，传统的数据库技术，已不能满足多媒体信息的需求，这促进了新技术——多媒体数据库技术的产生。多媒体数据库主要研究的是如何高效地组织和管理好多媒体数据。多媒体数据库采用分层处理的方式来解决这个核心问题。第一是针对信息媒体的多样化，以及多媒体数据的存储、组织、使用和管理的问题，构建适合多媒体数据物理存储描述的物理层。第二要面对多媒体数据集成或表现集成，实现多媒体数据之间的交叉调用和融合，构建概念层。概念层由一组概念对象构成，是对现实世界事务的描述。第三是针对多媒体数据与人之间的交互性问题，构建表现层。在表现层中用户可以感受图文声像并茂的综合数据展示。

3. 各种多媒体制作的软件工具、应用开发环境

随着多媒体应用领域的不断扩大和应用技术的迅速发展，界面友好，简单易学、易用的软件工具和开发平台如雨后春笋般涌现，可视化应用开发环境不断推出。同时伴随着人工智能技术的迅猛发展，多媒体应用开发环境的集成化、智能化将是其发展方向。Adobe 公司推出的

Photoshop 等软件，在图像内容识别、智能抠图、智能图像调色等领域都有了巨大突破，借助于人工智能技术、图像理解技术等，计算机可以在几秒的时间内完成过去需要几天时间才能完成的复杂多媒体信息操作。

1.3 多媒体技术的应用与发展

1.3.1 多媒体技术的应用

就目前而言，多媒体技术已在教育培训、视频通信、声像演示等方面得到了充分应用。

1. 在教育与培训方面的应用

多媒体技术使教材不仅有文字、静态图像，还具有视频讲解等，使教育的表现形式多样化，可以进行交互式远程教学。利用多媒体计算机的文本、图形、视频、音频和其交互式的特点，可以编制出计算机辅助教学（Computer Aided Instruction，CAI）软件，即课件。在传统教材中增加了短视频的二维码，用户在读文字、看操作截图的同时可以看到具体的操作过程，听到详细的操作步骤，提高了动手能力的培养。在远程培训中，利用多媒体的交互式方法，使得授课者可以对学生进行一对一的教学指导。

2. 在通信方面的应用

多媒体技术在通信方面的应用主要有：可视电话、视频会议、信息点播、计算机支持协同工作（Computer Supported Cooperative Work，CSCW）。

信息点播要有桌上多媒体通信系统和交互电视 ITV。CSCW 是指在计算机支持的环境中，一个群体协同工作以完成一项共同的任务。

计算机的交互性、通信的分布性和多媒体的现实性相结合，构成了继电报电话、传真之后的第四代通信手段。

3. 在其他方面的应用

多媒体技术给出版业带来了巨大的影响，其中近年来出现的电子图书和电子报刊就是应用多媒体技术的产物。利用多媒体技术可为各类咨询提供服务，如旅游、邮电、交通、商业、金融、服务行业等。多媒体技术还将改变未来人们的生活方式，现在网上购物、在家办公等新兴生活方式已成为现实。

1.3.2 多媒体技术的发展

科学技术的快速发展、社会需求的急剧膨胀为计算机多媒体技术的进一步发展提供了广阔空间。正确了解多媒体技术发展趋势对应用多媒体技术和推动市场开发有极大的好处。

1. 进一步完善计算机支持协同工作环境

在多媒体计算机的发展中，还有一些问题有待解决，例如，还需要进一步研究满足计算机支持的协同工作环境的要求；对于多媒体信息空间的组合方法，要解决多媒体信息交换、信息格式的转换以及组合策略；由于网络延迟、存储器的存储等待、传输中的不同步，以及多媒体时效性的要求等，还需要解决多媒体信息的时空组合问题、系统对时间同步的描述方法，以及在动态环境下实现同步的策略和方案。这些问题解决后，多媒体计算机将形成更完善的计算机支持的协同工作环境，消除空间距离的障碍，同时也消除时间距离的障碍，为人类提供更完善的信息服务。

2. 智能多媒体技术

1993 年 12 月，英国计算机学会在英国 Leeds 大学举行了多媒体系统和应用国际会议，Michael D. Vislon 在会上做了关于建立智能多媒体系统的报告，明确提出了研究智能多媒体技术问题。多媒体计算机充分利用了计算机的快速运算能力，综合处理声、文、图信息，用交互式弥补了计算机智能的不足。

目前，国内有的单位已经初步研制成功了智能多媒体数据库，其核心技术是将具有推理功能的知识库与多媒体数据库结合起来形成智能多媒体数据库。另一个重要的研究课题是多媒体数据库基于内容检索技术，它需要把人工智能领域中高维空间的搜索技术、视频及音频信息的特征抽取和识别技术、视频及音频信息的语义抽取技术，以及知识工程中的学习、挖掘及推理等技术应用到基于内容检索的技术中。

总之，把人工智能领域某些研究成果和多媒体计算机技术很好地结合，是多媒体计算机长远的发展方向。

3. CPU 芯片集成多媒体处理技术

为了使计算机能够实时处理多媒体信息，对多媒体数据进行压缩编码和解码，最早的解决办法是采用专用芯片，设计制造专用的接口卡。最佳的方案是把上述功能集成到 CPU 芯片中。从目前的发展趋势看，可以把这种芯片分成两类：一类是以多媒体和通信功能为主，融合 CPU 芯片原有的计算功能，其设计目标是用于多媒体专用设备、家电及宽带通信设备，可以取代这些设备中的 CPU 及大量 ASIC 和其他芯片；另一类是以通用 CPU 计算功能为主，融合多媒体和通信功能，其设计目标是与现有的计算机系列兼容，同时具有多媒体和通信功能，主要用在多媒体计算机中。

习　　题

一、选择题

1. 以下（　　）不属于国际电信联盟电信标准局（ITU-T）对媒体的分类。
   A. 互动媒体　　B. 表示媒体　　C. 存储媒体　　D. 显示媒体
2. 之所以要对声音、图像等多媒体数据进行数字化的根本原因是（　　）。
   A. 数字化后的声音、图像质量更好　　B. 计算机只能处理二进制数据
   C. 更节省空间　　D. 更易于网络传输
3. 不属于衡量数据压缩技术性能重要指标的是（　　）。
   A. 压缩比　　B. 算法复杂度　　C. 恢复效果　　D. 规范化
4. 多媒体输入/输出技术涉及各种媒体外设以及相关的接口技术，包括媒体转换技术、识别技术、理解技术和综合技术。扫描仪采用了媒体（　　）技术。
   A. 转换技术　　B. 识别技术　　C. 理解技术　　D. 综合技术
5. 下列（　　）不是交互式多媒体文件的传输媒体。
   A. 电话线/双绞线/同轴电缆　　B. 无线/蜂窝
   C. 光纤　　D. CD-ROM

二、填空题

1. 常见的媒体元素主要有__________、__________、__________、__________、__________、__________这 6 种类型。

2. 信息量=__________－__________。

3. __________是感觉媒体与电信号之间的转换媒体。

4. __________，又称编码冗余，是指单位数据量所携带的信息量少于数据本身而反映出来的数据冗余。

5. 数字化图像中，表面纹理存在非常强的纹理结构或纹理中具有大量相互重叠的图案及规则排列的图形等都存在冗余信息，称为__________冗余。

三、简答题

1. 简述多媒体技术的基本特征和关键技术。

2. 媒体主要有哪几类？主要特点是什么？用图示法说明媒体之间的关系。

3. 媒体元素是如何分类的？

4. 多媒体个人计算机的特点和功能是什么？

5. 结合实际说明多媒体技术的主要发展方向和应用在哪几个方面。

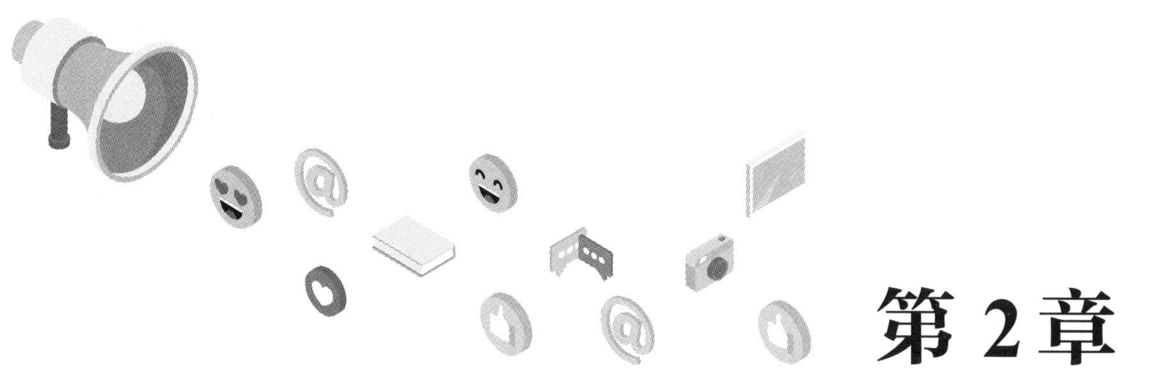

第 2 章 图像的设计与制作

◎ **学习要点：**

- 掌握图像处理相关的基础知识。
- 了解 Photoshop CC 的主要功能。
- 掌握 Photoshop CC 的基本编辑方法。
- 掌握图像选区及合成的基本方法。
- 掌握图像绘制和修图工具的使用方法。
- 掌握矢量工具的使用方法。
- 掌握文字的编辑方法。
- 掌握图像的调色、校色的基本方法。
- 掌握图层、蒙版、通道在图像处理中的应用。
- 掌握各种滤镜的基本使用方法。
- 掌握动作与自动化设计。
- 掌握 3D 图像的基本编辑方法。

建议学时：上课 8 学时，上机 16 学时。

2.1 图像处理基础

图像是人类最容易接受的信息，是多媒体的重要媒体元素。人类约有 70%～80%的信息获取是通过视觉系统所形成的图像。一幅图画可以形象、生动、直观地表现大量的信息，具有其他媒体元素不可比拟的优点。计算机是多媒体处理的工具，本节将讨论如何在计算机中存储、处理图像中涉及的相关知识。

2.1.1 图像的数字化

通过人眼视觉系统获取的自然景象或者光学透镜系统获取的照片、图纸等的原始信号为连续的模拟信号，而计算机只能识别 0 和 1 的二进制数字信息，由此模拟图像只有经过数字化转换成相应的二进制数字信号才能被计算机识别和处理。

如果将一幅完整的图像看成是由若干个点组成，整幅图像就是一个矩形的点阵，然后分别用二进制的数字记录每个点的颜色值，就可以将连续的模拟图像转变为数字图像。这样转换之后的数字图像即为位图，每一个点称为一个像素。

表征图像数字化质量的主要特征有：图像尺寸、分辨率和颜色深度等。尺寸及分辨率决定了图像中像素点的数目，颜色深度决定了彩色图像中可以容纳的颜色数量或者灰度图像中的最大灰度等级数。

1. 图像尺寸

图像尺寸是指图像的长度和宽度，通常以像素为单位，也可以以厘米、英寸等为单位。一般写成长度和宽度乘积的形式，如一副图像尺寸为 640×480 像素的图像，是指图像的水平方向每行有 640 个像素，垂直方向有 480 个像素点，整幅图像是一个 640×480 像素的矩形点阵。

2. 图像分辨率

图像分辨率是指每英寸图像内的像素数目，单位为 PPI（Pixels Per Inch）。对同样大小的一幅原图，如果数字化时图像分辨率高，则组成该图的像素点数目越多，看起来就越逼真。图像分辨率在图像输入/输出时起作用，它决定图像的点阵数。而且，不同的分辨率会呈现不同的图像清晰度，如图 2–1 所示。

（a）高分辨率

（b）低分辨率

图 2–1　同一幅图像不同分辨率的效果

3. 颜色深度

颜色或图像深度是指位图中记录每个像素点所使用的二进制位数。在图像分辨率一定的条件下，颜色深度越高，图像中可以容纳的颜色或灰度级别就越多，图像的质量就会越好。

颜色深度与颜色数目、图像种类的对应关系如表 2–1 所示。

表 2–1　颜色深度和图像颜色的对应关系

颜 色 深 度	颜 色 总 数	图 像 名 称
1	2	单色图像
4	16	索引 16 色图像
8	256	索引 256 色彩色图像
16	65 536	伪彩色图像
24	16 672 216	真彩色图像

颜色深度为 1 位时，每个像素点的颜色取值只有 0 和 1 两种可能，对应图像中最多有两种颜色，一为背景色，一为前景作图的颜色，故为单色图像。颜色深度为 8 位时，每个像素点的颜色取值有 2^8=256 种可能，一般为 256 色的索引图像。颜色深度为 24 位时，每个像素点的颜色取值有 2^{24}=16 672 216 种可能，可以相对人眼基本反映原图的真实色彩，故称真彩色图像。颜色深度与色彩的具体映射关系与图像的色彩空间有关。

图像的尺寸、分辨率及图像深度都可以在图像的“属性”对话框的“详细信息”选项卡中查看，如图 2–2 所示。

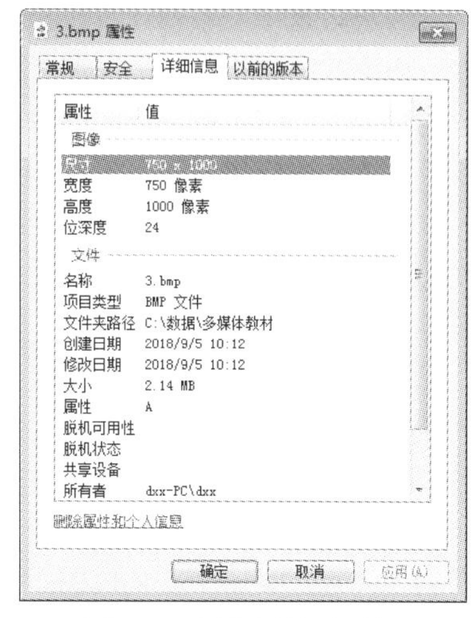

图 2–2　图像属性对话框

在图像的输入输出中，除了图像分辨率与颜色深度外，数字图像的质量还与显示器的显示分辨率、扫描仪的扫描分辨率及打印机的打印分辨率有关。例如，如果图像的分辨率大于显示分辨率，则显示器上不能显示出图像中的所有像素点，就会产生失真现象。

4. 图像的数据量

未经压缩的图像的数据量是由图像的尺寸分辨率和颜色深度决定的。图像的分辨率越高、图像深度越深，则数字化后的图像效果越逼真，图像数据量也越大。未经压缩的图像数据量可用下面的公式来估算：

图像数据量=图像的总像素 × 颜色深度/8（B）

如图 2–2 所示的图像，其文件大小约为：750 × 1000 × 24/8=2250000 B=2.14 MB

图像质量越高，数据量就越大，就需要计算机具有更高的存储、传输和处理能力。在图像处理中需要考虑图像质量和数据量之间的平衡。面向不同的应用需求，选取合适的图像质量和数据量。

5. 图像与图形

模拟图像信号在计算机中的数字化方式除上述的位图图像外，还有另外一种矢量图形的方式。

（1）矢量图形

矢量图形简称矢量图，也称为面向对象的图像，由数学中的矢量数据所定义的点、线、面、体组成，根据图形的几何特性以数学公式的方式来描述对象，其中所存储的是作用点、大小和方向等数学信息，与分辨率无关。例如，一个圆的矢量图形就可以记录圆心点的坐标、圆的半径、圆的颜色。

显示一幅矢量图形，需要用专门的软件读取矢量图形文件中的描述信息，通过 Draw（绘画）程序，将其转换成屏幕上所能显示的颜色与形状。一个矢量图形可以由若干部分组成，也可以根据需要拆分为若干部分。可以将它缩放到任意大小，也可按任意分辨率在输出设备上打印出来，都不会遗漏细节或改变清晰度。

计算机上常用的矢量图形文件类型有 MAX（用 3ds Max 生成三维造型）、DXF（用于 CAD）、WMF（用于桌面出版）、C3D（用于三维文字）、CDR（CorelDRAW 矢量文件）等。图形技术的关键是图形的描述、制作和再现，图形只保存算法和特征点，相对于图像的大数据量来说，它占用的存储空间较小，但每次在屏幕上显示时，都需要重新计算。另外，在打印输出和放大时，图形的质量较高。

（2）矢量图形与位图图像的比较

矢量图是用一系列计算机指令来描述和记录一幅图，这幅图可分解为一系列子图，如点、线、面等的组合。位图是用像素点来描述或映射的图，即位映射图。位图在内存中是一组计算机内存地址，这些地址指向的单元定义了图像中每个像素点的颜色和亮度。由于矢量图和位图的表达方式和产生方式不同，因此具有不同的特点。

① 位图的色彩表现力强。颜色深度为 24 位时，图像基本可以反映真实色彩，所以图像特别适合色彩丰富的自然景象的记录。而在图形中，颜色作为绘制图元的参数在命令中给出，比较单调。

② 矢量图数据量小。图形中只记录特征点和生成图的算法，文件大小与分辨率无关，数据量小；而在位图中，每个像素所占用的二进制位数与整个图像所能表达的颜色数目有关。颜色数目越多，占用的二进制位数越多，一幅位图图像的数据量也会随之迅速增大。例如，一幅 256 种颜色的位图，每个像素占 1 字节；而一幅真彩色位图，每个像素占 3 字节，它所占用的存储空间远远大于 256 色位图图像。

③ 矢量图变换不失真。矢量图在放大、缩小、旋转等变换后不会产生失真。而位图会出现失真现象，特别是放大若干倍后，图像会出现严重的颗粒状，缩小后会丢掉部分像素点的内容。图 2–3 所示为一副图像经多次放大缩小变换之后的效果

（a）原图

（b）多次放大缩小变换后

图 2–3　图像多次变换的效果

总之，矢量图和位图是表现客观事物的两种不同形式。在制作一些标志性的内容简单或真实感要求不强的图形时，可以选择矢量图形的表现手法。矢量图形通常用于线条图、美术字、工程设计图、复杂的几何图形和动画中，这些图形（如徽标）在缩放到不同大小时必须保持清晰的线条，它是文字（尤其是小字）和粗图形的最佳选择。另外，制作动画也是以矢量图形为基础的。需要反映自然世界的真实场景时，应该选用位图图像。本章主要讨论的对象为图像。

2.1.2　图像的色彩空间

在对图像的设计与处理中，认识色彩是创建完美图像的基础。在计算机中要记录和处理色彩，也需要通过有效的方法将颜色数字化描述出来。色彩空间，就是一种以数学模型来科学地描述色彩的方法。常用的色彩空间有 RGB 色彩空间、HSB 色彩空间、CMYK 色彩空间、Lab 色彩空间、YUV 色彩空间等。

1. RGB 色彩空间

RGB 色彩空间基于色度学中最基本的三基色原理。色光的基色或原色为红（R）、绿（G）、蓝（B）三色，也称光的三基色。三基色以不同的比例混合，可形成各种色光，但原色却不能

由其他色光混合而成。同样，绝大多数单色光也可以分解成红、绿、蓝 3 种色光。色光的混合是光量的增加，因此三基色原理也称为加色法原理。

如图 2-4 所示，红色（R）与绿色（G）相加混合得到黄色（Y），绿色（G）与蓝色（B）相加混合得到青色（C），红色（R）与蓝色（B）相加混合得到洋红色（M）。红色（R）、绿色（G）、蓝色（B）三者相加混合得到白色。

若两种色光相混合而形成白光，这两种色光互为补色。因此，红色与青色、绿色与洋红色、蓝色与黄色互为补色。互补色是彼此之间最不一样的颜色，这就是人眼能看到除了基色之外其他色的原因。

在 RGB 色彩空间，根据三基色原理，任意色光 F 都可以用 R、G、B 三色不同分量的相加混合而成：F=r[R]+g[G]+b[B]。

RGB 色彩空间是一个三维的立方体色彩空间，如图 2-5 所示，任一色彩 F 是这个立方体坐标中的一点，调整三基色系数 r、g、b 中的任一个都会改变 F 的坐标值，即改变 F 的色值。当三基色分量都（最弱）为 0 时混合为黑色光；当三基色分量都为最强时混合为白色光。

基于 RGB 色彩空间，颜色深度与色彩的映射关系主要有真彩色、伪彩色和调配色。

真彩色是指图像中的每个像素值都分成 R、G、B 三个基色分量，每个基色分量用 8 位二进制数来记录其色彩强度，取值范围为 0～255，确定 R、G、B 三个数值即可确定一种色彩，如图 2-5 所示。三个基色分量共可记录 2^{24}=16 M 种色彩。这样得到的色彩可以反映原图的真实色彩，故称真彩色。

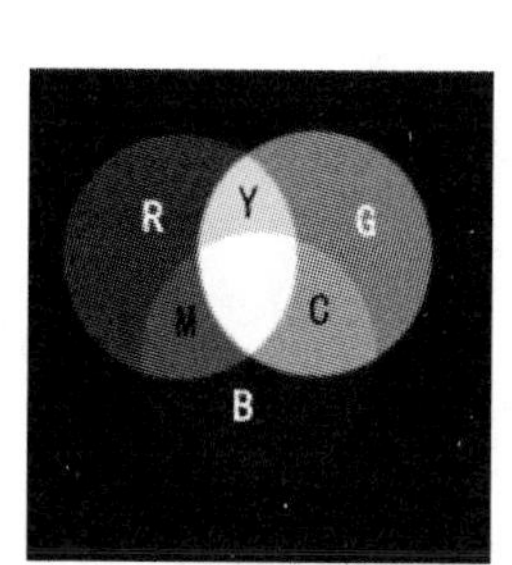

图 2-4　色光的混合与互补

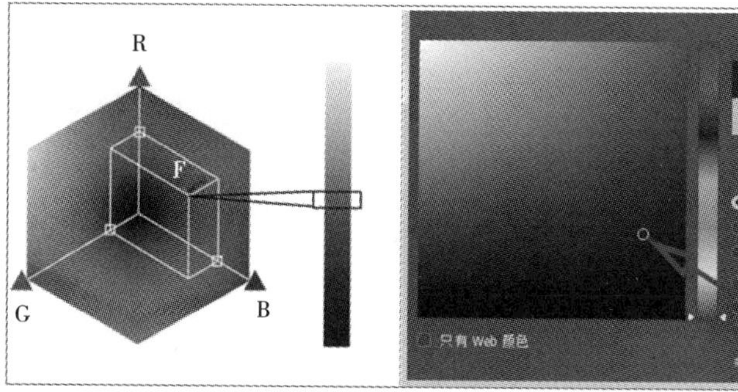

图 2-5　RGB 色彩空间表示

伪彩色图像的每个像素值实际上是一个索引值或代码，该代码值作为色彩查找表中某一项的入口地址，根据该地址可查找出包含实际 R、G、B 的强度值。这种用查找映射的方法产生的色彩称为伪彩色。

调配色是通过每个像素点的 R、G、B 分量分别作为单独的索引值进行变换，经相应的色彩变换表找出各自的基色强度，用变换后的 R、G、B 强度值产生色彩。调配色的效果一般比伪彩色好，但显然达不到真彩色的效果。

RGB 色彩空间是生活中最常用的色彩模型，一般用于计算机显示器等显示设备。

2. CMYK 色彩空间

CMYK 色彩空间主要用于印刷和打印。彩色印刷或彩色打印的纸张是不能发射光线的，因而印刷机或彩色打印机只能使用那些能够吸收特定光波而反射其他光波的油墨或颜料。

与 RGB 相反，CMYK 是从白光中吸收某些色光而反射其他色光，也称为减色法原理。

油墨或颜料的三原色是青（Cyan）、洋红（Magenta）和黄（Yellow），如图 2-6 所示。理论上说，任何一种由颜料表现的色彩都可以用这 3 种原色按不同的比例混合而成，但在实际使用时，青色、品红和黄色很难叠加出真正的黑色，因此引入了 K，代表黑色，用于强化暗调，加深暗部色彩。

彩色打印机和彩色印刷系统采用 CMYK 色彩空间，以浓度 0～100%表示油墨的混合比例。

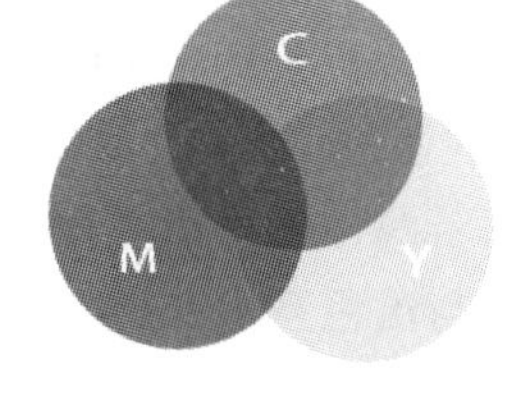

图 2-6　CMY 原色混合

3. HSB 色彩空间

色彩是通过光被我们所感知的，而光实际上是一种按波长辐射的电磁能。不同波长的光会引起人们不同的色彩感觉。从人的视觉系统看，色彩可用色调、饱和度和亮度来描述。人眼看到的任一彩色光都是这 3 种特性的综合效果，这 3 种特性可以说是色彩的三要素，其中色调与光波的波长有直接关系，亮度和饱和度与光波的幅度有关。

① 色调：当人眼看到一种或多种波长的光时所产生的色彩感觉，称为色调或色相。表示颜色的种类，由可见光谱中各分量的波长来确定，如红、橙、黄、绿、青、蓝、紫等色彩。

② 饱和度：饱和度指色彩纯粹的程度。淡色的饱和度比浓色要低一些；饱和度还和亮度有关，同一色调越亮或越暗饱和度越低。

③ 亮度：亮度或明度是光作用于人眼时所引起的明亮程度的感觉，是指色彩明暗深浅的程度，也称为色阶。亮度有两种特性：一是同一物体因受光不同会产生明度上的变化，如图 2-7 所示；二是强度相同的不同色光，亮度感会不同。

图 2-7　亮度的变化示例

HSB 色彩空间就是基于色调（Hue）、饱和度（Saturation 或 Chroma）和亮度（Intensity 或 Brightness）来描述色彩的锥形模型。

① 色调（H）是连续变化的。用一个圆环来表现色谱的变化，就构成了一个色彩连续变化的色环。取值为 0～360°。在 0～360° 的标准色轮上，色相是按位置度量的。

② 饱和度（S）用 0～100%表示饱和度的高低。

③ 亮度（B）也用 0～100%表示亮度的明暗。

通常把色调和饱和度统称为色度，用来表示颜色的类别与深浅程度。由于人的视觉对亮度的敏感程度远强于对颜色浓淡的敏感程度，为了便于色彩处理和识别，人的视觉系统经常采用 HSB 色彩空间，它比 RGB 色彩空间更符合人的视觉特性。

4. YUV 色彩空间

在现代彩色电视系统中，通常采用三管彩色摄像机或彩色 CCD（电耦合器件）摄像机，它把拍摄的彩色图像信号，经分色和放大校正得到 RGB 图像，再经过矩阵变换电路得到亮度信号 Y 和两个色差信号 R-Y（U）、B-Y（V），最后发送端将亮度和色差三个信号分别进行编码，用同一信道发送出去，这就是我们常用的 YUV 色彩空间。

采用 YUV 色彩空间的重要性体现在，它的亮度信号 Y 和色度信号 U、V 是分离的。如果只有 Y 信号分量而没有 U、V 分量，表示的就是黑白灰度图。彩色电视采用 YUV 色彩空间正是为了用亮度信号 Y 解决彩色电视机与黑白电视机的兼容问题，使黑白电视机也能接收彩色信号。

YUV 表示法的另一个优点是，可以利用人眼的特性来降低数字彩色图像所需的存储容量。人眼对彩色细节的分辨能力远比对亮度细节的分辨能力低。因此，在某些应用场合下，降低彩色分量分辨率不会明显影响图像的质量，所以可以把几个相邻像素的不同色彩值作为相同色彩值来处理，从而减小所需的存储容量。

例如，要存储一幅 1 024×768 像素大小的 RGB 彩色图像，三基色分别用 8 位二进制数表示，所需的存储空间为 1 024×768×3×8/8=2 359 296 字节，约 2.25 MB。如果用 YUV 模式来表示同一幅彩色图像，Y 分量仍然为 1 024×768，仍然用 8 位二进制数表示；对每 4 个相邻像素（2×2）的 U 和 V 值分别用一个相同的值来表示，那么所需的空间为 1 024×768+(1 024×768/4)×2 =1 179 646 B，约 1.12 MB。

5. Lab 色彩空间

Lab 颜色模型是由 CIE（国际照明委员会）制定的一种色彩模式。与 YUV 色彩空间类似，也是用亮度和色差来描述色彩分量，其中 L 为亮度、a 和 b 分别为各色差分量。

Lab 色彩空间弥补了 RGB 和 CMYK 两种色彩空间的不足，它所定义的色彩最多，以数字化方式来描述人的视觉感应，与设备无关。处理速度和 RGB 色彩空间一样快，可以在图像编辑时使用。

6. 色彩空间的变换

RGB、HSB、YUV、Lab、CMYK 等不同的色彩空间只是同一物理量的不同表示法，因而它们之间存在着相互转换的关系，这种转换可以通过数学公式计算得到。例如，CMYK 为相减混色，它与相加混色的 RGB 空间正好互补。

RGB 色彩空间和 CMYK 色彩空间，受到显示器或者印刷手段的材料和工艺的物理限制。HSB 则是在 RGB 的基础上，根据颜色三要素的理论推导出来的色彩空间，最符合人眼的直觉。Lab 色彩空间，可用于色彩空间转换时的中介。例如，RGB 转换为 CMYK 时，为减少色彩损失，可先转换为 Lab 色，再转为 CMYK 色。

实际应用中，一幅图像在计算机中用 RGB 空间显示；用 RGB 或 HSB 空间编辑处理；打印输出时要转换成 CMYK 空间；如果要印刷，则要转换成 CMYK 4 幅印刷分色图，用于套印彩色印刷品。

2.1.3 图像的压缩编码标准

数字图像的数据量很大，为了节省存储空间，适应网络带宽，一般对数字图像要进行压缩，然后再存储和传输。国际标准化组织（ISO）和国际电报电话咨询委员会（CCITT）联合成立的联合图像专家组（Joint Photographic Experts Group，JPEG），主要负责研究制定静态数字图像的编码方法，对多媒体技术的发展起到了非常重要的作用。

1. 静态图像压缩标准 JPEG

1991 年 3 月，联合图像专家组提出的 JPEG 标准——多灰度静止图像的数字压缩编码，包含两部分：第一部分是无损压缩，即基于空间线性预测技术的无失真压缩算法，它的压缩比很低；第二部分是有损压缩，一种采用离散余弦变换（Discrete Cosine Transform，DCT）和霍夫曼编码的有损压缩算法，它是目前主要应用的一种算法。后一种算法进行图像压缩时，虽有损失，但压缩比可以很大。例如，压缩比在 25∶1 时，压缩后还原得到的图像与原图像相比，基本上看不出失真，因此得到广泛应用。JPEG 图像压缩标准的目标如下：

① 编码器应该可由用户设置参数，以便用户在压缩比和图像质量之间权衡折中。

② 标准适用于任意连续色调的数字静止图像，不限制图像的影像内容。

③ 计算复杂度适中，对 CPU 的性能没有太高要求，易于实现。

④ 定义了两种基本压缩编码算法和 4 种编码模式。

JPEG 算法主要存储颜色变化，尤其是亮度变化，因为人眼对亮度变化要比对颜色变化更为敏感。只要压缩后重建的图像与原图像在亮度和颜色上相似，在人眼看来就是相同的图像。因此，JPEG 压缩原理是不重建原始画面，丢掉那些未被注意的颜色，生成与原始画面类似的图像。

随着多媒体应用领域的扩大，传统的 JPEG 压缩技术越来越显现出许多不足，无法满足人们对多媒体图像质量的更高要求。离散余弦变换算法靠丢弃频率信息实现压缩，因此，图像的压缩率越高，高频信息被丢弃的越多，细节保留越少。在极端情况下，JPEG 图像只保留了反映图像外貌的基本信息，精细的图像细节都消失了。

2. 静态图像压缩标准 JPEG 2000

为了在保证图像质量的前提下进一步提高压缩比，1997 年 3 月，JPEG 又开始着手制定新的方案，该方案采用以小波变换（Wavelet Transform）算法为主的多解析率编码技术，该技术的时频和频域局部化技术在信号分析中优势明显，并且它对高频信号采用由粗到细的渐进采样间隔，从而可以放大图像的任意细节。该方案于 1999 年 11 月公布为国际标准，并被命名为 JPEG 2000。与传统的 JPEG 相比，JPEG 2000 的特点如下：

① 高压缩率。JPEG 2000 的图像压缩比与传统的 JPEG 相比提高了 10%～30%，而且压缩后的图像更加细腻平滑。

② 无损压缩。JPEG 2000 同时支持有损和无损压缩。预测法作为对图像进行无损压缩的成熟算法被集成到 JPEG 2000 中，因此 JPEG 2000 能实现无损压缩。传统 JPEG 标准虽然也包含了无失真压缩，但实际中较少提供这方面的支持。

③ 渐进传输。现在网络上按传统的 JPEG 标准下载图像时是按块传输的，只能一行一行地显示，而 JPEG 2000 格式的图像支持渐进传输。所谓渐进传输，就是先传输图像的轮廓数据，然后再传输其他数据，可不断提高图像质量（不断地向图像中填充像素，使图像的分辨率越来越高），这样有助于快速浏览和选择大量图片。

④ 可以指定感兴趣区域（Region Of Interest，ROI）。在这些区域，可以在压缩时指定特定的压缩质量，或在恢复时指定特定的解压缩要求，这给用户带来了极大的方便。在有些情况下，图像中只有一小块区域对用户是有用的，对这些区域，采用低压缩比，而感兴趣区域之外采用高压缩比，在保证不丢失重要信息的同时，又能有效地压缩数据量，这就是基于感兴趣区域的编码方案所采取的压缩策略。该方法的优点在于，它结合了接收方对压缩的主观需求，实现了交互式压缩。而接收方随着观察的深入，常常会有新的要求，可能对新的区域感兴趣，也可能希望某一区域更清晰些。

当然，JPEG 2000 的改进还不只这些，它考虑了人的视觉特性，增加了视觉权重和掩膜，在不损害视觉效果的情况下大大提高了压缩效率；人们可以为一个 JPEG 文件加上加密的版权信息，这种经过加密的版权信息在图像编辑过程（放大、复制）中将没有损失，比目前的“水印”技术更为先进；JPEG 2000 对 CMYK、RGB 等多种色彩空间都有很好的兼容性，这为用户按照自己的需求在不同显示器、打印机等外设进行色彩管理带来了便利。

2.1.4 图像文件的保存格式

图像格式是指图像信息在计算机中表示和存储的格式。在计算机中图像文件有多种存储格式，常用的有 BMP、JPEG、TIFF、PSD、GIF、PNG 等。

1. BMP 格式

BMP 是 Windows 操作系统的标准图像文件格式，能够得到多种 Windows 应用程序的支持。其特点是，包含的图像信息丰富，不进行压缩，但文件占用较大的存储空间。BMP 格式支持 RGB、索引颜色、灰度和位图颜色模式，但不支持 Alpha 通道。基本上绝大多数图像处理软件都支持此格式，如 Windows 的画图工具、Photoshop、ACDSee 等。

2. JPEG 格式

JPEG 既是一种文件格式，又是一种压缩技术。它作为一种灵活的格式，具有调节图像质量的功能，允许用不同的压缩比对文件进行压缩。作为较先进的压缩技术，它用有损压缩方式去除图像的冗余数据，在获取极高的压缩率的同时能展现丰富生动的图像。JPEG 应用广泛，大多数图像处理软件均支持此格式。目前，各类浏览器也都支持 JPEG 格式，其文件尺寸较小，下载速度快，使 Web 页可以在较短的时间下载大量精美的图像。但是，JPEG 格式不支持透明。

3. JPEG 2000 格式

JPEG 2000 与 JPEG 相比，能达到更高的压缩比和图像质量，并支持渐进传输和感兴趣区域，但存在版权和专利的风险。这也许是目前 JPEG 2000 技术没有得到广泛应用的原因之一。采用 JPEG 2000 的图像文件格式扩展名一般为 jpf、jpx、jp2 等。

4. TIFF 格式

TIFF（Tag Image File Format）是由 Aldus 公司为 Macintosh 机开发的一种图像文件格式。最早流行于 Macintosh 机，现在 Windows 上主流的图像应用程序都支持该格式。它是使用最广泛的位图格式，其特点是图像格式复杂，存储细微层次的信息较多，有利于原稿的复制，但占用的存储空间也非常大。TIFF 格式文件可用来存储一些色彩绚丽、构思奇妙的贴图文件，它将 3ds Max、Macintosh、Photoshop 有机地结合在一起。

5. PSD 格式

PSD 格式是图像处理软件 Photoshop 的专用格式，其中包含有各种图层、通道等多种设计的样稿，以便下次打开文件时可以修改上一次的设计。但目前除 Photoshop 以外，只有很少的几种图像处理软件能够读取此格式。

6. PSB 格式

大型文档格式（PSB）支持宽度或高度最大为 300 000 像素的超大图像文档。PSB 格式支持所有 Photoshop 功能（如图层、效果和滤镜）。目前以 PSB 格式存储的文档，只能在 Photoshop 中打开。

7. GIF 格式

GIF（Graphics Interchange Format）是 CompuServe 公司开发的图像文件格式，它采用了压缩存储技术。GIF 格式同时支持线图、灰度和索引图像，但最多支持 256 种色彩的图像。其特点是，压缩比高，磁盘空间占用较小，下载速度快，可以存储简单的动画。由于 GIF 图像格式采用了渐显方式，即在图像传输过程中，用户先看到图像的大致轮廓，然后随着传输过程的继续而逐步看清图像中的细节，所以因特网上的大量彩色动画多采用此格式。

8. PNG 格式

PNG（Portable Network Graphics）是 Fireworks 软件的默认格式，是目前保证最不失真的格式。它汲取了 GIF 和 JPEG 二者的优点，存储形式丰富，兼有 GIF 和 JPEG 的色彩模式，并且可以支持透明，其图像质量远胜过 GIF。PNG 用来存储彩色图像时，其颜色深度可达 48 位，存储灰度图像时可达 16 位，并且具有很高的显示速度。所以也是一种新兴的网络图像格式。与 GIF 不同的是，PNG 图像格式不支持动画。

图像文件格式之间可以互相转化，转换的方法主要有两种：一是利用图像编辑软件的"另存为"功能；二是利用专用的图像格式转换软件。

9. RAW 格式

RAW 图像就是 CMOS 或者 CCD 图像感应器将捕捉到的光源信号转化为数字信号的原始数据。RAW 是未经处理、也未经压缩的格式。

用 RAW 格式来保存文件，会创建一个包含锐度、对比度、饱和度、色温、白平衡等信息的页眉文件，但是图像并不会被这些设置而改变，它们只不过是在 RAW 文件上加以标记。

2.2 图像处理软件 Adobe Photoshop 基础

2.2.1 Photoshop CC 简介

Adobe 公司的 Photoshop 是目前广泛流行，集图像扫描、编辑修改、图像制作、广告创意，图像输入与输出于一体的图形图像处理软件。该软件具有领先的数字艺术理念、可扩展的开放性及强大的兼容能力。由于它功能强大且简单易用，受到平面设计、艺术处理、数字摄影、装帧设计、网页制作、广告影视、建筑等各行各业设计者的普遍欢迎，在很大程度上已成为目前图像处理软件的行业标准。

美国 Adobe 公司于 1990 年推出了 Photoshop 1.0，虽然当时的 Photoshop 只能在苹果机上运行，功能也比较简单，但却给计算机图像处理行业带来了巨大的冲击。此后，Adobe 公司不断推出 Photoshop 升级版本。2003 年，Adobe Photoshop 8 更名为 Adobe Photoshop CS。2012 年 4 月，推出了 Adobe CS 系列的最后一个版本 Photoshop CS6（13.0）。2013 年 7 月，Adobe 公司推出了 Photoshop CC，目前 Adobe Photoshop CC 2018 为市场最新版本。

Photoshop 具有十分强大的图像处理功能，具体表现在：

① 支持多种格式的图像文件，如 PSD、JPEG、BMP、PCX、GIF、TIFF 等多种流行的图像格式，并可进行图像格式之间的转换。

② 具有多种图像绘制工具，可以创作各种规则和不规则图形和图像，并可实现许多特殊的图像效果。

③ 强大的图像编辑功能。可以对图像进行整体或局部编辑，可以对图像做各种变换，如放大、缩小、旋转、倾斜、镜像、透视等。也可进行复制、去除斑点、修补、修饰图像的残损等。

④ 图像合成功能。Photoshop 具有强大的多图层功能，可以用各种形式合成图像，产生内容丰富、色彩绚丽、具有艺术感染力的图像作品。将它应用于广告制作、美术创作、影视产品制作中，都有不俗的效果。

⑤ 出色的图像校色调色功能。可方便快捷地对图像的颜色进行明暗、色偏的调整和校正，也可在不同颜色之间进行切换以满足图像在不同领域（如网页设计、印刷、多媒体等方面）的应用。

⑥ 图像特效制作。Photoshop 具有完善的通道和蒙版功能，并提供了近 100 种内置滤镜，还可使用多种外接滤镜，大大增强了图像处理能力。例如，油画、浮雕、石膏画、素描等常用的传统美术技巧都可通过 Photoshop 特效完成。

⑦ 图像处理的自动化功能。对需要进行相同处理的图像可由 Photoshop 自动完成，例如，统一的图像格式转换。

⑧ 3D 和视频处理。在 Photoshop 中可以创建和编辑 3D 文件，也可以对视频帧进行处理。

Photoshop CC 2018 做了若干改进和提升，提供了更为直观的工具窗口和学习面板，便于用户使用 Photoshop 提供的工具进行有效的图像处理；强化云时代体验，照片可以云获取和无缝分享到社交网站；绘制功能增强，对画笔进行多项优化，并增添一个弯度钢笔工具，可以更加轻松地绘制平滑曲线和直线段；支持全景图制作和可变字体；具有智能缩放功能，且被 Microsoft Surface Dial 所支持。

Photoshop 功能强大，限于篇幅，本章只介绍有关图像处理的基本内容，动画、视频等内容将在其他章节进行讲解。

2.2.2 Photoshop 的界面环境

Photoshop 界面与大多数 Windows 应用程序界面相似，而且 Photoshop 不同版本的界面也大致相同。图 2–8 所示为 Photoshop CC 2018 的操作界面，主要包括菜单栏、工具选项栏、工具箱、文档窗口、调节面板、工作区和状态栏等。

菜单栏
工具选项栏
选项卡
工作区切换器
工具箱
文档窗口
调节面板
状态栏

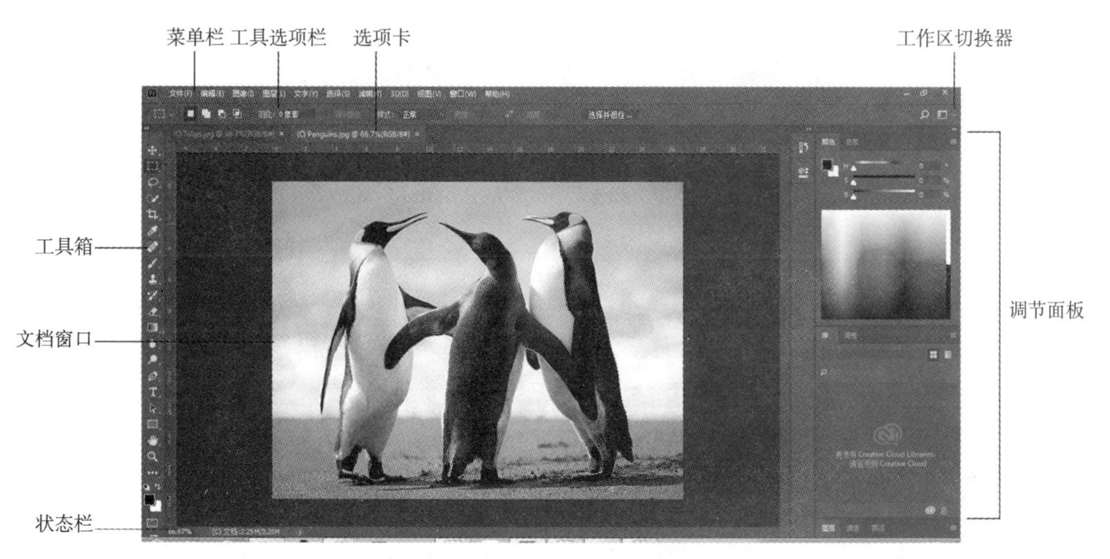

图 2–8　Photoshop CC 2018 操作界面

1. 菜单栏

菜单栏几乎包含 Photoshop 所有的操作命令。Photoshop 根据图像处理的各种要求，将所要求的功能分类后，分别放在 11 个主菜单项中，如图 2–9 所示。

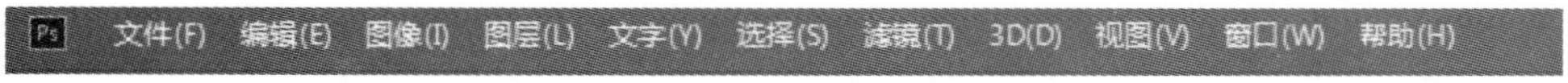

Ps
文件(F)
编辑(E)
图像(I)
图层(L)
文字(Y)
选择(S)
滤镜(T)
3D(D)
视图(V)
窗口(W)
帮助(H)

图 2–9　Photoshop CC 2018 菜单栏

2. 工具箱

工具箱默认放置在工作界面的左侧，其中包含了 Photoshop 中用于创建和编辑图像、图稿、页面元素的工具和按钮。单击工具按钮，即可选中当前工具来编辑或绘制图像。如果工具按钮右下方有一个黑色小三角，就表示该工具为复合工具组。在这些工具按钮处右击会弹出整个工具组菜单，菜单中工具后面的字母为快捷键。图 2–10 所示为全部展开后的工具箱示意图。在这些工具按钮上，按住【Alt】键+单击鼠标左键或者按【Shift】+工具快捷键可以在一组工具中循环选择各个工具。

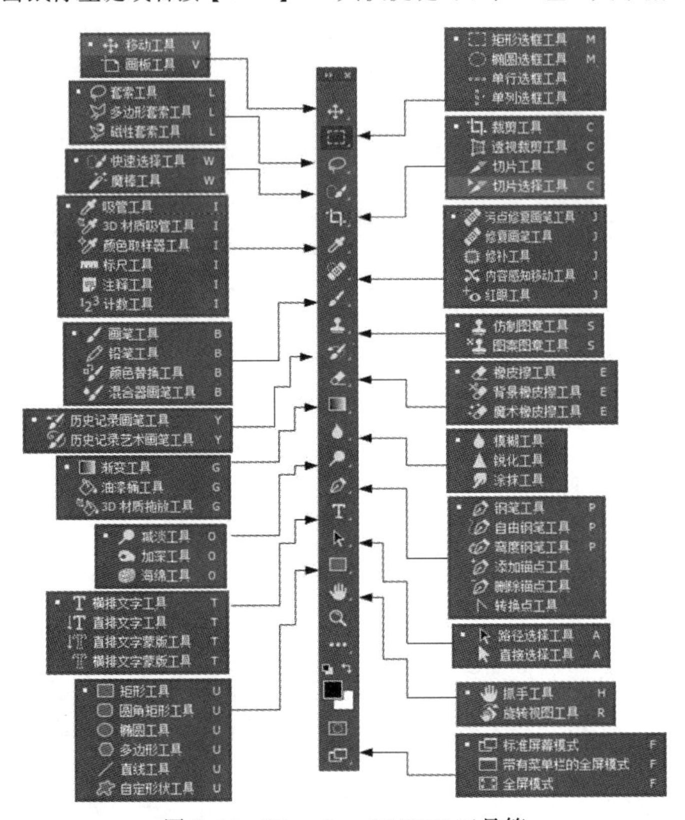

图 2–10　Photoshop CC 2018 工具箱

在 Photoshop CC 2018 中，提供了更为直观的工具提示，把鼠标悬停在左侧工具栏的工具上时，就会出现动态演示工具的使用，非常方便初学者学习。图 2–11 所示为画笔的工具提示。

工具箱的顶部有一个双三角符号，单击它工具箱形状转换成单条或双条。工具箱通常固定在工作界面的左侧，单击双三角符号下的双虚线框，可将其拖动到工作界面中呈浮动状态。同样，也可以在该处拖动工具箱到工作界面右侧，当出现蓝色的停泊标志时松开鼠标，则工具箱变为固定位置。

除了编辑图像的工具组外，工具箱下方还包括前景色和背景色设置、快速蒙版、屏幕模式切换等常用工具，如图 2–12 所示。

“前景色和背景色设置”工具用来设置前景色和背景色。单击前景色或背景色按钮将打开“拾色器”对话框，用户可从中选择前景色和背景色。

单击“默认前景色和背景色”可将前景色和背景色恢复到初始的黑白状态，单击“前景色和背景色切换”按钮可将前景色和背景色互换。

“快速蒙版设置”按钮可使用户的图像编辑在“标准模式”和“蒙版模式”两种模式中快

速切换。用户可以方便地创建、观察和编辑所选择的区域。单击该按钮或按【Q】键可在两种模式之间快速切换。

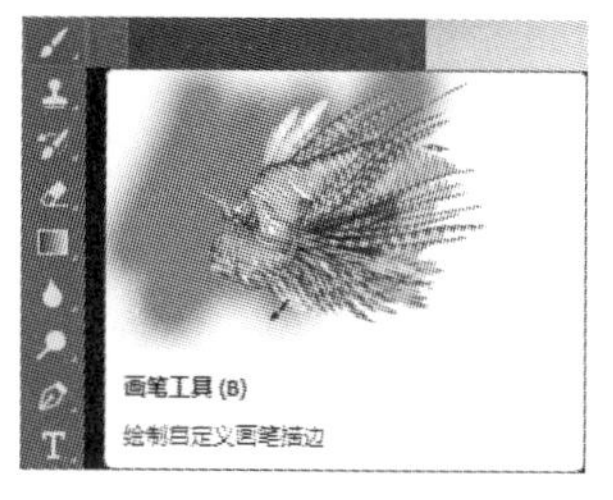

图 2-11　Photoshop CC 2018 菜单栏

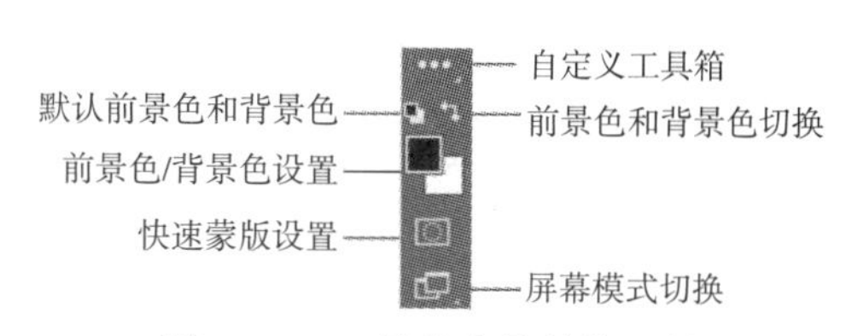

图 2-12　工具箱中的其他工具

“屏幕模式切换”按钮可使用户在“标准屏幕模式”“带有菜单栏的全屏模式”“全屏模式”3 种屏幕模式之间切换。

① 标准窗口模式：为默认的屏幕显示模式，它显示菜单栏、工具箱、调节面板组、文档窗口等。

② 菜单栏全屏显示模式：显示有主菜单的全屏模式。

③ 全屏幕模式：将可用的屏幕全部扩展为使用区域，并不包括主菜单。

Photoshop CC 2018 还提供了自定工具箱的功能，可以按自己的使用习惯自定工具的分组，将超出限制、未使用或优先级低的工具放入附加列表。启用 Photoshop 后，附加列表将显示在工具箱底部的槽位中。

右击图 2-12 中的“自定义工具箱”按钮，选择“编辑工具栏”命令，即可打开“自定义工具栏”对话框，如图 2-13 所示。按住鼠标左键拖动即可改变工具分组及设置附加列表，单击“完成”按钮，退出编辑。

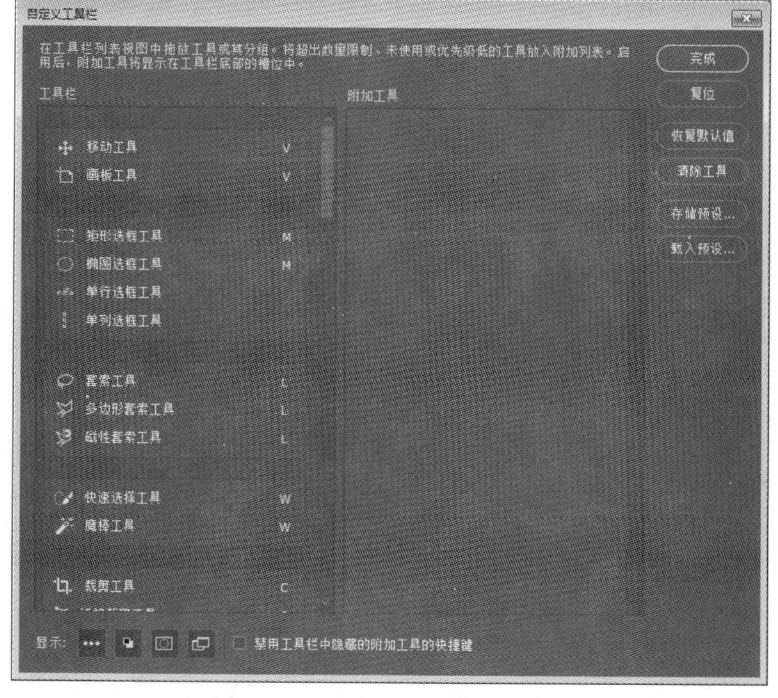

图 2-13　“自定义工具栏”对话框

3. 工具选项栏

工具选项栏（见图 2-14）位于菜单栏的下方，用来描述或设置当前所使用工具的属性和参数（如画笔的形状、大小、模式和透明度等），以及该工具可进行的操作。通过“窗口 | 选项”命令可以隐藏或显示工具选项栏。

当使用不同工具时，它的内容也随之不同，当前使用的工具图标会显示在工具栏的左端。

应用工具选项栏可大大增强工具箱的功能和效果。使用同样的工具，选择不同的参数，可以创造出许多不同的图像效果。例如，使用不同形状和大小的画笔，如枫叶、星星等就可以制作出许多绚丽、令人雀跃的视觉效果。

图 2-14 工具选项栏

在工具选项栏中，单击工具选项栏最左侧的按钮按钮，可以打开工具预设面板，其中包含 Photoshop 中已有的工具预设选项。例如，使用裁剪工具时，就可以从其预设面板中方便地选择常用的图像裁剪尺寸，如图 2-15 所示。用户也可以单击预设面板的按钮，打开调板菜单，通过其中的“新建工具预设”命令，将当前设置的工具参数保存成一个工具预设，方便以后使用。也可以载入其他预设或者通过“预设管理器”命令打开预设管理器。预设管理器用于管理 Photoshop 预设工具的库、预设画笔、色板、渐变、样式、图案、等高线和自定义形状，用户可以根据需要选择使用。

4. 调节面板

为了在图像的编辑处理中更加方便直观地控制和调节各种参数，并使图像、图层的处理过程和信息能随时呈现出来，在 Photoshop CC 中根据功能的不同，设置了多个控制面板，如颜色面板、图层面板、通道面板、历史记录面板等，它们都是 Photoshop 中常用的工具和操作。这些调节面板默认出现在窗口右侧，可以根据需要在“窗口”菜单中选择打开或关闭，也可以自由组合面板，因此有时也称浮动面板。

单击调节面板组上方的双三角图标和可以展开和折叠各个调节面板组，操作方便快捷，又节约屏幕空间。图 2-16 所示为调节面板的展开和折叠状态。

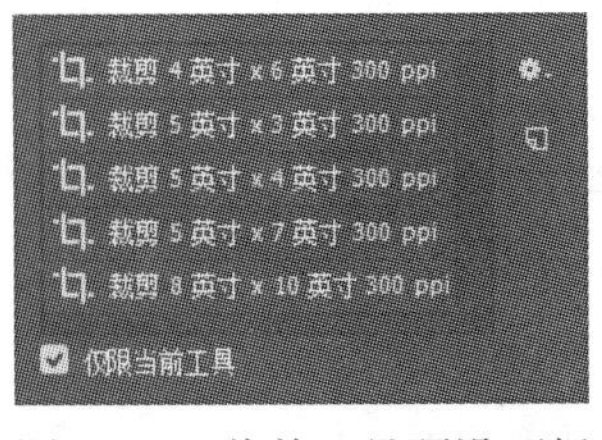

图 2-15 裁剪工具预设面板

图 2-16 调节面板的展开和折叠状态

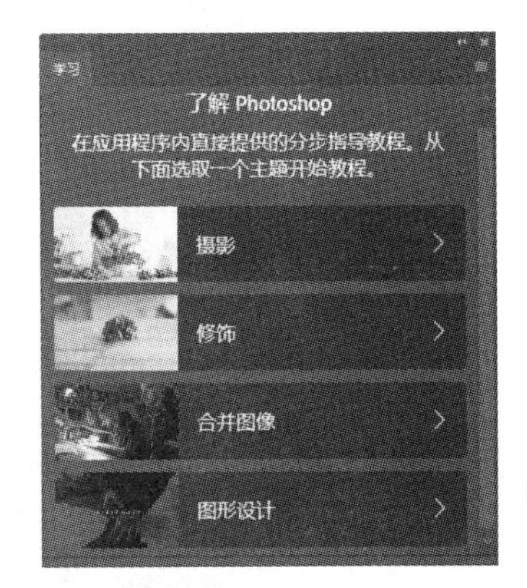

图 2-17 “学习”面板

Photoshop CC 2018 新增了一个“学习”面板，可以通过“窗口”菜单打开该面板，如图 2-17 所示。面板中提供了摄影、修饰、合并图像、图形设计 4 个主题的教程，每一个点开后都有各种常见的应用场景，可手把手地引导用户实现该操作。“学习”面板是一个非常方便实用的Photoshop 学习工具。

5. 文档窗口

文档窗口是显示、编辑、处理图像的区域。当在 Photoshop 中打开一幅图像时，就会创建一个文档窗口，所有的图像处理工作都在文档窗口中完成。

在文档窗口的标题栏处单击并拖动，该窗口就成为一个独立的浮动窗口，可像 Windows 下的其他窗口一样移动位置，调整大小。将浮动窗口的标题栏拖动到选项卡中，当出线蓝色横线时放开鼠标，可以将窗口重新放置在选项卡中。

当同时打开多个图像文件时，各个文档窗口的标题栏顺序排列在文档窗口的顶部选项卡。

单击图像窗口的标题栏，可以调出所需的图像窗口。使用【Ctrl+Tab】快捷键可以顺序切换窗口。

如果打开的图像数量较多，选项卡无法显示所有文档的标题栏，可在选项卡右侧“扩展文档”按钮»的下拉菜单中选择所需的图像文件。

6. 状态栏

状态栏位于 Photoshop 文档窗口底部。它显示当前处理图像的各种信息，如图像的缩放比例、文档大小以及当前使用的工具等。单击状态栏的文件信息区域可以显示文档的宽度、高度、通道和分辨率。按住【Ctrl】键单击可以显示宽度和高度。

单击状态栏中的›按钮，可在打开的菜单中选择状态栏的显示内容，如图 2-18 所示。

① 文档大小：有关图像中的数据量的信息。左边的数字表示图像的打印大小，它近似于以 Adobe Photoshop 格式拼合并存储的文件大小。右边的数字指明文件的近似大小，其中包括图层和通道。

② 文档配置文件：图像所使用颜色配置文件的名称。

③ 文档尺寸：图像的尺寸。

④ 测量比例：文档的比例。

⑤ 暂存盘大小：有关用于处理图像的 RAM 量和暂存盘的信息。左边的数字表示当前正由程序用来显示所有打开的图像的内存量。右边的数字表示可用于处理图像的总 RAM 量。

⑥ 效率：执行操作实际所花时间的百分比，而非读写暂存盘所花时间的百分比。如果此值低于 100%，则 Photoshop 正在使用暂存盘，因此操作速度会较慢。

⑦ 计时：完成上一次操作所花的时间。

⑧ 当前工具：现用工具的名称。

⑨ 32 位曝光：用于调整预览图像，以便在计算机显示器上查看 32 位/通道高动态范围（HDR）图像的选项。只有当文档窗口显示 HDR 图像时，该滑块才可用。

7. 工作区

在 Photoshop 中可以使用各种元素（如面板、栏以及窗口）来创建和处理文档和文件。这些元素的任何排列方式称为工作区。根据用户的不同需求，Photoshop CC 2018 提供了不同的预设工作区，从而更好地方便用户对软件的使用。

工具选项栏右侧显示为▣按钮即为工作区切换区，单击即可打开下拉菜单（见图 2-19），从菜单中即可选择需要的预设工作区。例如，“基本功能”为默认的工作区，“摄影”会在工作区右侧显示摄影时常用的直方图、调整等面板，“绘画”会在工作区右侧显示绘画时常用的画

笔、色板等面板。用户也可以通过“新建工作区”将自己习惯的工作方式保存为工作区，通过“删除工作区”命令删掉不想保留的工作区。选择“复位 | 基本功能”命令可以回复默认的工作区状态。

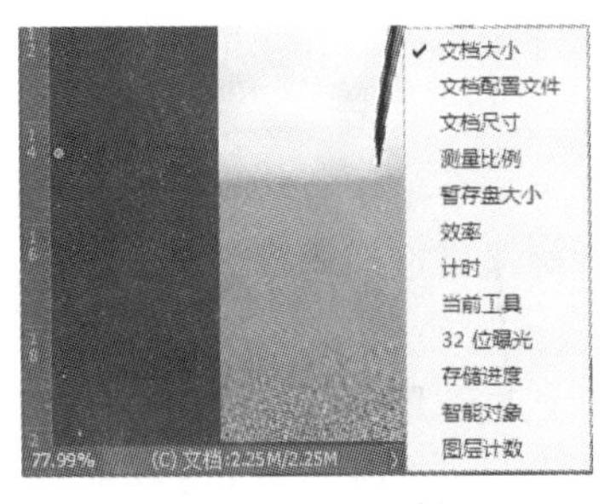

图 2-18　状态栏

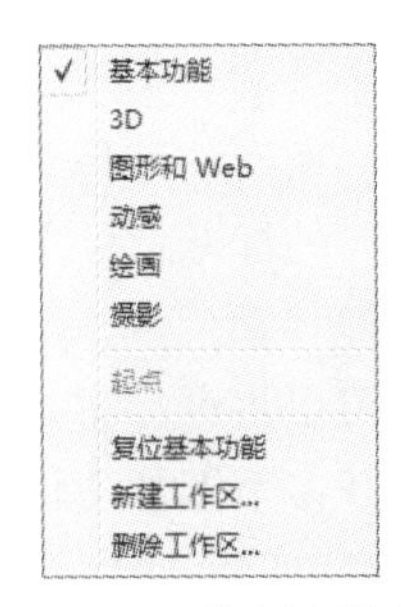

图 2-19　工作区切换菜单

8. 更改界面颜色

在 Photoshop CC 2018 可以更改工作窗口的界面颜色。选择“编辑 | 首选项 | 界面”命令，打开如图 2-20 所示对话框，在其中选取自己喜欢的颜色方案，设置合适的文本大小等。

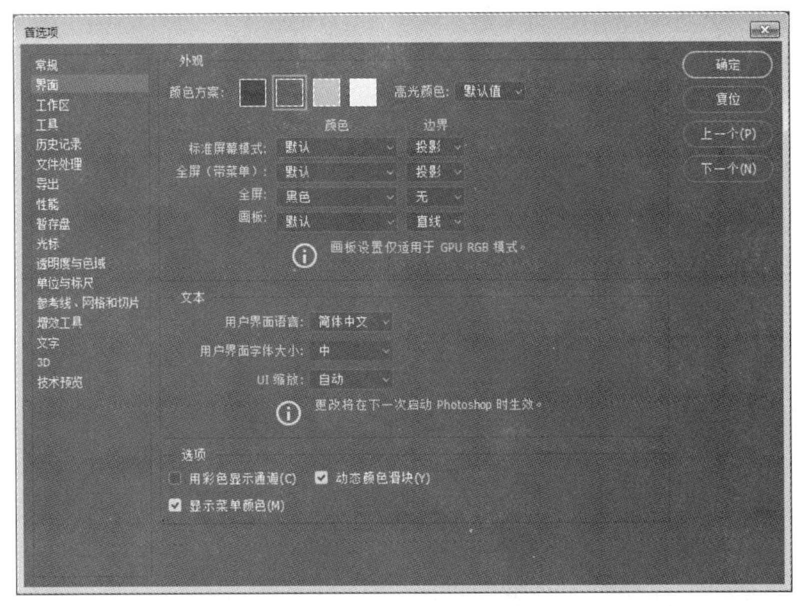

图 2-20　界面设置对话框

2.2.3　图像文件的操作

Photoshop 支持多种图像文件格式，并可实现不同图像文件格式之间的相互转换。文件的基本操作包括图像文件的创建、打开、存储、文件导出共享等。

1. 图像文件的基本操作

（1）打开图像文件

快速打开文件：Photoshop CC 2018 提供了非常便捷的文件操作界面。当启动 Photoshop 时，会自动出现一个“开始”工作区，如图 2-21 所示。默认情况下以缩略图的形式列出了最近使用过的图像文件，鼠标点击对应的图像缩略图，即可快速打开文件。

① 快速打开 Creative Cloud 库文件：在 Photoshop 中将图形、颜色、文本样式、画笔和图层样式添加到库，然后在多个 Creative Cloud 应用程序内轻松访问这些元素。在“开始”工作区中，选择左侧的“CC 文件”，即可快速打开 Creative Cloud 库文件。

② 打开 Lightroom 中的照片：Photoshop CC 2018 中新增了与 Lightroom 的链接，在“开始”工作区中，选择左侧的“LR 照片”即可访问所有 Lightroom 同步的照片。选择要打开的图像并单击“导入”。如果在 Photoshop 运行的同时从任何 Lightroom 应用程序中对照片或相册进行了更改，可单击“刷新”按钮以查看所做的更改。

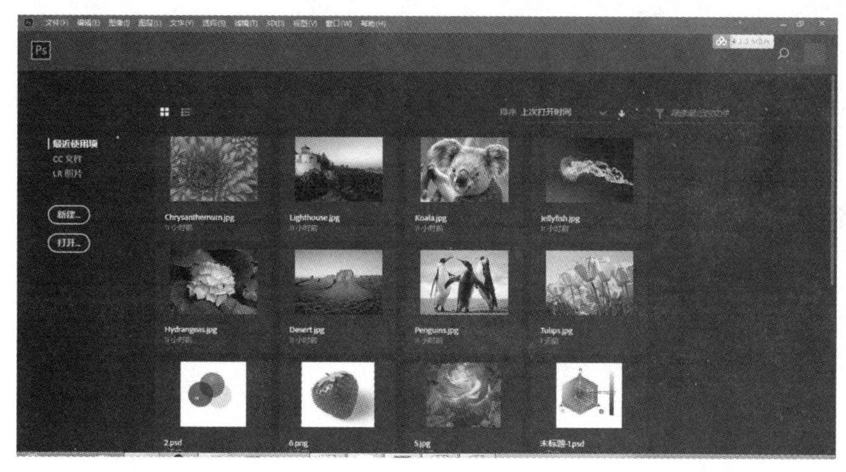

图 2-21　“开始”工作区

③“文件”菜单中的打开命令：Photoshop 的文件菜单中有四个打开图像文件的命令，可以一次打开一个文件，也可同时打开多个图像文件。

- “文件 | 打开”：打开文件列表中的图像文件。
- “文件 | 打开为”：以指定的某种格式打开图像文件。
- “文件 | 打开为智能对象”：打开图像文件并将其转换为智能对象。
- “文件 | 最近打开的文件”：打开最近编辑过的图像文件。

④ 媒体管理器 Bridge：Photoshop 还有一个功能强大的媒体管理器 Bridge，它帮助用户快速预览和搜索图像文件，并可标注和排序图片。这是对常用文件打开功能的一个很好补充，可以有效减少文件打开操作。使用“文件 | 在 Bridge 中浏览”命令，即可启动 Bridge。

（2）新建图像文件

Photoshop 除了对现有图像进行编辑处理，也可创建一个新的空白文件进行绘画。选择“文件 | 新建”命令或者按下【Ctrl+N】快捷键，即可打开“新建”对话框，如图 2-22 所示。

① 使用“预设”快速创建：Photoshop 提供了面向各种应用的常见文件参数设置，这些预设出现在对框框的上方，包括“最近使用项”“已保存”“照片”“打印”“图稿和插图”“Web”“移动设备”“胶片和视频”。例如，选择“照片”，则下方的列表区将会显示出常见的照片设置，如图 2-23 所示。若选择“已保存”则会显示用户在 Photoshop 中自定义并保存好的预设。

② 自定义创建：直接在对话框右侧的参数区设置相应的图像文件参数。

- “名称”：图像文件名称，可使用默认文件名“未标题-1”，也可输入自定义名称。
- “宽度/高度”：图像文件的宽度和高度。右侧的选项是高度和宽度的单位，如像素、英寸、厘米等，可用下拉菜单进行选择。

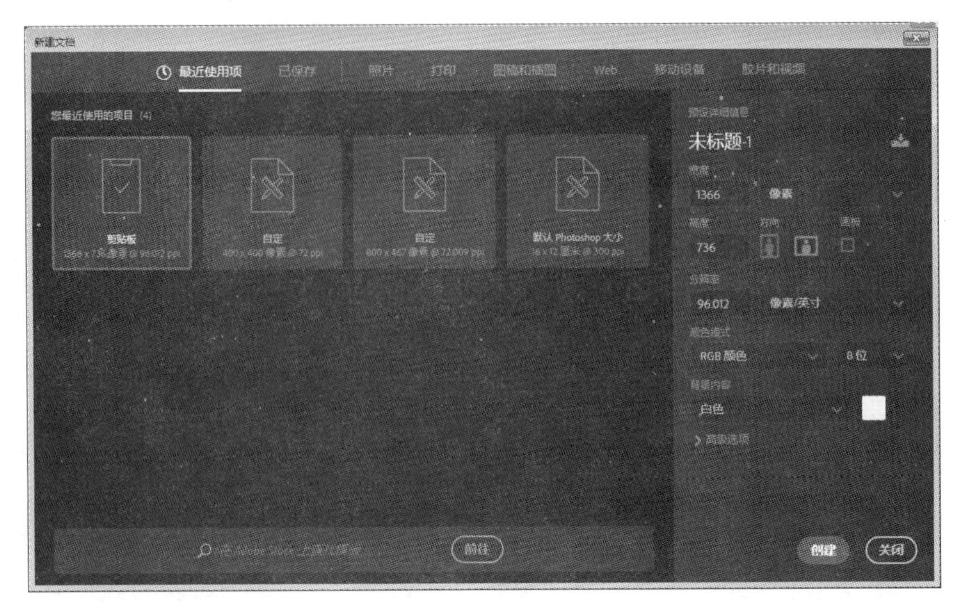

图 2-22 “新建”对话框

- “方向”：设置文档为横向或纵向平铺。
- “分辨率”：设置图像分辨率，右侧为分辨率的单位，可取“像素/英寸”或“像素/厘米”。
- “颜色模式”：选择图像文件的颜色模式，包括位图、灰度、RGB、CMYK 和 Lab 颜色模式。
- “背景内容”：设置新建图像的背景色，其默认值为白色。

创建画板：画板提供了一个无限画布，可以在此画布上布置适合不同设备和屏幕的设计。画板可以将任何所含元素的内容剪切到其边界中。在对话框右侧勾选“画板”选项即可创建一个新的画板。

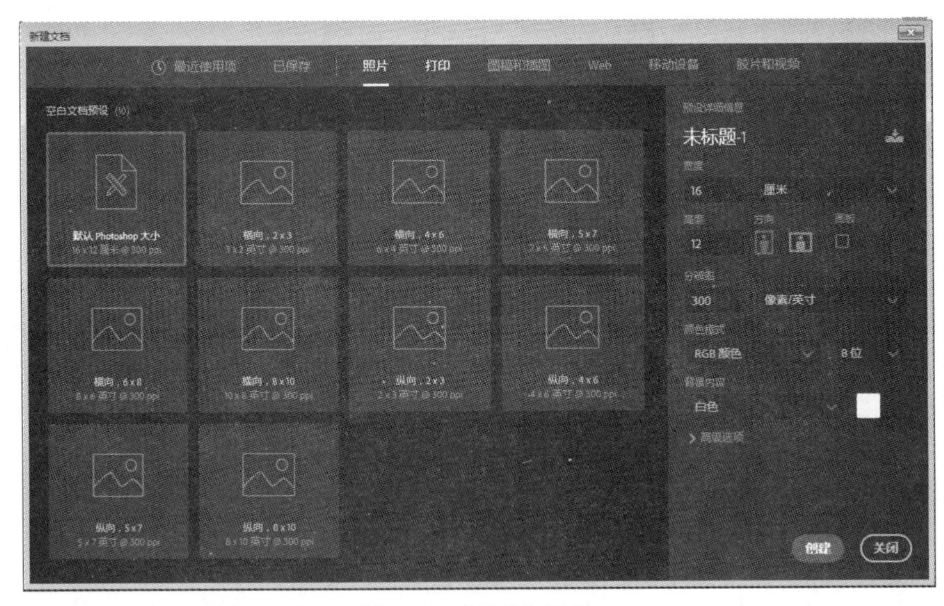

图 2-23 “照片”预设

③ 保存预设：单击名称旁边的▲，输入名称，单击“保存预设”按钮，可以将文件参数

设置保存为预设，方便以后使用。

（3）存储图像文件

图像的处理需要许多步骤，是一个复杂的工作过程，所以在处理图像过程中要注意随时将图像存储到磁盘上。

①“文件 | 存储”：若为已有图像，保存对其所做的修改；若为新文件，则打开“另存为”对话框，如图 2–24 所示，设置文件的存储路径、文件格式、文件名等。在对话框的“存储”选项中勾选：作为副本、Alpha 通道、图层、注释、专色等，可以将相应的对象保存起来。

②“文件 | 存储为”：可以重新设置文件存储路径、文件名和文件格式，不会破坏原始文件。

（4）恢复文件

在图像文件编辑过程中，如果对修改的结果不满意，可以执行“文件 | 恢复”命令，将文件恢复到最近一次保存时的状态。

（5）置入文件

选择“文件 | 置入”命令，可以将照片、图片等位图，以及 EPS、PDF、AI 等矢量文件作为智能对象导入到当前编辑的文件中。例如，将 Illustrator 中的矢量格式 EPS 文件置入，则可在当前文件的图层面板中看到智能对象图层。置入矢量文件的过程中，对其进行缩放、斜切或者旋转等变换操作时，是无损缩放，不会降低图像的品质。

（6）导入和导出文件

选择“文件 | 导入”命令可以将视频帧、注释、WIA 支持等内容导入到当前文件。例如，选择“文件 | 导入 | 视频帧到图层”命令可以将视频中的图像帧导入到文件的各个图层。

选择“文件 | 导出”命令，可将当前编辑好的文件导出为适合其他软件应用的文件格式。例如，选择“文件 | 导出 | 路径到 Illustrator”命令，在设置好路径、文件名和保存路径后，即可将该图像中的路径以 ai 格式导出，导出后可以在 Illustrator 中编辑使用。

2. 图像文件格式的转换

Photoshop 支持多种图像文件格式，在 Photoshop 中转换文件的存储格式非常简单，选择“文件 | 存储为”命令，在打开的“另存为”对话框的“保存类型”下拉列表中选择新的格式（见图 2–25），单击“保存”按钮即可。

图 2–24　“另存为”对话框

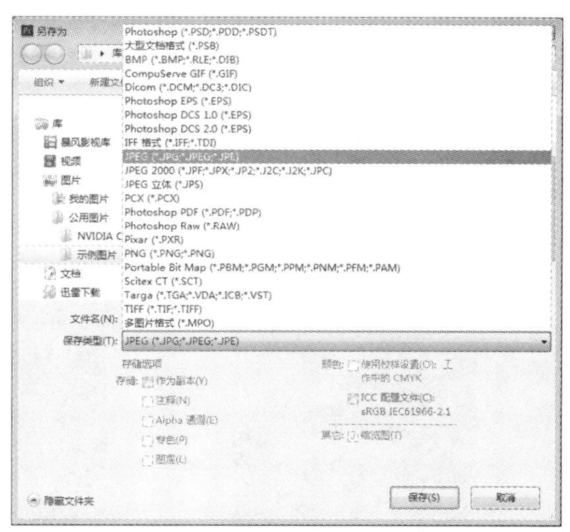

图 2–25　Photoshop 中的保存格式

3. 图像尺寸及分辨率的改变

（1）图像的缩放

为处理图像的细节，有时需将图像中某个局部放大显示，而有时为了看图像的整体效果又需要将图像缩小显示。这种图像的缩放处理只改变图像显示的效果，并没有改变图像实际的尺寸。

① 使用“缩放”工具缩放图像。

选择“缩放”工具，在工具选项栏中选择放大按钮，单击文档窗口可以放大图像的显示比例，按住鼠标左键拖动可以快速放大。Photoshop 中图像的最大放大倍数为 32 倍。

“缩放”工具的选项栏如图 2-26 所示。选择工具选项栏中的按钮或者按住【Alt】键，单击文档窗口可以缩小图像的显示比例，按住鼠标左键拖动可以快速缩小。

- 双击“缩放”工具，或单击选项栏中的“100%”，可以 100%显示图像。
- 选择“适合屏幕”，将自动调整图像的显示大小以适合屏幕显示。
- 选择“填充屏幕”，图像将填充这个屏幕空间。

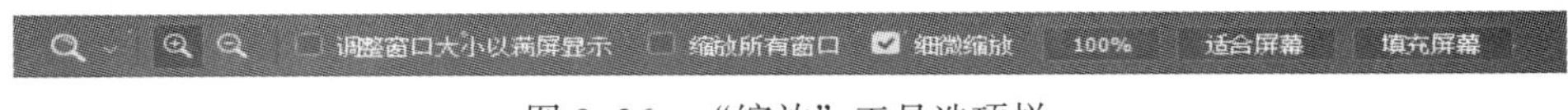

图 2-26 “缩放”工具选项栏

② 使用状态栏的显示比例按钮缩放图像。

在状态栏显示比例按钮处输入想要缩放的比例，如“200%”，按【Enter】键确认，即可完成图像的缩放。

③ 使用“导航器”面板缩放图像。

“导航器”面板包含图像的缩略图和各种缩放工具，如图 2-27 所示。当图像尺寸较大时，文档窗口中不能显示完整的图像，通过导航器来定位图像的查看区域更加方便。鼠标左键拖动红色矩形框即可进行定位。

④ 选择“视图 | 放大/缩小/按屏幕大小缩放”等命令也可改变显示图像的大小。

⑤ 使用快捷键缩放，【Ctrl】+【+】为放大，【Ctrl】+【-】为缩小。

（2）改变图像的尺寸及分辨率

在图像处理中，有时需要修改图像的尺寸及分辨率以适应新的应用需求。其方法是选择“图像 | 图像大小”命令，在“图像大小”对话框中设置相应的尺寸及分辨率，如在“宽度”和“高度”栏中输入新的宽度和高度值，“分辨率”栏输入新的分辨率值，就可以改变图像的实际大小，如图 2-28 所示。

对话框中的用于约束图像宽度和高度之比。选中它时，若改变图像高度，宽度会随之成比例地变化。

图 2-27 “导航器”面板

图 2-28 “图像大小”对话框

（3）调整画布的大小

画布指绘制和编辑图像的工作区域，即图像的显示区域。可以使用图像菜单中的相关命令调整画布的大小及旋转画布。

选择“图像 | 画布大小”命令，打开“画布大小”对话框，如图 2-29 所示。输入新的宽度、高度值和度量单位，可以改变画布的尺寸，选中“相对”复选框，可以相对当前的图像大小调整画布。在下方的“定位”项中可选择画布扩展和收缩的方向，其中间的带圆点的方块表示图像在画布中的位置，而箭头表示画布向四周扩展或缩进的方向。例如，宽度和高度均相对扩展 2 厘米，画布扩展颜色为黄色，可以为该图像制作一个黄色矩形画框，效果如图 2-30（a）所示。

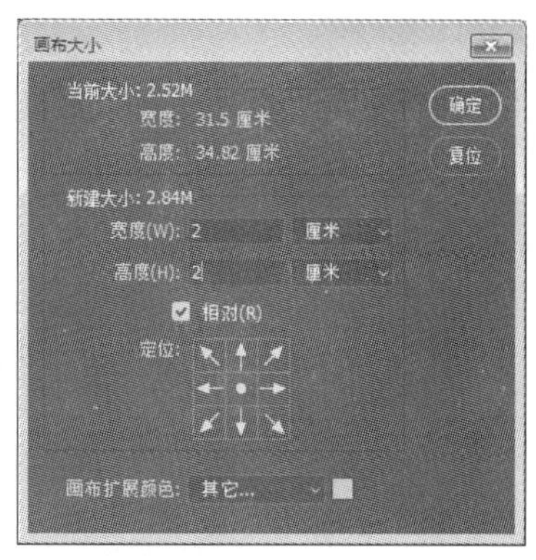

图 2-29　“画布大小”对话框

选择“图像 | 图像旋转 | 水平翻转画布/垂直翻转画布”命令，可以将画布在水平或者垂直方向翻转。选择“图像 | 180°/90°（顺时针）/90°（逆时针）/任意角度”可以按角度旋转画布。画布翻转和旋转效果如图 2-30（b）、图 2-30（c）所示。

（a）制作矩形的边框

（b）水平翻转画布

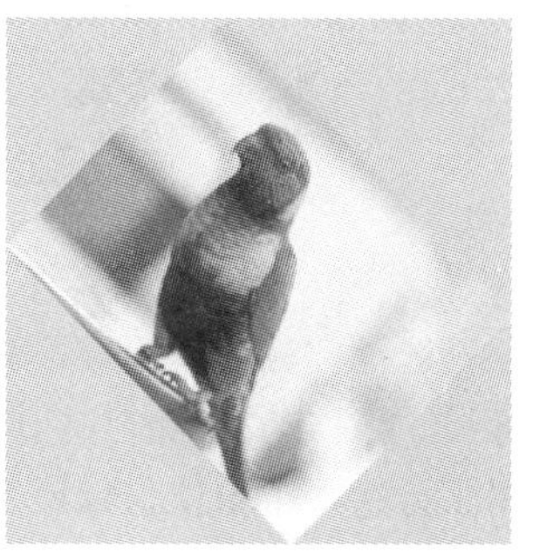

（c）旋转画布

图 2-30　画布调整、翻转和旋转效果

4. 添加版权信息

版权是对著作权的保护。选择“文件 | 文件简介”命令，在打开的对话框的“基本”选项卡（见图 2-31）中输入文档标题及作者等信息。要为图像添加版权信息，可在“版权状态”下拉列表中选择“受版权保护”，在下面的版权公告中输入版权信息，在“版权信息 URL”中输入电子邮件地址或者 URL。添加了版权信息的图像在文档窗口的标题前面会出现一个 © 标记。

用户还可以查看已添加到文件的版权和作者身份信息。该信息包括标准文件信息和 Digimarc 水印。Photoshop 使用 Digimarc 读取水印增效工具自动扫描打开的图像以查找水印。如果检测到水印，Photoshop 会在图像窗口的标题栏中显示版权符号，并更新文件简介对话框中的版权字段。

5. 使用辅助工具（标尺、网格和参考线）

为了精确地绘制和处理图像，Photoshop 提供了标尺、网格和参考线等辅助工具，以帮助用户在处理图像时的定位，以及提供测量及对齐时的参考和标准。标尺、网格和参考线都是只显示而不打印出来。

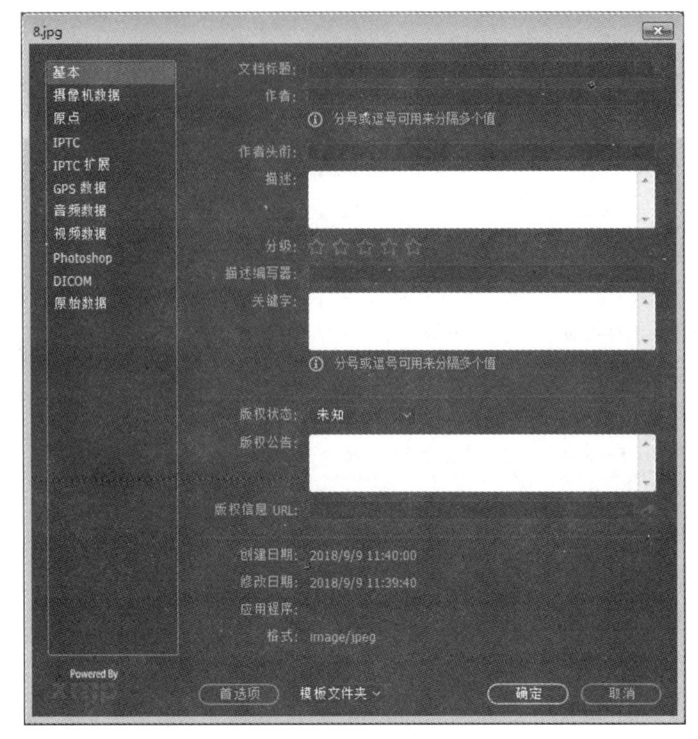

图 2-31　设置版权信息对话框

选择“视图 | 标尺”命令或者按下快捷键【Ctrl+R】快捷键，在图像窗口顶部和左侧出现标尺。当移动鼠标时，标尺内的标线会显示光标的位置。默认标尺单位为厘米，可以通过“编辑 | 首选项 | 单位与标尺”命令来设置。

水平和垂直标尺的交点为标尺的原点，用“移动工具”拖动此原点，可确定原点的新位置。双击交点处，可将原点恢复到默认的位置。图 2-32 所示为原点分别在左上角和图像中心处的情况。

选择“视图 | 新建参考线”命令，可以在“新建参考线”对话框中选择新建水平或垂直参考线。将鼠标放到标尺上，使用“移动工具”，按住鼠标左键拖动也可新建参考线到指定位置。按住【Shift】键，可以使参考线与标尺上的刻度对齐。使用“移动工具”将参考线拖离图像区域，可删除参考线，如图 2-33 所示。

（a）原点在左上角

（b）原点在图像中心处

图 2-32　原点位置

选择“视图 | 显示 | 网格”命令，图像上会显示出不被打印的网格线，如图 2-34 所示。使用网格线可以精确或对称地布置图像。

图 2-33 “新建参考线”对话框及参考线创建效果

图 2-34　网格显示效果

使用标尺、网格和参考线可以将处理的图像快速对齐，以提高工作的精确度和效率。选择“视图 | 对齐到 | 网格”或“视图 | 对齐到 | 参考线”命令，同时用“移动工具”拖动图像对象或文字，会很快地将对象对齐到网格或参考线上。

选择“视图 | 显示”命令中选择网格或参考线，可以显示或隐藏网格和参考线。

可以通过“编辑 | 首选项 | 参考线、网格和切片”设置参考线和网格线的样式，如图 2-35 所示。

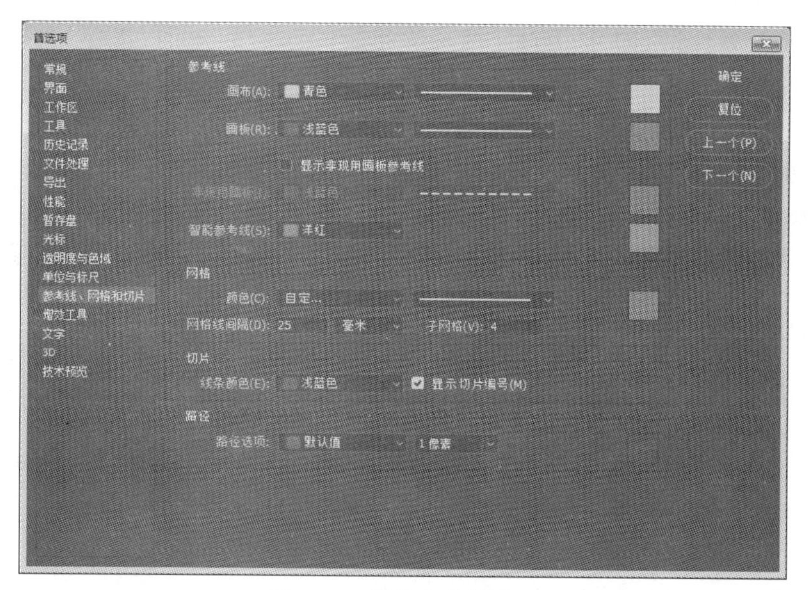

图 2-35　网格参考线设置

2.2.4　裁剪和拉直图像

在图像处理中经常需要裁剪掉图像中不需要的部分。在 Photoshop CC 2018 中，提供了裁剪工具和透视裁剪工具两个工具来裁剪图像，并且在裁剪的同时还可以拉直图像。

1. 裁剪工具

裁剪工具使用起来非常简单。选择裁剪工具后，图像周围就会出现裁剪框。“裁剪”工具选项栏如图 2-36 所示。

图 2-36 “裁剪”工具选项栏

① 裁剪图像：按住鼠标左键拖动角和边缘的调整点，绘制出所需保留的裁剪框。将鼠标移动到裁剪框内，按住鼠标拖动可以移动图像，按【Enter】键确认裁剪。图像裁剪示例如图 2-37 所示。

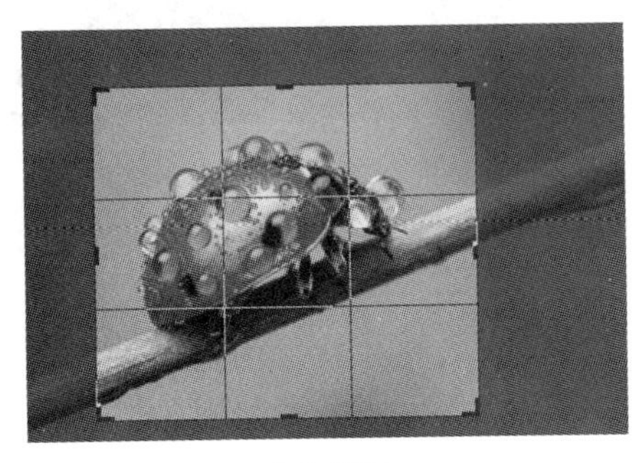

（a）裁剪

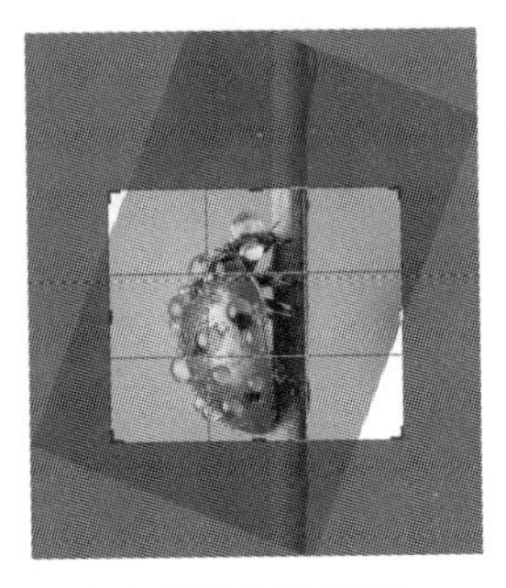

（b）旋转以拉直图像

（c）拉直后的效果

图 2-37 图像裁剪示例

可以使用预设的参数快速地裁剪图像。单击选项栏最左侧的按钮，即可出现裁剪工具的预设面板，选取需要的命令即可。例如，在冲洗六英寸照片时，就可以选取“裁剪 4 英寸×6 英寸 300 ppi”来裁剪照片。

裁剪图像时还可以按固定比例或者固定的宽度、高度及分辨率来裁剪。例如，在选项栏中选择“比例”，然后在后面的文本框中输入 4 和 3，就可以安装 4:3 的比例来裁剪图像。

② 拉直图像：在裁剪图像时可以通过旋转图像或拉直工具来拉直图像。

将鼠标移动到裁剪框外，按住鼠标拖动可以旋转图像进行拉直。在旋转时只有背景图片在动，选框会一只保持在中心位置不变，这样更加方便用户在正常视觉下查看旋转或移动后的效果，裁剪的精度更高。

使用拉直工具也可以通过绘制的参考线拉直图像。单击选项栏中的按钮，例如，沿着水平方向或某个边绘制一条线，以便沿着该线拉直图像。

③ “叠加选项”：选择裁剪时显示叠加参考线的视图。可用的参考线包括三等分、网格、对角、三角形、黄金比例、金色螺线等。

④ “删除裁剪的像素”：如果未选中，则进行的是非破坏性裁剪。当完成一次裁剪操作后，被裁剪掉的画面部分并没有被删除。如果选中，则为破坏性裁剪。

⑤ 内容识别：当使用裁剪工具拉直或旋转图像时，或将画布的范围扩展到图像原始大小之外时，可利用内容识别技术智能地填充空隙。

2. 透视裁剪工具

透视裁剪工具，可以用来纠正不正确的透视变形。用户只需要分别单击画面中的 4 个点，即可定义一个任意形状的四边形的透视平面。进行裁剪时，软件不仅会对选中的画面区域进行裁剪，还会把选定区域“变形”为正四边形。

“透视裁剪”工具选项栏如图 2-38 所示。图像裁剪效果示例如图 2-39 所示。

W:　H:　分辨率:　像素/英寸　前面的图像　清除　显示网格

图 2-38　“透视裁剪”工具选项栏

（a）原图

（b）透视裁剪效果

图 2-39　“透视裁剪”效果

2.2.5　应用实例——制作证件照

【例 2-1】利用普通照片制作证件照。

平时用的证件照的具体尺寸：1 英寸=2.5 cm × 3.5 cm，2 英寸=3.5 cm × 5.3 cm。证件照的背景颜色一般为白色、红色、蓝色（R60，G140，B220）。下面以一英寸照片为例，介绍制作一英寸证件照的制作方法。

① 裁剪照片。打开原图素材，选择“裁剪工具”，在选项栏中选择“宽 × 高 × 分辨率”，然后在后面的宽度和高度文本框中，分别输入 2.5 厘米、3.5 厘米、300 像素/英寸；在图像中按住鼠标拖动选取要保留的图像部分，适当移动和旋转拉直图像部分，按【Enter】键确认，效果如图 2-40 所示。

② 设置背景色：选择“快速选择”工具，在背景上拖动选取背景部分。选择“选择 | 修改 | 羽化”羽化 1 个像素。选择“编辑 | 填充”命令，填充红色，效果如图 2-41 所示。

③ 扩展画布：选择“图像 | 画布大小”命令，将画布的宽度、高度相对扩展 0.4 厘米，画布扩展颜色为白色，效果如图 2-42 所示。

图 2-40　裁剪效果

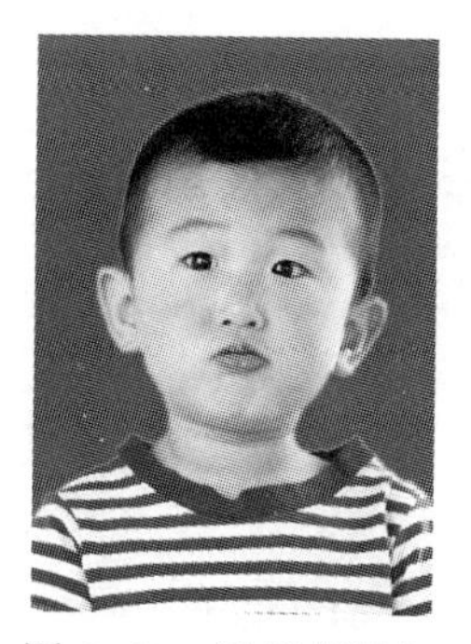

图 2-41　设置背景色

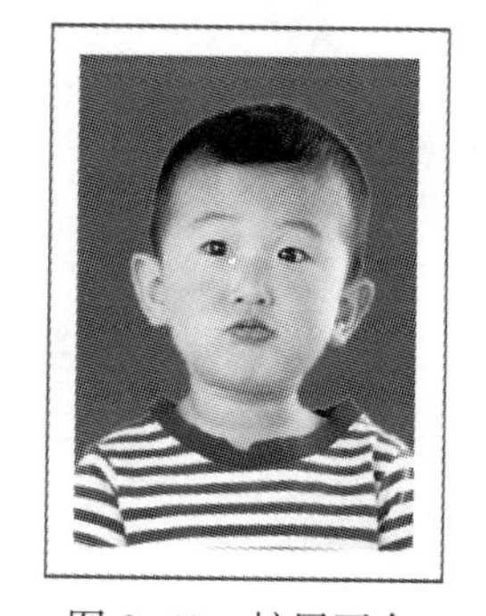

图 2-42　扩展画布

④ 定义图案：选择“编辑 | 定义图案”，把图像定义为预设图案。

⑤ 新建文件并填充：新建文件，宽度为 11.6 厘米、高度为 7.8 厘米、300 像素/英寸。选择“编辑 | 填充”命令，选择自定义的图案填充，效果如图 2-43 所示。

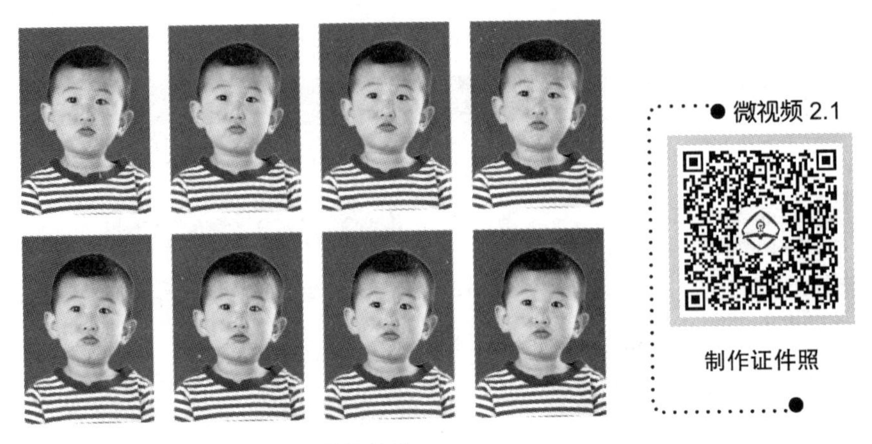

图 2-43 最终效果

2.3 移花接木——图像的选取及合成

图像处理的绝大部分工作都是针对整幅图像的某一部分进行加工处理，如挖取、裁剪、复制、粘贴、填充颜色等。如果要编辑其中部分区域的图像，必须精确地选取需要编辑的像素——称为选区，然后再进行编辑。所以，图像的选取，是精确有效地进行图像处理的前提。

2.3.1 认识选区

在图像的设计处理中，选区有两种用途：

1. 实现局部图像处理

在图像中指定一个编辑区域，编辑操作只能发生在选区内部，选区以外的图像则处于被保护状态，不能进行编辑。例如，图 2-44 中，只想调整花朵部分的颜色，其他部分不变，首先需要创建花朵部分的选区。

（a）原图

（b）改变花朵颜色

图 2-44 局部图像调整

2. 实现图像合成

在一幅图像中选取指定区域的图像，合成到其他图像中。例如，想把图 2-45 中的红色花朵合成到另外一幅图像中。首先选取花朵部分，然后复制、粘贴到新的图像中并调整大小和位置。

（a）原图

（b）合成图像

图 2–45　图像合成

选区的边界是以跳动的蚂蚁线来标识的。创建的选区可以是连续的，也可以是分开的，但是选区一定是闭合的。在 Photoshop 中，选区是以像素为基础，而不是像矢量处理软件中那样是以某个对象为基础的。

创建选区的方法有多种，可以通过工具箱中的工具、选择菜单中的菜单命令、快速蒙版、文字蒙版等创建选区。

2.3.2　选区的制作

1. 创建规则选区

选框工具组包含 4 个工具，如图 2–46 所示，主要用于创建规则形状的选区，如矩形、椭圆形或宽度为 1 像素的行和列的图像选区。

图 2–46　选框工具组

① 矩形选框工具：按下鼠标左键拖放出一个矩形选择区域。按住【Shift】键，即可创建正方形选区。

② 椭圆选框工具：按下鼠标左键拖放出一个椭圆形选择区域。按住【Shift】键，即可创建正圆形选区。

③ 单行与单列选框工具：在图像的指定位置处单击，即可在鼠标点处创建宽度为 1 像素的单行或单列选区。

将鼠标移动到选区内部，按住鼠标左键可以移动选区的位置。如果对创建的选区不满意，可以按【Ctrl+D】快捷键取消。

顶部工具选项栏显示了有关选区的参数，由于选区工具选项栏的功能大致相同，在此就以“矩形选框工具”为例，说明工具栏参数的设置方法。图 2–47 所示为矩形选框工具栏中的有关参数。

图 2–47　矩形选框工具栏

① 工具栏左侧有 4 个按钮，代表选区的 4 种运算，假如当前已存在一个选区，若再创建一个新选区，那么这两个选区之间存在 4 种关系：新建、添加、相减、求交。

② 羽化：代表选区边缘柔和晕开的程度，可以输入数字 0～1 000 px 来调整选区边缘的模糊程度。羽化值为 0 时选区边缘清晰，数值越大，选区的边缘越柔和。

③ 消除锯齿：由于图像由像素组成，像素都是正方形的色块，如果选取椭圆等非直线选

区，在选区边缘就会产生锯齿。为消除这种视觉上不舒服的锯齿现象，可在锯齿之间填充中间色调以消除锯齿。

④ 样式：单击下三角可出现 3 种样式：正常、固定长宽比和固定大小。“正常”样式可用鼠标拖动任意长宽比例的矩形框；“固定长宽比”样式，允许在后面的宽度和高度文本框中输入固定比例值；“固定大小”样式会创建固定尺寸的选区，它的宽、高由文本框中的输入值精确地确定。

一般可以用工具栏右侧的调整边缘按钮打开“选择并遮住”工作区的“属性”面板，来查看和进一步调整各种工具所创建的选区。

2. 创建非规则选区

非规则选区的创建，如抠取照片中的某些人等，就需要使用套索、快速选择或魔棒等更复杂的创建非规则选区的工具。

（1）套索工具组

套索工具组多用于不规则图像及手绘图形的选取。它包括 3 种：套索工具、多边形套索工具和磁性套索工具，如图 2-48 所示。

图 2-48　套索工具组

“套索工具”可用于手动选取任意形状的区域。其用法是按住鼠标左键，拖动鼠标，随着鼠标的移动就可以选择任意形状的边界，松开左键后系统会自动形成封闭的选择区域。套索工具使用简单，但是它需要较高的手工技巧，所以很难达到理想的选择效果，一般不用来精确指定选区。

“多边形套索工具”用来选取多边形边界的选区。选择该项后，可用鼠标连续单击构成此多边形的若干顶点，这些点之间会自动连成折线，最后将鼠标移向所选多边形的起始点时，鼠标会变成一个小圆圈形状，表示形成了一个封闭区域，此时单击鼠标则得到一个多边形封闭选区。

“磁性套索工具”是较精确的套索工具，它主要用于在色差比较明显、背景颜色单一的图像中创建选区。使用磁性套索工具拖动鼠标时，系统会按照像素的对比来自动捕获图像的边缘线。磁性套索工具栏比套索工具栏和多边形套索工具栏要复杂些。图 2-49 所示为磁性套索工具栏。

图 2-49　磁性套索工具栏

磁性套索工具栏中除羽化、消除锯齿两个选项外，还包括宽度、对比度、频率、钢笔压力等选项。其中：

① 宽度：设置磁性套索工具的探查深度，其取值范围为 1～256，数值大则探查范围大。

② 对比度：设置磁性套索工具的敏感度，其值范围为 1%～100%。数值大时，用来探查对比度较大的边缘；反之，用来探查对比度较小的边缘。

③ 频率：设置锚点添加到路径的密度，其取值范围为 1～100。数值越大，锚点越多，则选区的拟合度就越高。

④ 钢笔压力：设置绘图的画笔压力，只有连接了绘图板时才有用。

一般情况下，这些选项可使用默认值。通常较小的宽度值和较大的对比度值会获得较准确的图像选区。使用套索工具时，不论如何选取图像都会形成一个闭合区域，因此应尽量让始点和终点为同一点，否则系统也会自动将它们连接闭合。

图 2-50 所示为使用套索工具、多边形套索工具和磁性套索工具所创建的不规则选区示例。

（a）原图

（b）套索工具示例

（c）多边形套索工具示例

（d）磁性套索工具示例

图 2-50　使用套索工具组所创建的不规则选区示例

（2）魔棒和快速选择工具

魔棒是一种神奇的选择工具。使用它时，只要在图像窗口上单击，就可以创建一个复杂的选区。前面所述的各种选择工具都是基于形状来形成选区，而魔棒工具是基于图像中的相近颜色来形成选区。当单击图像中某一点时，它会将与该点颜色相似的区域选择出来。因此，在颜色和色调比较单纯的图像中，常使用魔棒工具确定选区。

魔棒工具栏如图 2-51 所示，参数包括容差、消除锯齿、连续、对所有图层取样等。

图 2-51　魔棒工具选项栏

① 容差：表示颜色的近似程度，取值范围为 1～255。容差值越小，选取的范围越小；容差值越大，选取的范围越大。图 2-52 表示在花瓣处单击，容差不同时的不同选区。

（a）原图

（b）容差值为 32

（c）容差值为 100

图 2-52　魔棒工具在容差值不同时选取的区域

② 连续：选中此复选框表示只选取与单击点相连续的区域；否则，选取不连续的色彩相近的区域。图 2-53 所示为在绿叶处单击，选择“连续”或未选择“连续”时的不同选区。

（a）选择“连续”

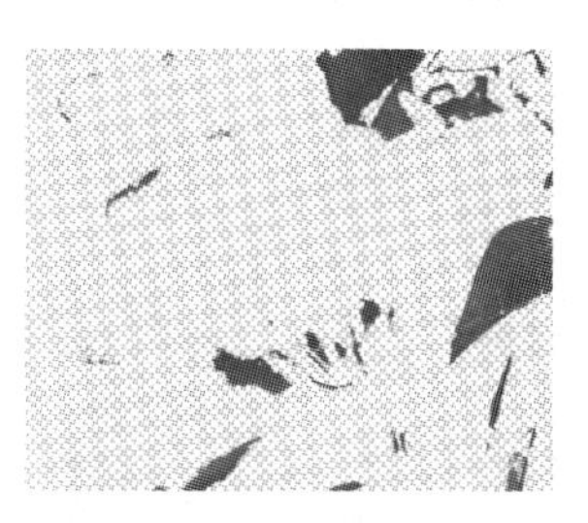

（b）未选择“连续”

图 2-53　魔棒工具选择/未选择“连续”复选框的选区

③ 对所有图层取样：选中此复选框表示可选取所有可见图层中色彩相近的区域；否则，只选取当前图层中的区域。

技巧：按住【Shift】键在要选择的颜色区域多次单击，可以快速创建理想的选区，既节省时间又能达到意想不到的效果。

"快速选择"工具结合了魔棒和画笔的特点，以画笔绘制方式在图像中拖动，即可将画笔经过的区域创建为选区，应用"选择并遮住"选项，可获得更准确的选区。该工具操作简单且自由，选择准确，常用于快速创建精确选区。

"快速选择"工具比较适合选择图像和背景对比较大的图像，它可自动调整寻找到图像和背景的边缘，使背景与选区分离。为创建精确选区，需要首先设置工具栏参数以及画笔的各项参数。快速选择工具栏如图 2–54 所示，其创建的选区如图 2–55 所示。

图 2–54　快速选择工具栏

"快速选择"工具栏的选区模式与矩形选框工具相似：分别表示新选区，添加到选区和从选区减去。单击"画笔"下拉按钮可弹出画笔选项面板，可以设置画笔的直径、硬度、间距等，如图 2–56 所示。"自动增强"可以增强选区的边缘。

图 2–55　快速选择工具创建的选区

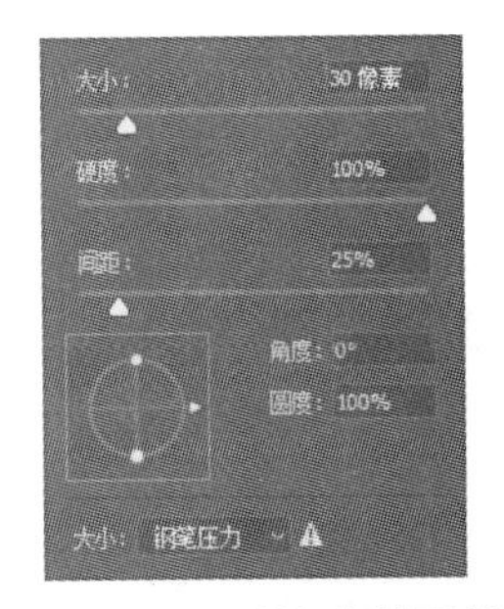

图 2–56　画笔选项面板

（3）利用"色彩范围"创建选区

一个精确选区的创建往往很不容易，有时需要对某一个特定的色彩范围进行选取。Photoshop 提供了一种更具有弹性的选择方法，即利用某一色彩范围进行选取。这种方法可以边调整边预览，不断完善选区的范围。例如，在图 2–57 中，希望把西红柿部分的颜色调整得更为靓丽一些，西红柿的颜色都是相似的，可以选择"选择 | 色彩范围"命令，然后再进行饱和度的调整。

（a）原图

（b）利用"色彩范围"创建的选区

图 2–57　利用"色彩范围"创建选区

使用“色彩范围”命令创建选区的步骤如下：

① 选择“选择 | 色彩范围”命令，打开“色彩范围”对话框，如图 2-58 所示。在“选择”下拉列表中选择颜色，或用“取样颜色”吸管工具在图像中单击选择颜色。使用可以添加多个取样颜色，而用可以减少取样颜色。

② 在“颜色容差”文本框中填入数字，或拖动滑块设置颜色容差。颜色容差设置得越大，则选取的范围也越大，可以反复调整颜色容差，以得到所需的选取范围。

③“选择范围”和“图像”两个单选钮中，若选中“选择范围”，则预览框中显示被选择和未被选择的范围。被选中的部分用白色显示，未被选中的用黑色显示。选中“图像”会显示图像本身。

④ 在“选区预览”下拉列表中选择预览方式，可选择“无”“灰度”“黑色杂边”“白色杂边”“快速蒙版”等预览方式。

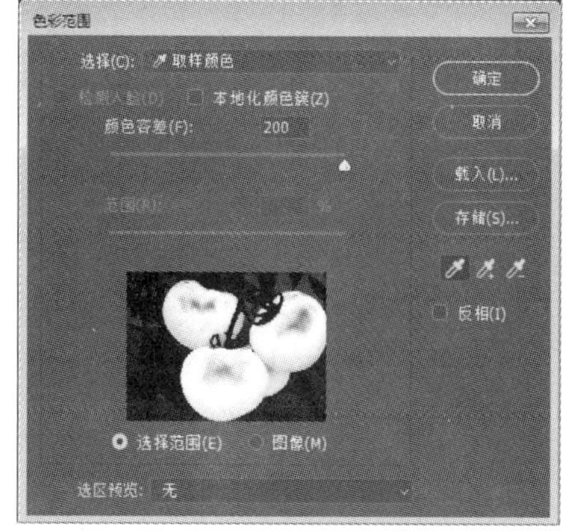

图 2-58 “色彩范围”对话框

⑤ 若选择的范围满足要求，单击“确定”按钮。若单击“取消”按钮，则取消本次操作。

在“色彩范围”命令中，还提供了对图像中特殊区域的选取。例如，在“选择”下拉列表中选取“肤色”，可以快速识别照片中的肤色区域。如果选择“检测人脸”选项，Photoshop 会自动识别照片中符合“人脸”标准的区域，而排除无关区域，使得对人脸的选择更加准确。这在人像摄影的后期处理中非常有用。

利用“色彩范围”命令，还可以快速选取图像中的“高光”“中间调”“阴影”区域，在图像色彩调整时非常有用。

（4）使用“焦点区域”创建选区

对于焦点比较明确的图像，选择“选择 | 焦点区域”命令能快速地选择焦点中的图像区域。

使用“焦点区域”命令创建选区的步骤如下：

① 选择“选择 | 焦点区域”命令，打开“焦点区域”对话框，如图 2-59 所示。系统会自动设置焦点范围选取焦点图像。可以通过“视图”菜单，设置以“闪烁虚线”“叠加”“黑底”“白底”“黑白”“图层”等不同的方式查看选区的范围。

② 调整“焦点对准范围”参数以扩大或缩小选区。如果将滑块往左侧移动，则会缩小选区。反之，将滑块往右侧移动，则会扩大选区，移动到最右侧会选取整个图像。选择“自动”，则由系统自动设置参数创建选区。

③ 如果选区仍不满意，可以通过对话框左侧的焦点区域增加工具和焦点区域减去工具在图像上手动调整选区边缘。使用方法类似快速选择工具。

④ 如果选区中存在杂色，可在“高级”选项中设置“图像的杂色级别”。

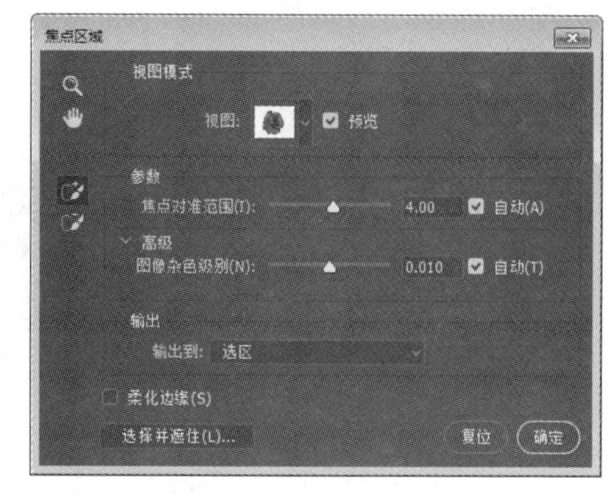

图 2-59 “焦点区域”对话框

⑤ 选中“柔化边缘”复选框可以羽化选区，产生更自然的边缘过渡效果。

⑥ 设置选区的输出方式。可以选取的输出方式有“选区”“图层蒙版”“新建图层”“新建带有图层蒙版的图层”“新建文档”“新建带有图层蒙版的文档”，默认为“选区”方式。

⑦ 单击“确定”按钮完成选区创建。图 2–60 所示为使用“焦点区域”对一幅图像中的焦点“花朵”快速选择的效果。

（a）原图

（b）利用“焦点区域”创建的选区

图 2–60 利用“焦点区域”创建选区

（5）使用“选择并遮住”工作区创建并精确调整选区

单击工具栏中的“选择并遮住”按钮，打开“选择并遮住”工作区，窗口左侧为选择工具箱，工具箱中包括快速选择工具、边缘调整工具、画笔工具、套索工具和多边形套索工具、抓手工具和缩放工具。窗口右侧为“属性”面板，如图 2–61 所示，通过此面板可以精确地创建和编辑选区，非常适合人物头发、动物毛发等复杂图像的抠取。

图 2–62 所示为使用“选择并遮住”工作区创建的选区。使用“选择并遮住”工作区创建精确选区的一般步骤如下：

① 使用快速选择工具、套索工具组等快速创建一个需要的选区。

② 使用边缘调整工具在选区边缘轻刷，可以精确调整发生边缘调整的边框区域，如老虎的胡须部分。

③ 使用画笔工具来完成或清理细节。画笔工具也同样有“添加”和“减去”两种工作模式，可以进一步处理选区的细节。

④ 在“属性”面板对选区进行调整设置。

（a）左侧工具箱

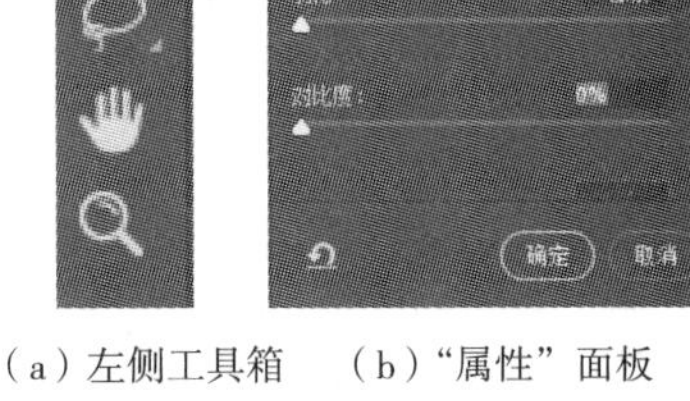

（b）“属性”面板

图 2–61 “选择并遮住”工作区

（a）原图

（b）“选择并遮住”创建的选区

图 2–62 “选择并遮住”工作区

属性面板各项参数的含义如下：

① 视图模式设置。从“视图”菜单中，可以选择用不同的视图方式来查看选区。按【F】键可以在各个模式之间循环切换，按【X】键可以暂时禁用所有模式。

- 洋葱皮：可以显示多个图层的图像，将选区显示为动画样式的洋葱皮结构。
- 闪烁虚线：将选区边框显示为闪烁虚线。
- 叠加：将选区显示为透明颜色叠加，未选中区域显示为该颜色。默认颜色为红色。
- 黑底：将选区置于黑色背景上。
- 白底：将选区置于白色背景上。
- 黑白：将选区显示为黑白蒙版。
- 图层：将选区周围变成透明区域。
- 显示边缘：选中则会显示调整区域。
- 显示原始选区：选中则显示原始选区。
- 高品质预览：渲染更改的准确预览，此选项可能会影响性能。选择此选项后，在处理图像时，按住鼠标左键（向下滑动）可以查看更高分辨率的预览。取消选择此选项后，即使向下滑动鼠标时，也会显示更低分辨率的预览。
- 透明度/不透明度：为视图模式设置透明度/不透明度。

② 边缘检测设置：

- 半径：确定发生边缘调整的选区边框的大小。对锐边使用较小的半径，对较柔和的边缘使用较大的半径。
- 智能半径：允许选区边缘出现宽度可变的调整区域。如果选区是涉及头发和肩膀的人物肖像，此选项则会十分有用。在这个边缘更加趋向一致的人物肖像中，可能需要为头发设置比肩膀更大的调整区域。

③ 全局调整设置：

- 平滑：减少选区边框中的不规则区域（“凸凹不平”）以创建较平滑的轮廓。
- 羽化：模糊选区与周围的像素之间的过渡效果。
- 对比度：增大时，沿选区边框的柔和边缘的过渡会变得不连贯。通常情况下，使用“智能半径”选项和调整工具效果会更好。
- 移动边缘：使用负值向内移动柔化边缘的边框，或使用正值向外移动这些边框。向内移动这些边框有助于从选区边缘移去不想要的背景颜色。

④ 输出设置：

- 净化颜色：将彩色边替换为附近完全选中的像素的颜色。颜色替换的强度与选区边缘的软化度是成比例的。调整滑块以更改净化量，默认值为 100%（最大强度）。注意：由于此选项更改了像素颜色，因此它需要输出到新图层或文档。请保留原始图层，这样就可以在需要时恢复到原始状态。
- 输出到：决定调整后的选区是变为当前图层上的选区或蒙版，还是生成一个新图层或文档。

（6）其他控制选区的命令

在“选择”菜单中还有一些控制选区的其他命令。

① 全部：选取整幅图像，快捷键为【Ctrl+A】。

② 取消选择：取消选区，快捷键为【Ctrl+D】，或在选区外单击。

③ 重新选择：恢复前一次的选区，快捷键为【Shift+Ctrl+D】。

④ 反向：选择选区以外的区域，快捷键为【Shift+Ctrl+I】。

⑤ 隐藏选区范围但不取消选区，可选择“视图 | 显示 | 选区边缘”命令。

Photoshop 默认只在同一图层进行选择，如果选中选项框中的“所有图层”，则可以在所有的图层中进行选择。有关内容将在 2.8 节图层中详细讲解。

2.3.3 选区的编辑

在创建选区时，往往很难做到一次就达到满意的效果，通常需要对选区进行一些调整，如移动、添加、减少选区，计算选区的交集等。

1. 添加、减少选区与选区相交

如果需要对一个选区进行一些修改，可以创建一个新选区。

图 2-63 所示为选框工具栏的图标，给出了 4 种新选区的创建方式，分别是：新选区、添加到选区、从选区减去及与选区相交。

图 2-63　选框工具栏图标

① 新选区：表示创建一个新选区，且放弃原来的选区。

② 添加到选区：将新建的选区添加到原有选区中。它是两个选区的并集。

③ 从选区减去：将新建选区从原有的选区中减去。它是两个选区的差集。

④ 与选区相交：创建的选区是新建选区与原有选区的共有部分。它是两个选区的交集。

图 2-64 所示为选区相加、相减、相交的效果示例。

（a）矩形选区

（b）椭圆形选区

（c）两选区相加

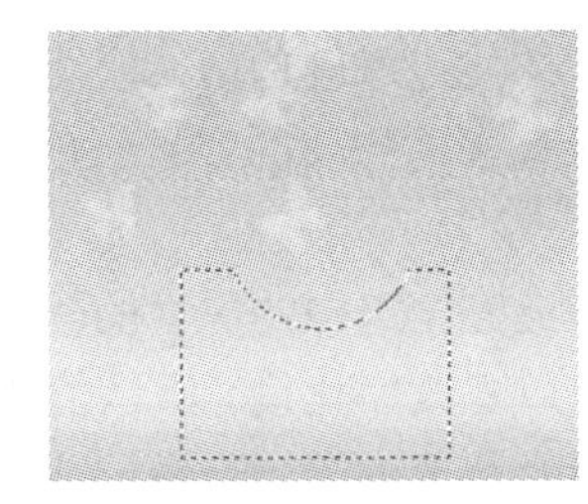

（d）两选区相减

（e）两选区相交

图 2-64　选区相加、相减、相交的效果示例

2. 移动选区

当选区位置不够准确，需要移动选区时，只需将鼠标移到该选区内按下鼠标左键并拖动鼠标使选区移动到指定位置即可，在用鼠标拖动过程中若同时按住【Shift】键，可限制选区按垂直、水平或 45° 角方向移动。若对选区位置做细致的调节，可使用方向键，每按一次方向键，选区可移动一个像素的距离。

3. 羽化选区

为使选区的边缘不致太突出地出现在图像中，可以“羽化”选区的边缘，使它具有柔软渐变的边缘，以便较自然地融合到被粘贴的图像中。图 2–65 所示为矩形选区羽化之后的边缘晕映效果。

“羽化”选区的边缘有 3 种方法：

① 选取选择工具时，在工具栏设置羽化值，然后再制作选区。

② 选区制作后，选择“选择 | 修改 | 羽化”命令或按【Shift+F6】快捷键，在“羽化选区”对话框中设置“羽化半径”值，如图 2–66 所示。其中，“羽化半径”参数值越大，边缘越柔和。图 2–67 所示为同一个椭圆选区设置不同羽化半径的图像效果。

③ 在工具栏中单击“选择并遮住”，在打开的“属性”面板中设置羽化值。

图 2–65 “羽化”的柔和晕映效果

图 2–66 “羽化选区”对话框

（c）未羽化

（d）羽化 10 像素

（e）羽化 30 像素

图 2–67　羽化效果

4. 修改选区的边界

① 若要略微扩大和缩小选区的边界，可选择“选择 | 修改 | 边界/平滑/扩展/收缩/羽化”命令，如图 2–68 所示。

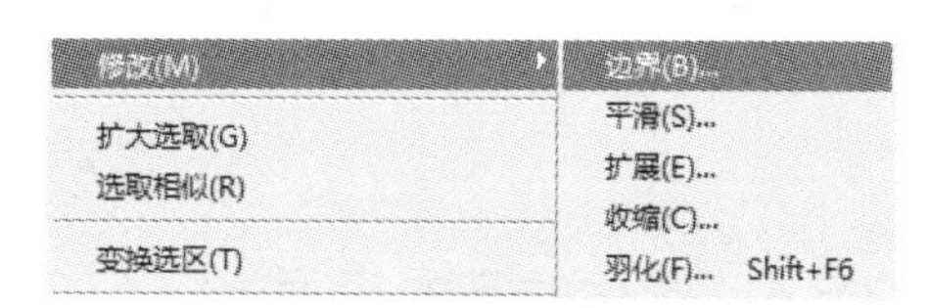

图 2–68 “修改”子菜单

扩展、收缩及边界三项可以扩大和缩小选区的边界。而“平滑选区”对话框中输入取样半径值后，可以使选区边界变成连续平滑的效果。

② 扩大选取与选取相似。对于使用魔棒创建了选区的图像［见图 2–69（a）］，若要扩大选区的范围，可选择“选择 | 扩大选取”或“选择 | 选取相似”命令。

“扩大选取”命令依照魔棒选中的容差范围将选区进一步扩大。扩大的范围是与原选区相邻且颜色相近的范围，如图 2–69（b）所示。

“选取相似”与“扩大选取”命令的依据相同，也将原选区进一步扩大，但扩大的范围包括图像中所有符合容差范围的像素，而不仅限于相邻的像素，如图 2–69（c）所示。

（a）魔棒选取

（b）扩大选取

（c）选取相似

图 2-69 “选取相似”与“扩大选取”

5. 变换选区

当图像中设置了选区时，若选择“选择 | 变换选区”命令，选区边框会出现 8 个控制点，拖动这些控制点可以对选区范围进行任意放大、缩小、拉伸、旋转等变换。如果此时右击，会弹出变换选区的快捷菜单，用户可以使用菜单做进一步的修改。变形合适后，可在选区中双击或按【Enter】键确认。如图 2-70 所示，如果要选取立方体的一面图像，只自由变换是做不到的，需要对选区做扭曲变换。

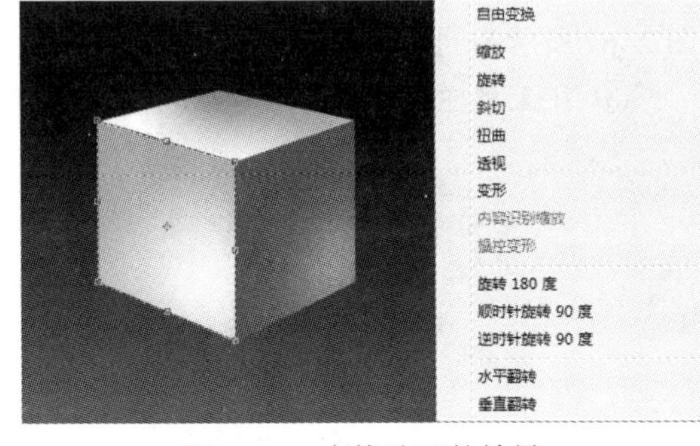

图 2-70 变换选区的效果

6. 反选

使用“选择 | 反向”命令可选取原选区的相反部分，也就是选取原选区以外的部分，它对背景单一而要选取的边缘不够平滑的图像是一种很有效的方法。如图 2-71 所示，可先用魔棒点取黄色背景，然后选择“选择 | 反向”命令，很快就可将想要的图像选出。

（a）魔棒工具选区

（b）反选选区

图 2-71 反选选区的效果示例

2.3.4 选区的基本应用

在 Photoshop CC 2018 中确定好图像的选区后，就可以进行各种图像处理操作。下面介绍一些选区的基本应用，例如，选区的复制、粘贴合成图像，通过选区的填充和描边绘制图像等。

1. 图像合成——选区的复制、粘贴

利用选区的复制、粘贴可以进行简单的图像合成。

① 在图像中制作选区，选取图像中需要的部分。选择“编辑 | 复制”（Ctrl+C）或“编辑 | 剪切”（Ctrl+X）命令，可将选区内容复制并保存到剪贴板中。

② 在目标图像中，选择“编辑 | 粘贴”（Ctrl+V）命令可将选区中的图像粘贴到新文件，

被选取的区域会粘贴到自动生成的新图层中。

③ 选择“编辑 | 自由变换”（Ctrl+T）命令适当调整选取图像的大小和位置。将鼠标移动到边角的控制点上，按住鼠标左键拖动调整大小。将鼠标移动到调整框内拖动可以移动图像位置，将鼠标移动到调整框外拖动可以旋转图像。按【Enter】键确认变换，完成图像合成。

图 2–72 所示为两幅图像合成的效果。

（a）原图 1

（b）原图 2

（c）合成效果

图 2–72　图像合成的效果示例

2. 快速复制选区内的图像

在选区工具选中的状态下，按住【Ctrl+Alt】快捷键，鼠标拖动到新位置松开，即可复制选区内的图像。如果选择“选择”工具，按住【Alt】键鼠标拖动即可完成复制。图 2–73 所示为多次复制并配合大小调整的图像效果。

（a）原图 1

（b）快速复制选区图像效果

图 2–73　快速复制选区图像的效果示例

3. 图像的设计与绘制

创建选区后，可以选择“编辑 | 填充”或者“编辑 | 描边”命令来生成图像。

选择“编辑 | 填充”命令，打开“填充”对话框，可以为创建的选区填充前景色、背景色或图案。例如，创建一个选区，然后分别用颜色或图案填充，如图 2–74 所示。

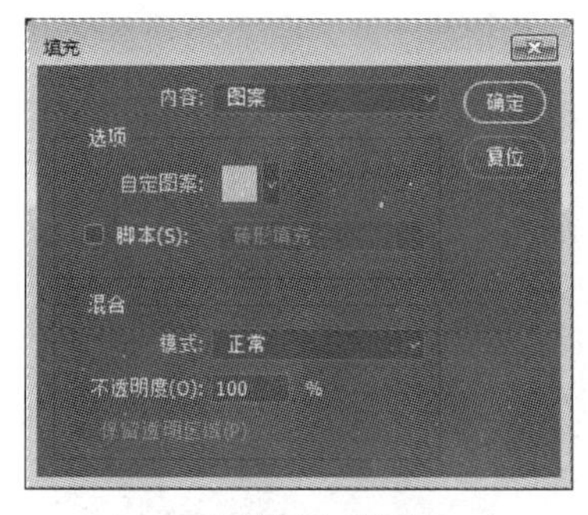

（a）“填充”对话框

（b）颜色填充

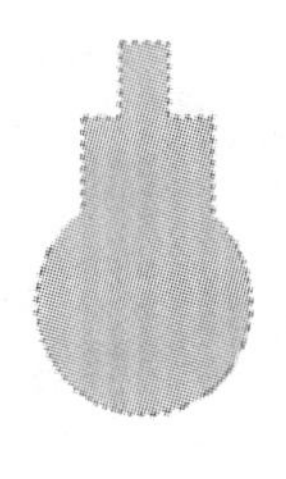

（c）图案填充

图 2–74　选区的填充示例

选择“编辑 | 描边”命令，在打开的“描边”对话框中选择“位置”是内部、居中或居外，就可以给选区线内侧、外侧或跨选区线为中心来描边。图 2–75 所示为对椭圆选区的描边效果。

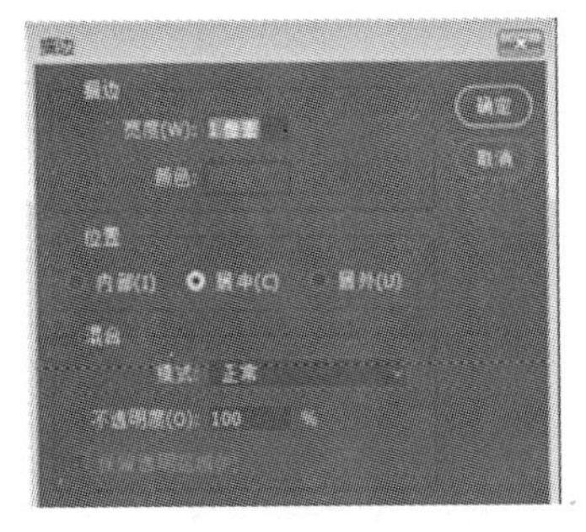

（a）“描边”对话框

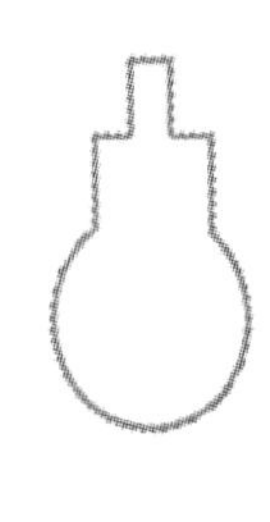

（b）内部

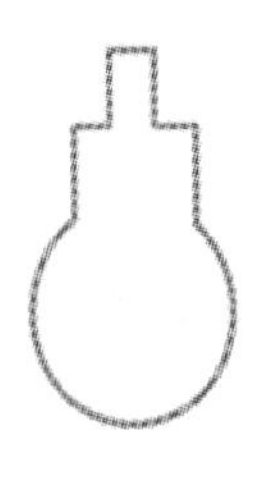

（c）居中

（d）居外

图 2–75　选区的描边效果示例

2.3.5　选区的存储和载入

经过精心选择并加工后的选区，可以保存起来。保存后的选区范围可以作为一个蒙版，显示在“通道”面板中，需要时可从“通道”面板中装载进来，或保存在外部文件中。

1. 存储选区

选择“选择 | 存储选区”命令，打开“存储选区”对话框，如图 2–76 所示。

在对话框的“文档”文本框中选择存储选区的文件，默认为当前文件。在“通道”文本框中选择“新建”；如果已经存在其他通道，则可在“通道”下拉列表中选择。在“名称”栏中输入通道的名称。单击“确定”按钮，则存储选区完成。

单击“通道”面板中的“将选区存储为通道”按钮，将选区存储为默认的 Alpha 通道。

2. 载入选区

存储选区后，在需要时可以重新载入。选择“选择 | 载入选区”命令，打开“载入选区”对话框，如图 2–77 所示。同样，在“文档”文本框中选择要载入选区的文件，在“通道”文本框中选择选区载入的通道。选中“反相”复选框，意味着载入选区为存储选区的相反状态。在“操作”区域中选择载入方式，默认为“新建选区”；也可以选择与原选区相加、相减或相交。单击“确定”按钮，则完成存储选区的载入。

同样，单击“通道”面板中的“将通道作为选区载入”按钮，可将通道作为选区载入。

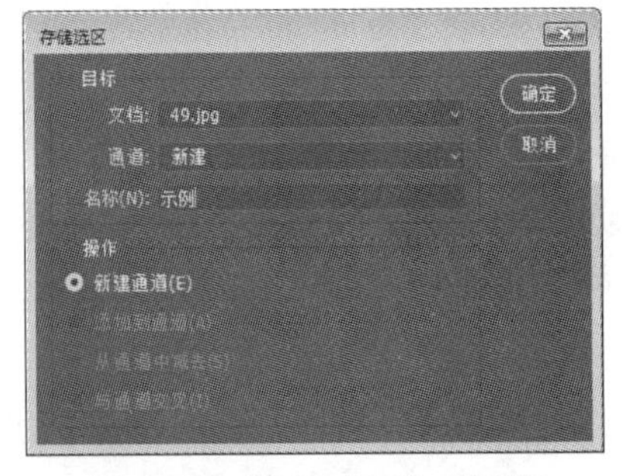

图 2–76　“存储选区”对话框

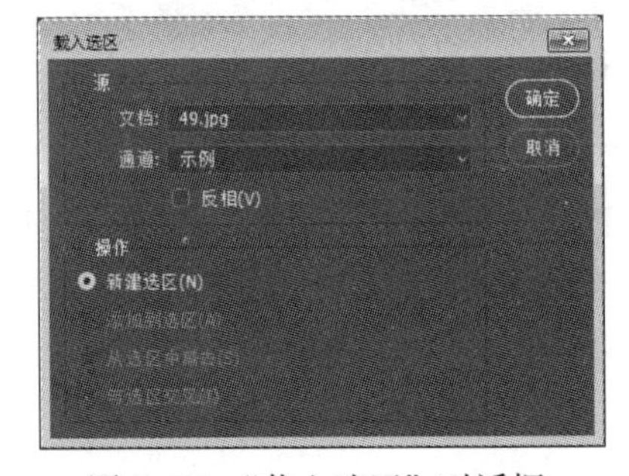

图 2–77　“载入选区”对话框

2.3.6　应用实例——照片模板的创建

【例 2-2】使用创建选区工具创建选区，变换、填充、复制、粘贴等，完成照片模板的制作。

① 打开图像文件“背景.jpg”，如图 2-78 所示，使用“矩形选框”工具在图像左侧制作一个矩形选区，选择“选择｜变换选区”命令，旋转选区，如图 2-79 所示。

图 2-78　打开的“背景”文件

图 2-79　建立矩形选取并填充

② 选择“编辑｜填充”命令，用白色填充选区，按【Ctrl+D】快捷键取消选区。

③ 使用“椭圆选框工具”在图像靠右侧创建一个圆形的选区，选择“编辑｜填充”命令，用白色填充选区，按【Ctrl+D】快捷键取消选区，如图 2-80 所示。

④ 打开树叶，使用魔棒工具选取其中的白色背景，选择“选择｜反向”命令选中“树叶”，按【Ctrl+C】快捷键复制。

⑤ 在“背景”中，按【Ctrl+V】快捷键粘贴。选择“编辑｜自由变换”命令，适当变换大小和位置，如图 2-81 所示。

图 2-80　建立椭圆选区并填充

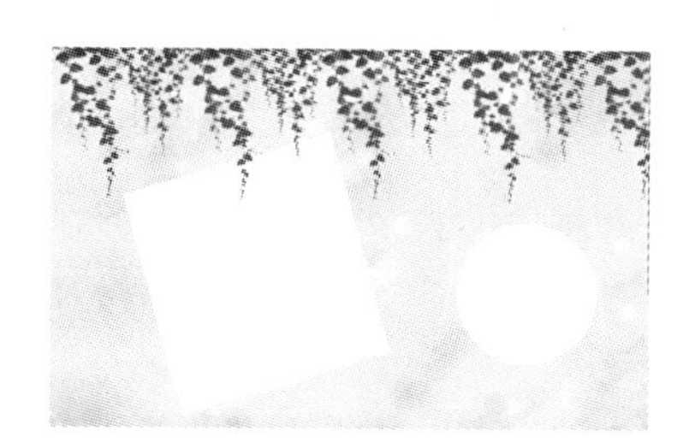

图 2-81　复制树叶

⑥ 在“背景”中，多次粘贴“树叶”，变换大小和位置，最终效果如图 2-81 所示。

⑦ 打开“麦穗.jpg”，制作一个矩形选区，选取麦穗部分，选择“选择｜修改｜羽化”命令，羽化 20 个像素，复制到背景中的矩形部分，如图 2-82 所示。

⑧ 打开“照片.jpg”，制作一个椭圆选区，选取人物部分，选择“选择｜修改｜羽化”命令，羽化 15 个像素，复制到背景中的椭圆部分，如图 2-83 所示。

图 2-82　复制“麦穗”效果

图 2-83　复制“照片”效果

⑨ 打开“树.jpg”，使用魔棒工具，选取其中的树复制到背景中，适当调整位置和大小，如图 2-84 所示。

⑩ 选择“直排文字工具”，输入文字“秋天的故事”，华文隶书，如图 2-85 所示。

图 2-84 复制“树”的效果

图 2-85 添加文字效果

⑪ 打开“蝴蝶.jpg”，使用魔棒工具选取里面的蝴蝶，复制在背景中，按【Ctrl+V】快捷键粘贴，选择“编辑 | 变换 | 水平翻转”命令，适当变换大小和位置。再次按【Ctrl+V】快捷键粘贴，适当变换大小和位置，最终效果如图 2-86 所示。

图 2-86 照片模板最终效果

微视频 2.2

制作照片模板

【例 2-3】利用选区的运算创建选区，制作四色彩环效果。

① 选择“文件 | 新建”命令新建一个文件，大小为 400×400 像素，分辨率为 72 像素/英寸。

② 选择“视图 | 标尺”命令，鼠标移动到水平标尺，拖动到图像的垂直中点处创建一条水平参考线。如图 2-87 所示。鼠标移动到垂直标尺，拖动到图像的水平中点处创建一条垂直参考线。

③ 创建环形选区。选择“椭圆选框工具”，鼠标移动到参考线中心点，按下鼠标左键，按住【Alt+Shift】快捷键拖动创建一个圆形选区。选择工具选项栏中的“从选区减去”按钮，鼠标移动到参考线中心点，按下鼠标左键，按住【Alt+Shift】快捷键拖动创建一个小一些的圆形选区，得到如图 2-88 所示的环形选区。

④ 存储选区。选择“选择 | 存储选区”命令，输入名称“圆环”，单击“确定”按钮。

⑤ 制作 1/4 环形选区。选择“矩形选框工具”，在工具选项栏中选择“与选区交叉”按钮，制作一个矩形选区，使得此选区与圆环选区交叉得到 1/4 圆环，如图 2-89 所示。

⑥ 填充颜色。选择“编辑 | 填充”命令，为选区填充颜色，如图 2-90 所示。

微视频 2.3

制作四色彩环

⑦ 取消当前选区。按【Ctrl+D】快捷键取消当前选区。

⑧ 载入选区。选择“选择 | 载入选区”命令，再次载入“圆环”选区。

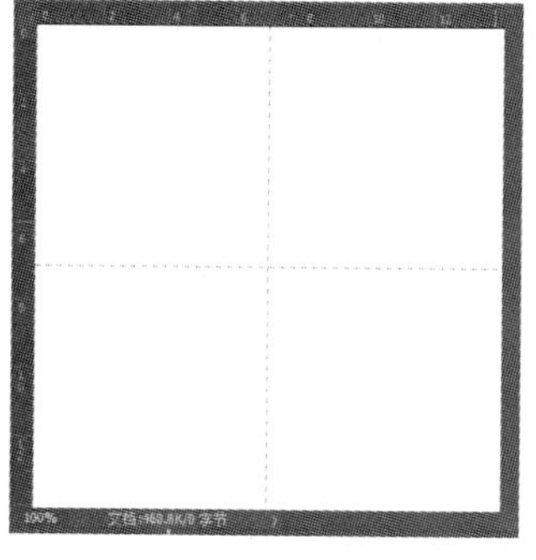

图 2-87　参考线效果

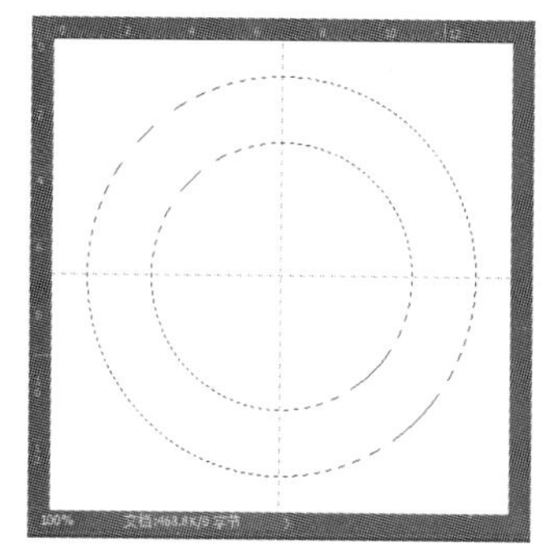

图 2-88　环形选区效果

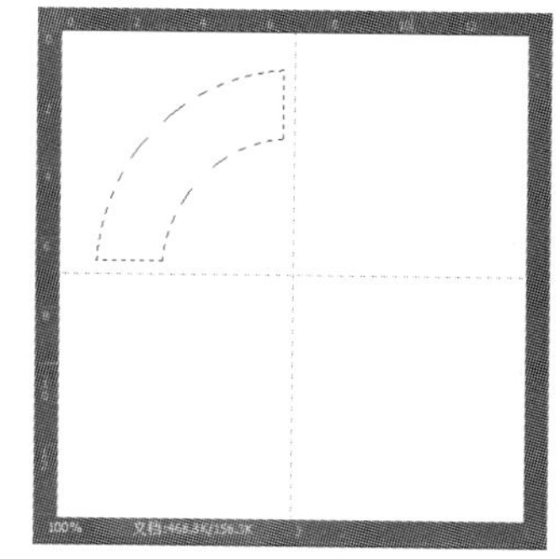

图 2-89　1/4 环形选区效果

⑨ 重复⑤~⑧步，制作环形的其他 3 个部分，如图 2-91 所示。

⑩ 输入文字。选择“横排文字工具”输入文字“PS”，华文隶书，122 点，按【Ctrl+Enter】快捷键确认。最终效果如图 2-92 所示。

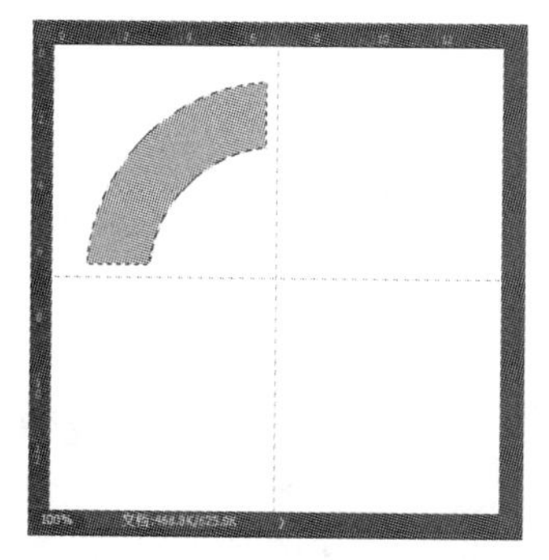

图 2-90　选区填充效果

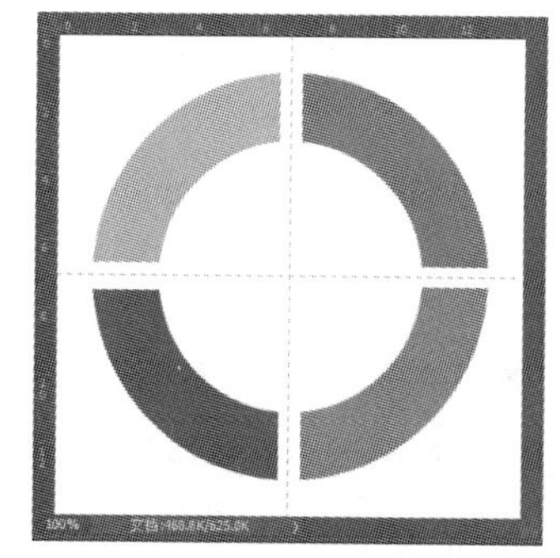

图 2-91　四色彩环填充效果

图 2-92　四色彩环最终效果

2.4　创作的基石——图像的绘制和修饰

Photoshop 中有许多绘图工具和图像修饰工具，如铅笔、画笔、橡皮、渐变、模糊、海绵工具等，为图像的设计和处理提供了极为有利的创作基础。

2.4.1　颜色的设置

在 Photoshop 中绘制和修饰图像时，颜色选取是优秀创作的前提。颜色的选取可通过设置“前景色/背景色”、拾色器、“颜色”调节面板和“色板”调节面板来完成。

1. 前景色与背景色

前景色指各种绘图工具（如画笔）当前使用的颜色；而背景色是图像空白处的底色。使用前景色可用来绘图、填充和选区描边。使用背景色可以生成渐变填充和在背景图像中擦除部分图像。“前景色/背景色”按钮■处于工具箱的下方，默认的前景色为黑色，背景色为白色。

设置前景色与背景色的方法主要有以下几种：

① 单击工具箱上的前景色和背景色按钮，可在“拾色器”上选取前景色与背景色。

② 通过“颜色”和“色板”调节面板设置。

③ 通过吸管工具吸取图像中的颜色作为前景和背景色。

单击前景色与背景色切换按钮，可以将前景色与背景色互换。

恢复默认颜色设置的方法是，单击默认颜色设置按钮，恢复默认的颜色设置，即前景色为黑色，背景色为白色。

2. 拾色器

拾色器是 Photoshop 重要的颜色管理器。单击工具箱中的前景色或背景色按钮即可打开拾色器。“拾色器”对话框如图 2-93 所示。

其左侧的彩色区域称为色域，可在色域上单击选取颜色。色域右侧的竖长条为色调调整杆，用来调整颜色的色调，也可以拖动调整杆上的滑块来选择颜色。

在对话框的右下方设置了 HSB、RGB、Lab 和 CMYK 几种色彩模式的参数选择框，可以直接在其中输入数值来选取颜色。

色调调整杆的右上方有两个矩形颜色块。上面的颜色块显示刚选取的“新的”颜色，下面的颜色块表示正在使用的“当前”颜色。用户可以调整颜色，直到对上面颜色块中选取的颜色满意为止。若选取的颜色无法打印，会出现“溢色警告标志”，该标志下方的小方块显示最接近的打印颜色，单击该标志可将选取颜色换成此打印颜色。当选取的颜色超出网页颜色使用范围时，会出现“Web 颜色范围警告标志”，同样该标志下方的小方块显示最接近的 Web 颜色。如果选中对话框左下方的“只有 Web 颜色”复选框，则可选取的颜色被控制在 Web 页可用的安全颜色范围内，如图 2-94 所示。

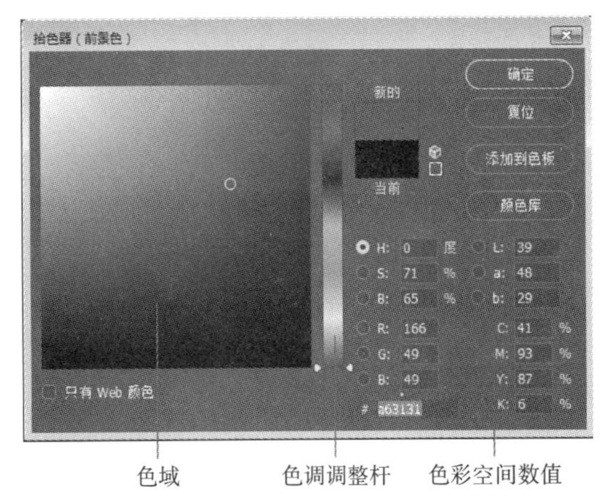

图 2-93 “拾色器”对话框

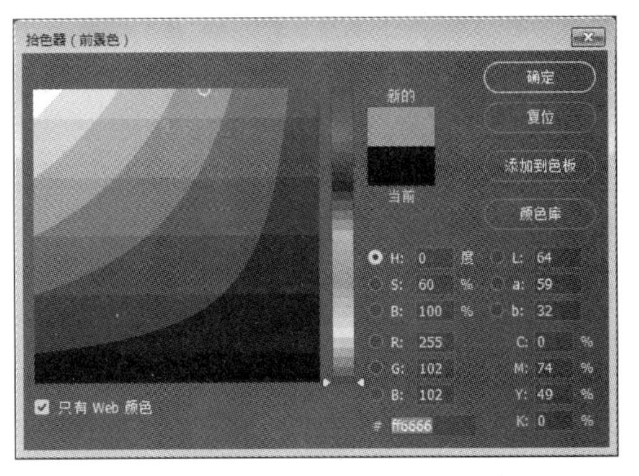

图 2-94 选择“只有 Web 颜色”复选框

3. “颜色”调节面板

除使用“拾色器”外，还可用“颜色”调节面板来设置前景色和背景色。选择“窗口 | 颜色”命令，打开“颜色”调节面板，如图 2-95 所示。

单击该面板右侧的扩展菜单按钮，弹出“颜色”调节面板的命令菜单。选择“色相立方体”“亮度立方体”“灰度滑块”“RGB 滑块”“HSB 滑块”“CMYK 滑块”“Lab 滑块”“Web 颜色滑块”命令时，调节面板上会显示相应颜色模式的滑块，拖动相应滑块或直接输入数字可选择颜色。当选择“RGB 色谱”“GMYK 色谱”“灰度色谱”“当前颜色”命令时，调节面板上则显示相应颜色模式的颜色带，单击颜色带可选择颜色。若选择“建立 Web 安全曲线”命令，则各颜色的选择均为网络安全色。

同样，“颜色”调节面板左上角有两个重叠的方形颜色块分别代表前景色和背景色，单击可以切换。当选择的颜色超出打印颜色域时，面板上会出现颜色溢出警告图标 。

4. “色板”调节面板

在“色板”调节面板中也可选择需要的颜色。“色板”调节面板有许多颜色块（见图 2–96），单击某一颜色块即可将其选中。

单击“色板”调节面板下的“创建新色块”按钮，可将当前前景色加入到“色板”调节面板中。拖动“色板”中某颜色块到“删除色块”按钮，可将该颜色块从“色板”中删除。

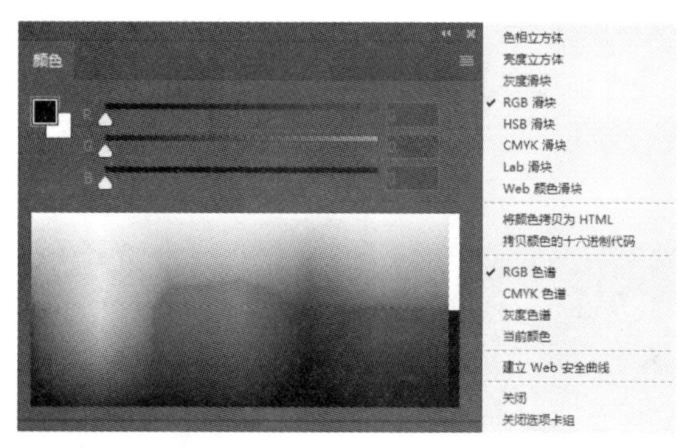

图 2–95　“颜色”调节面板

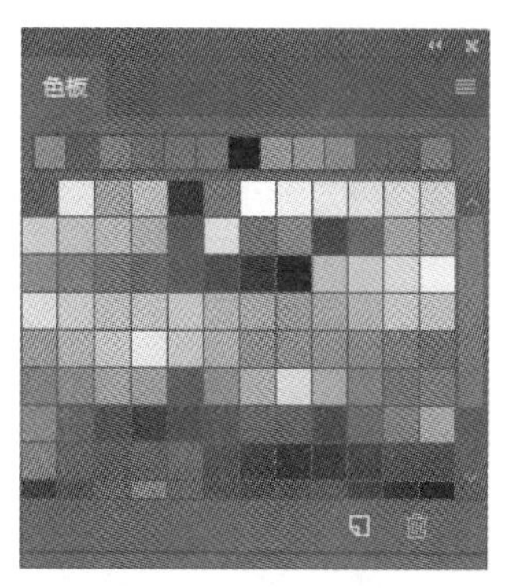

图 2–96　“色板”调节面板

5. 吸管工具

在图像处理中，有时需要使用当前图像中的颜色来修饰图像，可以使用工具箱中的“颜色吸管”工具 直接在图像中选取颜色。选取该工具后，在图像选中的颜色上单击会显示一个取样环，并将前景色设置为单击点的颜色。按住鼠标左键移动，取样环中会出现两种颜色，上面的是前一次拾取的颜色，下面的则是当前拾取的颜色，如图 2–97 所示。按住【Alt】键单击，可将单击点的颜色设置为背景色。

吸管工具还可以拾取单击点周围像素点的平均颜色。例如，在吸管工具的选项栏（见图 2–98）的“取样大小”下拉菜单中选择“3 × 3 平均”，即可拾取单击点所在位置 3 个像素区域内的平均颜色。

图 2–97　吸管工具的取样环

图 2–98　吸管工具的选项栏

2.4.2　画笔工具组

工具箱中的画笔工具组包括：画笔工具、铅笔工具、颜色替换工具和混合器画笔工具，它们是 Photoshop 重要的图像绘制和修饰工具，如图 2–99 所示。

图 2–99　画笔工具组

1. 画笔工具

画笔工具使用非常简单，在选择好使用的画笔笔尖后，设置前景色，在图像窗口中拖动即可画出线条。选取画笔工具后，在屏幕顶端出现画笔工具栏，如图 2–100 所示。

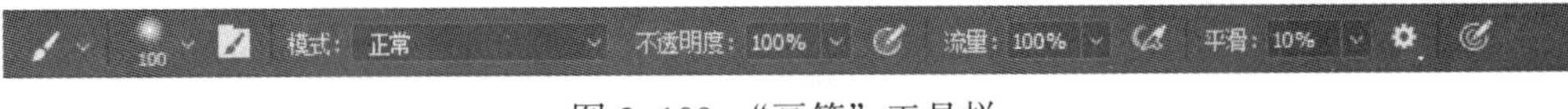

图 2–100 “画笔”工具栏

（1）“画笔”工具的选项设置

画笔的选项设置直接影响画笔的绘图效果。

① 模式：决定要添加的线条颜色与图像底图颜色之间是如何作用的。可以是正常、溶解、清除、变暗、正片叠底、颜色加深、变亮、线性加深等不同模式。设置不同模式后在图像底图上绘图，便会得到绘图色与底图色不同的混合效果。图 2–101 所示为前景色为（R158，G124，B43）时，在不同的混合模式下的绘画效果。

（a）原图

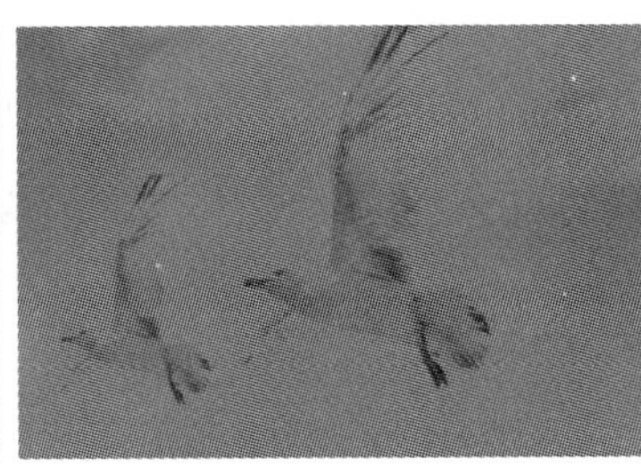

（b）“变暗”混合效果

（c）“色相”混合效果

图 2–101 画笔不同模式的混合效果

② 不透明度：设置画笔所绘制线条的不透明度。

③ 流量：决定画笔和喷枪颜色作用的力度。可以设置不同的流量值，对画笔和喷枪效果有不同的影响。

④ 喷枪效果：“画笔”工具栏后端的图标 表示喷枪效果，单击此图标启用喷枪效果。绘制过程中，若不慎发生停顿，喷枪的颜色会不停地喷溅出来，从而印染出一片色点。

⑤ 平滑：这是 Photoshop CC 2018 新增的画笔选项，可以对画笔描边执行智能平滑，创建出更加平滑的线条。平滑值越高，描边的智能平滑量就越大。图 2–102 所示为平滑值设置为 0 和 100%时，产生的不同绘画效果。单击平滑旁边的按钮可以设置平滑的不同模式。“拉绳模式”仅在绳线拉紧时绘画，在平滑半径之内移动光标不会留下任何标记。“描边补齐”为按住鼠标左键暂停描边时，绘画会自动补齐到光标指针处。“描边补齐末端”为按住鼠标左键松开后，绘画会自动补齐到光标指针处。

（2）画笔预设面板

如果要绘制不同粗细和类型的线条，首先需要选择合适的画笔。Photoshop 自带了许多样式的画笔，可以根据需要选择。在画笔工具选项栏中单击按钮或者在文档窗口的图像区域右击，可弹出“画笔”预设面板，如图 2–103 所示。可在列表中的“常规画笔”“干介质画笔”“湿介质画笔”“特殊效果画笔”中选择预设的画笔，或直接指定画笔的主直径大小和硬度，可通过文本框输入数值或拖动滑块设置。

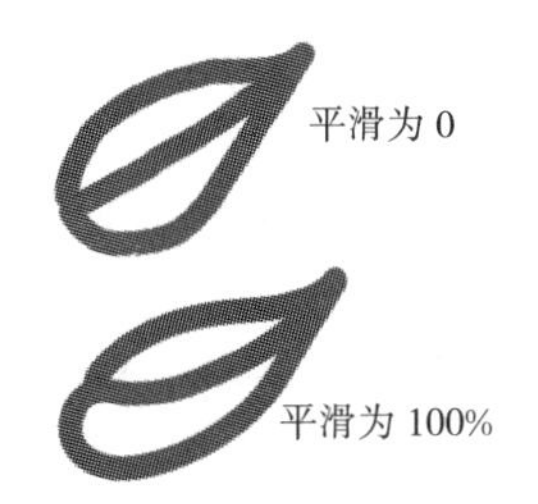

图 2-102　画笔不同平滑度 的绘画效果

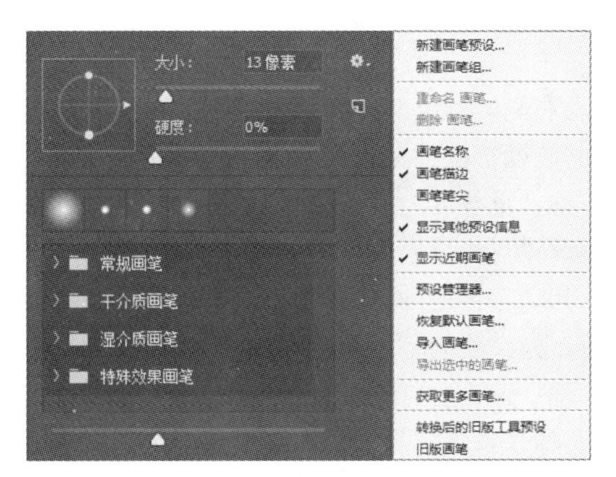

图 2-103　“画笔”预设面板

如果习惯使用之前旧版本的画笔，可以单击面板右上方的按钮打开面板菜单（见图 2-103），选择“旧版画笔”命令，即可在面板列表区载入旧版本的所有画笔。

在面板菜单中，选择“导入画笔”可以导入第三方的画笔文件。也可以选择“窗口 | 画笔”命令打开画笔面板，单击面板右上角的按钮，在打开的菜单命令中选择载入相应的画笔预设。

在 Photoshop CC 2018 中提供了更为方便的管理和创建画笔预设的方法。设置好需要的画笔参数后，选择面板菜单中的“新建画笔预设”命令，打开“新建画笔”对话框，如图 2-104 所示。在“名称”文本框可以输入自定义的画笔名字。选中“捕获预设中的画笔大小”复选框会捕获当前画笔的笔尖大小。选中“包含颜色”复选框，可以将画笔的颜色设置也保存到预设中。单击“确定”按钮即可在预设面板的列表区看到新定义的画笔。

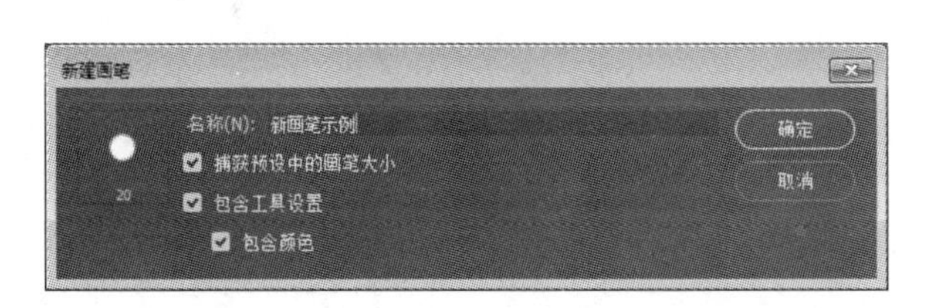

图 2-104　“新建画笔”对话框及新建画笔

选择“新建画笔组”命令，可以创建一个新组，鼠标拖动画笔到新组上松开，即可将其加入到组中。

（3）“画笔设置”调节面板

单击“画笔”工具栏中的切换画笔设置面板按钮，或选择“窗口 | 画笔设置”命令，会显示“画笔设置”调节面板，如图 2-105 所示。

“画笔设置”调节面板可以设置画笔的各种参数。单击左侧的“画笔笔尖形状”项后，可在面板右侧所示的笔尖中选择一个笔尖形状。Photoshop 提供了 3 种类型的笔尖，圆形笔尖、毛刷笔尖和图像样本笔尖。

选定笔尖形状后，可调整“笔尖”的其他参数。在“直径”文本框中输入数值或拖动滑块设置画笔大小。在“角度”文本框设置画笔倾斜的角度。在“圆度”文本框设置画笔的圆度，或直接拖动右侧的预览图标来调整笔尖的角度和圆度。在“硬度”文本框输入数值或拖动滑块设置画笔的硬度，也就是画笔的饱和度，在“间距”文本框或滑块可调节画笔笔尖图形的“连续度”，或称“重叠度”。不同设置的笔尖形状如图 2–106 所示。

“画笔设置”调节面板左侧的复选框如下：

① 形状动态：用画笔绘图时，设置画笔笔尖的大小、角度和圆度的动态变化。

② 散布：设置画笔绘制时的排列散布效果。

③ 纹理：在画笔中加入纹理效果。除可选择系统自带的纹理效果外，还可以选择“编辑 | 定义图案”命令将图像矩形选区定义为图案。

④ 双重画笔：形成两重画笔的效果。

⑤ 颜色动态：设置画笔颜色的动态效果，包括色相、饱和度、亮度、纯度等。

⑥ 传递：设置油彩在描边路线中的改变方式，包括透明度和流量变化等。

⑦ 画笔笔势：调整毛刷画笔笔尖、侵蚀画笔笔尖的角度。

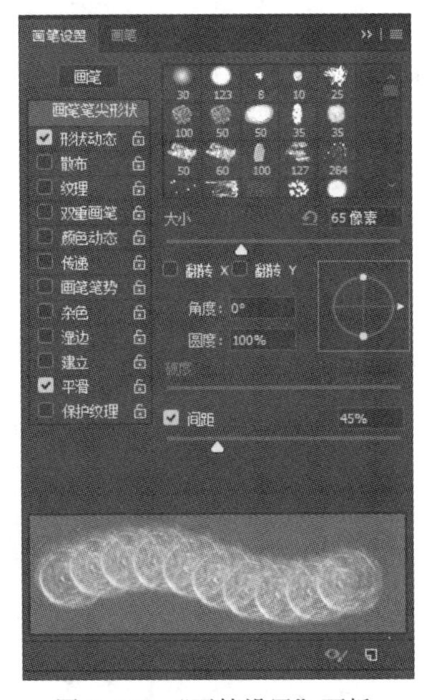

图 2–105 “画笔设置”面板

图 2–106 各种画笔笔尖效果

单击上述参数，右侧面板会显示相应的设置选项。图 2–107（a）所示为“形状动态”设置面板，适当地设置各个参数值，可以得到不同的笔尖效果。如图 2–107（b）所示从上到下分别为笔尖原形、大小抖动、角度抖动、圆度抖动的效果。

画笔笔尖的设置需要在“画笔”调节面板上反复尝试和体会。

画笔的其他特殊效果如下：

① 杂色：给画笔加入随机性杂色效果。

② 湿边：给画笔边缘加入水润感觉，如水彩画的效果。

③ 建立：给画笔添加喷枪喷射的效果，与画笔工具选项栏中的喷枪按钮相对应。

④ 平滑：使画笔边缘平滑。

⑤ 保护纹理：给画笔加入保护纹理效果。

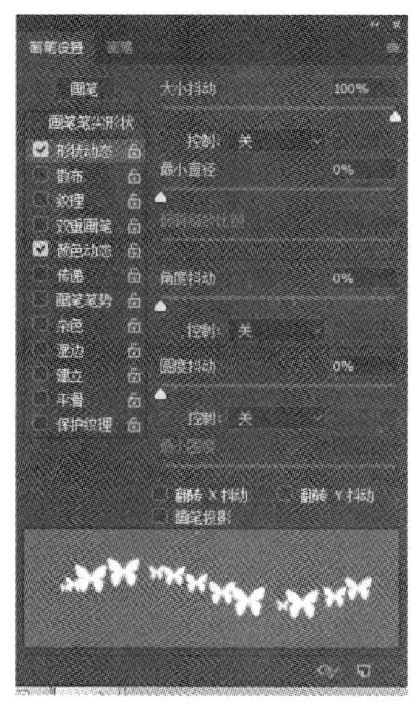

（a）“形状动态”设置面板

（b）“形状动态”设置效果

图 2–107　“形状动态”设置面板及设置效果

（4）自定义画笔

虽然 Photoshop 准备了许多样式的画笔，但有时还不能满足某些用户的个性化要求，这时可以根据自己的需求创建自定义的画笔。如果需要特殊的画笔笔尖，可以自绘一个笔尖形状或选择一个图像的局部。选择“编辑 | 自定义画笔”命令，将笔尖样本定义为新画笔，保存到“画笔”面板的预设画笔列表中。例如，选择图 2–108 中的图像，选择“编辑 | 自定义画笔”命令定义为画笔，该画笔形状就将出现在“画笔”面板中。

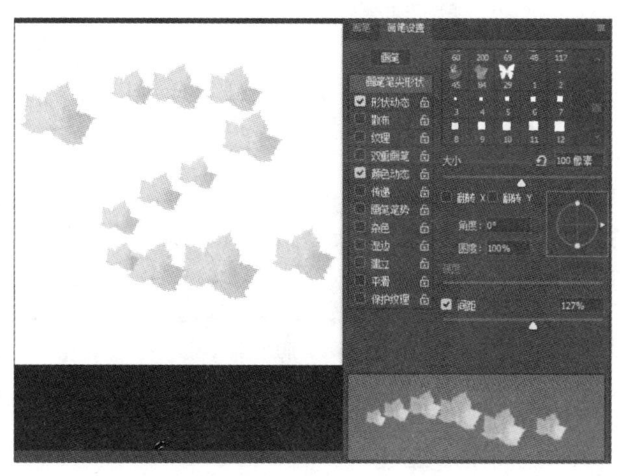

图 2–108　自定义画笔

2. 铅笔工具

铅笔和画笔的功能和使用方法相似。只是铅笔画出的线条比较硬，而画笔画出的线条边缘比较柔和。图 2–109 所示为“铅笔”工具栏，其中的基本选项与“画笔”工具选项栏相同。“自动抹除”复选框是铅笔工具特有的。当选中它时，铅笔工具会根据绘画的初始点像素决定是做绘图还是抹除。若初始点像素是背景色，则用前景色绘图，否则用背景色抹除。

图 2-109 “铅笔”工具栏

3. 颜色替换工具

“颜色替换”工具用来快速替换图像中局部的颜色。图 2-110 所示为“颜色替换”工具栏。

图 2-110 “颜色替换”工具栏

其参数设置如下：

① 画笔：设置画笔的样式。

② 模式：设置使用模式。

③ 取样：设置取样的方式，有 3 个按钮，顺序为连续、一次、背景颜色。若选择“连续”，则随鼠标移动而不断进行颜色取样，光标经过的地方取样的颜色都会被替换；若选择“一次”，则第一次鼠标单击处是取样颜色，然后将与取样颜色相同的部分替换，每次单击只执行一次连续的替换，如果要继续替换，必须重新单击选择取样颜色；若选择“背景颜色”，则在替换前选好背景色作为取样颜色，然后替换与背景色相似的色彩范围。

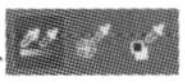

④ 限制：设置颜色替换方式，包括连续、不连续和查找边缘 3 种方式。“连续”只将与替换区相连的颜色替换；“不连续”将图层上所有取样颜色替换；“查找边缘”则可提供主体边缘较佳的处理效果。

⑤ 容差：设置替换颜色的范围。容差值越大，替换的颜色范围也越大。

图 2-111 所示为使用颜色替换工具，设置容差 40%，选用取样工具在花瓣上取样，然后在花瓣上用红色前景色涂抹，将图像中的花瓣替换为红色。

（a）原图

（b）效果图

图 2-111 使用“颜色替换”工具后的效果

4. 混合器画笔工具

混合器画笔可以模拟真实的绘画技术，如混合画布上的颜色、组合画笔上的颜色以及在描边过程中使用不同的绘画湿度。就如同在绘制水彩或油画时，随意地调节颜料颜色、浓度、颜色混合等，可以绘制出更为细腻的效果图。

混合器画笔有两个绘画色管（一个储槽和一个拾取器）。储槽存储最终应用于画布的颜色，并且具有较多的油彩容量。拾取色管接收来自画布的油彩；其内容与画布颜色是连续混合的。图 2-112 所示为“混合器画笔”工具栏。

图 2-112　“混合器画笔”工具栏

① 当前画笔载入色板：从弹出菜单板中，单击“载入画笔”使用储槽颜色填充画笔，或单击“清理画笔”移去画笔中的油彩。要在每次描边后执行这些任务，请选择“自动载入”或“清理”选项。

②“预设”弹出式菜单：应用流行的“潮湿”、“载入”和“混合”设置组合。

③ 潮湿：控制画笔从画布拾取的油彩量。较高的设置会产生较长的绘画条痕。

④ 载入：指定储槽中载入的油彩量。载入速率较低时，绘画描边干燥的速度会更快。

⑤ 混合：控制画布油彩量同储槽油彩量的比例。比例为 100%时，所有油彩将从画布中拾取；比例为 0%时，所有油彩都来自储槽。（但是，“潮湿”设置仍然会决定油彩在画布上的混合方式）

⑥ 流量：与画笔工具类似。

⑦ 对所有图层取样：拾取所有可见图层中的画布颜色。

图 2-113 所示为“混合器画笔”工具的绘画效果。

（a）原图

（b）效果图

图 2-113　“混合器画笔”工具的绘画效果

2.4.3　填充工具组

Photoshop 中的填充工具组包括渐变工具和油漆桶工具，如图 2-114 所示。

图 2-114　填充工具组

1. 油漆桶工具

“油漆桶”能快速地把前景色填入选区，或把容差范围内的色彩或图案填入选区，其工具栏如图 2-115 所示。

图 2-115　“油漆桶”工具栏

① 模式：决定要填充的颜色或图案与图像底图颜色之间是如何作用的。

② 容差：与魔棒工具类似，容差越大，填充的颜色区域越大。

③ 不透明度：设置填充颜色或图案的不透明度。

④ 连续的：若选中此选项，则只有与单击位置连接在一起的颜色区域才会进行填充，否则将在所有相似的颜色区域进行填充。

填充时，若选择“前景”，则用前景色填充选区。若选择“图案”，则可在“图案”下拉列表中（见图 2-116）选择某一图案进行填充，其填充效果如图 2-117 所示。Photoshop 自带了多种预设图案，单击面板上按钮，在面板菜单下方即可看到“艺术表面”“彩色纸”“侵蚀纹理”

“岩石图案”等图案预设，单击相应图案，选择“追加”即可在面板的图案列表区看到。

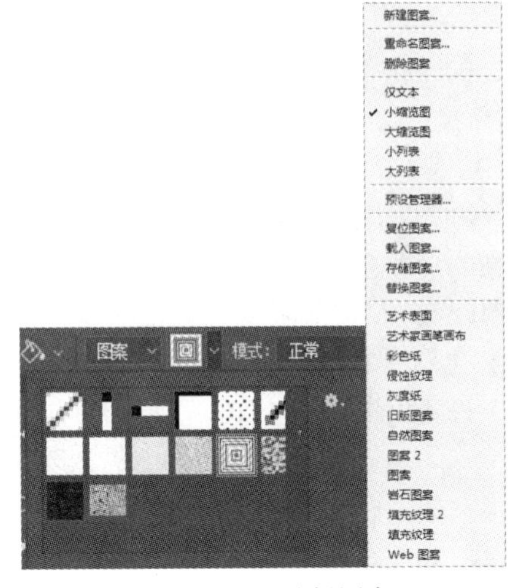

图 2–116　选择图案

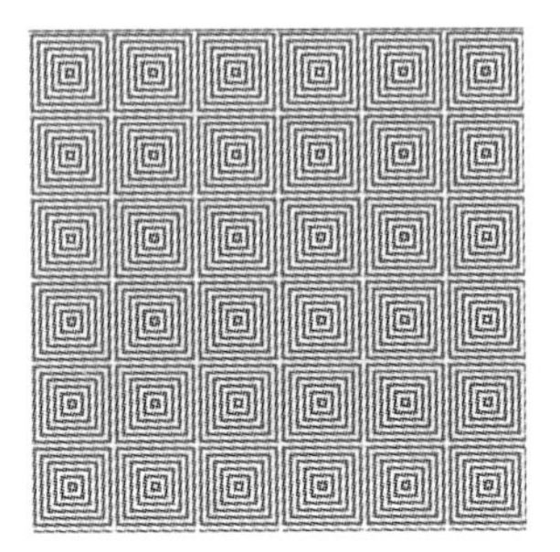

图 2–117　“油漆桶”填充效果

如同可以定义自己的画笔一样，用户可以根据图像处理的需要定义自己的图案。具体操作如下：

① 打开含有取样图案的图像。

② 用“矩形选框”工具选取图像中的图案部分。注意：只有矩形选区才能定义为图案，如图 2–118 所示。

图 2–118　自定义图案

③ 选择“编辑 | 定义图案”命令，将选区定义为图案，在“图案名称”对话框中输入图案名称，如“自定图案示例”或用系统默认名称，单击“确定”按钮，新定义好的图案即出现在“预置图案管理器”和“油漆桶”图案选项中。

2. 渐变工具

渐变工具是一种奇妙的绘制工具，它可以实现从一种颜色向其他颜色的渐变过渡。“渐变”工具栏如图 2–119 所示。

图 2–119　“渐变”工具栏

在“渐变”工具栏中，提供了 5 种渐变类型，依次是线性渐变、径向渐变、角度渐变、对称渐变、菱形渐变。使用渐变填充时要注意：

① 确定需要填充的区域。若填充图像的一部分，先要确定浮动的选区，否则会填充整个图像。

② 选择“渐变”工具，出现“渐变”工具栏。在工具栏中选择一种渐变色样本，如图 2-120（a）所示，单击渐变样本右侧的三角形按钮以挑选预设的渐变填充，或者单击渐变样本，打开“渐变编辑器”对话框，在其中选择预设的渐变或创建新的渐变填充，然后单击“确定”按钮。

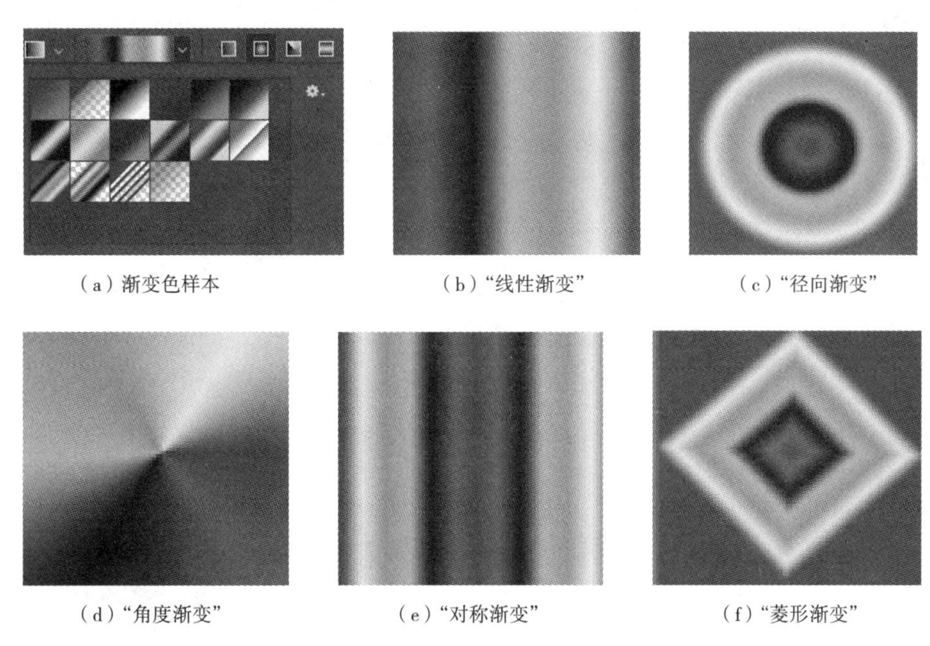

（a）渐变色样本　（b）“线性渐变”　（c）“径向渐变”

（d）“角度渐变”　（e）“对称渐变”　（f）“菱形渐变”

图 2-120　渐变工具的填充效果

③ 在工具栏的 5 种渐变填充类型中，选择其中一种，如“线性渐变”。

④ 设置其他渐变参数，如混合模式、不透明度等。

⑤ 在图像中按住鼠标在选区中拖出一条直线，直线的长度和方向决定了渐变填充的区域和方向（按住【Shift】键可得 45° 整数倍角度的直线）。放开鼠标就可在选区内看到渐变的效果。图 2-120（b）～（f）所示为几种渐变效果图。

为创建个性化的渐变效果，可创建个性化的渐变样本。在工具选项栏的渐变样本上单击，打开“渐变编辑器”对话框，如图 2-121 所示。选择一个样本作为创建新渐变的基础，然后对它进行修改并保存为新的渐变样本。

“渐变编辑器”对话框可以编辑颜色的过渡变化和透明度的变化。在对话框下方有一展开的渐变条，其下部一排滑块为渐变颜色色标，用来控制渐变的颜色，而其上部的一排滑块为不透明色标，可以控制透明度的渐变。调整某一种颜色时，颜色滑块中间会出现一个小菱形，用来控制颜色过渡的节奏。

“渐变编辑器”还允许“杂色”渐变。“杂色”渐变的颜色在指定颜色范围内随机分布。在现有的“预置”部分选择一种渐变，然后将“渐变类型”选择为杂色，设置“粗糙度”控制颜色的层次，如图 2-122 所示。

可以基于不同的“颜色模型”来控制杂色随机变化的范围，如 RGB 模型，可拖动 R、G、B 各色下方的滑块来定义杂色的范围。设置好后，保存自定义的渐变样本，如图 2-122 所示。

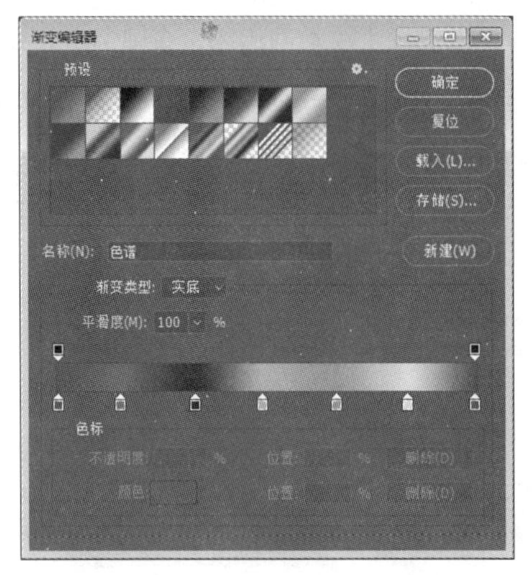

图 2-121 “渐变编辑器”对话框

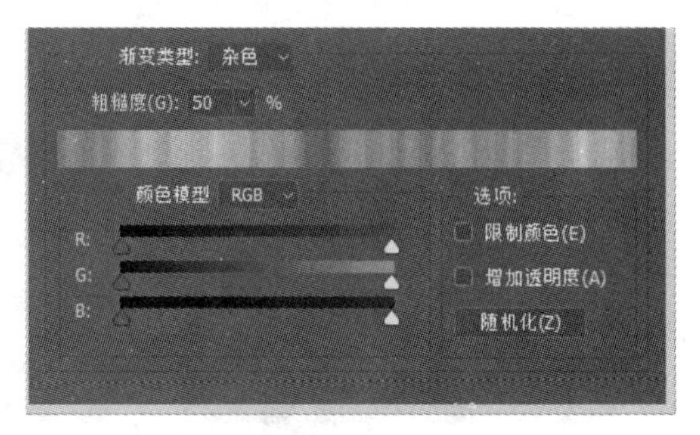

图 2-122 设置杂色渐变

除了画笔和铅笔外，其他绘图工具还有图章、颜色填充、图像渲染、涂抹工具等。下面简单介绍它们的功能和使用方法。

2.4.4 图章工具组

图章工具组可以通过复制的方法来绘制图像，大大降低了绘制图像的难度。

图章工具有两种：仿制图章工具和图案图章工具，如图 2-123 所示。

图 2-123 图章工具组

1. 仿制图章工具

仿制图章工具可以将图像某一选定点附近的局部图像，复制到图像的另一部分或另一个图像中，其工具栏如图 2-124 所示。其参数含义如下：

① 画笔：决定仿制图章画笔的大小和样式，最好选择较大的画笔尺寸。

② 模式：选择颜色的混合模式，默认为“正常”。

③ 不透明度：设置复制图像的不透明度。

④ 流量：确定画笔绘图的流量，数值越大，颜色越深。

⑤“喷枪”按钮：加入喷枪效果。

⑥ 对齐：如果选中此复选框，表示始终是同一个印章，否则每次停顿后，就会重新开始另一次复制。

⑦ 样本：若选“用于所有图层”，则图像取样时对所有显示层都起作用，否则只对当前图层起作用。

图 2-124 “仿制图章”工具栏

使用“仿制图章”工具的步骤如下：

① 打开含有取样图案的图像，选择“仿制图章”工具，把光标移到图像中要复制的部分准备取样。

② 按【Alt】键的同时单击，选取要取样部分的起始点。

③ 松开【Alt】键，在原图的另一部分或另一幅新图像中，按下和拖动鼠标选中画笔的笔触来复制图像，如同图章一样。也可在目标图像中定义选区，只把图章复制到选区中。“仿制图章”工具效果如图 2–125 所示。

（a）取样的图像

（b）目标图像

（c）“仿制图章”工具效果

图 2–125　“仿制图章”效果

2. “仿制源”面板

使用“仿制源”面板，可以灵活地对仿制的图案进行缩放、位移、旋转等编辑操作，或同时设置多个取样点。

选择“窗口 | 仿制源”命令或单击仿制图章工具选项栏左端的按钮，打开“仿制源”面板，如图 2–126 所示。使用“仿制源”面板的“仿制图章”效果如图 2–127 所示。

图 2–126　“仿制源”面板

图 2–127　使用“仿制图章”效果

“仿制源”面板中各项的含义如下：

① 仿制取样点：设置取样复制的采样点，允许一次设置 5 个采样点。

② 位移：X、Y 框设置复制源在图像中的坐标值。

③ 缩放：W、H 框设置被仿制图像的缩放比例。

④ 旋转：框设置被仿制图像的旋转角度。

⑤ 帧位移：可以使用与初始取样的帧相关的特定帧进行绘制。

⑥ 锁定帧：总是使用初始取样的相同帧进行绘制。

⑦ 显示叠加：勾选该复选框，在仿制时显示预览效果。

⑧ 不透明度：设置仿制时叠加的不透明度。

⑨ 模式：显示仿制采样图像的混合模式，如设置为“正常”。

⑩ 自动隐藏：选中该复选框，仿制时将叠加层隐藏。

⑪ 反相：勾选该复选框，将叠加层的效果以负片显示。

3. 图案图章工具

图案图章工具与仿制图章工具相似，只是复制源是图案。“图案图章”工具栏如图 2–128

所示，其参数大多与“仿制图章”工具栏相同，只是多了一个“图案”选项按钮和一个“印象派效果”复选框。

图 2-128 “图案图章”工具栏

①“图案”按钮：设置复制要使用的图案，可以选中下拉菜单中预设的图案，或使用自定义的图案。

② 印象派效果：绘制的图案将具有印象派画作的效果，如图 2-129 所示。

（a）含有取样图案的图像

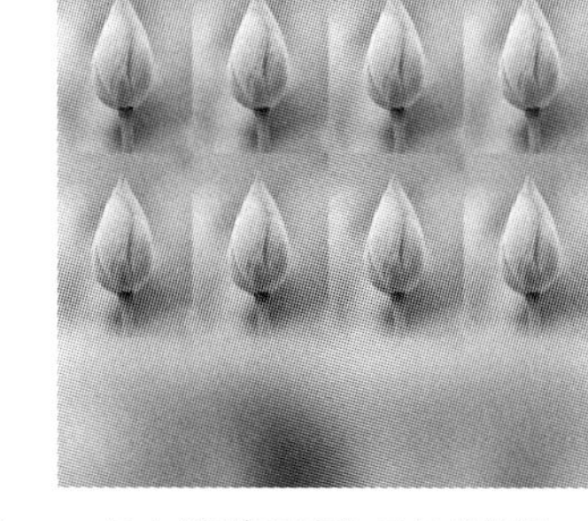

（b）“图案图章”工具的效果

图 2-129 “图案图章”效果

2.4.5 橡皮擦工具组

橡皮擦工具组共有 3 种工具：橡皮擦工具、背景橡皮擦工具和魔术橡皮擦工具，如图 2-130 所示。橡皮擦工具组主要用来擦除需要修改的图像部分。

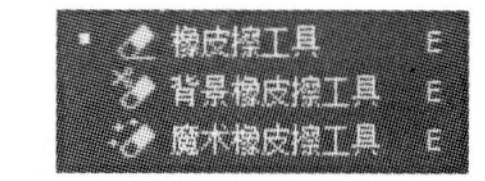

图 2-130 橡皮擦工具组

1. 橡皮擦工具

橡皮擦工具用来擦除图像中的图案和颜色，同时用背景色填充。其工具栏如图 2-131 所示。“模式”设置橡皮擦的笔触特性，可选画笔、铅笔和块。若选中“抹到历史记录”复选框，则被擦拭的区域会自动还原到“历史记录”面板上指定的步骤。

图 2-131 “橡皮擦”工具栏

2. 背景橡皮擦工具

背景橡皮擦工具主要用来擦除图像的背景，并使擦除的区域变为透明状态，其工具栏如图 2-132 所示。选中“保护前景色”复选框，可使与前景色相同的区域不被擦除。其他参数的含义与前面“颜色替换”工具栏相似。

图 2-132 “背景橡皮擦”工具栏

3. 魔术橡皮擦工具

魔术橡皮擦也用来去除图像背景。选中魔术橡皮擦工具，然后在图像上要擦除的颜色范围内单击，就会自动擦除颜色相近的区域。“魔术橡皮擦”工具栏如图 2-133 所示。

容差：32　消除锯齿　连续　对所有图层取样　不透明度：100%

图 2-133　“魔术橡皮擦”工具栏

2.4.6　修复画笔工具组

图像的修复是图像处理中经常遇到的问题。污点修复画笔工具、修复画笔工具、修补工具、内容感知移动工具及红眼工具是功能强大的图像修复工具，它们都在如图 2-134 所示的图像“修复画笔”工具组中。

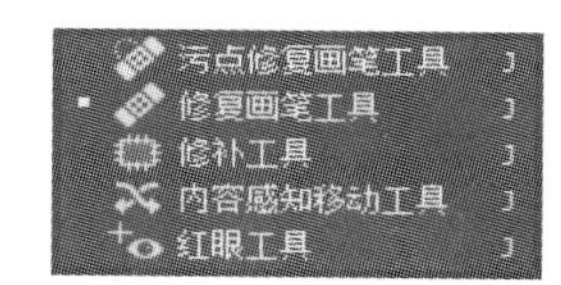

图 2-134　“修复画笔”工具组

1. 污点修复画笔工具

污点修复画笔使用近似图像的颜色来修复图像中的污点，从而使修复处与图像原有的颜色、纹理、明度相匹配。污点修复画笔主要针对图像中微小的点状污点。图 2-135 所示为“污点修复画笔”工具栏。

图 2-135　“污点修复画笔”工具栏

在污点上单击，即可快速修复污点，设置的画笔最好比污点略大。使用污点修复画笔修复的人物皮肤如图 2-136 所示。

（a）修复前

（b）修复后

图 2-136　“污点修复画笔”修复效果示例

污点修复画笔工具栏中的参数含义如下：

① 模式：设置绘制模式，包括替换、正片叠底、滤色、变暗、变亮等模式。

② 类型：设置取样类型。选中“近似匹配”选项，选取污点四周的像素来修复；选中“创建纹理”选项，使用选区中的像素来创建一个修复该区域的纹理。选择“内容识别”选项，可使用选区周围的像素进行修复。

2. 修复画笔工具

修复画笔工具可修复图像中的瑕疵，如修复老照片上岁月留下的斑点、划痕或修复扫描造成的折痕等，和仿制图章工具一样，修复画笔工具可以利用图像或图案中的样本像素来填充修补，可以将像素的纹理、光照和阴影不留痕迹地融入图像的其他部分，达到十分自然和谐的效果。“修复画笔”工具栏如图 2-137 所示，其“画笔”、“模式”、“对齐”等参数的用法与仿制图章相似。

图 2-137 “修复画笔”工具栏

① 源：有“取样”和“图案”两个选项。若选择“取样”，其功能与使用方法与仿制图章相似，按住【Alt】键，鼠标单击要复制的起始位置完成取样。放开【Alt】键，在图像要修补的位置，拖动鼠标，则可将取样处的像素修补到有瑕疵斑点的地方，其修复效果如图 2-138 所示。若选择“图案”，则与图章工具相似，在选项栏上选择图案来修补填充。

② 扩散：控制粘贴的区域能够以多快的速度适应周围的图像。较低的滑块值适合具有颗粒或良好细节的图像，而较高的值适合平滑的图像。

（a）原图

（b）用“修复画笔”修复后的效果

图 2-138 “修复画笔”工具的效果

3. 修补工具

修补工具可以用图像的其他区域来修补选区，去除图像中的划痕、人物脸上的皱纹、痣等。同样，修补工具也会使样本像素的纹理、光照和阴影与图像进行很好的融合匹配。“修补”工具栏如图 2-139 所示。

图 2-139 “修补”工具栏

与“修复画笔”工具不同，使用修补工具需要先确定选区，并且可以设置“羽化”值。工具栏中“修补”有两个单选项：“源”和“目标”，以及一个复选框“透明”。选中“源”则设置的选区即为要修补的区域，用修补工具将选区拖到与之匹配的位置，释放鼠标即可达到修补的目的，其修补效果如图 2-140 所示。

（a）原图

（b）“源”的修补效果

（c）“目标”的修补效果

图 2-140 “修补”工具的效果

若想用图案修补选区，当选区创建后，选中“使用图案”选项即可，在“图案”面板上选择图案，单击“使用图案”，选区即被选择的图案填充。

4. 内容感知移动工具

内容感知移动工具是一个非常强大智能的工具。它可以将选择的对象移动或扩展到图像的其他区域，可以重组和混合对象，产生很好的视觉效果。“内容感知移动”工具栏如图 2-141 所示。

图 2-141　“内容感知移动”工具栏

① 模式：选择图像的移动方式。选择“移动”可以移动图像中主体，并随意放置到合适的位置，移动后的空隙位置，Photoshop 会智能修复。选择“扩展”，可以选取要复制的部分，移到其他需要的位置就可以实现复制，复制后的边缘会自动柔化处理，跟周围环境融合，如图 2-142 所示。

② 结构：调整源结构的保留严格程度。

③ 颜色：调整可修改的源色彩程度。

操作方法如下：选择“内容感知移动工具”，鼠标上会出现“X”图形，按住鼠标左键并拖动就可以画出选区，跟套索工具操作方法一样。然后，在选区中再按住鼠标左键拖动，移到想要放置的位置后松开鼠标系统就会智能修复。

（a）原图

（b）“移动”模式的效果

（c）“扩展”模式的效果

图 2-142　“内容感知移动工具”的效果

5. 红眼工具

数码照相机在照相过程中因闪光产生的红眼睛，可以使用“红眼”工具轻松去除，并能与周围像素很好地融合。选中该工具并在红眼上单击即可将红眼去除。图 2-143 所示为“红眼工具”工具栏及修复效果。

（a）“红眼”工具栏

（b）原图

（c）效果图

图 2-143　“红眼”工具栏及修复效果

① 瞳孔大小：设置眼睛的瞳孔，即中心黑色部分的比例大小，数值越大黑色范围越大。

② 变暗量：设置瞳孔的变暗量，数值越大，瞳孔越暗。

2.4.7 模糊、锐化和涂抹工具组

这一工具组包含 3 个工具：模糊工具、锐化工具和涂抹工具，如图 2–144 所示。

模糊工具和锐化工具常用于图像细节的修饰。

① 模糊工具能把突出的颜色分解，使图像的局部模糊，柔化图像中的硬边缘和区域，以减少细节。

② 锐化工具恰好与模糊工具相反，它通过增加颜色的强度，提高图像中柔和边界或区域的清晰度和聚焦强度，使图像更清晰。模糊和锐化工具选项栏类似，如图 2–145 所示。

模糊工具
锐化工具
涂抹工具

图 2–144　模糊、锐化和涂抹工具组

图 2–145　模糊工具选项栏

模糊工具和锐化工具的效果如图 2–146 所示。

（a）原图

（b）“模糊”的效果

（c）“锐化”的效果

图 2–146　“模糊”和“锐化”的效果

③ 涂抹工具可以模拟手指涂抹油墨的效果，并沿拖移的方向润开此颜色。它可以柔和相近的像素，创造柔和及模糊的效果。涂抹工具不能用于位图和索引颜色模式的图像。“涂抹”工具栏如图 2–147 所示。

图 2–147　“涂抹”工具栏

若选取“手指绘画”复选框，则使用前景色开始涂抹，否则涂抹工具会拾取开始位置的颜色进行涂抹。“涂抹”效果如图 2–148 所示。

（a）原图

（b）效果图

图 2–148　“涂抹”的效果

2.4.8 减淡、加深和海绵工具组

减淡、加深和海绵工具组包括：减谈工具、加深工具和海绵工具，如图 2–149 所示。减淡和加深工具都是色调调整工具，它们采用调节图像特定区域的曝光度的传统摄影技术，来调节图像局部的亮度。

图 2–149 减淡、加深和海绵工具组

① 减淡工具可加亮图像的局部，对图像进行加光处理以达到减淡图像局部颜色的效果。

② 加深工具与减淡工具相反，它把图像的局部加暗、加深。加深与减淡工具栏相同，如图 2–150 所示。

图 2–150 加深与减淡工具栏

工具栏中各项参数的含义如下：

- 范围：选择要处理的特殊色调区域，有暗调、中间调和亮光 3 个不同的区域。
- 曝光度：设置曝光的程度，值越大，亮度越大，颜色越浅。设置好参数后，把光标放置在要处理的部分单击并拖动鼠标即可达到效果。

图 2–151 中的图像使用减淡工具对高光区域进行调整，使用加深工具对阴影区域进行调整，加强了图像的整体对比度。

（a）原图

（b）“加深和减淡”的效果

图 2–151 加深和减淡工具的效果

③ 海绵工具可对图像加色和减色，从而调整图像的饱和度。“海绵”工具栏如图 2–152 所示。

图 2–152 “海绵”工具栏

海绵工具栏中的参数含义如下：

- 模式：设置饱和度，有两个选项。“去色”可降低图像颜色的饱和度；“加色”可提高图像颜色的饱和度。
- “自然饱和度”：若选中该复选框，对饱和度不足的图片，可以调整出非常优雅的灰色调。

设置好参数后，将光标放在要改变饱和度的部位单击并拖动鼠标即可。

使用海绵工具后的效果如图 2–153 所示。

（a）原图

（b）“去色”的效果

（c）“加色”的效果

图 2-153 “海绵”工具的效果

2.4.9 历史记录工具

在进行图像处理时常会发生操作上的错误或因参数设置不当造成效果不满意的情况，这时就非常需要恢复操作前的状态。选择“编辑 | 后退一步”命令可以恢复前一次的操作，选择“文件 | 恢复”命令可恢复保存文件前的状态。

恢复命令使用方便，但有一定的局限性。而使用“历史记录”面板等复原工具可以恢复状态到任一指定的操作，不会取消全部已做的操作，非常灵活。

1. “历史记录”面板

“历史记录”面板自动记录图像处理的操作步骤，因而可以很灵活地查找、指定和恢复到图像处理的某一步操作上。选择“窗口 | 历史记录”命令，显示“历史记录”面板。每进行一次操作，就会在“历史记录”面板上增加一条记录，“历史记录”面板如图 2-154（a）所示。使用“历史记录”可以回到操作历史所记录的任一个状态，并重新从此状态继续工作。

Photoshop CC 的“历史记录”面板通常可以记录最近 20 次操作。若超过 20 步操作，则前面的操作记录会被自动删除。选择“编辑 | 首选项 | 性能”选项可以设置“历史记录”面板保存的历史记录状态的数目，如图 2-154（b）所示，最多可记录 1000 步。

（a）“历史记录”面板

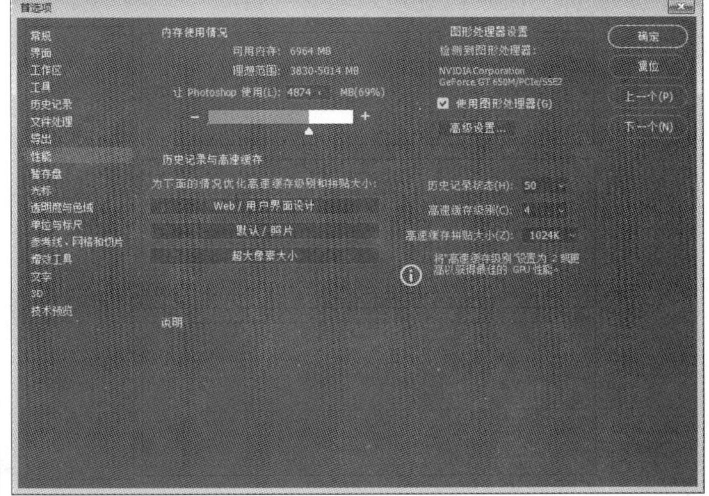

（b）“首选项”对话框

图 2-154 “历史记录”面板和“首选项”对话框

“历史记录”面板分上、下两部分，上部为快照区，下部为历史记录区。图像处理的每一步操作都顺序记录和显示在历史记录区。每条“历史记录”前方小方框可显示“设置历史记录画笔的源”图标，单击即显示此图标。它表示在此设置了“历史记录”画笔。

“历史记录”面板底部有 3 个按钮，从左到右分别是：从当前状态创建新文档、创建新快照和删除当前状态。

“历史记录”面板的右上方的扩展按钮可弹出“历史记录”面板的命令菜单，如图 2–154（a）所示。

① 从当前状态创建新文档：将从当前的历史记录状态创建一个全新的图像文档。

② 新建快照：将要保留的状态存储为快照状态并保存在内存中，以备恢复和对照使用。可以选择将“全文档”、“当前图层”或“合并的图层”作为快照。

③ 删除：删除“历史记录”面板上的快照和历史操作记录。

④ 清除历史记录：只清除“历史记录”面板上所有的历史操作记录，保留快照。

2. 历史记录画笔工具

工具箱中的历史记录画笔工具组包含两项：历史记录画笔工具和历史记录艺术画笔工具，如图 2–155 所示。“历史记录画笔”工具栏如图 2–156 所示。

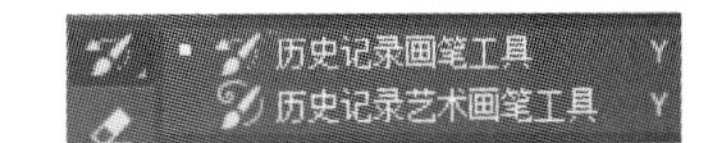

图 2–155　“历史记录画笔”工具组

图 2–156　“历史记录画笔”工具栏

“历史记录画笔”工具可以将“历史记录”面板中记录的任一状态或快照显示到当前窗口中。“历史记录画笔”工具经常用来做局部图像恢复，必须与“历史记录”面板一起使用，设置合适的恢复源。例如：

① 打开素材文件。

② 选择“滤镜 | 风格化 | 拼贴”滤镜。

③ 选择“窗口 | 历史记录”命令，显示“历史记录”面板，单击“打开”前面的小方框，则显示“历史记录画笔”图标，将恢复源设置为打开状态。。

④ 选择工具箱中的“历史记录画笔工具”，对花朵部分进行涂抹绘制，将花朵恢复到拼贴之前，得到的效果如图 2–157 所示。

（a）原图

（b）“拼贴”滤镜

（c）历史记录画笔效果

图 2–157　“历史记录画笔”的效果

3. 历史记录艺术画笔工具

“历史记录艺术画笔”的使用与“历史记录画笔”相同。只是“历史记录画笔”是将局部图像恢复到历史上指定的某一步操作，而“历史记录艺术画笔”却是将局部图像依照指定的历史记录状态转换成手工绘图的效果。“历史记录艺术画笔”也必须与“历史记录”面板一起使用。绘画前需要在“历史记录”面板上指定一个历史记录状态作为艺术画笔的绘画“源”。

用“历史记录艺术画笔”可以设置不同的艺术风格。图 2-158 所示为“历史记录艺术画笔”工具栏。设置不同的“样式”会产生不同的艺术效果，如图 2-159 所示。

模式：正常 不透明度：100% 样式：绷紧短 区域：50 像素 容差：0%

图 2-158 “历史记录艺术画笔”工具栏

（a）绷紧短

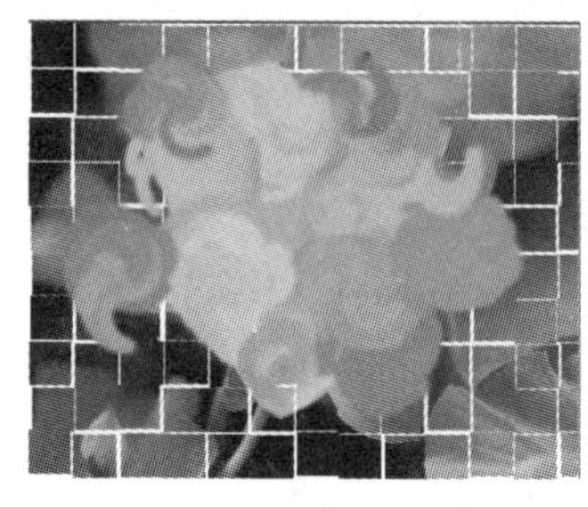

（b）绷紧卷曲长

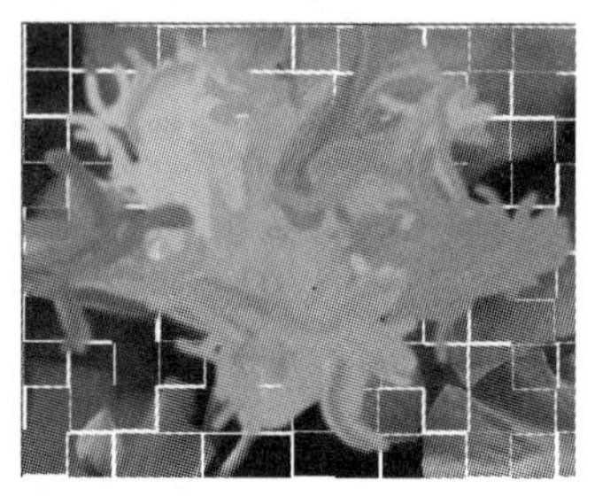

（c）松散长

图 2-159 “历史记录艺术画笔”不同“样式”产生的不同艺术效果

2.4.10 应用举例——制作宣传海报

【例 2-4】利用工具箱中的渐变填充工具、画笔工具等完成宣传海报。

① 新建文件。选择“文件 | 新建”命令，参数设置如图 2-160 所示。

② 渐变填充。选择“渐变工具”，单击选项栏中的渐变条，在弹出的渐变编辑器中设置为渐变，3 种颜色分别为（R225，G223，B197）、（R254，G251，B208）、（R217，G201，B159），选择“径向渐变”类型，在图像上沿对角线从上到下填充，如图 2-161 所示。

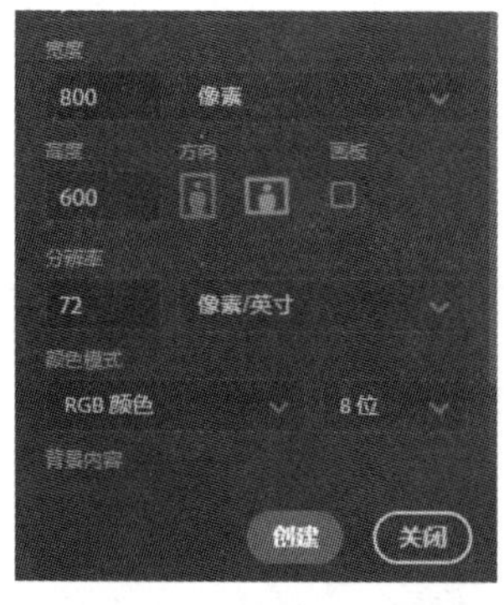

图 2-160 新建文件参数

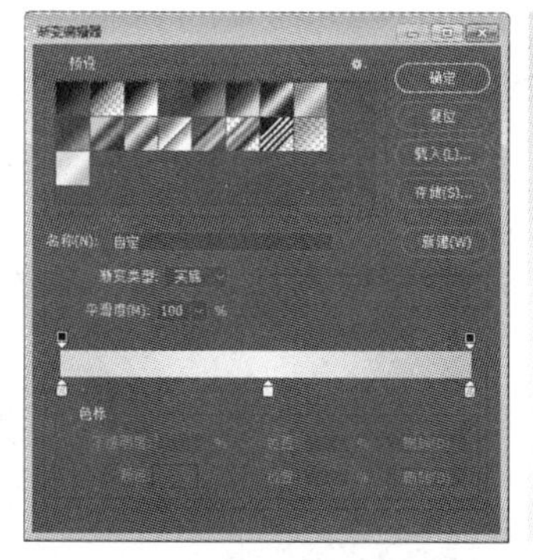

图 2-161 “渐变编辑器”对话框及填充效果

③ 打开“山水画.jpg”按【Ctrl+A】快捷键全选，按【Ctrl+C】快捷键复制，在新建文件中按【Ctrl+C】快捷键粘贴。选择“减淡”工具，设置曝光度为 12%，在山水画中涂抹使高光区域增强一些；选择“加深”工具，设置曝光度为 12%，使阴影区域增强一些；效果如图 2-162 所示。

④ 在“图层”面板，单击“添加图层蒙版”按钮为山水画图层添加图层蒙版，选择画笔工具，设置画笔笔尖为“干介质画笔”里面的“Kyle 的终极粉彩派对”，设置前景色为黑色，在蒙版中沿边缘涂抹，效果如图 2-163 所示。

⑤ 选择山水画部分，使用画笔在边缘涂抹出黑色边框，效果如图 2-164 所示。

图 2-162　复制山水画

图 2-163 编辑蒙版效果

图 2-164　画笔涂抹边缘效果

⑥ 打开“梅花.jpg”,选择“魔棒”工具在白色背景上单击选取背景，选择“选择 | 反选”命令，按【Ctrl+C】快捷键复制，在新建文件中按【Ctrl+C】快捷键粘贴，按【Ctrl+T】快捷键适当调整大小和位置，效果如图 2-165 所示。

微视频 2.4

制作宣传画

⑦ 选择“快速选择”工具，选择叶子部分，选择移动工具，按住【Alt】键多次复制，效果如图 2-166 所示。

⑧ 选择“横排文字工具”，输入白色文字“山水如画”，华文隶书，按住【Ctrl】适当调整大小，按【Ctrl+Enter】快捷键确认。为文字添加“描边”样式，最终效果如图 2-167 所示。

图 2-165　复制梅花部分

图 2-166　复制叶子部分

图 2-167　最终效果

2.5　矢量的优势——路径和形状

Photoshop 中的路径和形状都是用“钢笔”等矢量图形工具绘制的具有贝塞尔曲线轮廓的矢量图形。二者的区别是：路径表示的图形只能用轮廓显示，不能打印输出；而形状表示的矢量图形会在“图层”面板中自动生成一个“形状”图层。形状表示的矢量图形可以打印输出和添加图层样式。图 2-168（a）所示为路径，图 2-168（b）所示为形状。

2.5.1　认识路径

路径是 Photoshop 的又一重要特色。路径是由“钢笔”工具等矢量图形工具绘制的一系列点、直线和曲线的集合。

（a）路径　　（b）形状

图 2-168　路径和形状示例

复杂的矢量图形一般具有曲线。Photoshop 中的曲线主要由三阶贝塞尔曲线段组成。表示一段贝塞尔曲线需要 4 个点，两个点是曲线段经过的端点，如 P_1 和 P_4；在两个端点之间的另两个内插点 P_2 和 P_3 并不位于贝赛尔曲线上，它们只控制两个端点处正切矢量的大小和方向。P_1 和 P_2 两点的连线决定 P_1 点曲线的切线，而 P_3

和 P_4 点的连线决定点 P_4 点处曲线的切线。移动 P_2 和 P_3 点可以构成千差万别的贝塞尔曲线和它们的特征多边形，如图 2–169 所示。

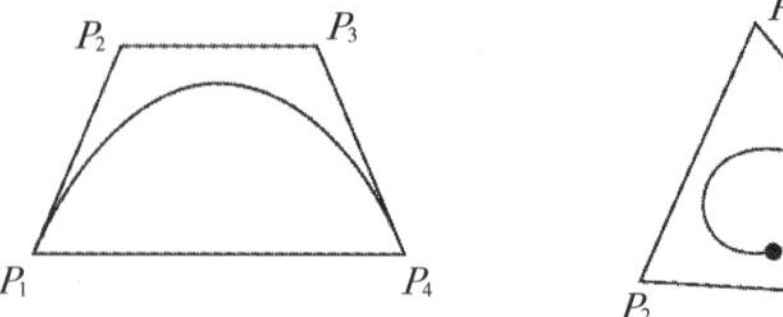

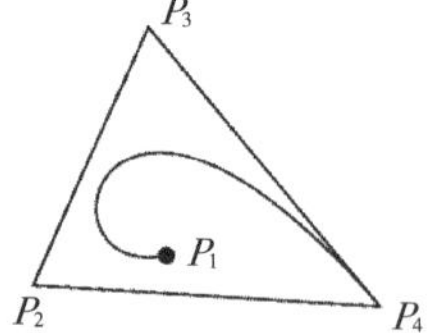

图 2–169　两条不同的三阶贝塞尔曲线

图 2–169 中曲线的两个端点 P_1、P_4 称为锚点，而两个内插点 P_2、P_3 称为方向点。锚点与方向点连线形成的切线称为方向线或控制手柄，如图 2–169 中的线段 P_1P_2 和 P_4P_3。我们绘制的复杂曲线（路径）可由一段段贝塞尔曲线组成，因此这种复合贝塞尔曲线的路径有许多锚点。

复合贝塞尔曲线中的锚点分为平滑锚点和角点两种。

① 平滑锚点：曲线线段平滑地通过平滑锚点。平滑锚点的两端有两段曲线的方向线，移动平滑锚点，两侧曲线的形状都会发生变化，如图 2–170 中的 a 点。

② 角点：锚点处的路径形状急剧变化，一般多为曲线与直线，或直线与直线，或曲线与曲线的非平滑连接点，如图 2–170 中的 b 点。

图 2–170 给出了两条路径，可以看出，路径是由一段或多段曲线和线段构成，每个小方格都是路径的锚点，实心点表示被选中的点，空心点表示未被选中的点。

路径可以是开放路径，起点和终点不重合；也可以是闭合路径，没有明显的起点和终点。以矢量图形工具绘制的路径可以创建精确选区，描述图片的轮廓，绘制复杂的图形，尤其是具有各种方向和弧度的曲线图形。路径的优点是不受分辨率的影响，结合各种路径工具可以对路径随意进行编辑。

Photoshop 提供了 8 种创建和编辑路径的工具，分别是：钢笔工具、自由钢笔工具、弯度钢笔工具、添加锚点工具、删除锚点工具、转换点工具、路径选择工具和直接选择工具，如图 2–171 所示。

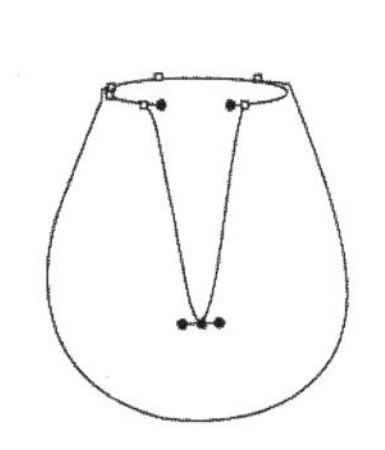

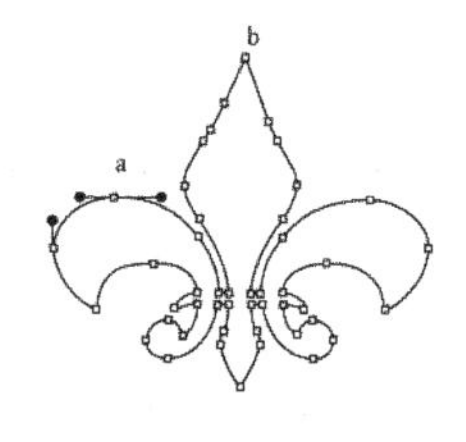

图 2–170　路径举例

钢笔工具　P
自由钢笔工具　P
弯度钢笔工具　P
添加锚点工具
删除锚点工具
转换点工具

（a）路径工具

（b）路径选择工具

图 2–171　创建和编辑路径的工具

2.5.2　创建路径

创建路径主要使用钢笔工具、自由钢笔工具、弯度钢笔工具。

1. 钢笔工具

钢笔通过勾勒锚点来绘制路径。使用钢笔可以精确地绘制出直线和光滑的曲线。“钢笔”工具栏如图 2–172 所示，其中包括钢笔的许多属性，应在适当地选择参数后再进行操作。

图 2–172　“钢笔”工具选项栏

① 工具模式 ：下拉菜单中包含形状、路径、像素，分别表示钢笔工具 3 种不同的绘图状态，每个选项对应的工具选项栏也不同。绘制路径要选择“路径”模式。

② 建立：可以使路径与选区、蒙版和形状间的转换更加方便、快捷。单击对应的按钮会弹出相应的选项。

③ 路径操作 ：用来选取新创建路径与原存在路径的运算方式，用法与选区类似，包括合并形状、减去顶层形状、与形状区域相交、排除重叠形状等。

④ 路径对齐方式 ：设置路径的对齐方式。

⑤ 路径排列方式：设置路径的排列方式。

⑥“自动添加/删除”：如果勾选，钢笔工具就具有了自动添加或删除锚点的功能。当钢笔光标移动到没有锚点的路径上时，光标右下角会出现小加号，单击会添加一个锚点。而当钢笔工具的光标移动到路径上已有的锚点时，光标右下角会出现小减号，单击会删除这个锚点。

⑦ 单击按钮，会出现“路径选项”面板，如图 2–173 所示。可以设置路径线的粗细和颜色。当选中“橡皮带”复选框时，在图像上移动光标会有一条假想的橡皮带，只有单击，这条线才真实存在，这种方法有利于选择锚点的位置。

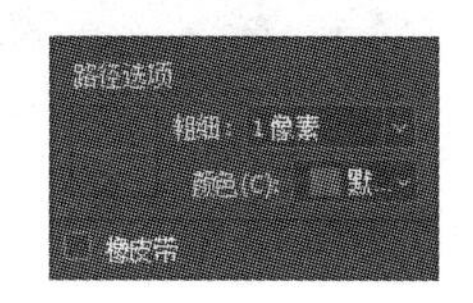

图 2–173　“路径选项”面板

使用钢笔时，每单击一次即创建一个锚点，连接两个锚点之间的是直线路径。如果要创建曲线路径，在第一点按下鼠标后先不松开，沿方向线方向拖动一段距离后再松开鼠标，在下一点单击再拖动，连接两个锚点之间的就是曲线路径，如图 2–174（a）和（b）所示。在绘制路径过程中，若起始锚点和终结锚点相交，光标指针变成形状 ，此时单击鼠标，系统会将该路径创建成闭合路径。按住 Ctrl 键在空白处单击，可结束开放路径的绘制。

2. 自由钢笔工具

“自由钢笔”可以随意地在图像窗口中绘制路径。按下鼠标左键在图像上拖动，在光标经过的地方即生成路径曲线和锚点，松开鼠标则停止绘制，如图 2–175 所示。当选中复选框时，自由钢笔工具变为磁性钢笔工具，它可以快速地沿图像反差较大的像素边缘自动绘制路径。当需要精确地抠取图像时，给用户带来很多方便。

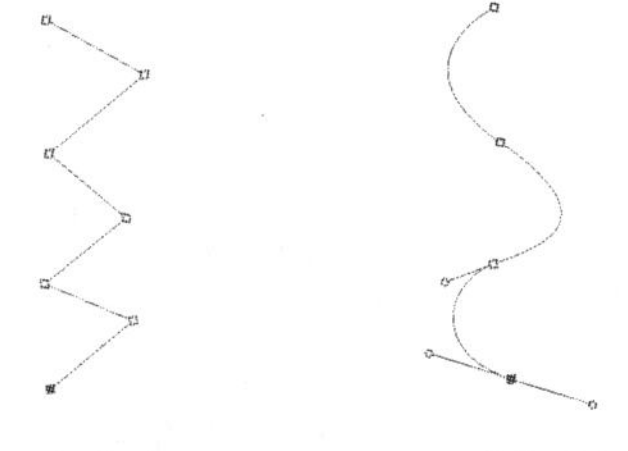

（a）折线路径　（b）曲线路径

图 2–174　“钢笔”工具绘制的路径

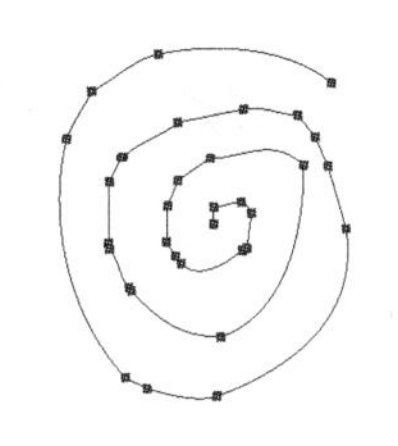

图 2–175　“自由钢笔”绘制的路径

“自由钢笔”工具栏与“钢笔”大致相同，只是增加了一些选项，如图 2–176 所示。

“自由钢笔”工具栏中的参数含义如下：

① 曲线拟合：控制路径的灵敏度，取值范围为 0.5～10，数字越小，形成路径的锚点就越多，路径越精细，越符合物体的边缘。

② 磁性的：选中该复选框，“自由钢笔”工具变为“磁性钢笔”工具，它会自动跟踪图像中物体的边缘。它有 3 个参数：

- 宽度：定义“磁性钢笔”工具检索的范围，即“磁性钢笔”工具与边缘的距离，取值范围为 1～256 个像素。
- 对比：定义该工具对边缘的敏感程度，数值越小，越可检索与背景对比度较低的边界，灵敏度越高，取值范围为 1%～100%。
- 频率：控制路径上生成锚点的多少。数值越大，生成锚点越多，取值范围为 0～100。

使用“磁性钢笔”沿图像边缘绘制路径的例子如图 2–177 所示。

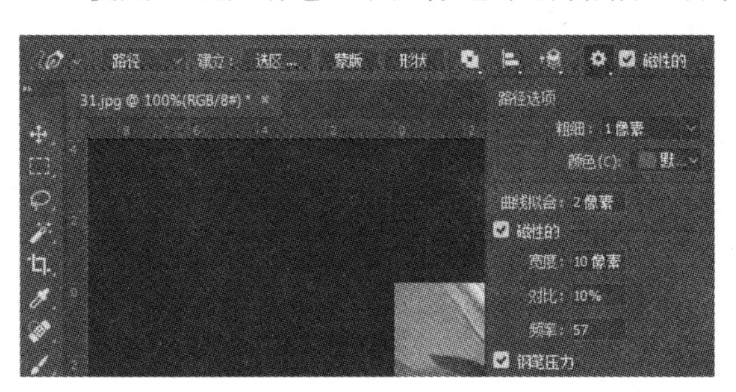

图 2–176 “自由钢笔”工具栏

图 2–177 用“磁性钢笔”沿图像边缘绘制的路径

3. 弯度钢笔工具

Photoshop CC 2018 新增一个全新的弯度钢笔工具，可以直观地绘制曲线和直线段。使用弯度钢笔工具，无须切换工具就能创建、切换、编辑、添加或删除平滑点或角点，创建路径更加方便，特别适合初学者。

单击添加一个锚点，在两点之间的线上单击并拖动会添加一个锚点，并将改变线的弯曲程度。路径的前面有两个锚点，最初始终显示为一条直线，在添加第三个点时单击并拖动，Photoshop 会对它进行相应的调整。如果绘制的是曲线，之后只须鼠标单击并拖动即可绘制一条平滑的曲线路径。

在平滑锚点上双击可以变为角点，在角点上双击即可变为平滑锚点。将鼠标移动到锚点上，按住鼠标左键拖动即可移动锚点。

图 2–178 所示为使用弯度钢笔工具绘制的路径。

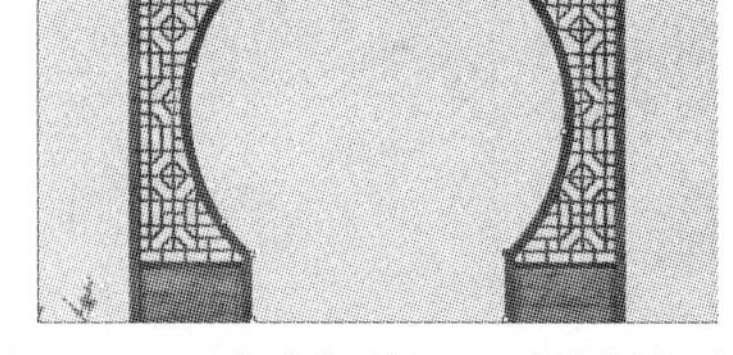

图 2–178 “弯度钢笔”工具绘制的路径

2.5.3 路径的修改和编辑

绘制路径之后，如果不满意，可以进行相应的修改和编辑。使用的工具有：添加锚点工具、删除锚点工具、转换锚点工具、路径选择工具和直接选择工具。

1. 添加、删除锚点

要在已有路径上添加锚点，可以使用钢笔工具和添加锚点工具。使用添加锚点工具直接在路径上单击，即在单击处添加一个新锚点。若使用钢笔工具，当光标移动到路径上变成时，在需要添加锚点处单击，即可添加一个锚点。添加完锚点后，可拖动此锚点使路径发生需要的变形。

在已有路径上删除锚点，可以使用钢笔工具和删除锚点工具。使用删除锚点工具可以直接在路径上已有锚点处单击，即在单击处删除该锚点。使用钢笔工具，当光标移动到路径上需要删除的锚点处，鼠标变成 时，在该锚点处单击，即删除了这个锚点。删除后，原有这个锚点两侧的锚点产生了新的曲线连接，使路径发生了变形。如果结果不理想，还可以拖动此曲线两端的控制杆（方向线）使路径发生需要的变形。

2. 转换锚点

使用转换点工具 可以实现平滑锚点与角点间的转换，选用转换点工具后，单击平滑锚点，则该锚点变为角点锚点；反之，角点锚点转为平滑锚点。按住鼠标左键在锚点上拖动，拖放出方向线以选择合适的曲线连接。图 2–179 所示为添加锚点、删除锚点和转换锚点的效果实例。

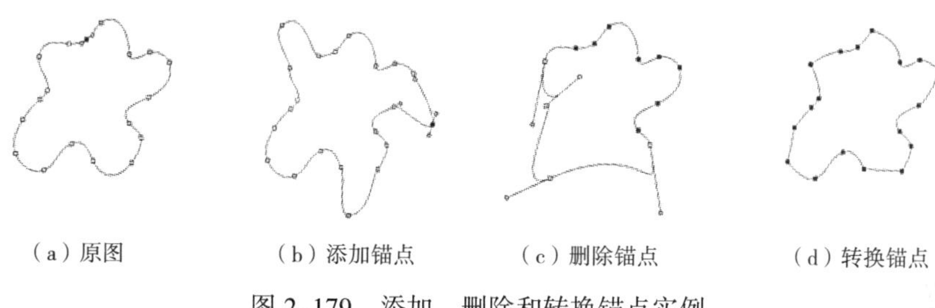

（a）原图　（b）添加锚点　（c）删除锚点　（d）转换锚点

图 2–179　添加、删除和转换锚点实例

3. 路径选择工具整体编辑路径

使用“路径选择”工具 可以对选中的路径进行移动、组合、对齐、分布和变形，其工具栏如图 2–180 所示。

图 2–180　“路径选择”工具栏

① 选择和移动：使用“路径选择”在路径上单击即可选中路径，按住【Shift】键可同时选中多个路径。选中后按住鼠标左键拖动即可移动路径。

② 对齐和分布：选中要对齐的路径，单击工具栏中的路径对齐按钮 ，在下拉菜单中选择相应的对其命令，结果如图 2–181 所示。

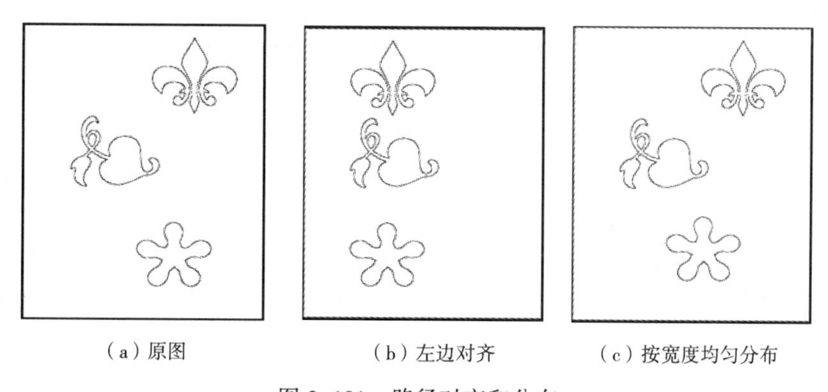

（a）原图　（b）左边对齐　（c）按宽度均匀分布

图 2–181　路径对齐和分布

③ 复制路径：选中要复制的路径，按住【Alt】键，同时按住鼠标左键拖动即可复制当前路径。

④ 变换路径：选中要进行变换的路径，选择“编辑 | 变换路径”中的命令即可对路径进行缩放、旋转等变换；选择“编辑 | 自由变换路径”或者按【Ctrl+T】快捷键可以对路径进行自由变换。

4. 直接选择工具局部编辑路径

直接选择选择工具用来移动路径中的锚点和线段，以便调整路径的形状。用它单击路径上要调整的锚点，然后拖动锚点或方向线，即可改变路径的形状。也可以按住鼠标框选出要编辑的局部锚点，按【Ctrl+T】快捷键自由变换，如图 2–182 所示。

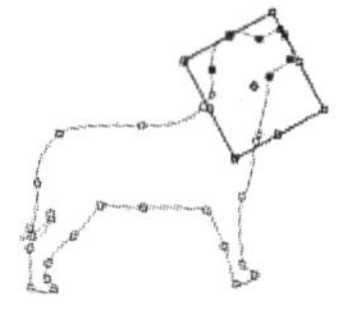

图 2–182 调整路径的形状

5. 创建复合路径

除了创建简单、基本的路径外，有时也需要创建复杂的复合路径，通过使用路径制作工具选项栏中的路径操作按钮下拉菜单中的命令，可以创建不同效果的复合路径。例如，绘制一个花形的路径，如图 2–183（a）所示，然后选择“排除重叠形状”，绘制五角星形路径，如图 2–183（b）所示，两个路径的组合结果如图 2–183（c）所示。

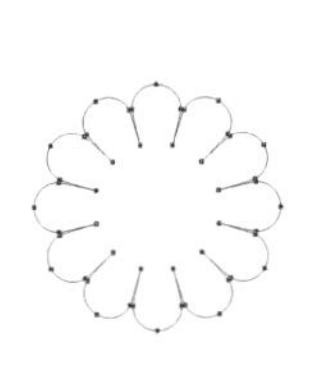

（a）花形路径

（b）五角星路径

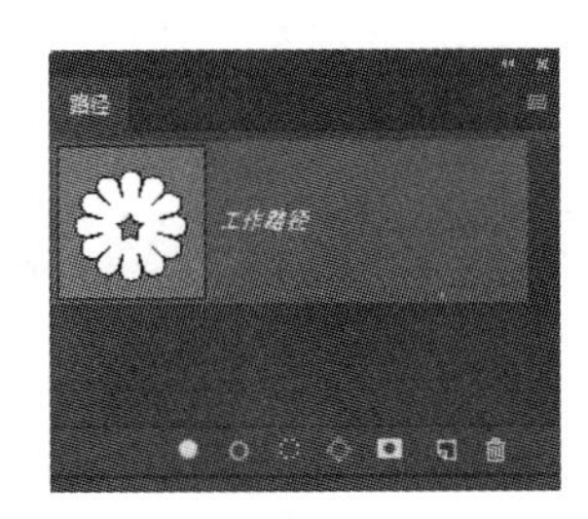

（c）路径组合

图 2–183 创建复合路径示例

6. “路径”面板

创建好路径后，应用“路径”面板及其快捷菜单可以进行路径的填充、描边和存储，以及选区和路径的相互转换等操作。

选择“窗口 | 路径”命令，打开“路径”面板。单击“路径”面板右上角的扩展菜单按钮将弹出“路径”命令菜单，可以方便地实现新建、存储、复制、填充、描边等路径操作，如图 2–184 所示。

在“路径”面板的底端有 7 个按钮，依次为：用前景色填充路径、用画笔描边路径、将路径作为选区载入、从选区生成工作路径、添加蒙版、创建新路径、删除当前路径。

① 存储路径。刚建立的路径称为“工作路径”，它只是定义轮廓的临时路径，如果不及时存储，在绘制第二个路径时，系统就会自动删除前一个路径，所以应该及时存储需要的路径。

在“路径”面板中“工作路径”的空白处双击，或在扩展菜单“存储路径”上单击，均会打开“存储路径”对话框，如图 2–185 所示。设置好“名称”后，单击“确定”按钮即可。或者直接拖动“工作路径”到“路径”面板底部的“创建新路径”按钮上，也将存储该路径。

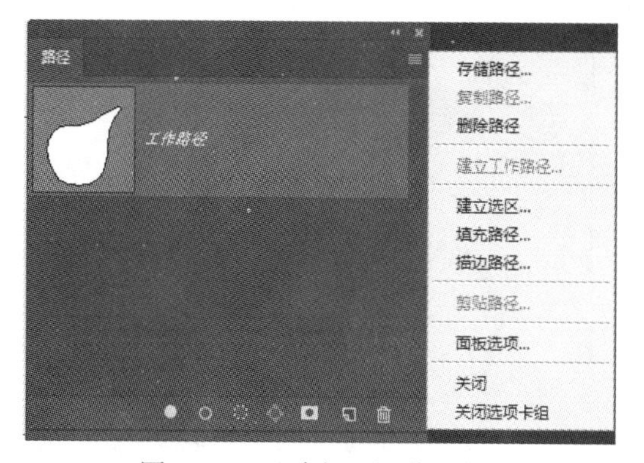

图 2-184　“路径”调节面板

图 2-185　“存储路径”对话框

② 填充路径。可以按照当前路径的形状，在路径中填充颜色或图案。

单击“路径”面板底端的“用前景色填充路径”按钮，直接用前景色对当前路径进行填充。

按住【Alt】键的同时单击“用前景色填充路径”按钮，或在“路径”面板的快捷菜单中选择“填充路径”命令，打开“填充路径”对话框，如图 2-186（a）所示。可在“内容”下拉列表框中选择颜色、图案或灰度填充路径。

该对话框在“填充”的基础上增加了“渲染”选项组。“羽化半径”定义填充路径时的羽化效果，半径越大，填充效果越柔和，填充路径效果如图 2-186（b）所示。选中“消除锯齿”复选框可以消除路径边缘的锯齿。

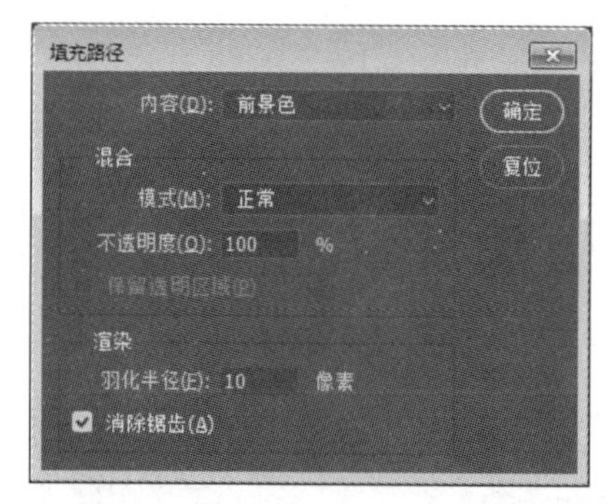

（a）“填充路径”对话框

（b）填充路径效果

图 2-186　填充路径示例

③ 描边路径。“用画笔描边路径”功能可以依照当前路径的形状，结合画笔的设置，在开放或闭合的路径上创建描边效果。该功能可以创建许多特殊的图像效果。

单击“用画笔描边路径”按钮，系统即用已选好的画笔对路径描边。在此操作前应先选好路径描边用的画笔风格和样式。

按住【Alt】键的同时单击“用画笔描边路径”按钮，或者在“路径”面板的快捷菜单中选择“描边路径”命令，打开“描边路径”对话框，如图 2-187（a）所示。可在“工具”下拉列表选择描边工具，如图 2-187（b）所示。

在“描边路径”对话框中选中“模拟压力”复选框，将使描边效果具有压力感。图 2-187（c）和（d）所示为有无“模拟压力”的效果。

（a）“描边路径”对话框

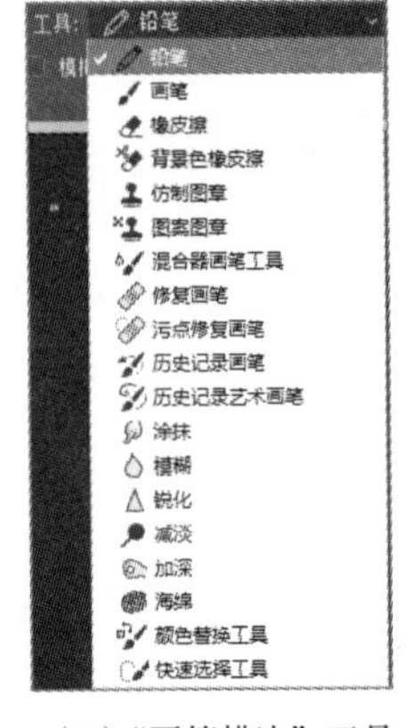

（b）“画笔描边”工具

（c）画笔描边

（d）模拟压力描边

图 2–187　“描边路径”对话框及效果

④ 路径与选区的转换。由于路径是矢量图形，不会因缩放而产生锯齿，因此将路径作为选区载入并结合填充工具的使用，可以产生理想的图像效果。

- 把路径转化为选区。单击“将路径作为选区载入”按钮，或按住【Ctrl】键的同时单击“路径”面板上当前路径的缩略图，当前路径被作为选区载入。另外，在“路径”面板的快捷菜单中选择“建立选区”命令，会打开“建立选区”对话框，设置选区的“羽化半径”和建立选区的“操作”方式，即可将路径作为选区载入。“建立选区”对话框如图 2–188（a）所示，将路径转换选区的效果如图 2–188（b）所示。

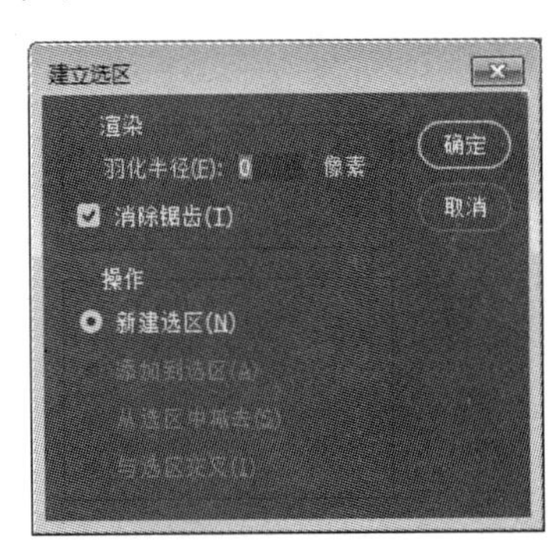

（a）“建立选区”对话框

（b）路径转换为选区

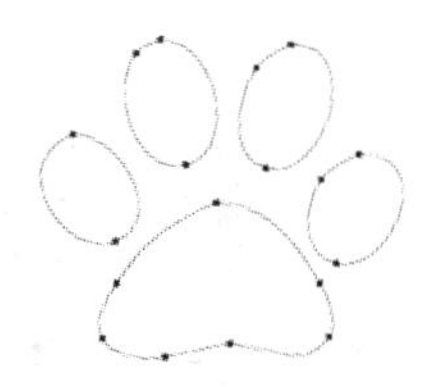

（c）选区转换为路径

图 2–188　路径与选区的转换

由于路径由锚点组成，便于精确修改、编辑，因此可以先将选区转换成路径［见图 2–188（c）］，经过仔细修改，调整满意后，再转换回选区。

- 把选区转换为路径。单击“路径”面板中的“从选区生成工作路径”按钮，即可将当前选区创建为工作路径。或者在“路径”面板的快捷菜单中选择“建立工作路径”命令，打开“建立工作路径”对话框，设置好容差，即可将选区创建为路径。容差越小，创建的路径越平滑，锚点就越多。

⑤ 新建路径。单击“路径”面板中的“创建新路径”按钮，在“路径”面板中即产生一个新的路径。或者在“路径”面板的快捷菜单中选择“建立路径”命令，打开“新建路径”对话框，设置“名称”后，创建一个新的路径，如图 2–189 所示。

⑥ 删除路径。直接拖动路径到垃圾桶图标，或选中路径后单击垃圾桶图标均可删除此路径。

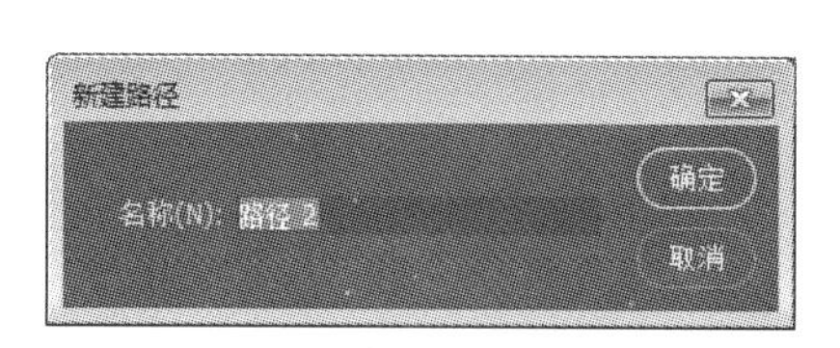

（a）“新建路径”对话框

（b）新建路径

图 2-189　新建路径

⑦ 添加矢量蒙版。单击路径面板的“添加蒙版”按钮，可以对当前图层添加一个全部显示的矢量蒙版，使用路径工具可进一步编辑蒙版。按住【Alt】键单击该按钮，会添加一个全部隐藏的矢量蒙版。按住【Ctrl】键单击路径面板的“添加蒙版”按钮，可以基于当前路径创建图层的矢量蒙版，如图 2-190 所示。

（a）原图

（b）添加矢量蒙版效果

图 2-190　添加矢量蒙版

由上述路径操作可以看到，路径与选区可以互相转换，这是一个十分重要的性质，利用此性质可以将不够准确精致的选区转换成路径。由于路径可以进行精细编辑，经过编辑的路径再转换选区，就能得到十分精确满意的选区。

⑧ 导出路径。Photoshop 创建的路径可以导出到 Illustrator 中，以便做进一步的编辑和应用。

选择“文件 | 导出 | 路径到 Illustrator”命令，在打开的“导出路径到文件”对话框中单击“确定”按钮，继续设置保存的文档类型和路径后，即可保存路径，并可在 Illustrator 中打开，如图 2-191 所示。

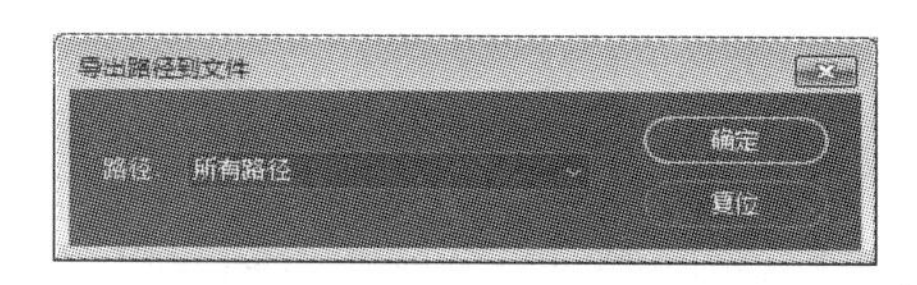

图 2-191　导出路径

2.5.4　形状绘制工具

形状和路径一样是基本的矢量图形。Photoshop CC 2018 提供了 6 种基本矢量形状绘制工具，如图 2-192 所示。

图 2-192　矢量形状绘制工具

形状绘制有形状、路径、像素 3 种创建方式。选取前两种创建方式可以创建各种基本形状或复杂形状的图形，它们都是矢量图形，因此不受分辨率的影响。选择“像素”，创建的是由像素点组成的图像，与分辨率有关。

1. 规则形状绘制工具

6 种矢量绘制图形的前 5 种都是规则形状图形：矩形、圆角矩形、椭圆、多边形、直线。使用这 5 种工具在绘图区拖动光标，即可绘制上述规则形状的图形。它们的工具选项栏基本相同，参数设置也大致相同。图 2–193 所示为“矩形”工具栏。

图 2–193 “矩形”工具栏

当选用不同的矢量形状创建方式时，工具栏会切换到相应的选项。

工具栏左侧有工具模式选择形状，表示形状创建方式，也就是绘制形状将以何种方式存在。其意义如下：

① 形状：在该状态下绘制，将创建一个新的形状图层，然后在该图层上显示该基本图形，并以前景色填充。

② 路径：在该状态下绘制，将以路径方式创建基本图形，但是不填充。所绘制的路径会出现在路径面板。

③ 像素：这种状态下绘制，并不创建新图层和路径，而是按照绘制形状创建一个填充区域，绘制的形状位于当前图层上。图 2–194 所示为不同方式下创建的矩形形状。

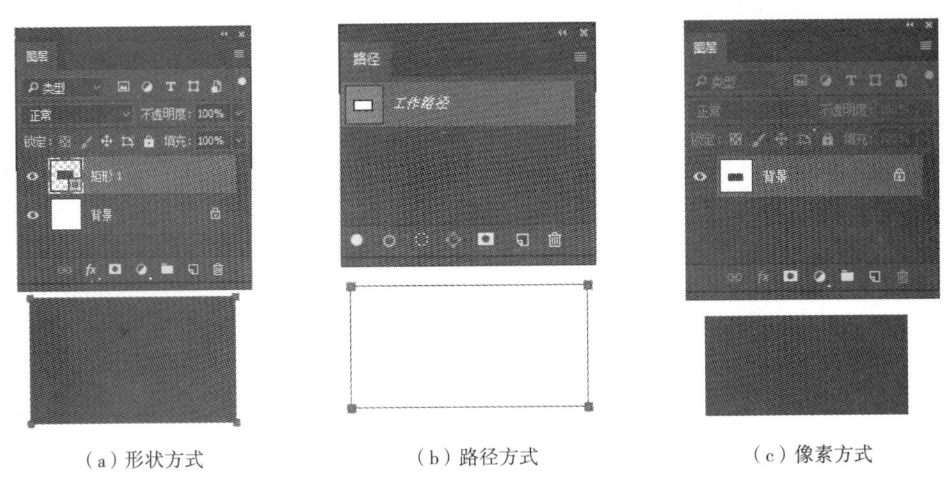

（a）形状方式　（b）路径方式　（c）像素方式

图 2–194 不同创建方式下创建的图形示例

④“填充”设置形状内部的填充内容，可用纯色、渐变色、图案来填充形状，默认使用前景色；描边设置形状边缘的颜色、粗细和样式。图 2–195 所示为矩形形状设置填充和描边的效果。

⑤ 宽度和高度设置形状的大小。在形状工具栏中，还有一些绘制图形的设置，单击工具栏上的按钮，在打开的“形状选项”对话框中可以设置相应的参数，以矩形工具为例，如图 2–196 所示。

① 不受约束：表示可以按任意尺寸及长宽比例绘制图形。

② 方形：创建正方形形状。

③ 固定大小：按固定尺寸，即以 W 和 H 框设置的尺寸绘制图形。

④ 比例：按固定比例绘制图形。

⑤ 从中心：绘制图形时以首次单击的位置作为图形的中心。

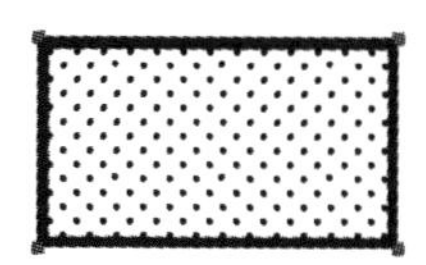

图 2-195　矩形形状的填充和描边效果

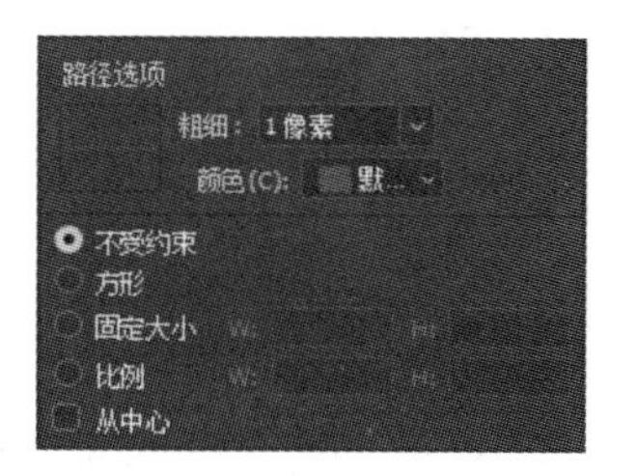

图 2-196　矩形工具选项对话框

2. 自定形状工具

除了规则的几何图形外，该工具组还有一个自定形状工具，用来绘制非规则的图形。它也可用来绘制矢量图、路径或填充区域。在自定形状工具中，用户不但可以使用 Photoshop CC 2018 预设的图形，还可以将自己绘制的矢量图形存储为自定形状图形，供以后选用。

要使用预设的自定形状图形，首先选取自定形状工具，打开其的工具选项栏“形状”下拉列表框，就可以看到“自定形状”面板中的各种图形，如图 2-197（a）所示。选取和单击相应的图形就可以绘制出来。单击“自定形状”面板右上角的按钮，打开面板菜单，有更多的图形可供选择，如图 2-197（b）所示。

3. 用户自定形状的图形

用户自定形状的图形可以用钢笔绘制，然后选择“编辑 | 定义自定形状”命令，在打开的“形状名称”对话框中输入自绘图形的名称，如图 2-198 所示。单击“确定”按钮，即可将自定义的形状添加到“形状”面板中。设置好自定义形状后还要将它存储成 CSH 文件，以便下次使用。

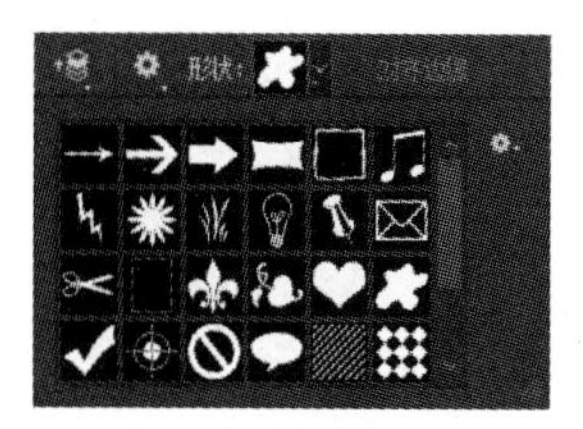

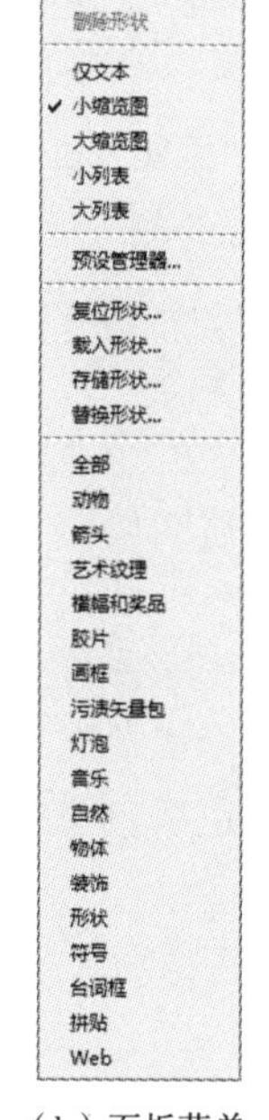

（a）“自定形状”面板　　（b）面板菜单

图 2-197　“自定形状”面板及面板菜单

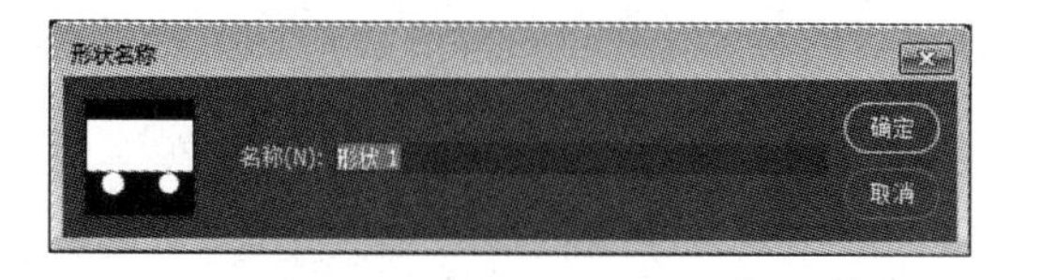

图 2-198　“形状名称”对话框

自定形状的图形组以 CSH 文件格式存放在 Photoshop 目录中，用户不仅可以自定义图形，还可以将常用的图形放在一起，存储为专属图形组，以方便今后使用。

4. 形状的编辑

绘制形状后，在路径面板会出现当前形状的形状路径，如图 2-199（a）所示。对于形状外形的编辑和路径编辑一样，可以使用直接选择工具、路径选择工具和转换锚点工具来修改形状的轮廓，如图 2-199（b）所示。

通过形状工具栏，可以更改填充的颜色、渐变或者图案，也可设置形状的描边样式，如图 2-199（c）所示。对形状图层也可以跟其他图层一样应用各种图层样式。

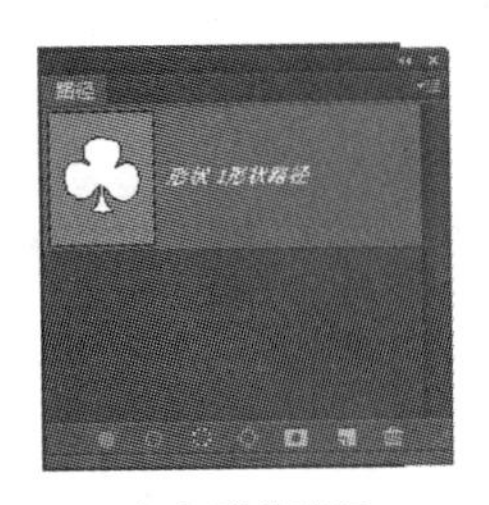

（a）形状路径

（b）改变形状轮廓

（c）改变填充和描边样式

图 2-199　对形状的编辑

5. 形状的转换

在“路径”面板中，对绘制好的形状路径单击“将路径作为选区载入”按钮，形状的矢量蒙版便可以转换成选区，而转换的选区又可以从选区生成为路径。它们之间的互相转换给图形的编辑带来了极大方便。

2.5.5　应用举例——制作花边效果

【例 2-5】利用形状和路径制作漂亮的花边效果，如图 2-200 所示。

图 2-200　最终效果图

① 新建一个文件，参数设置如图 2-201 所示。选择“编辑 | 填充”命令，使用红色填充。

② 选择椭圆工具，在矩形中心，按住【Shift】键画一个白色的圆，效果如图 2-202 所示。

③ 打开文件“小猪剪纸.jpg”,使用魔棒工具选取其中的小猪剪纸复制到新建的文件中，选择“编辑 | 自由变换”命令，适当调整大小和位置，效果如图 2-203 所示。

④ 再次新建一个文件，大小为 180×180 像素，分辨率为每英寸 72 像素；选择“自定形状工具”，选择“花 6”，画出一个黑色的花，然后在选项栏中单击按钮，设置“减去顶层形状”，在黑色花的中心处画出“花 1 边框”和“花 2 边框”，效果如图 2-204 所示。

⑤ 选择“编辑 | 定义画笔预设”命令，将当前形状设置为画笔笔尖。

⑥ 回到小猪剪纸所在的文件，选择“矩形工具”，在选项栏设置为“路径”模式，制作如图 2-205 所示的矩形路径；选择画笔工具，

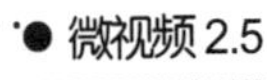

制作花边效果

选择刚定义的笔尖，在画笔面板设置画笔间距为“99%”，设置前景色为白色。

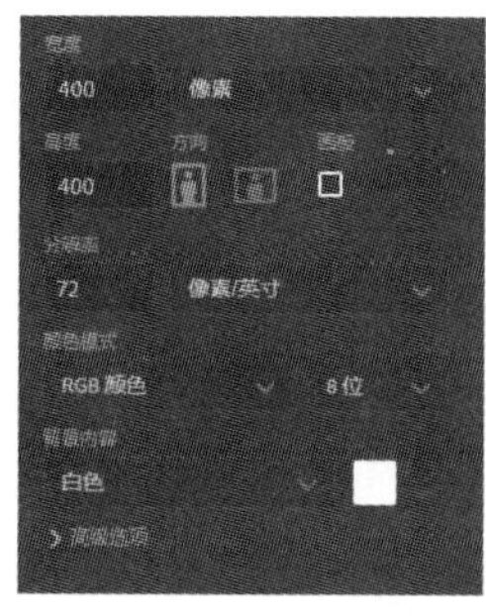

图 2-201　新建文件参数

图 2-202　创建圆形

图 2-203　复制小猪剪纸

⑦ 在图层面板，单击按钮创建一个新的图层。在路径面板选择绘制的矩形路径，点击面板下方的按钮，用画笔沿路径描边，效果如图 2-205 所示。

⑧ 在路径面板的空白处单击隐藏路径。

图 2-204　形状制作效果

图 2-205　路径及路径描边效果

2.6　画龙点睛——文字

文字是艺术设计必不可少的要素之一，在图像中起着画龙点睛的作用，是传达信息的重要手段。Photoshop 专门提供了一组文字处理工具，可以创建各种类型的文字和文字选区。通过文字与路径、形状和滤镜结合，可以创建各种特效艺术文字，给作品带来绚丽的效果，从而避免画面枯燥。

2.6.1　创建文字

Photoshop CC 2018 中提供了 4 种文字工具：横排文字工具、直排文字工具、直排文字蒙版工具、横排文字蒙版工具，如图 2-206 所示。前两种文字工具用于创建各种文字，后两种文字蒙版工具用于创建文字形状的选区。

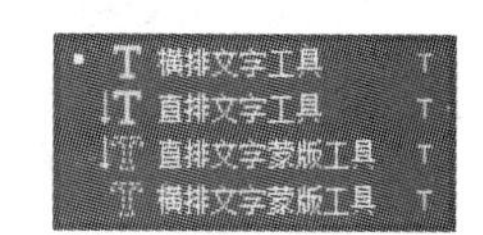

图 2-206　文字工具组

1. 文字工具栏

横排文字工具和直排文字工具的使用方法相同，只是创建的文字方向有差别。下面以横排文字工具为例，认识一下文字工具选项栏。

选择横排文字工具后，在窗口顶端的文字工具选项栏如图 2-207 所示，其中包括文字创建和编辑的各种属性设置。

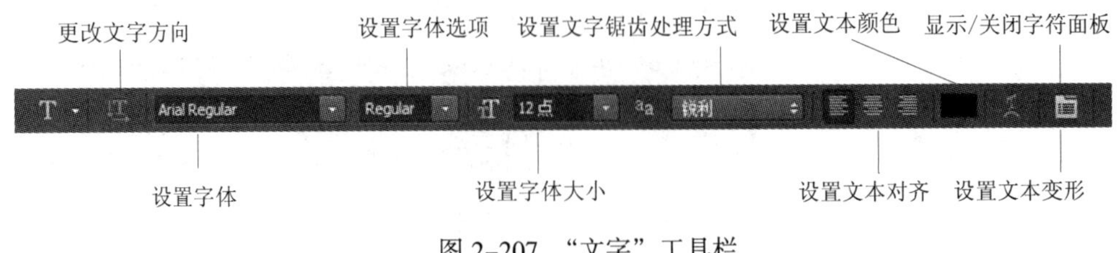

图 2-207 “文字”工具栏

创建或编辑文字时需要设置的参数如下：

① 更改文字方向：可以设置文字方向在水平和垂直方向之间转换。

② 设置字体：指定输入文本的字体，该列表框显示提供给用户的可用字体，包括中文字体。

③ 设置字体样式：该下拉列表的选项与所选字体有关，只对部分英文字体有效，常见的有 Regular（正常）、Italic（斜体）、Bold（粗体）、Bold Italic（粗体斜字）等。

④ 设置字号：设置文字的大小，数值越大，文字越大。

⑤ 文字的锯齿处理方式：通过对文字的边缘像素做一定的羽化处理，使其变得平滑，消除文字边缘的锯齿影响。在下拉列表项中，可以设置不同消除锯齿的方法，包括：无、锐利、犀利、浑厚、平滑、Windows LCD 及 Windows。

⑥ 文本对齐方式：设置输入文本的对齐方式，包括左对齐、居中对齐和右对齐 3 种。

⑦ 文本颜色：可打开颜色拾取器，选择所需的文本颜色。

⑧ 变形字体：提供一系列文本弯曲变形效果，单击此按钮，打开“变形文字”对话框，可以对选取的文本进行变形和弯曲效果设置。

⑨ “字符”（段落）面板按钮：打开或关闭“字符”（段落）面板。

2. 输入文字

（1）输入字符文本

在处理标题等较少的文字时，可以通过输入字符文本来完成。操作步骤如下：

① 在工具箱中选择文字工具（直排或横排）。

② 在工具选项栏设置文字的字体、字号、颜色。

③ 在图像中需要输入文字的地方单击，该位置出现闪动的光标，即可输入文字。

④ 输入完成，按【Ctrl+Enter】快捷键确认。

（2）输入段落文本

在需要输入较多文字并要约束文字的区域时，可以通过输入段落文本来完成。操作步骤如下：

① 在工具箱中选择文字工具（直排或横排）。

② 在工具选项栏设置文字的字体、字号、颜色。

③ 按住鼠标左键拖出一个矩形文本框，在文本框中输入文字即可。文本框中的段落文字可实现自动换行。可通过文本框的调整点调整文本框的大小。如图 2-208 所示。

④ 输入完成，按【Ctrl+Enter】快捷键确认。

输入文字时，不论是字符文本还是段落文本，系统都会为该文字创建新的文字图层，图层的缩略图有一个 T 标识，图层的名字与输入的内容一致，如图 2-209 所示。

图 2-208　段落文字

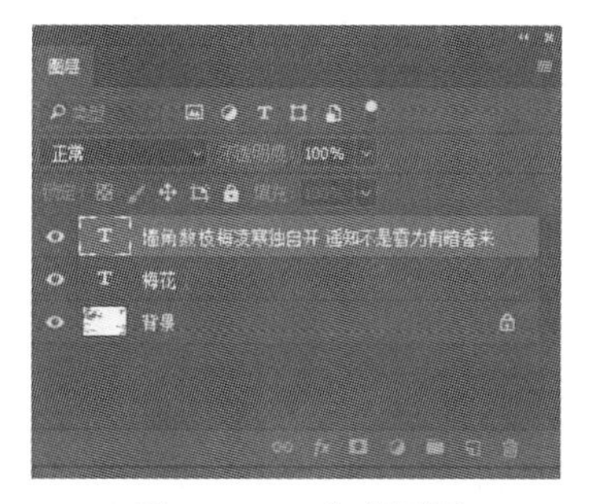

图 2-209　文字图层

2.6.2　文字的编辑

1. “字符” / “段落” / “字形” 面板

“字符”和“段落”面板提供了文字设置的更多选项。文字输入后，使用“字符”和“段落”面板可以方便地编辑、修改输入的文字。

（1）“字符”面板

选中要编辑的文字，选择“窗口 | 字符”命令，或单击图 2-207 所示的“文字”工具栏右侧的打开“字符”（段落）面板的按钮，即可打开“字符”（段落）面板，如图 2-210 所示。通过字符面板提供的设置选项，方便地设置所选字符的各种属性。例如，设置基线偏移和字符间距的效果如图 2-211 所示。

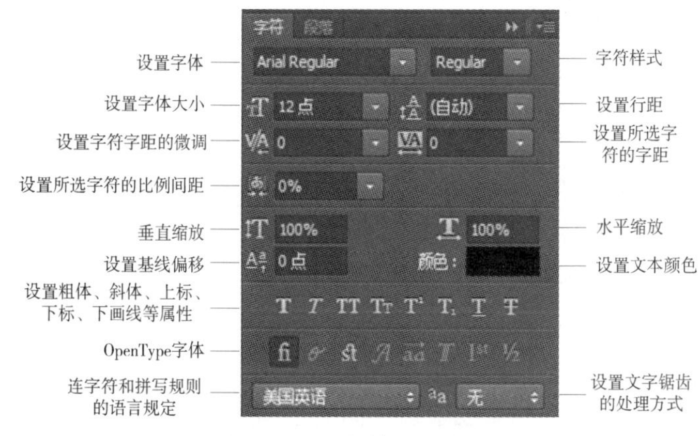

图 2-210　“字符”调节面板

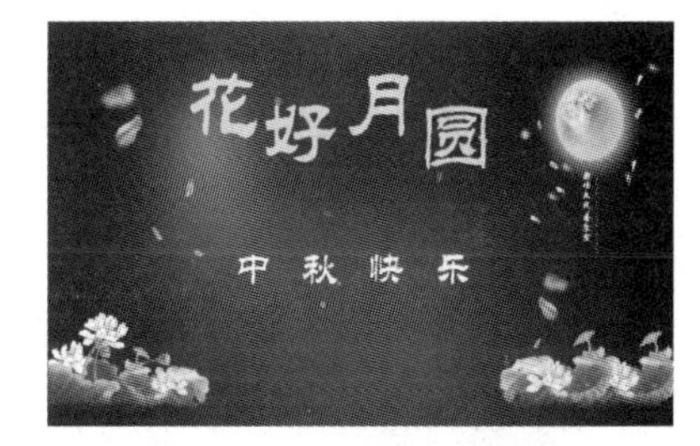

图 2-211　设置字符属性效果

Photoshop CC 2018 中提供了大量的中英文字体。除此之外，也可以到网络上自行下载第三方的字体安装后使用。将下载的扩展名为“.TTF”或者“.TTC”的字体文件复制到 C:\WINDOWS\Fonts 文件夹即可完成安装，然后在 Photoshop 的字体列表中就可以看到新安装的字体。

（2）“段落”面板

使用“段落”面板编辑段落文字。选择“窗口 | 段落”命令或者单击“字符”面板上的“段落”选项卡可切换到“段落”面板，如图 2-212 所示。“段落”面板用来设置文本的对齐方式和缩进方式等。例如，通过设置段落对齐和段前空格编辑的段落文字效果如图 2-213 所示。

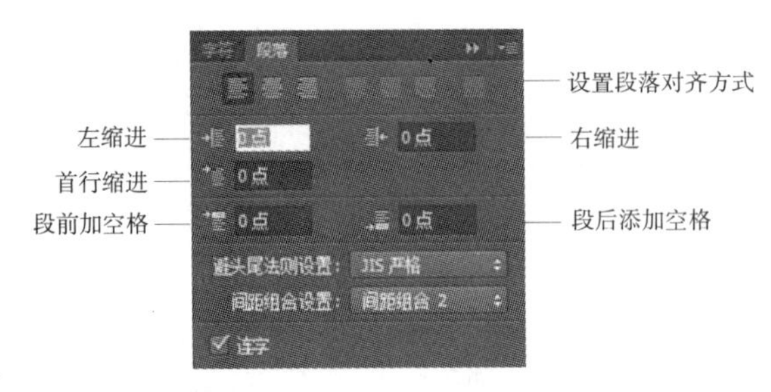

图 2-212 “段落”面板

图 2-213 “段落文字”设置效果

“段落”面板可设置的参数包括：

① 段落对齐方式：包括左对齐、居中对齐、右对齐；最后一行左对齐、居中对齐和右对齐以及全部对齐。

② 段落缩进方式：包括左缩进、右缩进和首行缩进。

③ 段落添加空格的方式：包括段前添加和段后添加空格。

④ 避头尾法则设置：可选取无、JIS 宽松和 JIS 严格。

⑤ 间距组合设置：选取内部字符间距集。

⑥ 连字：设置自动用连字符连接。

（3）“字符样式”面板和“段落样式”面板

在 Photoshop CC 2018 中也可以像 Word 一样，把经常要用的文字设置或者段落设置保存到相应的“字符样式”和“段落样式”面板中。保存样式后，只需要在相应样式面板中单击即可应用。

选择“窗口 | 字符样式（段落样式）”命令即可打开对应的样式面板，如图 2-214 所示，两者的使用方法相同。以字符样式为例，可以直接创建样式，也可以从已有的字符中提取样式创建。

单击“字符样式”面板中的“创建新的字符样式”按钮，即可直接在字符样式面板生成一个“字符样式 1+”，双击面板中对应的“字符样式 1+”，打开“字符样式选项”对话框，如图 2-215 所示，在对话框中设置相应的样式参数。基本字符格式包括字体、字的颜色大小、仿粗体、下画线等基本属性，高级字符格式包括字符的水平、垂直缩放等属性，OpenType 功能设置 OpenType 字体的一些连字、花饰字等属性。

要从已有的字符中创建样式，只要选中设置好格式的字符，单击“字符样式”面板中的“创建新的字符样式”按钮即可。

图 2-214 “字符样式”面板

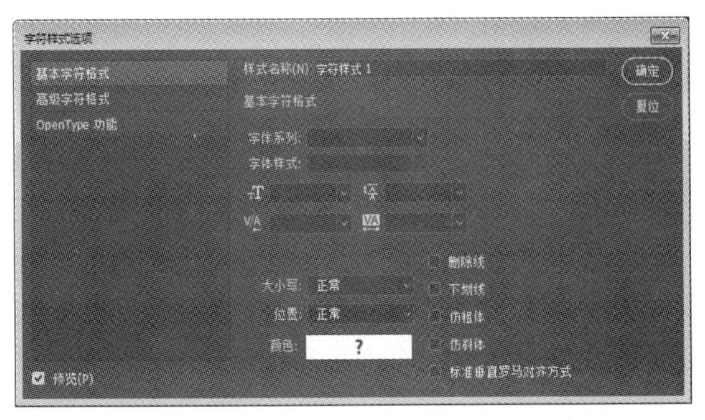

图 2-215 “字符样式选项”对话框

（4）“字形”面板

从 Photoshop CC 2015 开始引入了之前只有 Adobe Indesign 和 Illustrator 才有的字形面板，用来插入这个字体中所有的特殊字符形式。

以前在使用 Photoshop 时，有些字符如破折号和连续号等，很难通过键盘直接输入，但是现在有了字形面板，这些难题就迎刃而解，甚至还可以很容易地输入分数或一些特殊符号。

选择“窗口 | 字形”或者“文字 | 面板 | 字形面板”命令，即可打开“字形”面板，如图 2–216（a）所示。字符列表中，如果字符右下角有黑点，表明文字有两种以上的字形可供选择，单击字符并按住不动，即可显示其全部字形，如图 2–216（b）所示。在选中的字形上单击即可输入。对于已输入字符，若想更换字形，可以选中要替换的字符后，在类别列表中选择“选区替换字”即可在可选字形中选择替换。

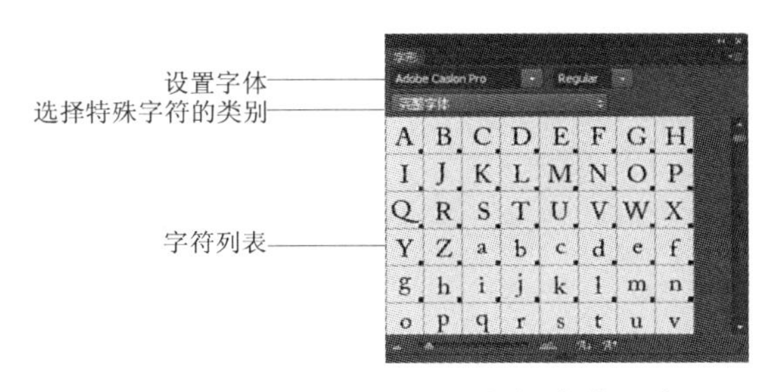

（a）“字形”面板

（b）字形预览效果

图 2–216　“字形”面板

有了字形面板后，输入特殊字符特别方便，例如，选择 Adobe Caslon Pro 字体，在类别中选择“符号”，即可输入商标注册符号、版权符号等，选择“货币”即可输入各种货币符号，如图 2–217（a）所示。某些字体还支持“花饰字”，可以输出一些特别的艺术字形，如图 2–217（b）所示。

（5）利用文本框对文字进行整体编辑

在输入和编辑文字时，按住【Ctrl】键可以出现文本框的控制点，将光标移到文字框的控制点上，可对文本框进行缩放、旋转等操作。

选择“编辑 | 变换”菜单中的变换命令，也可对文字进行缩放、旋转等操作，产生不同的文字效果。图 2–218 所示为对文字的旋转操作。

™ © ® ¥

§ √ % 4/9

（a）输入特殊字符　　（b）输入“花饰字”

图 2–217　输入特殊字符

图 2–218　对文字框进行旋转后的效果

2. 文字变形

在 Photoshop CC 2018 中使用“文字变形”命令可以将文字进行更加艺术化的处理。直接单击文字工具栏右侧的“文字变形”按钮来实现，或选择“文字 | 文字变形”命令，打开“变形文字”对话框，如图 2–219（a）所示。变形文字的样式有许多种，如图 2–219（b）所示。

“变形文字”对话框各项参数含义如下：

① 样式：设置文字变形的效果。

② 水平/垂直：设置变形的方向。

③ 弯曲：包括水平扭曲、垂直扭曲，分别设置变形文字的水平和垂直方向的扭曲程度。

变形文字的效果如图 2–220（a）和（b）所示，分别是凸起变形和拱形变形。

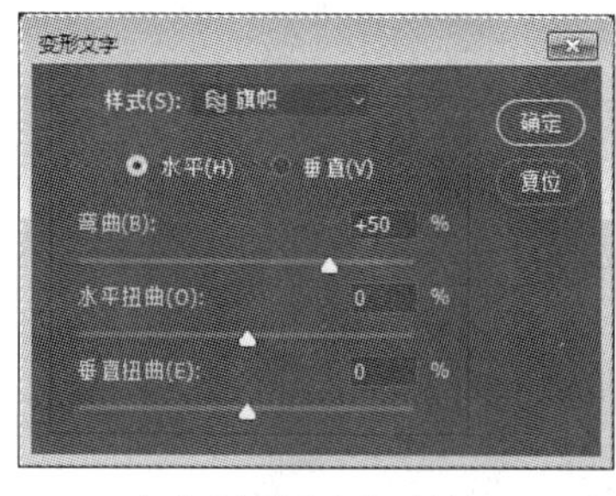

（a）“变形文字”对话框

（b）变形文字的样式

图 2–219 “变形文字”对话框及样式

（a）凸起变形

（b）拱形变形

图 2–220 变形文字效果示例

3. 路径文字

路径是一个非常灵活强大的工具。文字与路径的配合，可以充分利用路径的优势，实现文字的特殊布局。

（1）沿路径输入文字

① 选择路径工具在图像上创建一条路径。例如，用钢笔工具在图像上创建一条曲线路径，如图 2–221（a）所示。

② 选用横排文字工具，在工具栏中确定各项参数，将光标移动到路径上，当光标改变为形状时单击鼠标左键。

③ 输入文字，如图 2–221（b）所示。此时文字将沿着路径的方向排列。按【Ctrl+Enter】快捷键结束输入。

④ 选择“路径选择工具”将光标移动到文字上，按下鼠标左键并水平拖动，可使文字沿着路径移动，放开鼠标即确定了文字的合适位置，如图 2–221（c）所示。

⑤ 按下鼠标并向下拖动改变文字在路径上的上下方向，如图 2–221（d）所示。

⑥ 在“路径”面板空白处单击将路径隐藏，如图 2–221（e）所示。

“图层”面板中的文字图层如图 2–221 所示。

（a）创建曲线路径

（b）输入文字

（c）沿路径拖动文字

图 2–221 在路径上创建文字示例

（d）拖动文字到路径下方

（e）隐藏路径

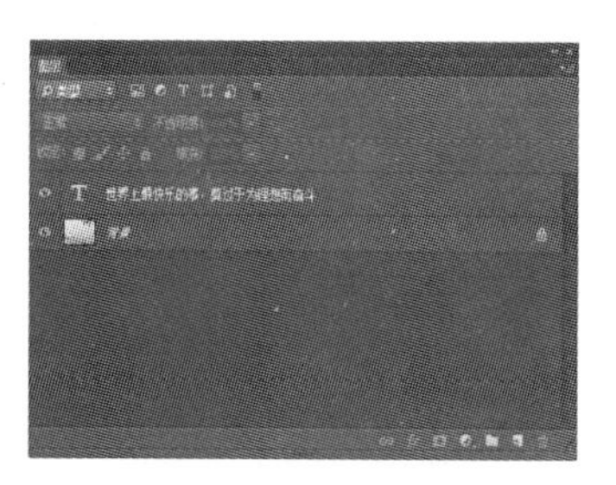
（f）“图层”面板中的文字图层

图 2-221　在路径上创建文字示例（续）

（2）在路径中创建文字

在路径中创建文字是指在封闭路径的内部创建文字。

① 使用路径工具，在图像上创建一条封闭的曲线路径，如图 2-222（a）所示的“心形”。

② 选用横排文字工具，在工具栏设置好各项参数，将光标移动到“心形”路径内部，当光标变为Ⓘ形状时单击，如图 2-222（b）所示。

③ 输入文字。文字会按照路径的形状自动调整位置，如图 2-222（c）所示。

④ 在“路径”面板空白处单击隐藏路径，如图 2-222（d）所示。

（a）创建封闭路径

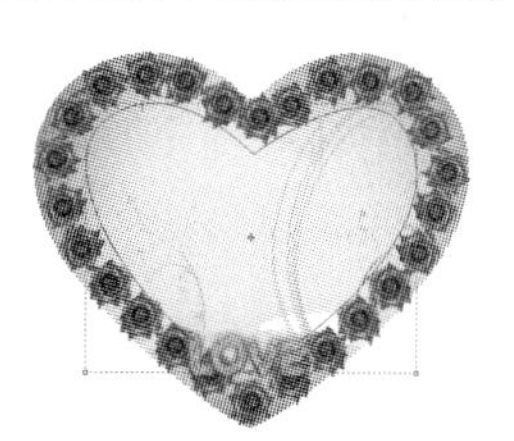
（b）选用文字工具

（c）输入文字

（d）隐藏路径

图 2-222　在路径中创建文字

4. 文字的转换

我们使用的文字库包括中文和英文，都是矢量文字。

文字的转换有两种情况：一是从矢量文字转换为矢量路径或形状；二是从矢量文字转换成点阵文字。

（1）将文字转换为工作路径

选择“文字 | 创建工作路径”命令，可将文字转换为工作路径，此时沿文字路径的边缘将会创建许多锚点，如图 2-223（a）所示；文字转换为工作路径后，可以发挥路径的优势，例如，通过沿路径描边来创建文字的特殊效果，如图 2-223（b）所示。

（a）文字转换为工作路径

（b）描边路径

图 2-223　文字转换为工作路径

（2）将文字转换为形状

选择“文字 | 转换为形状”命令，可将文字转换为形状。图层面板中相应的文字图层会转换为形状图层，如图 2-224（a）所示。转换为形状后，可以直接使用选择工具、转换点工具等路径编辑工具创建变形文字，如图 2-224（b）所示。

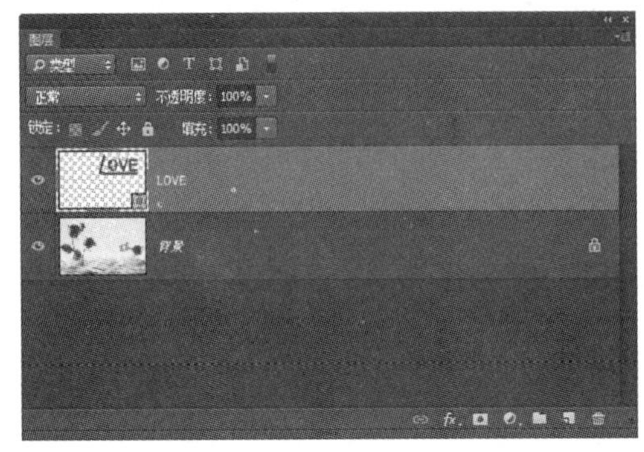

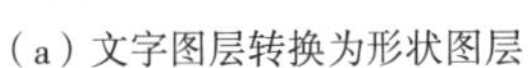
（a）文字图层转换为形状图层

（b）变形文字

图 2-224　文字转换为形状

（3）将文字栅格化

因为文字是矢量图形，所以文字不能直接使用绘图和修图工具进行编辑，也不能直接使用滤镜。栅格即像素，栅格化就是将矢量图形转化为由像素点构成的位图。要使用滤镜或者绘图与修图的工具，必须首先将文字栅格化。

选择“文字 | 栅格化文字图层”或者“图层 | 栅格化 | 文字”命令，即可使文字图层转换为普通图层，如图 2-225（a）和图 2-225（b）所示。

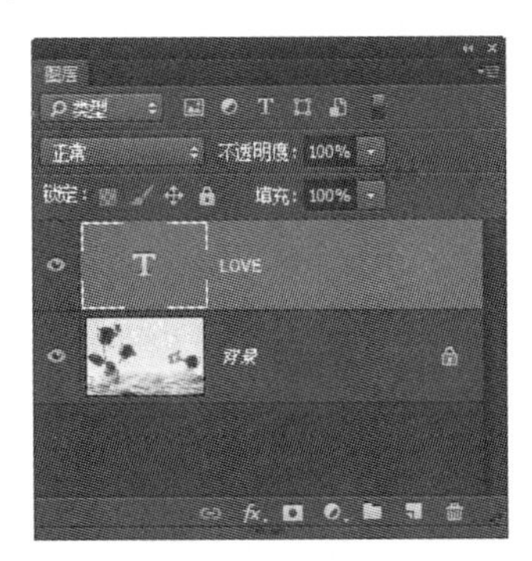

（a）文字图层

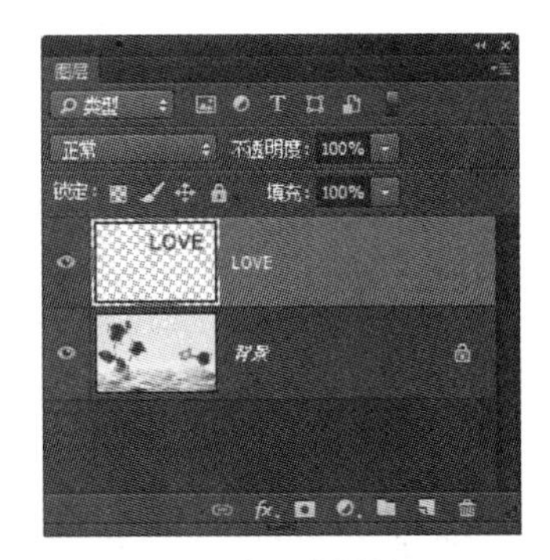

（b）栅格化图层

图 2-225　文字栅格化

栅格化后的文字不再是矢量图形，而是由像素点构成的点阵图像，可以进行常规的图像操作，但是不能再进行文字属性的修改，同时图像放大后文字边缘会出现锯齿现象。

栅格化后的文字配合滤镜可以产生各种各样的文字特效。图 2-226 所示为文字应用“扭曲 | 波纹”滤镜和“素描 | 半调图案”滤镜的效果。

5. 创建文字选区

Photoshop 中还提供了两个专门用于创建文字选区的工具——横排文字蒙版工具和直排文字蒙版工具（见图 2-206），可以制作水平方向和垂直方向的文字选区。

（a）“扭曲 | 波纹”滤镜效果

（b）“素描 | 半调图案”滤镜效果

图 2-226　文字滤镜效果

文字蒙版工具的使用方法与横排和直排文字工具相同，其工具栏也与文字工具栏相同。选择文字蒙版工具后，像文字工具一样进行文字输入，此时会进入蒙版状态。不同的是按【Ctrl+Enter】快捷键或者单击选项栏中的✓按钮结束文字输入后，文字将转换为选区，不会创建新的文字图层，如图 2-227（a）所示。

创建完成文字选区后，不能再使用文字工具进行编辑。但可以对生成的选区填入前景色、背景色、渐变色或图案，如图 2-227（b）所示。也可以对生成的选区进行如图 2-227（c）所示的描边操作。

（a）创建文字选区

（b）填充图案

（c）描边

图 2-227　文字选区效果

此外，利用原有的文字图层也可以创建文字选区，只需要按住【Ctrl】键单击文字图层的缩略图即可。

2.6.3　应用实例——制作圣诞贺卡

【例 2-6】用文字工具制作新年贺卡。

① 打开图像文件，如图 2-228 所示。

② 输入文字：单击横排文字输入工具，在图像画面上方输入文字“圣诞快乐”，华文隶书，按住【Ctrl】键适当调整文字的大小和位置，按【Ctrl+Enter】快捷键完成对文字的输入。打开“字符”面板为文字适当设置字符间距，参数设置及最终效果，如图 2-229 所示。

图 2-228　打开的图像文件

图 2-229　“字符”面板参数设置及效果

③ 文字描边：选择“圣诞快乐”所在文字图层，选择“文字 | 创建工作路径”命令，得到文字路径，设置画笔笔尖形状为“缤纷蝴蝶”，在画笔面板设置其参数，如图 2–230 所示。设置前景色为黄色，新建图层，沿路径使用画笔描边，效果如图 2–230 所示。

④ 输入路径文字：如图 2–331 所示，创建一条路径。单击横排文字输入工具，设置字体为“华文行楷”，30 点，输入文字“Merry Christmas!”。

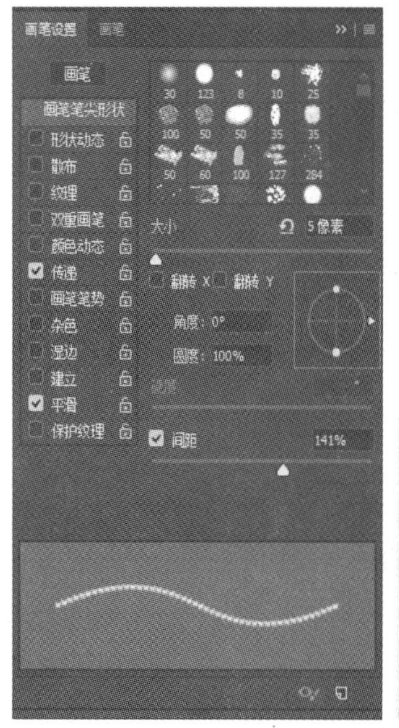

图 2–230　画笔描边参数设置及效果　　图 2–231　路径文字效果

● 微视频 2.6

制作圣诞贺卡

⑤ 输入段落文字：单击横排文字输入工具，字体为“Adobe 黑体 Std”，24 点，在图像中拖动出文本框，在文本框中输入段落文字，按【Ctrl+Enter】快捷键完成对文字的编辑，如图 2–232 所示。

⑥ 文字变形：在图像下方，使用横排文字工具，输入文字“MERRY CHRISTMAS!”，字体为“Adobe 黑体 Std”，按【Ctrl+Enter】快捷键完成输入。选择此文字图层，点击选项栏中的文字变形按钮，设置样式为“鱼形”，效果如图 2–233 所示。最终效果如图 2–234 所示。

⑦ 保存文件。

图 2–232　段落文字效果

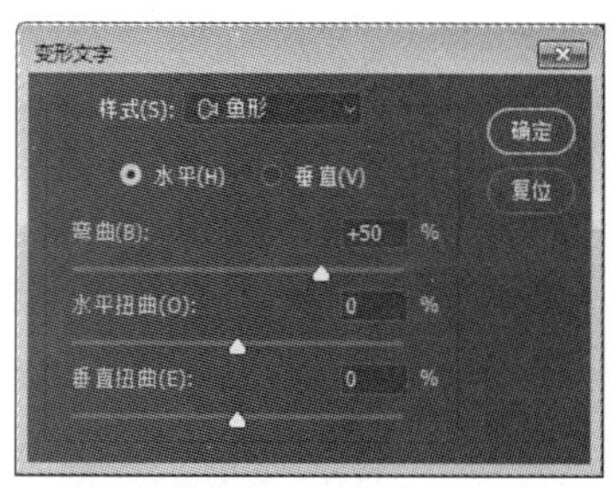

图 2–233　设置变形样式

图 2–234　最终效果

2.7　色彩的魔术手——图像的校色、调色

在图像处理中，色彩的调整是制作高品质图像的关键，有时故意夸张地使用某些调整，还会产生特殊的效果。Photoshop 中提供了多种色彩调整工具，有快速调整的工具，也有精确调整的工具，可以为图像进行出色的校色、调色。

2.7.1　色彩调整的理论基础

色彩是图像的重要特征，在调整色彩前，首先要弄清楚图像色彩的特点。

1. 色彩的基本术语

色彩有三大基本特征：色相、饱和度、明度，在色彩学上称为色彩的三大要素。

（1）色相

色相是色彩的首要特征，表示某种色彩颜色的种类，如红、橙、黄、绿、青、蓝、紫等。调整色相就是在多种颜色中变化。例如，通过调整色相可以将图像中红花改为橙色。

（2）饱和度

饱和度指色彩的纯度，表示颜色中所含有色成分的比例。比例越高，图像色彩纯度越高，色彩越鲜艳；比例越低，色彩纯度越低，色彩越暗淡。当饱和度降为 0 时，图像将变为灰度图像。

（3）明度

明度是指色彩的明亮程度。例如，同一颜色在强光照射下显得明亮，弱光照射下显得较灰暗模糊。在数字图像处理中，Photoshop 中的色阶和色调就是与色彩明度相关的两个概念。色阶就是指图像中颜色的灰度（亮度），它反映图像中色彩的明暗程度。色调是指在一定光照下，物体总体的色彩倾向和氛围。通俗地讲，色调指颜色的冷暖。有时二者泛指颜色的明暗度。

多种颜色混合后，色彩之间的差异对比也对图像的效果有着较大的影响，这就是图像调整中经常用到的对比度。调整对比度就是调整不同颜色之间的差异，对比度越大，图像轮廓越清晰。

2. 颜色模式

颜色模式指图像在显示或打印时，定义颜色的不同方式。颜色模式是除了用于确定图像中显示的颜色数量外，还影响通道数和图像的文件大小。Photoshop 中支持多种图像模式，选择“图像 | 模式”命令，显示出 Photoshop 支持的图像模式，前面打对勾的为当前的图像模式，呈灰色的代表当前不可用的图像模式，如图 2-235 所示。

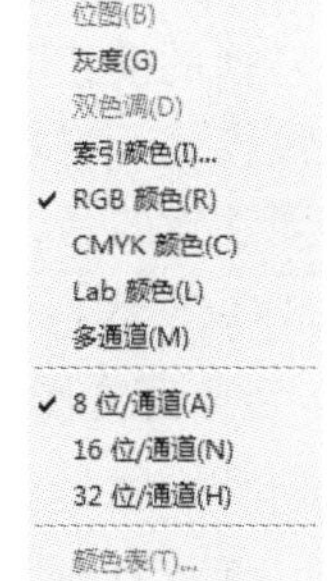

图 2-235　图像的颜色模式

（1）RGB 模式

RGB 模式基于 RGB 色彩空间，一般用于图像的显示和编辑。RGB 模式的图像有红、绿、蓝 3 个颜色通道。通过 3 个颜色通道的变化及它们之间的混合叠加来得到像素的各种颜色。在颜色通道中，用亮度来代表基色的混合比例，若每个颜色通道都采用 8 位二进制来编码，则每种基色都有 0～255 的亮度变化范围，可以组合成 256^3（1670 万）种颜色，实现 24 位真彩色。当 3 种颜色亮度值均为 0 时，为黑色；3 种颜色亮度值均为 255 时，为白色。

（2）CMYK 模式

CMYK 模式基于 CMYK 色彩空间，一般用于图像的印刷和打印。打印彩色图像时，由于打印纸只能吸收和反射光线，所以需要用色光的相减模式。CMYK 模式基于色料减色法，它通过吸收补色光，反射本身的色光来呈现颜色。该模式由青色（C）、洋红色（M）、黄色（Y）及黑色（K）4 种颜色组合而成，并用油墨颜色的百分比表示。当 4 种颜色值均为 0%时，呈纯白色。模式中的每一个像素点用 32 位表示。通常在 RGB 模式下编辑图像，转化为 CMYK 模式后再打印输出。

（3）Lab 模式

Lab 模式是国际照明委员会规定的与设备无关的颜色模式。它由光照强度通道 L、a 色调通道和 b 色调通道 3 个通道组成。a 通道表示颜色的红绿反映；b 通道表示颜色的黄蓝反映。Lab 模式理论上包括了人眼可以看见的所有色彩，它的色域最宽，常用作图像转换时的中间模式。

（4）索引颜色模式

索引颜色模式图像会配合有一张颜色表，图像文件中并不保存真实的颜色，而是保存颜色在颜色表中的索引值。索引模式图像文件较小，是网络应用和动画中常用的图像模式。

（5）灰度模式

灰度模式的图像不包含颜色，每个像素点只有一个亮度值。一般用 8 位描述由黑到白 256 个级别的灰度变化。亮度是唯一能够影响灰度图像的选项。

（6）位图

位图只用黑白两种颜色表示的图像。当一幅彩色图像要转换成位图模式时，不能直接转换，必须先将图像转换成灰度模式。

（7）双色调

用一种灰色油墨或彩色油墨来渲染一个灰度图像。通过 2～4 种自定油墨创建双色调、三色调和四色调的灰度图像，打印出比单纯灰度效果更佳的图像，减少印刷成本。彩色图像也必须先转换为灰度图像，才能转换为双色调模式。

在 Photoshop 中进行图像模式的转换非常简单。选择“图像 | 模式”命令，从下拉菜单中选择要转换的模式即可。较常用的是将 RGB 模式转换为 CMYK 模式，将 RGB、CMYK 模式转换为灰度模式，将灰度、RGB 模式转换成适用于 Web 应用的索引模式等。

需要注意的是，在进行图像模式转换时，可能会更改图像的颜色值。如果将 RGB 图像转换成 CMYK 模式，再转换回 RGB 模式，一些图像数据可能会丢失，且无法恢复。

3. 色阶直方图

色阶直方图是用图形的方式表示图像中每个亮度级别的像素数量。通过直方图，可以清晰地看到图像中像素的明暗分布情况，这在图像色彩调整中，具有很实用的指导价值。

选择“窗口 | 直方图”命令，即可打开“直方图”面板，默认情况下是以紧凑视图的方式显示。单击调板按钮，在弹出的菜单中选择“扩展视图”，可查看更多信息。例如，当前图像亮度的平均值、中间值、像素总数等，如图 2-236 所示。

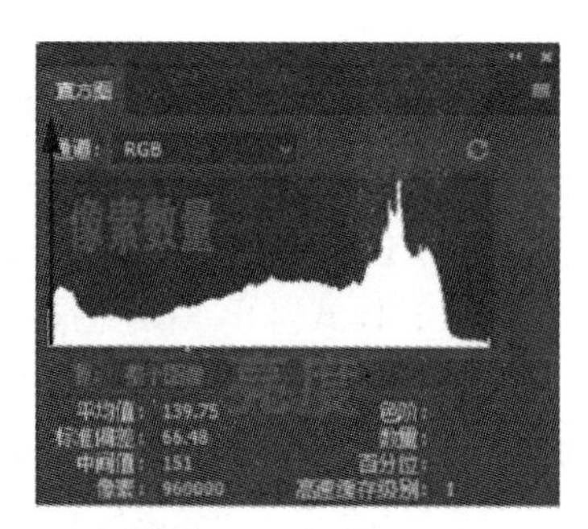

图 2-236　直方图面板

直方图的横轴代表的是亮度值，范围为 0～255，从左至右亮度值逐渐增大。纵轴代表的是图像中当前亮度值的像素数目，纵向高度越高，说明当前亮度值的像素点越多。一般将亮度范围 0～85 叫作图像的阴影区，处于直方图左侧。亮度范围 171～255 叫作图像的高光区，处于直方图右侧。亮度范围 86～170 叫作图像的中间调。一幅效果好的照片应该是像素在全色调范围内都有分布，并且两边低，中间高。如果直方图中像素集中在左侧，说明图像偏暗，像素集中在右侧，说明图像偏亮，像素集中在中间，说明图像亮度居中对比度不够，如图 2-237 所示。

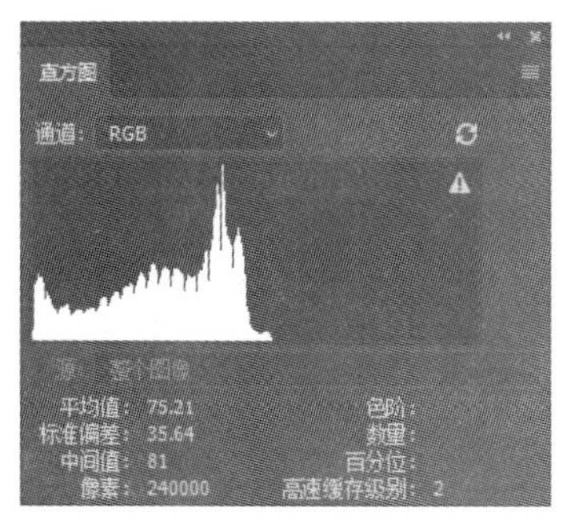

（a）偏暗图像

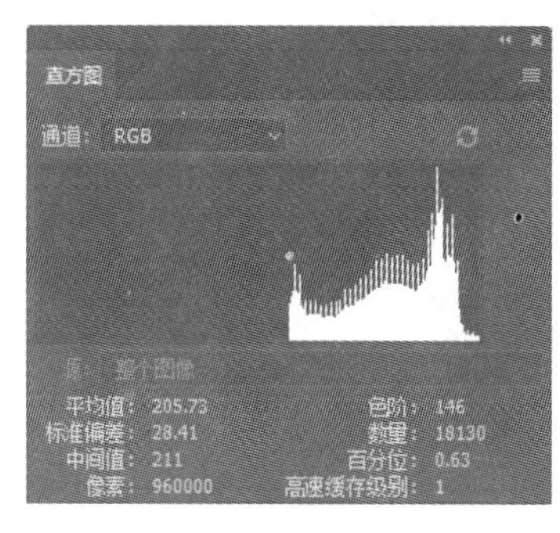

（b）偏亮图像

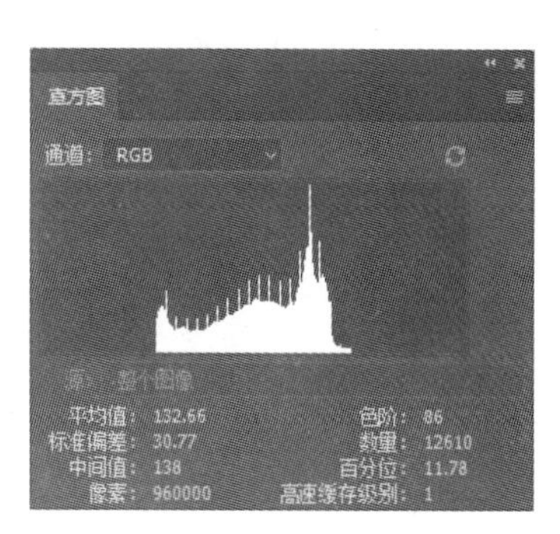

（c）亮度值居中图像

图 2-237　图像的不同直方图

单击“通道”下拉按钮，可以查看红、绿、蓝、明度等各单通道的直方图。通过直方图可以快速地看出图像的色阶分布是否合理，确定图像校正的方向。当进行图像调整后，图像的直方图也会相应发生变化。

2.7.2　快速色彩调整

色彩调整主要指对图像的亮度、色调、饱和度及对比度的调整。如图 2-238 所示，图像色彩调整的命令包括“图像”菜单下的“自动色调”“自动对比度”“自动颜色”3 个命令，以及“图像 | 调整”二级菜单下的所有色彩调整命令。

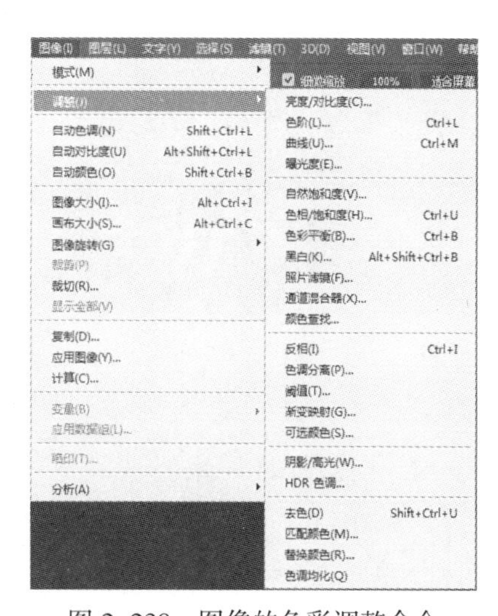

图 2-238　图像的色彩调整命令

在这些调整命令中，有些命令，比如自动色调、自动对比度、自动颜色等，不需要用户设置参数，由系统快速、自动调整图像中的色彩值。还有几个色彩调整命令，例如亮度/对比度、阈值等，虽然它们需要进行对话框设置，但是通常参数设置简单，效果直观。虽然这些快速色彩调整命令不如高级色彩调整工具精确，但它们使用简单方便，通常均可快速达到较满意的效果。

1. 自动色调、对比度、颜色

下面的图 2-239（a）为例介绍使用几种命令进行调整后的效果。

①“自动色调”命令：通过快速计算图像的色阶属性，将每个颜色通道中最亮和最暗的像素调整为纯白和纯黑，中间像素按比例重新分布，自动调整图像的色调效果。自动色调容易产生一些偏色现象，其效果如图 2-239（b）所示。

②“自动对比度”命令：可自动增强图像阴影和高光部分的对比度，使图像边缘更加清晰，不单独调整通道，不会产生偏色。其效果如图 2-239（c）所示。

③“自动颜色”命令：可以通过搜索实际像素自动调整图像的颜色饱和度和对比度，使图像颜色更为鲜艳。其效果如图 2–239（d）所示。

（a）原图

（b）“自动色调”调整后

（c）“自动对比度”调整后

（d）“自动颜色”调整后

图 2–239 “自动色调”“自动对比度”“自动颜色”调整效果

2. 反相

“反相”命令用于反转图像中的颜色，将当前图像像素点的颜色替换为其补色，产生照相底片的效果。它使通道中每个像素的亮度值都转换为 256 级刻度上的相反值。图 2–240（a）所示为原图，图 2–240（b）所示为原图中的白色反相后变成了黑色。绿色反相后会变为其补色洋红色。

3. 去色

“去色”命令：将彩色图像的颜色转换为灰度效果，但是该命令与将图像转换为灰度模式不同。去色命令在转换过程中虽然去掉了彩色信息，但图像的颜色模式不变，仍然可以使用画笔等工具进行颜色填色或通过调整命令给图像着色。如果将图像转换为灰度模式，转换后图像只有亮度信息，不能再出现彩色信息。使用“去色”命令后的效果如图 2–240（c）所示。

（a）原图

（b）“反相”调整后

（c）“去色”调整后

图 2–240 “反相”和“去色”的调整效果

4. 色调均化

“色调均化”命令将图像中像素点的亮度值在阶调范围内均匀分布，使图像的明度更加平衡，原图和调整后的效果如图 2–241 所示。“色调均化”命令对整体偏暗或整体偏亮的图像调整效果较好。

（a）原图

（b）“色调均化”调整后

图 2–241 “色调均化”的调整效果

5. 亮度/对比度

“亮度/对比度”命令对在灰暗环境或背光处拍摄的照片有很好的校正效果。选择“图像 | 调整”命令打开“亮度/对比度”对话框，如图 2-242（a）所示。“亮度”调整图像的明暗度，而“对比度”调整图像色彩的对比度，其调整效果如图 2-242（c）所示。

（a）“亮度/对比度”对话框　（b）原图　（c）“亮度/对比度”调整后

图 2-242　“亮度/对比度”调整效果

6. 阈值

“阈值”命令快速将一幅彩色或灰度图像转换为高对比度的黑白图像。选择“图像 | 调整 | 阈值”命令，打开“阈值”对话框，如图 2-243（a）所示，它显示了图像亮度分布直方图。当移动滑块或输入数值设置阈值后，比该阈值亮的像素均变为白色，比阈值暗的像素均为黑色，使图像变为黑白二值图像。原图和使用“阈值”命令后的效果如图 2-243（b）、（c）所示。

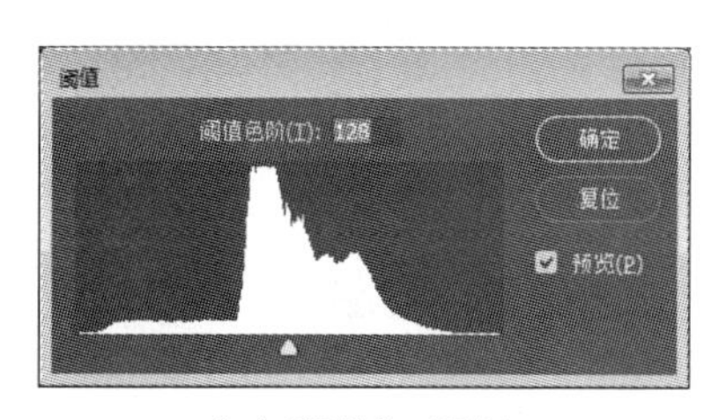

（a）“阈值”对话框　（b）原图　（c）执行“阈值”命令后

图 2-243　“阈值”命令效果

7. 色调分离

“色调分离”命令指定图像中每个通道的色调级别数目，然后将每个像素映射到最接近的匹配级别上。该命令主要用来简化图像，或者制作特殊的绘画效果。图 2-244 所示为将一幅 RGB 图像的色阶级别设置为 2 时的调整效果。此时红、绿、蓝每通道只有两个色阶取值，图像中最多可以出现 8 种颜色，分别为红、绿、蓝、黄、洋红、青色、黑色和白色。

（a）原图　（b）“色调分离”调整后

图 2-244　“色调分离”的调整效果

8. 渐变映射

“渐变映射”是以索引颜色的方式来给图像着色。它以图像的灰度（亮度）为依据，以设置的渐变色彩取代图像颜色，使图像产生渐变的色调效果。选择“图像 | 调整 | 渐变映射”命令，打开“渐变映射”对话框，如图 2-245（a）所示。在对话框的下拉列表中可以选择多种渐变颜色，单击渐变样条，打开“渐变编辑器”对话框，可以从中选择更多的渐变颜色。

如图 2-245（b）所示图像，选择“黄、紫、橙、蓝渐变”映射后的效果如 2-245（c）所示。原图中的阴影部分映射为渐变条左侧的黄色，高光部分映射为渐变条右侧的蓝色，中间亮度值的像素点映射为中间的紫色、橙色。

若想进一步改善调整图像的颜色效果，选择“仿色”复选框可使色彩平缓；选择“反向”复选框可使渐变的颜色前后倒置。

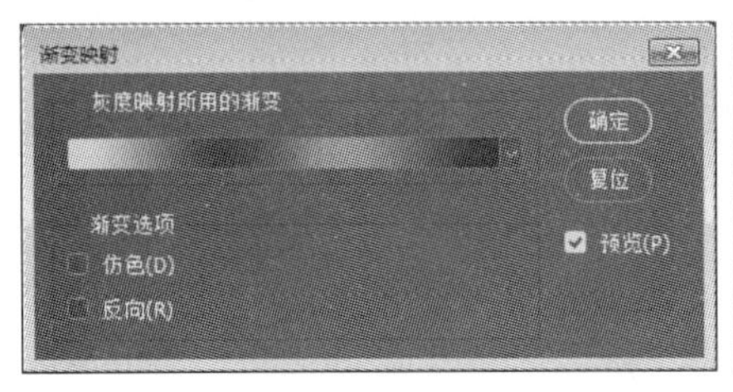

（a）“渐变映射”对话框

（b）原图

（c）“渐变映射”调整后

图 2-245 “渐变映射”的调整效果

9. 照片滤镜

“照片滤镜”命令模拟照相机的滤镜来调整照片的色差。图 2-246 所示为“照片滤镜”对话框及列表。

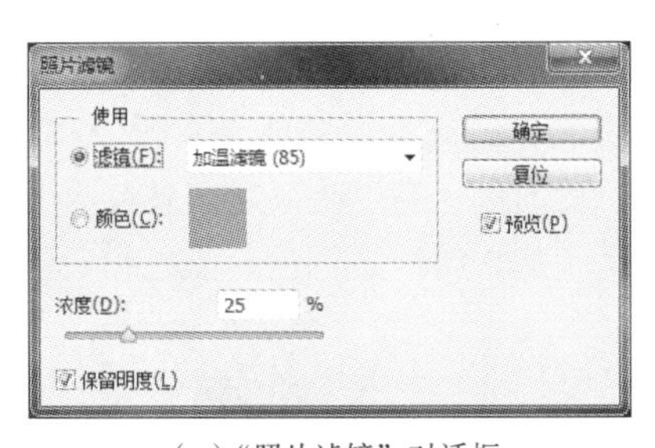

（a）“照片滤镜”对话框

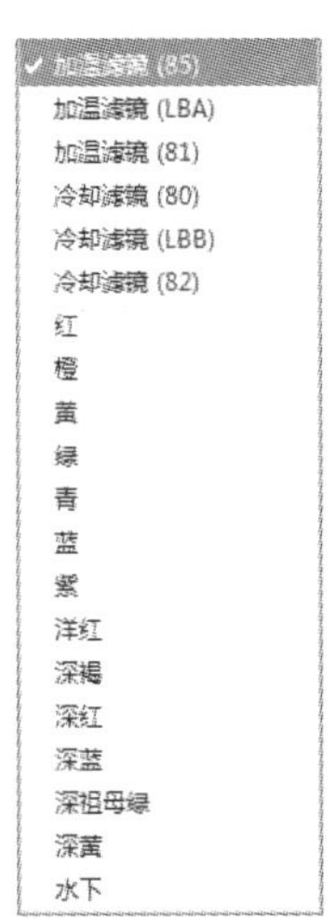

（b）“照片滤镜”列表

图 2-246 “照片滤镜”对话框及列表

滤镜的种类可以在滤镜项中选取，使用时可以用“浓度”来调整滤镜的效果。图 2-247 所示为加温和冷却滤镜的调整效果。

当系统给定的滤镜不合适时，也可以直接选择颜色作为自定的滤镜。单击“颜色”色块，在打开的“拾色器”对话框中选取滤镜颜色即可。

（a）原图

（b）“加温滤镜”调整效果

（c）“冷却滤镜”调整效果

图 2-247　“照片滤镜”效果

2.7.3　精确色彩调整

若要对图像的色彩进行精细的调节，需使用色彩调整菜单的其他命令，包括色阶、曲线、色彩平衡、通道混合器等，它们都在“图像 | 调整”菜单下。这些命令虽然使用比较复杂，但调整图像色彩的效果精细且理想。

1. 色阶

“色阶”命令可调整图像的明暗度、色调的范围和色彩平衡。在图像中，选择“图像 | 调整 | 色阶”命令，打开“色阶”对话框，如图 2-248 所示。对话框中“输入色阶”下方可以看到当前图像的色阶直方图，用作调整图像基本色调的直观参考。

在“色阶”对话框中可以通过以下几种方法调整图像的暗调、中间调和高光等强度级别，校正图像的色调范围和色彩平衡。

① 在预设下拉菜单中选取预设的色阶调整命令进行图像调整。

② 自动调整。单击对话框中的自动按钮，系统自动分析图像信息进行自动色阶调整。单击“选项”按钮，将打开“自动颜色校正选项”对话框，如图 2-249 所示，可以设置自动颜色校正选项。

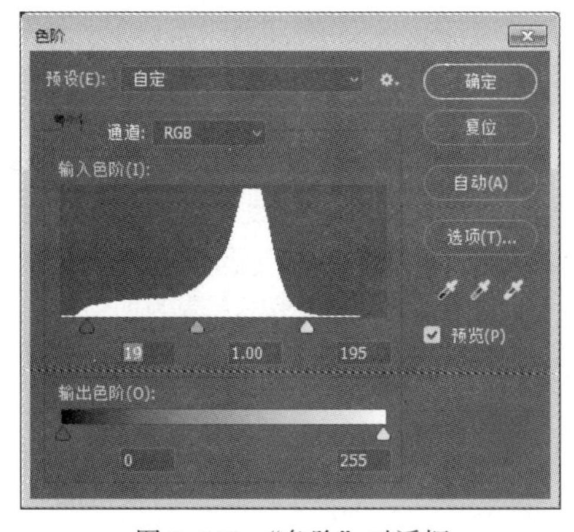

图 2-248　“色阶”对话框

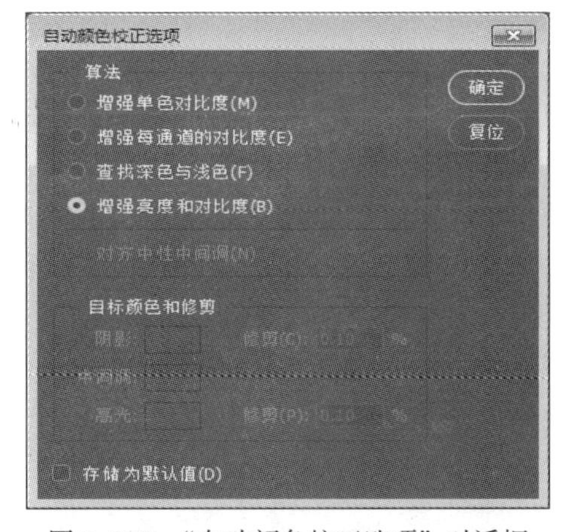

图 2-249　“自动颜色校正选项”对话框

③ 通过直方图下方的黑场、白场、中间灰 3 个滑块或输入数值来精确调整阴影、中间调和高光部分的输入色阶。

最左侧滑块代表黑场，即图像中亮度值最低的点，把黑场滑块往右侧拖动，图像阴影部分将变得更暗。最右侧滑块代表白场，图像中最亮的点，将白场滑块往左侧拖动，图像高光区域将变得更亮。中间滑块代表中间灰场，往右侧拖动，偏向于阴影部分的像素点增多，图像变暗，往左侧拖动，偏向于高光部分的像素点增多，图像变亮。

也可在输入色阶直方图下方的 3 个输入框输入相应数值。左框为黑场输入色阶，范围 0～253；中间框为中间调，范围 0.1～9.99；右框为白场，范围是（黑场输入色阶+2）～255。

图 2-250 所示为通过使用“色阶”命令加强图像对比度的效果。将黑场输入色阶设置为 27，当前色阶的像素点会被映射为色阶 0，则原来色阶小于 27 的像素点全部变为黑色，图像阴影部分变更暗，将白场输入色阶设置为 210，当前色阶的像素点会被映射为色阶 255，则原来色阶高于 210 的像素点全部变为白色，图像高光区域变得更亮。

④ 使用右侧“吸管”工具：分别在图像中取样以设置黑场、白场和灰场。

选取“设置黑场”吸管，在图像中选取作为黑场的点上单击，则图像中比选取点更黑的点均变为黑色。同样“设置白场”吸管和“设置灰场”吸管就是在图像中选取某个点设置图像的白场和中间调。

⑤ 设置输出色阶。“输出色阶”框下，左框为阴影的输出色阶（也称黑场），其值越大，图像的阴影区越小，图像的亮度越大；右框为高光的输出色阶（也称白场），其值越大，图像的高光区越大，图像的亮度就越大。也可直接拖动滑块来设置输出色阶。

使用色阶调整命令，也可以对 RGB（或 CMYK）整体或某个单一原色通道进行调整。在“通道”的下拉菜单中选择要调整的颜色通道，进行相应调整即可。

（a）原图

（b）执行“色阶”命令后

图 2-250 “色阶”命令的效果

2. 曲线

“曲线”命令是使用调整曲线来精确调整色阶，可以调整图像的整个色调范围内的点。曲线调整比色阶调整的功能更为强大。选择“图像 | 调整 | 曲线”命令，打开“曲线”对话框，如图 2-251 所示。对话框的中心是一条 45° 角的斜线，在线上单击可以添加控制点，拖动控制点改变曲线的形状可调整图像的色阶，最多可以向曲线中添加 14 个控制点。当用鼠标按住控制点向上移动时，输出色阶大于输入色阶，图像变亮；反之，图像变暗，如图 2-252、图 2-253 和图 2-254 所示。

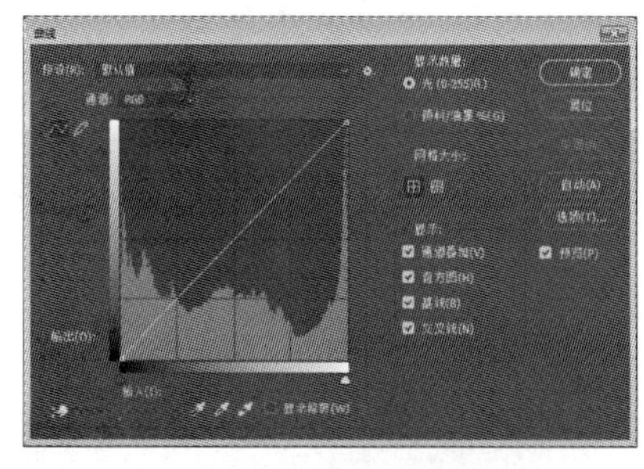

图 2-251 “曲线”对话框

图 2-252 原图

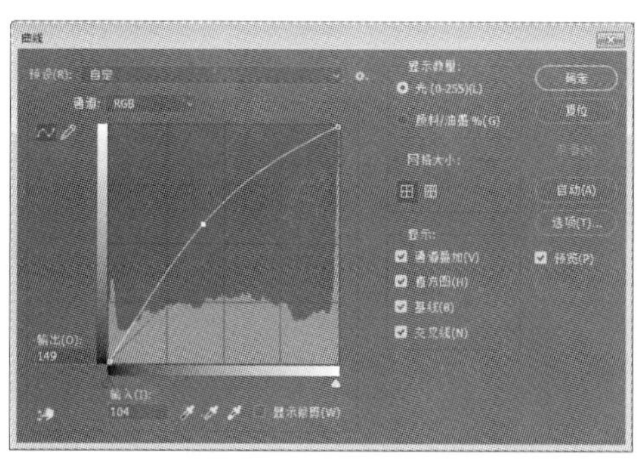

图 2–253　控制点向上移动时的曲线和效果

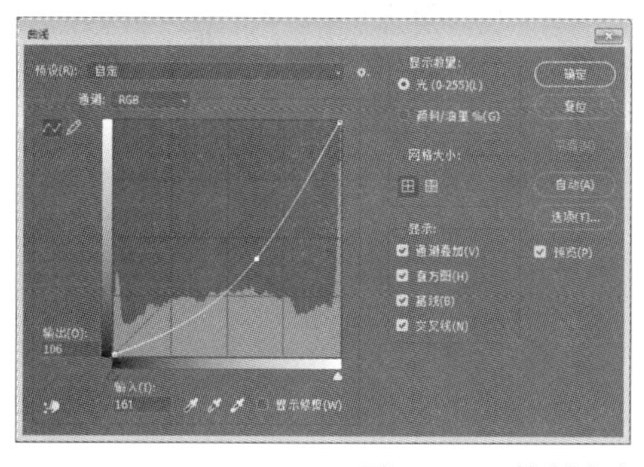

图 2–254　控制点向下移动时的曲线和效果

移动曲线顶部的点可调整图像高光区域，移动曲线中心的点可调整中间调，而移动曲线底部的点可调整阴影。按住【Ctrl】键在图像上单击，可以从图像获取调整点。

单击对话框左下角的图标，可以在图像中想要调整的部分单击并拖动来直观地调整图像效果。也可单击调整曲线左上方的铅笔按钮，直接在网格中画出一条曲线。曲线调整区左下方有两个文本框，“输入”框表示曲线横轴值，“输出”框是改变图像色阶后的值，可在其中直接输入调整值。当“输入”“输出”框数值相等时，曲线为 45° 角的直线。鼠标在调整区中调整时，“输入”“输出”框中显示光标所在处的值。

同样，在“通道”列表框中可选择不同的通道来进行色阶的调整。通过对单个原色通道的调整，可以改变原色的混合比例，从而改变图像的色调。例如，对于一副 RGB 图像，选取其中的红色通道，曲线向上弯曲为增加图像中的红色分量，向下弯曲为减少红色分量。如图 2–255 所示，调整红色通道后，图像偏向于红色调。

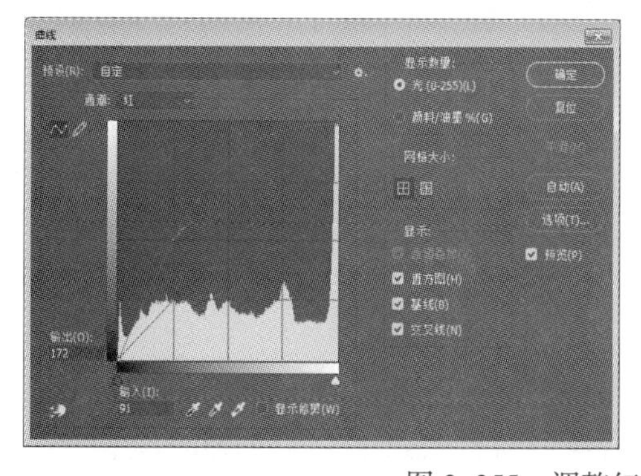

图 2–255　调整红色通道的曲线和效果

3. 曝光度

“曝光度”命令可调整图像中高光区的曝光度、整体的明度以及校正灰度。选择“图像 | 调整 | 曝光度”命令，打开“曝光度”对话框，如图 2-256 所示。

曝光度：调整图像中高光区的曝光度。位移：调整图像阴影和中间调。灰度系数校正：校正图像中的灰度系数。图 2-257 所示为用“曝光度”命令校正的一张曝光度不足的照片的效果。

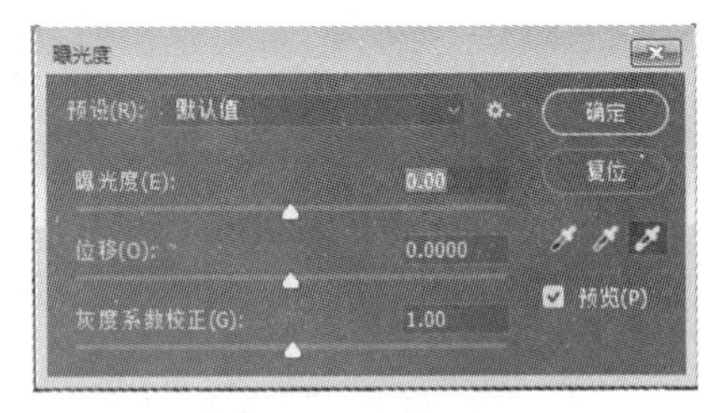

图 2-256 “曝光度”对话框

（a）原图

（b）曝光度校正后

图 2-257 校正一张曝光度不足的照片的效果

4. 色彩平衡

“色彩平衡”命令可调节图像色彩之间的平衡。它允许给图像中的阴影区、中间区和高光区添加新的过渡色来平衡色彩效果，常用于对图像偏色的调整。

选择“图像 | 调整 | 色彩平衡”命令，打开“色彩平衡”对话框，如图 2-258 所示。“色彩平衡”区包括阴影、中间调和高光 3 个单选选钮，可以分别调整图像不同色调区域的色彩。对话框的中部是控制整个图像三组互补颜色的色条，分别是红色对青色，绿色对洋红，蓝色对黄色，拖动滑块可以调整图像的色调。也可直接在色阶输入框中直接输入数值来调整色彩。

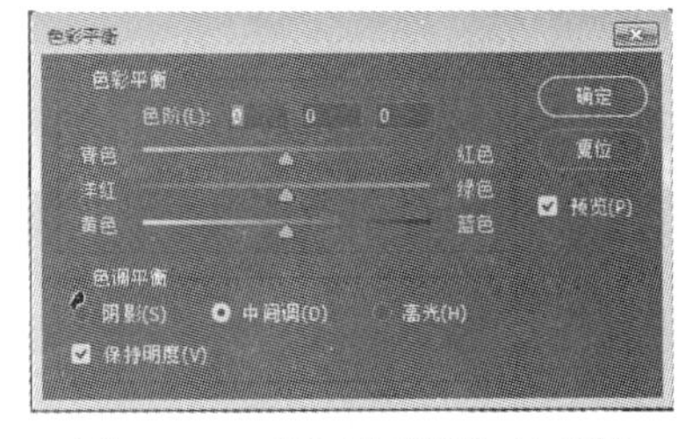

图 2-258 “色彩平衡”对话框

若选中“保持明度”复选框，在调整图像色彩时亮度保持不变。

“色彩平衡”的效果示例如图 2-259 所示。原图偏向于黄色，在调整时将高光和中间调区域适当增加蓝色，减少红色，少量增加绿色，校正图像的偏色。

（a）原图

（b）“色彩平衡”处理后

图 2-259 “色彩平衡”的效果示例

5. 匹配颜色

“匹配颜色”命令可以将两种色调不同的图片自动调整统一到一个协调的色调上，在图像合成时非常有用。

首先打开两个图像文件，在想要进行颜色匹配的图像上，选择“图像 | 调整 | 匹配颜色”命令，打开“匹配颜色”对话框，如图 2-260 所示。

如图 2-261 所示，将原图 2 与原图 1 匹配颜色，在原图 2 上选择“匹配颜色”命令，在源的下拉列表中选取原图 1，匹配效果如图 2-261（c）所示。在对话框上方的图像选项部分可以设置匹配图像的亮度、颜色强度和匹配颜色的渐隐效果等。

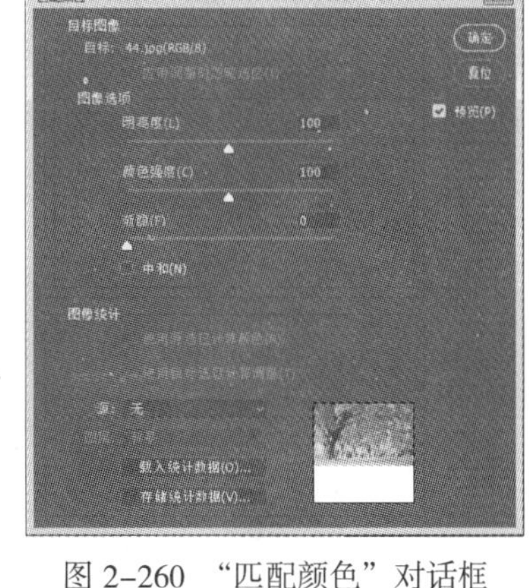

图 2-260　“匹配颜色”对话框

（a）原图 1

（b）原图 2

（c）匹配颜色调整后

图 2-261　“匹配颜色”的效果示例

6. 自然饱和度

“自然饱和度”可以进行图像色调饱和度的调整，从灰色调一直调整到饱和色调，以提升不够饱和的图像的质量。自然饱和度的调整效果要比单纯地调整像素点的饱和度的效果自然一些。选择“图像 | 调整 | 自然饱和度”命令，打开“自然饱和度”对话框，如图 2-262 所示。拖动自然饱和度滑块即可看到饱和度的变化。

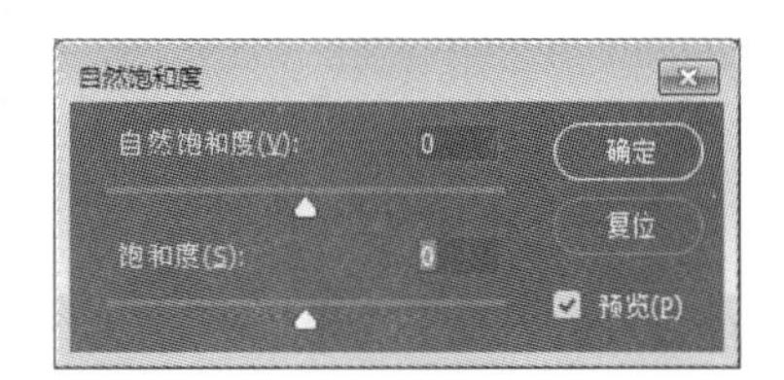

图 2-262　“自然饱和度”对话框

图 2-263 所示为饱和度不足的照片经“自然饱和度”和“饱和度”调整后的效果。

（a）饱和度不足的照片

（b）“自然饱和度”调整到最大

（c）“饱和度”调整到最大

图 2-263 饱和度调整效果示例

7. 色相/饱和度

“色相/饱和度”命令可以调整图像中特定颜色分量的色相、饱和度和亮度，或者同时调整图像中的所有颜色。

选择“图像 | 调整 | 色相/饱和度”命令，打开“色相/饱和度”对话框，如图 2-264 所示。可在预设下拉菜单中选取系统预设的调整命令，也可以直接移动色相、饱和度和明度 3 个滑块调整整个图像的色相、饱和度和亮度。图 2-265 所示为通过色相饱和度调整为图中花朵替换颜色。

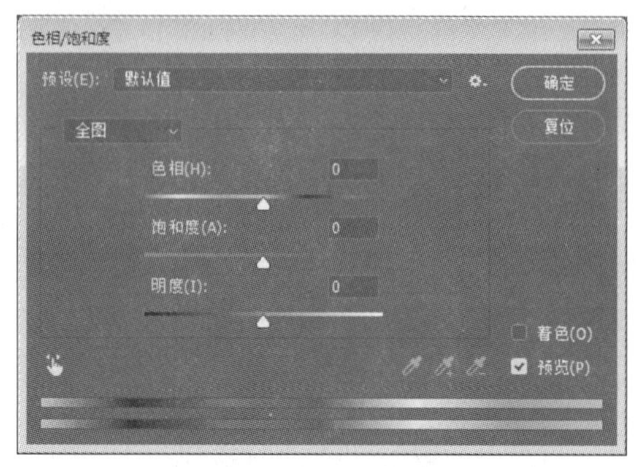

图 2-264 “色相/饱和度”对话框

（a）原图

（b）调整色相和饱和度后

图 2-265 “色相/饱和度”调整效果示例

“色相/饱和度”默认调整的范围为全图，在上例中可以看到当调整花朵颜色时，叶子的颜色以及背景部分都会有相应的色相饱和度变化。如果只想调整红色的花朵部分，也就是想调整某一种颜色的范围，可在 全图 下拉列表中选择“红色”。这时在下部两个颜色条之间会出现 4 个调整滑块［见图 2-266（a）］，用来编辑某一颜色范围的色调。若调整中间的深灰色滑块，将会移动调整滑块的颜色区域，若移动白色滑块，将调整颜色的成分范围。使用吸管工具在图像中单击选取，将会切换到最接近的基准颜色进行调整，用吸管工具和在图像中单击取样，会在选取的色调中添加或减去新的取样颜色，同时在调整滑块中也表现出来。

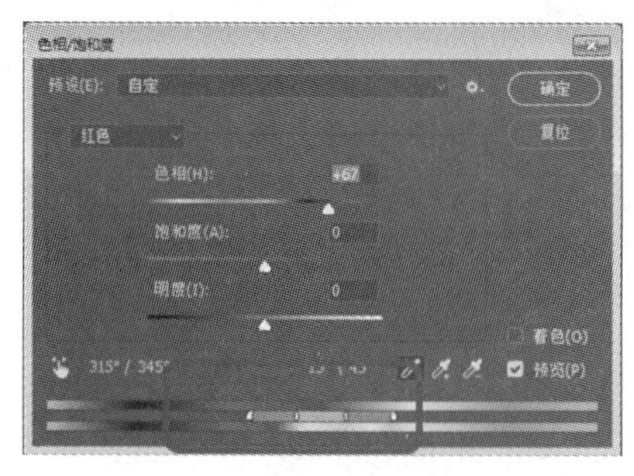

（a）调整图像中的“红色”

（b）调整“红色”效果

图 2-266 “色相/饱和度”调整单一颜色效果示例

选取右下角“着色”复选框也可以自动将彩色图像转换成单一色调的图像，如图 2-267 所示。

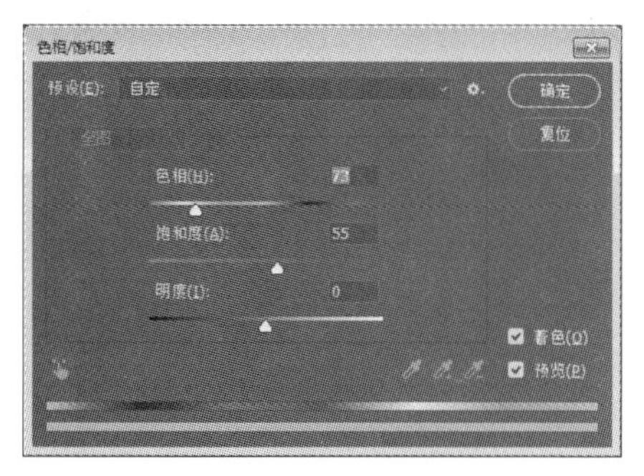

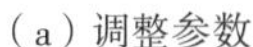
（a）调整参数

（b）“着色”效果

图 2-267　“色相/饱和度”着色效果示例

单击“色相/饱和度”对话框中“确定”左侧的按钮，可打开扩展菜单，其中“载入预设”和“存储预设”命令将所有的设置载入和存储，存储的文件扩展名为“.ahu”。

8. 阴影/高光

“阴影/高光”命令分别控制图像的阴影或高光，根据图像中阴影或高光的像素色调使图像增亮或变暗。非常适合校正强逆光而形成剪影的照片，或者校正由于太接近照相机闪光灯而有些发白的焦点。

选择“图像 | 调整 | 阴影/高光”命令，打开“阴影/高光”对话框，如图 2-268（a）所示。在对话框中调整“阴影”区的滑块，向右图像暗部增亮。调整“高光”区滑块；向右图像高光区减弱。“阴影/高光”命令对图像调整效果十分明显，如图 2-269 的（a）和（b）所示。

如果选中“显示更多选项”复选框［见图 2-268（b）］，此时“阴影/高光”对话框会展开，“阴影”和“高光”部分不仅有数量，而且有“色调宽度”和“半径”选项可供用户调整。另外，还有颜色校正、中间调的对比度、修剪黑色、修剪白色等选项。

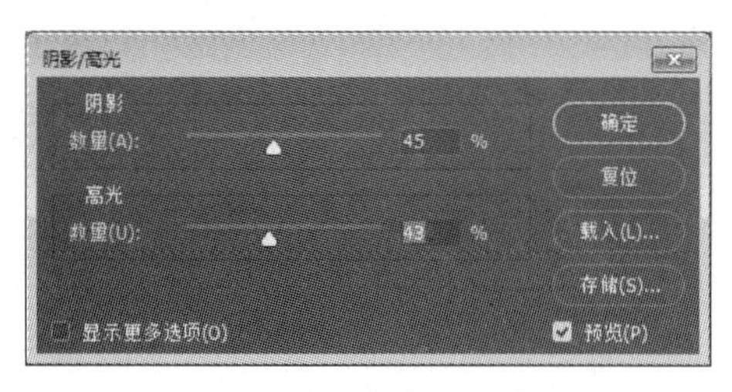

（a）“阴影/高光”对话框

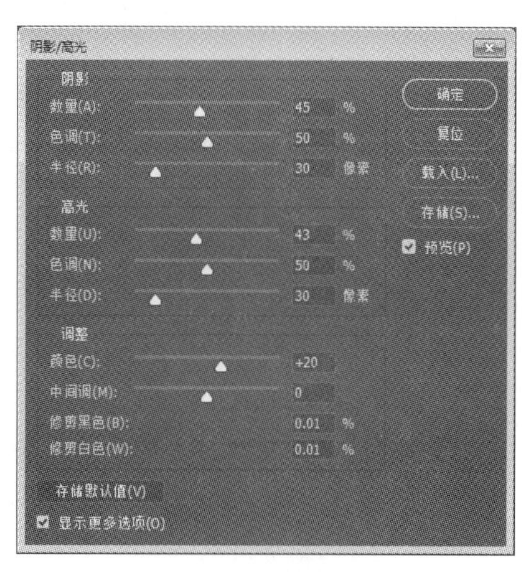

（b）选中“显示更多选项”复选框后展开

图 2-268　两种形式“阴影/高光”对话框

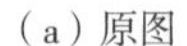

（a）原图

（b）“阴影/高光”调整后

图 2-269 “阴影/高光”的调整效果示例

① 色调：控制阴影或高光中色调的修改范围。较小的值会限制只对较暗区域进行阴影校正的调整，并只对较亮区域进行“高光”校正的调整。较大的值会增大进一步调整为中间调的色调的范围。

② 半径：控制每个像素周围的局部相邻像素的大小。相邻像素用于确定像素是在阴影还是在高光中。向左移动滑块会指定较小的区域，向右移动滑块会指定较大的区域。

③ 颜色：在已更改的区域微调图像颜色。

④ 中间调：调整中间调中的对比度。向左移动滑块会降低对比度，向右移动会增加对比度。

⑤ 修剪黑色和修剪白色：指定在图像中会将多少阴影和高光剪切到新的极端阴影（色阶为 0）和高光（色阶为 255）颜色。值越大，生成的图像的对比度越大。

9. 替换颜色

“替换颜色”命令可以调整图像中选取的特定颜色范围的色相、饱和度和明度，替换图像中的原有颜色。选择“图像 | 调整 | 替换颜色”命令，打开“替换颜色”对话框，如图 2-270 所示。

它有两个预览模式：“图像”模式和“选区”模式。“图像”模式，在预览框中显示图像，比较适合处理放大的图像。“选区”模式，在预览框中显示蒙版，被蒙版区域（未选中）是黑色，未蒙版区域（选中）是白色。部分被蒙版区域（覆盖有半透明蒙版）会根据不透明度显示不同的灰色色阶。

“替换颜色”命令就如同在单一颜色下操作的“色相/饱和度”命令，只是它需要确定选取的颜色，然后对选中范围的颜色进行色相、饱和度和亮度的调整。

具体操作步骤如下：

① 打开图像文件，选择“图像 | 调整 | 替换颜色”命令，打开“替换颜色”对话框。

② 选择颜色。使用“吸管”工具在图像窗口或预览窗口选取颜色。用“添加吸管”工具可增加选取颜色，用“减少吸管”工具可减少选取颜色范围。

③ 选择颜色的容差。可拖动颜色容差滑块或输入数值。颜色容差值越大，表示选取颜色的范围越宽。

④ 在“替换”区域拖动滑块或输入数值可设置所需颜色的色相、饱和度和明度。选中“预览”复选框可实时地观察图像的效果。

⑤ 单击“确定”按钮完成颜色的调整。单击“取消”按钮取消所做的调整。

使用“替换颜色”命令的调整效果如图 2-271 所示。

图 2–270　“替换颜色“对话框

（a）原图

（b）“替换颜色”后

图 2–271　“替换颜色”的效果示例

10. 可选颜色

可选颜色校正是高端扫描仪和分色程序使用的一项技术。“可选颜色”命令可以通过图像中限定颜色区域像素点的原色的比例而对图像中的颜色进行调整，不会影响到其他颜色。

选择“图像 | 调整 | 可选颜色”命令，打开“可选颜色”对话框，如图 2–272 所示。“可选颜色”使用 CMYK 颜色校正图像，可以将其用于校正 RGB 图像以及将要打印的图像。

在“颜色”下拉列表中可以选择 RGB 模式对应的红绿蓝三色、CMYK 模式对应的青色、洋红、黄色，以及黑色、白色和中性色来进行调整。

“方法”栏中的“相对”表示按照 CMYK 总量的原有百分比来调整颜色。“绝对”是按 CMYK 总量的绝对值来调整颜色。例如，洋红增加原来是 50%，使用“相对”方法设置再增加 10%，则最终洋红为 50%+（50%×10%）=55%。如果使用“绝对”方法则为 60%。

按图 2–272 所示参数，使用可选颜色对一幅 RGB 图像中的红色进行调整，效果如图 2–273 所示。红色是由洋红和黄色叠加得到的，增加洋红和黄色，图像中的红色分量增加，所以图像中红色的花朵会更鲜艳，黄色的花朵由于黄色由红色和绿色叠加得到，红色增加后，黄色花朵也会变得更加鲜艳。

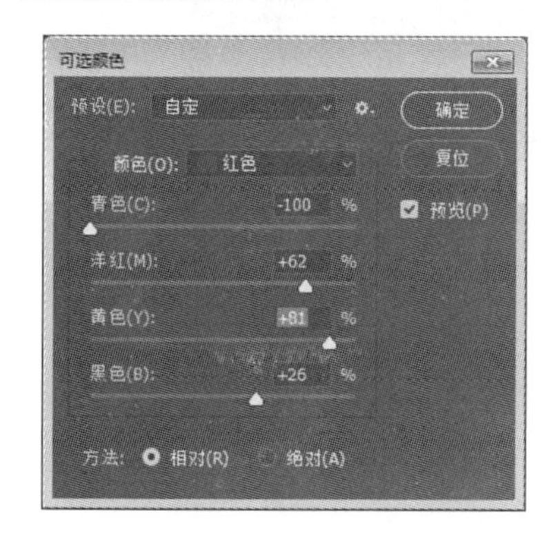

图 2–272　“可选颜色”对话框

（a）原图　（b）调整后效果

图 2–273　“可选颜色”命令的调整效果

11. 黑白

“黑白”命令可以将图像调整为具有艺术感的黑白效果，或调整为不同单色的艺术效果。选择“图像 | 调整 | 黑白”命令，打开“黑白”对话框，如图 2–274 所示。此调整命令将彩色图像变为灰度图像，通过各种颜色滑块来调整黑白图像的色调。

选中“色调”复选框后，可激活“色相”和“饱和度”来创建单色效果。也可直接单击“色调”右侧的色块，在打开的“拾色器”对话框中选择要创建的单色。图 2–275 所示为应用“黑白”命令制作的黑白照片效果和单色调效果。

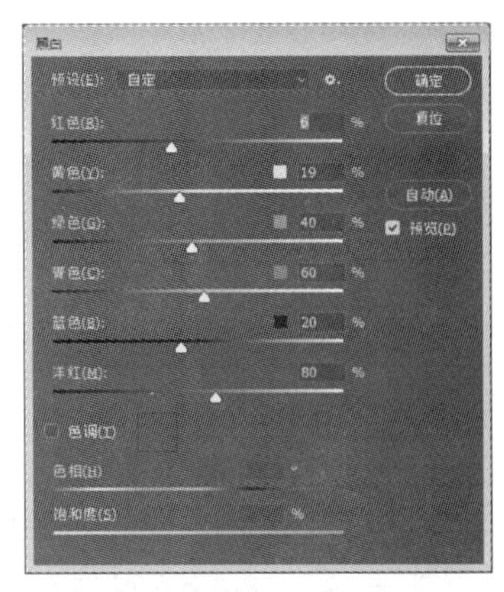

图 2–274 “黑白”命令对话框

（a）原图照片

（b）黑白照片

（c）单色调效果

图 2–275 “黑白”命令的调整效果

12. 通道混合器

“通道混合器”命令通过将当前颜色通道像素与其他颜色通道像素相混合来改变主通道的颜色。它可以创建高品质的灰度、棕色调或其他的彩色图像。

选择“图像 | 调整 | 通道混合器”命令，打开“通道混合器”对话框，如图 2–276（a）所示。在使用通道混合器命令进行调整时，要观察“通道”面板中各通道的情况，如图 2–276（b）所示。

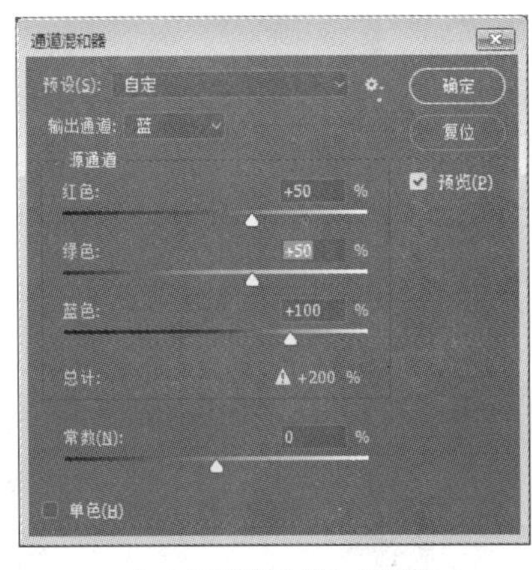

（a）“通道混合器”对话框

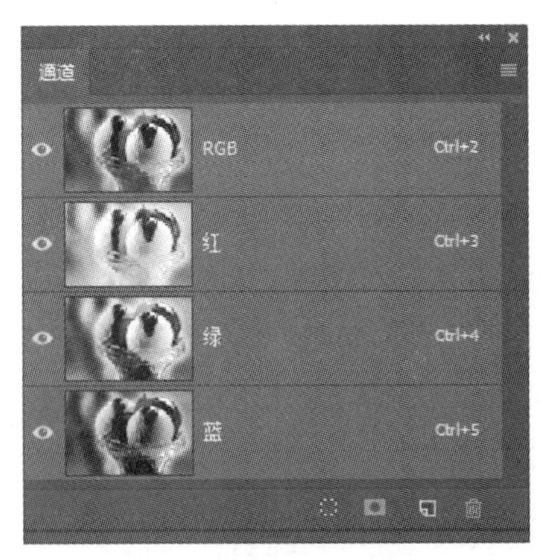

（b）“通道”面板

图 2–276 “通道混合器”对话框及“通道”调节面板

① 预设：为系统保留的已调整好的数据，如“使用黄色滤镜的黑白”等。

② 输出通道：设置要调整的色彩主通道。

③ 源通道：设置用来混合的颜色通道，可以拖动滑块达到希望的色彩。其结果可以在“通道”调节面板的相应项中反映出来。

④ 常数：调整结果通道的亮度，并存储到输出通道。

⑤ 单色：将彩色图像变成灰度图像，而色彩模式不变。

应用“通道混合器”命令调整参数如图 2–276（a）所示，图像效果如图 2–277 所示。

（a）原图

（b）经“通道混合器”调整后

图 2–277　“通道混合器”的效果

13. 颜色查找

很多图像的输入/输出设备都有自己特定的色彩空间，这会导致色彩在这些设备间传递时出现不匹配的现象。“颜色查找”命令可以让颜色在不同的设备之间精确地传递和再现。

LUT（Look–Up–Table）映射表是连接不同色彩空间的桥梁，可以在不改变原始文件的情况下对不同的显示设备进行色彩校正，将一种设备的色彩快速地映射到另一种设备。三维 LUT（3D LUT）的每一个坐标方向都有 RGB 通道，这使得用户可以映射并处理所有的色彩信息，无论是存在的色彩还是不存在的色彩，或者是那些连胶片都达不到的色域。

使用颜色查找功能，配合模板使用，可以快速制作出照片的多种颜色效果，这样就能从中选取适合的进行使用。颜色查找对话框如图 2–278 所示。在“3DLUT 文件”的下拉列表中有许多预设的颜色模板（图 2–279），可以快速创建图像的不同颜色版本。颜色查找的色彩调整效果如图 2–280 所示。

用户可以到网络上下载 LUT 文件，将文件夹复制到 Photoshop 安装目录的 Presets>3DLUTs 文件夹中，它们就会出现在面板列表中以供使用。

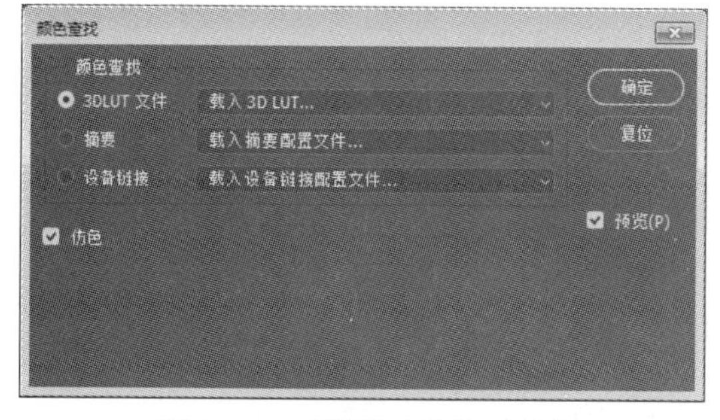

图 2–278　“颜色查找”对话框

图 2–279　3D LUT 文件的预设列表

（a）原图

（b）应用 Candlelight.CUBE

（d）应用 Crisp_Winter.look

（e）应用 LateSunset.3DL

图 2-280 “颜色查找”的调整效果

14. HDR 色调

高动态范围（HDR）图像为我们呈现了一个充满无限可能的世界，因为它能够表示现实世界的全部可视动态范围。HDR 色调命令可让用户将全范围的 HDR 对比度和曝光度设置应用于各个图像，可用来修补太亮或太暗的图像，制作出高动态范围的图像效果。进行 HDR 调整时需要把合并图像的图层。

选择“图像 | 调整 | HDR 色调”命令，打开“HDR 色调”对话框，如图 2-281 所示。调整效果如图 2-282 所示。

① 预设：其下拉列表中是 Photoshop 预设的一些调整效果。

② 方法：设置调整的方法来得到不同的调整效果，有“局部适应”“曝光度和灰度系数”“高光压缩”“色调均化直方图”4 种方法。

③ 边缘光：用来控制调整范围和调整的应用强度。

④ 色调和细节：用来调整照片的曝光度，以及阴影、高光中的细节显示程度。

⑤ 高级：用来增加和降低色彩的饱和度。

⑥ 色调曲线和直方图：显示了照片的直方图，并提供了曲线，可用于调整图像的色调。

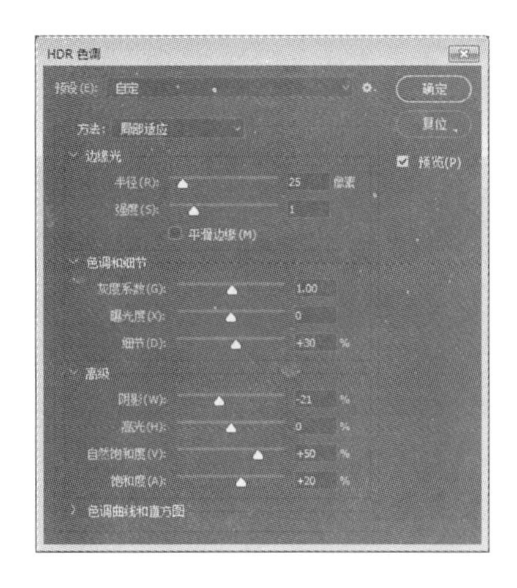

图 2-281 “HDR 色调”对话框

（a）原图

（b）使用“HDR 色调”调整后

图 2-282 “HDR 色调”调整效果

2.7.4 应用实例——制作漂亮的金秋背景

【例 2-7】利用色彩调整命令，制作漂亮的金秋背景。

利用图像色彩调整命令将图 2-283（a）所示的原图调整为图 2-283（b）所示效果图。

（a）原图

（b）最终效果图

图 2-283 最终效果

① 打开如图 2-283（a）所示的原始图像文件。

② 选择“图像 | 调整 | 通道混合器”命令，将图像调整为偏黄色调，调整参数如图 2-284 所示。调整效果如图 2-285 所示。

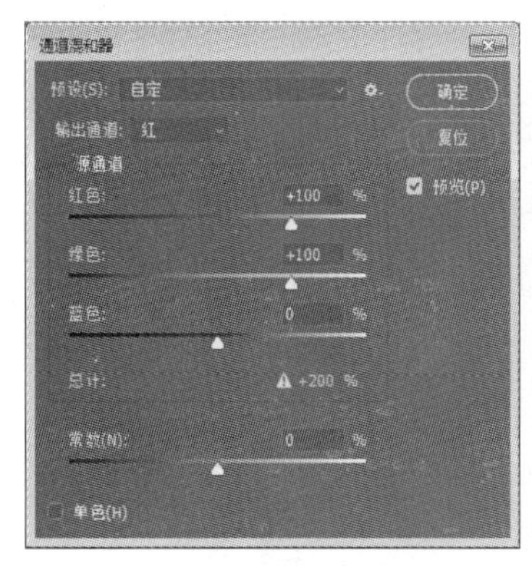

（a）红色通道调整参数

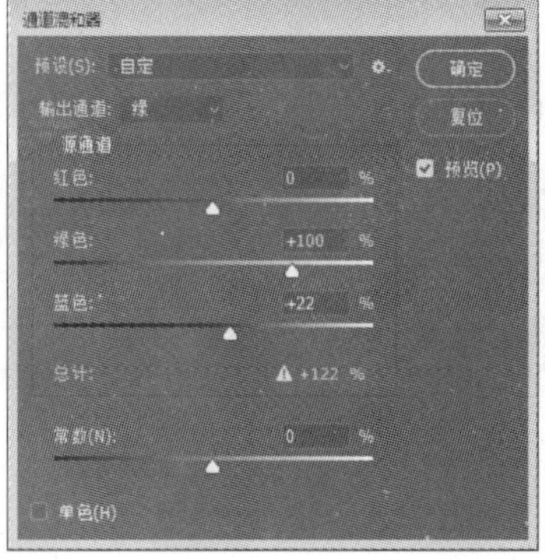

（b）绿色通道调整参数

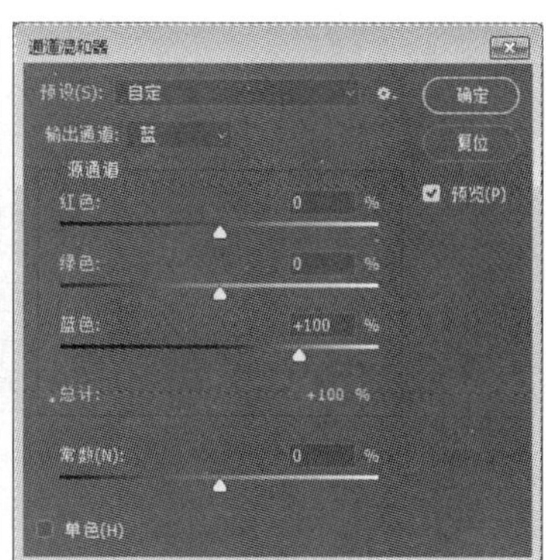

（c）蓝色通道调整参数

图 2-284 “通道混合器”命令调整参数

③ 选择“图像 | 调整 | 色彩平衡”命令，继续增强黄色。调整参数如图 2-286（a）所示，调整效果如图 2-286（b）所示。

图 2-285 “通道混合器”调整效果

（a）调整参数 （b）调整效果

图 2-286 “色彩平衡”调整效果

④ 复制背景层。对复制的图层，选择“图像 | 调整 | 渐变映射”命令，设置渐变类型为橙黄渐变，如图 2-287（a）所示。将图层的混合模式设置为叠加，效果如图 2-287（b）所示。

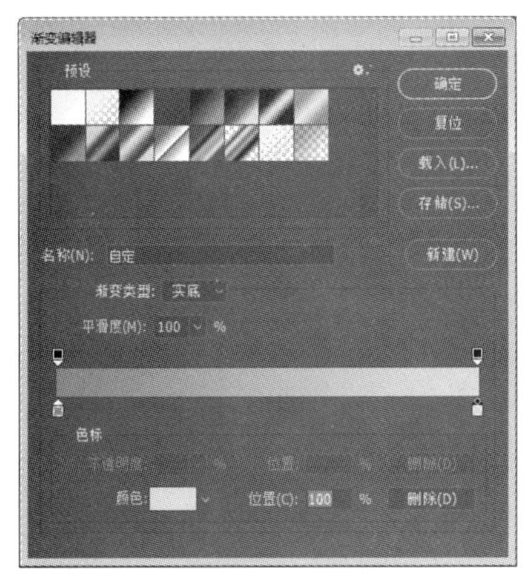

（a）渐变设置参数 （b）调整效果

图 2-287 “渐变映射”调整效果

⑤ 盖印图层，选择“滤镜 | 模糊 | 动感模糊”命令，如图 2-288 所示。选择“滤镜 | 模糊 | 高斯模糊”命令，如图 2-289 所示。将图层的混合模式改为“正片叠底”，效果如图 2-290 所示。

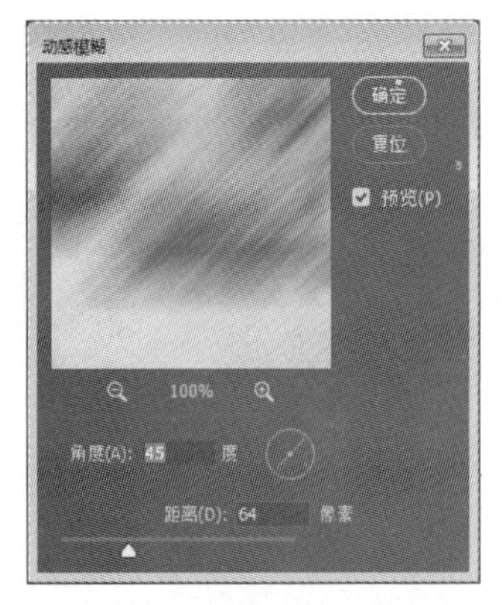

图 2-288 “动感模糊”调整参数

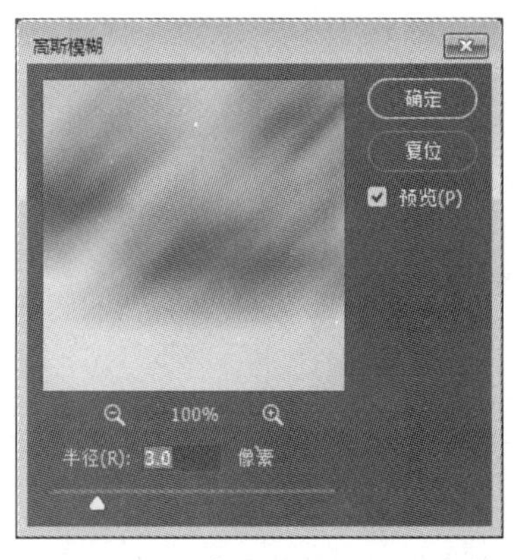

图 2-289 “高斯模糊”调整参数

⑥ 输入文字“秋意浓浓”：字体为“华文隶书”，适当调整大小和位置，并为文字添加“外发光”和“斜面浮雕样式”样式，效果如图 2-291 所示。

图 2-290　模糊滤镜调整效果

图 2-291　输入文字效果

微视频 2.7

制作漂亮的金秋背景

2.8　图像设计的中流砥柱——图层

图层概念和技术的引入，使图像处理技术向前大大迈进了一步，使图像设计更加方便和灵活。图层是创建复杂图像、方便反复修改图像的有效工具。

2.8.1　图层基础

1. 认识图层

图层是一些可以绘制和存放图像的透明层。用户可以将一幅复杂的图像分成几个独立的部分，将图像的各部分绘制在不同的透明层上，然后将这些透明层叠在一起就形成了一幅完整的图像。图 2-292 所示为 3 个图层合成后的图像。由于各图层相互独立，可以很方便地修改和替换个别图层，从而使复杂图像的绘制、修改变得容易。

图 2-292　图层概念

Photoshop 图层的基本特性如下：

① 各图层独立，操作互不相关。

② 许多图层按一定顺序叠合在一起，即构成一幅合成图像。改变图层顺序，则合成图像将发生变化。

③ 各图层中没有图像的部分是透明的，可以看见下层图层的图像，而有图像的部分根据不透明度，遮挡下层图像。

④ 编辑图层时只有一个活动的图层，称为“当前图层”。编辑修改操作只影响当前图层。若当前图层中还有“选区”，则修改操作只影响“当前图层中的当前选区”。

⑤ 分层图像以 PSD 格式保存。由于各个图层均占用独立的内存空间，图层越多，占用空间越大。

⑥ 图像编辑完成后，须拼合图层，可按 JPG、TIF、BMP 等图像文件格式保存，以节省存储资源。

2. 图层的类型

Photoshop 中可以创建多种类型的图层，它们有各自的功能和用途。图层的基本种类如下：

① 基本图层：或称普通图层，它是最基本和最常用的图层，图层的许多操作都可在基本图层上进行。

② 背景图层：每幅图像只有一个背景图层，它永远处于图像的最底层。对基本图层的许多操作都不能在背景图层上完成，例如，背景图层不能设置不透明度和填充。

③ 填充图层：在填充图层中可以指定填充内容，包括纯色、渐变和图案。

④ 调整图层：可应用色彩调整功能的图层。该图层用来调整图层的色彩而不影响其他图层的内容。

⑤ 形状图层：利用形状工具创建的图层。

⑥ 文字图层：利用文字工具创建的图层。

⑦ 视频图层：包含视频文件帧的图层。

⑧ 3D 图层：包含 3D 文件或置入的 3D 文件的图层。

3. “图层”面板

对图层的管理和操作主要通过“图层”面板来完成，或使用“图层”命令。如果“图层”面板没有显示，可以选择“窗口 | 图层”命令，使其显示出来。“图层”面板及其扩展菜单如图 2-293 所示。

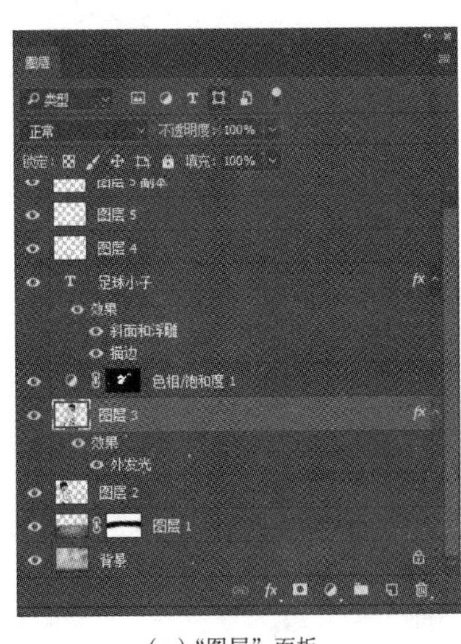

（a）“图层”面板

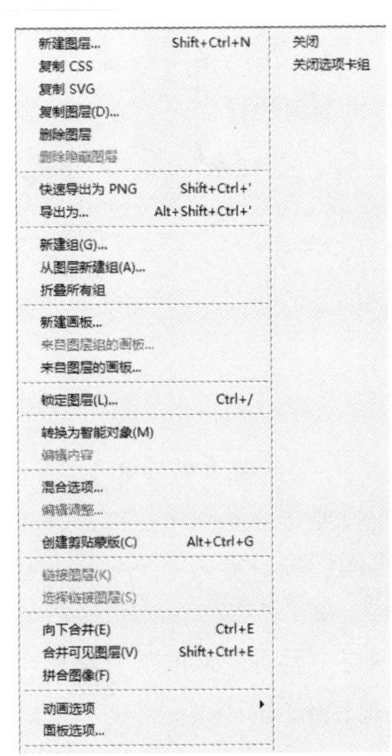

（b）“图层”面板扩展菜单

图 2-293 “图层”调节面板及扩展菜单

打开一个多图层的文件，在它的“图层”面板上可以看到该图像有多个图层，分别是背景图层、图层 1…… 每个图层都有自己的名字。通过“图层”面板可以实现对文件所有图层的查看和管理操作。

① 选取图层类型：当图层数量较多时，可以通过 类型 下拉菜单或者右侧的图层滤镜按钮选择一种图层类型，使“图层”面板只显示此类图层，隐藏其他类型的图层。单击右侧的按钮可以打开或者关闭这种图层过滤功能。

② 设置图层混合模式：通过单击 正常 按钮打开的下拉菜单，可以设置当前图层的混合模式。默认模式是“正常”。

③ 不透明度：设置当前图层的不透明度，取值范围是 0%～100%。设置为 0%时完全透明，设置为 100% 时完全不透明。

④ 填充：设置图层的填充程度，取值范围是 0%～100%。此功能与“不透明度”功能相似，但它只影响图层上的图像像素，图层其他属性均不受影响。而“不透明度”还会对图层的混合模式及图层样式产生影响。

⑤ 锁定：设置对图层的锁定方式，锁定：依次为：锁定透明像素、锁定图像像素、锁定位置、防止在画板内外自动嵌套、锁定全部。当锁定时，不能对当前图层的某些图像元素进行修改或移动。例如，“锁定透明像素”将锁定图层中的透明像素部分，此时执行某些操作就不会影响图层的透明部分。“锁定图像像素”，则整个图像包括透明部分和不透明部分都不允许进行任何变动，但可以移动图层。“锁定位置”时，图层不能移动，但可以编辑。“防止在画板内外自动嵌套”，则禁止图像在画板内部和外部自动嵌套，或禁止画板内特定图层的自动嵌套。“锁定全部”时，本图层既不能移动也不能编辑。

⑥ 显示/隐藏：每个图层前的眼睛图标表示该图层是否可见。单击眼睛图标可以改变图层的可见性。

在“图层”面板的下方有 7 个工具按钮图标，分别是：

① 链接图层：将两个及以上选定图层进行链接。

② 添加图层样式 fx：单击时，可在菜单中选择新的图层样式。

③ 添加图层蒙版：给当前的图层增加蒙版。

④ 创建一个填充或调整图层：单击该按钮，可在其下拉菜单中选择要创建的新的填充或调整图层。

⑤ 创建图层组：在当前图层上新添一个图层组。

⑥ 创建新图层：创建一个空白的普通图层。

⑦ 删除图层：删除当前图层。

单击“图层”面板右上角的扩展菜单按钮，将弹出“图层”命令菜单，包括图层编辑和设置“图层”面板的有关命令。

2.8.2 图层的基本操作

1. 选取当前图层

在每个修改编辑操作前要特别注意是否在要修改的图层中，单击该图层即将它选择为“当前图层”。按住【Ctrl】键单击可选取不连续的多个图层，按住【Shift】键单击可选取连续的多个图层。

2. 新建、复制、删除图层

① 新建图层：单击“图层”面板下方的“创建新图层”按钮，即可在当前图层的上方创建一个新图层，图层的名字默认为图层 1、图层 2、……双击该图层的名字可以为该图层重新命名。

② 删除图层：将要删除的图层拖放到图层面板下方的“删除图层”垃圾桶按钮上，即可删除该图层。若单击“删除图层”按钮可删除当前图层。

③ 复制图层：将现有图层复制一个副本，作为一个新图层。方法一：将选中的图层拖到“创建新的图层”按钮上，就可得到一个原有图层的副本。方法二：在要复制的图层上右击，在弹出的快捷菜单中选择“复制图层”命令，也可得到原图层的副本。

3. 排列图层

通常图层的位置是按照图层建立的先后次序排列的，若要改变图层的排列，只需用鼠标拖动要改变位置的图层到新的位置，即改变图层的排列顺序。

4. 链接图层

将相关的图层链接在一起，可将某些操作（如移动）同时作用于这些链接在一起的图层。操作时只需用【Ctrl】或【Shift】键选取要链接的图层，单击面板底部“链接图层”按钮，图层右侧出现链接的图标，即表示这些图层已互相链接。若再次单击链接按钮使其消失，则图层间的链接关系取消。

5. 图层的对齐与分布

① 图层对齐：将需要对齐的图层都选择或链接在一起，然后选择“图层 | 对齐”命令。在子菜单中可以选择顶边、垂直居中、底边、左边、水平居中、右边等 6 种对齐方式。图 2-294 所示为“对齐”子菜单。

② 图层分布：3 个以上图层，可选择“图层 | 分布”命令，同样其子菜单也包含与“对齐”菜单相同的 6 种方式。但不同的是“对齐”的“顶边”是指各链接图层顶端的像素全部对齐，而“分布”的“顶边”是指每个链接图层顶端的像素以平均间隔分布开。

图层的对齐与分布也可以通过移动工具的选项栏来设置。图层的自动对齐功能，可以自动对齐图层，并产生透视圆柱、球面等特效功能。

选择好需要对齐的图层后，选择“编辑 | 自动对齐图层”命令，或单击“移动”工具栏中的“自动对齐图层”按钮（见图 2-296），打开“自动对齐图层”对话框，如图 2-295 所示。选择不同的投影需求，可以得到不同的效果。例如，对图 2-297（a）中的 3 个图层中的三幅图像使用“拼贴”选项，系统将按照图像中某个相似内容，如边或角，智能地对齐图层，效果如图 2-297（b）所示。通常系统会把“自动对齐图层”的参考图层选定为“背景图层”，没有“背景图层”时设为“中间图层”。如果想指定“参考图层”，可以单击“锁定全部”按钮将该图层锁定，则该图层即成为自动对齐时的参考图层。

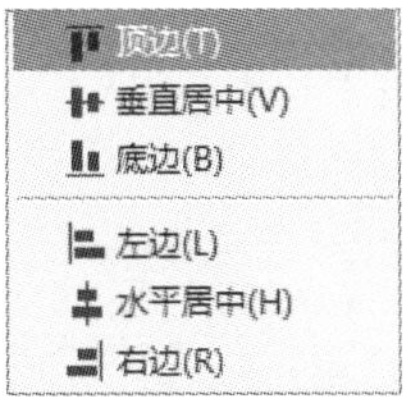

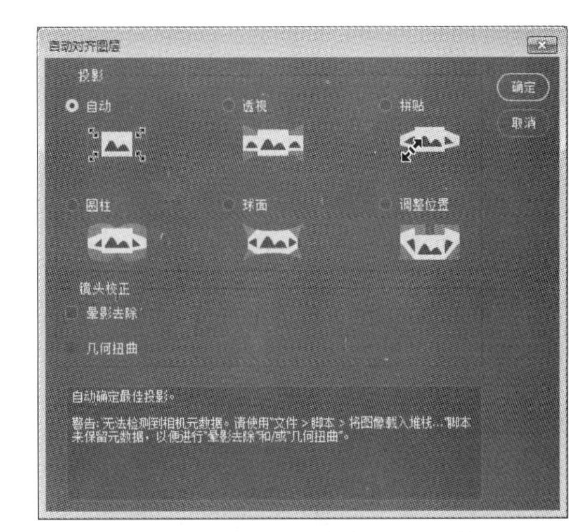

顶边(T)
垂直居中(V)
底边(B)
左边(L)
水平居中(H)
右边(R)

图 2-294　“对齐”子菜单

图 2-295　“自动对齐图层”对话框

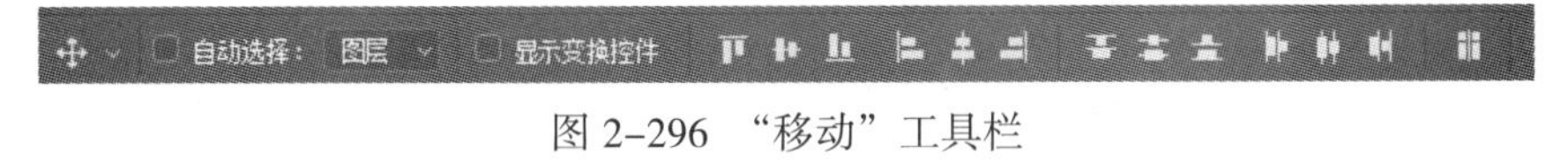

图 2-296　“移动”工具栏

（a）未经对齐的图层

（b）图层自动对齐后的图像

图 2-297　“图层自动对齐”效果示例

6. 图层的合并

图层虽然给图像的处理带来了方便，但却占用了大量的空间，因此完成操作后或者在操作中可以合并一些图层。

图层的合并是用菜单命令完成的。在“图层”面板的弹出菜单或“图层”主菜单中包含 3 个图层合并命令。图 2-298 所示为图层合并命令及其快捷键。

① 向下合并：将当前图层与其下边的图层合并，或将所有选择的图层合并。

② 合并可见图层：将所有可见的图层合并，隐藏的图层不被删除。

③ 拼合图像：将所有的图层，包括可见和不可见图层，合并在一起，合并后的图像将不显示那些不可见的图层。

“盖印图层”命令可以将面板中选取的图层合并到一个图层，原来的图层还存在，这样就保持了原图层的可编辑性。选中要合并的图层后按【Ctrl+Alt+E】快捷键，即可完成被选中图层的盖印功能，如图 2-299 中的图层 3（合并）所示。按【Shift+Ctrl+Alt+E】快捷键可盖印所有可见图层。

7. 图层组

图层组是将若干图层组合成一组，其图层关系比图层链接关系更紧密。图层组类似于一个装有多个图层的文件夹，便于对多个图层进行分类管理。

单击“图层”面板下方的“创建新图层组”按钮或从扩展菜单中选择“新图层组”命令，均可建立一个新的图层组，然后将“图层”面板中的图层拖放到组中存放即可，如图 2-300 所示。

向下合并(E) Ctrl+E
合并可见图层(V) Shift+Ctrl+E
拼合图像(F)

图 2-298 图层合并命令

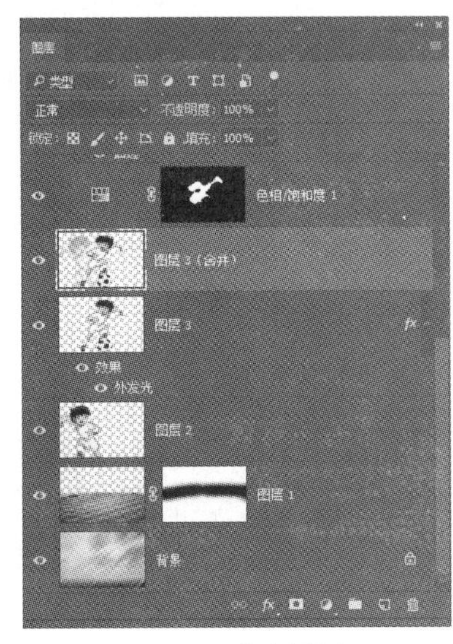

图 2-299 盖印图层

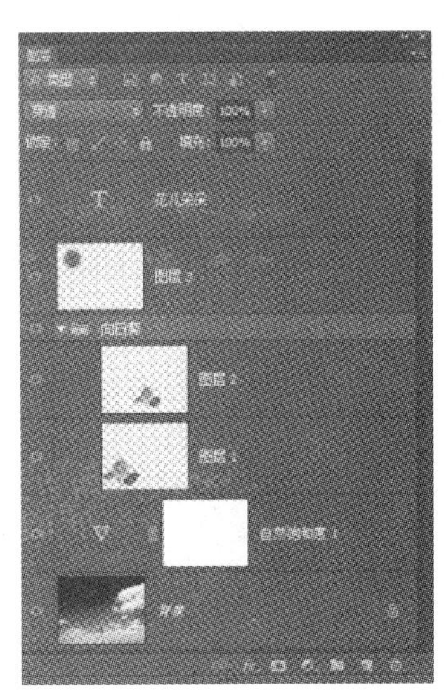

图 2-300 图层组

2.8.3 图层的变换与修饰

1. 智能对象

图像在缩放、扭曲变形的过程中会产生失真。为减少图像损失，Photoshop 中引入了智能对象。智能对象将保留图层中图像的源内容及其所有原始特性，从而能对图层执行非破坏性编辑。

在对图层进行缩放、旋转、斜切、扭曲、透视变换或变形时，可以选择“图层 | 智能对象 | 转换为智能对象”命令，将普通图层转换为智能对象。转换之后，图层的右下角会出现一个图标，在变换时不会丢失原始图像数据或降低图像品质。

不能对智能对象图层直接执行会改变像素数据的操作，例如画笔绘画、加深、减淡等。选择“图层 | 栅格化 | 智能对象”命令或者“图层 | 智能对象 | 栅格化”命令，可以将智能对象图层转换为普通图层。

2. 图层变换和变形

若当前图层、图层中选区的图像部分或对象需要进行某些变换，均可选择“编辑 | 变换”命令，其子菜单包含各种变换命令。可进行缩放、旋转、斜切、扭曲、透视、变形、翻转等操作，对图层或选区中的图像进行各种变换。图 2-301 所示为原图、水平翻转和扭曲变换的效果。

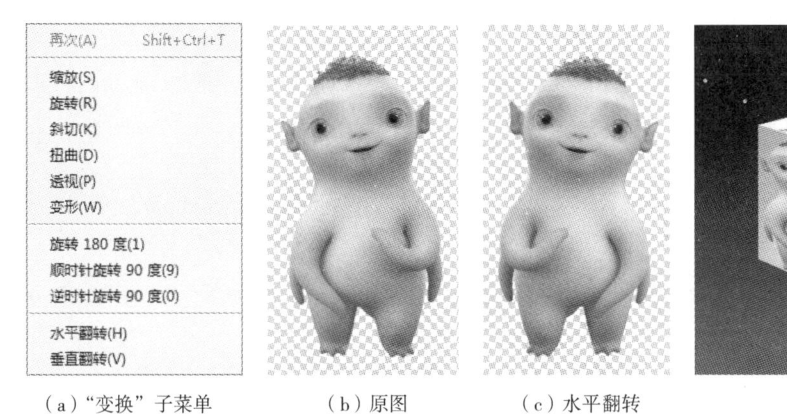

（a）“变换”子菜单　（b）原图　（c）水平翻转　（d）扭曲变换

图 2-301　“图层变换”菜单及效果示例

若选择“编辑 | 变换 | 变形”命令，或单击“变换”工具栏中的变形切换按钮，可进行图层的变形操作。在“变形样式”下拉列表中选取需要的变形样式，或用鼠标拖动控制点自定义变形。图 2-302 所示为原图及各种变形的效果。

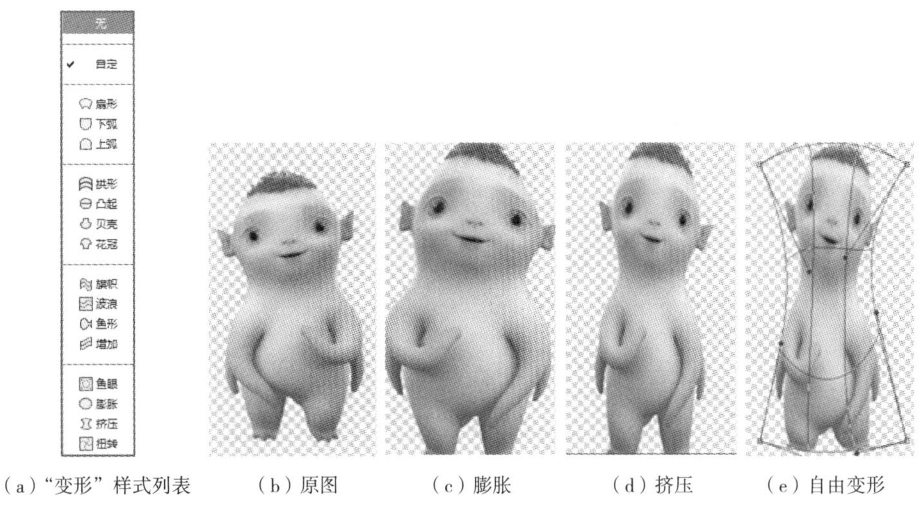

（a）“变形”样式列表　（b）原图　（c）膨胀　（d）挤压　（e）自由变形

图 2-302　“图层变形”菜单及效果示例

3. 操控变形

操控变形功能提供了一种可视的网格，借助该网格，可以随意地扭曲特定图像区域的同时保持其他区域不变。选择“编辑 | 操控变形”命令，进入操控变形状态。操控变形工具栏如图 2-303 所示。

模式：正常　浓度：正常　扩展：2 像素　显示网格　图钉深度：　旋转：自动　-65　度

图 2-303　操控变形工具栏

① 模式：确定网格的整体弹性。

② 浓度：确定网格点的间距。较多的网格点可以提高精度，但需要较多的处理时间；较少的网关点则反之。

③ 扩展：扩展或收缩网格的外边缘。

④ 显示网格：取消选中可以只显示调整图钉，从而显示更清晰的变换预览。

在图像窗口中，单击可以向要变换的区域和要固定的区域添加图钉。用鼠标拖动图钉可以对网格中的图像进行变形，按【Enter】键或单击工具栏中的按钮确认变形。变形效果如图 2-304 所示。

（a）原图

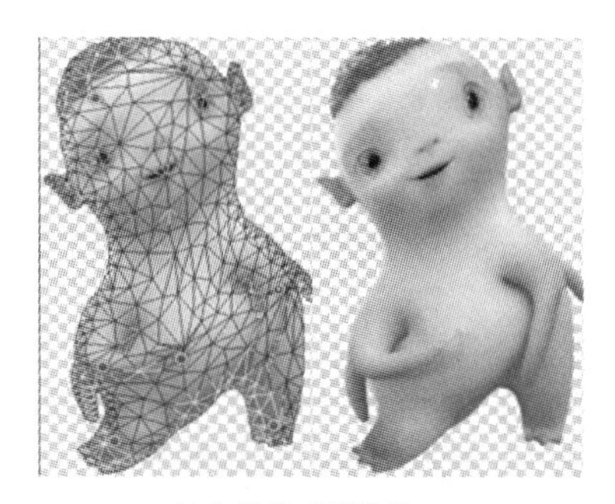

（b）操控变形效果

图 2-304　操控变形效果示例

如果想要绕图钉旋转图像，则按住【Alt】键，将鼠标放在图钉附近，当鼠标变成圆圈时，按住鼠标拖动旋转即可。

要使某个区域在变形中保持不变，可以添加多个图钉来固定。选中图钉，按【Delete】键即可删除图钉。单击工具栏中的按钮可以移动所有的图钉。

4. 透视变形

在 Photoshop CC 2018 中可以轻松调整图像透视。透视变形功能对于包含直线和平面的图像（例如，建筑图像和房屋图像）尤其有用。

选择“编辑 | 透视变形”命令，进入透视变形状态。透视变形工具栏如图 2-305 所示。

图 2-305　透视变形工具选项栏

透视变形的操作步骤如下：

① 创建透视平面：在图像上单击会出现一个四点的平面，拖动图钉创建透视平面。可以创建多个透视平面。

② 变形：在选项栏中单击“变形”按钮，进入变形状态，拖动图钉即可变形。按【Enter】键确认变换。效果如图 2-306 所示。

图 2-306　透视变形示例

5. 修边

在图层修饰过程中，若使用复制、粘贴命令，有时会使粘贴后的图像边缘出现黑边、白边等杂色。可选择“图层 | 修边”命令除去边缘的杂色。修边有 3 个命令：

① 去边：系统用周围的颜色替代边缘色。在“去边”对话框（见图 2–307）中输入要消除的像素宽度即可。

② 移去黑色杂边：去除图层边缘的黑色像素。

③ 移去白色杂边：去除图层边缘的白色像素。

图 2–307　“去边”对话框

2.8.4　图层样式

Photoshop 提供了一系列专为图层设计的特殊效果，称为图层样式。

单击“图层”面板中的“图层样式”按钮 fx，或选择“图层 | 图层样式”命令，可选择预设的十几种图层样式，如图 2–308 所示。

选择某种样式后，该样式的各种参数均可在“图层样式”对话框中设置，如图 2–309 所示。图层样式可以随时修改、删除或隐藏，在一个图层上可以同时应用多种图层样式。

1. 常用的图层样式

① 投影：给图像增加阴影。投影是让平面图像具有立体感的简单方法。使用投影样式可以设置灯光照射的角度、阴影与图像的距离、阴影的大小等参数。

② 内阴影：在图像内侧边缘增加阴影，其参数类似投影。

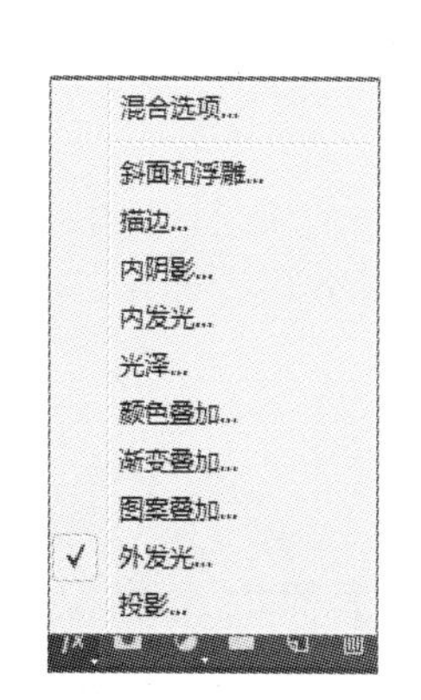

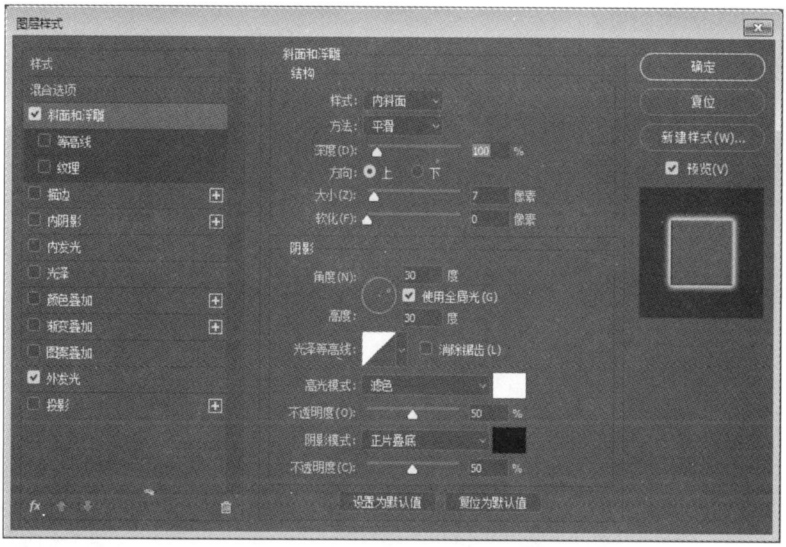

图 2–308　“图层样式”菜单

图 2–309　“图层样式”对话框

③ 内/外发光：在图像的内/外侧产生发光效果。

④ 斜面和浮雕：使图像产生许多不同的浮雕效果。其“样式”菜单中可选择外斜面、内斜面、浮雕效果、枕状浮雕、描边浮雕等；“方法”中可设置光源的衰减模式，如平滑、雕刻清晰、雕刻柔和等。还可设置雕刻的深度、阴影的高度、浮雕显示方向等不同参数，均可得到各种不同的浮雕效果。

⑤ 光泽：可产生类似绸缎的光滑效果。

⑥ 描边：给图层内容增加描边效果，对于较大的文字往往用此增加边缘轮廓效果。

⑦ 颜色/图案/渐变叠加：在图层上叠加设置的颜色/图案/渐变色，通过设置对应的混合模式和不透明度，来控制叠加效果。

2. “样式”面板

除了设置自用的样式外，用户可以从“样式”调节面板中套用已有的样式。选择“窗口 | 样式”命令，显示“样式”面板，如图 2-310 所示。

Photoshop CC 带有大量预设样式，可以从“样式”调节面板的扩展命令菜单中载入各种样式库。或者单击“图层样式”对话框中样式缩览图右方的扩展箭头 ，在列表中选择其他样式，如“摄影效果”“图像效果”“玻璃按钮”等，如图 2-311 所示。

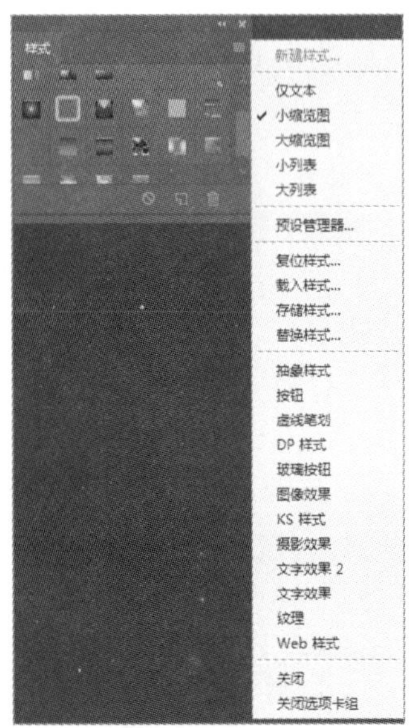

图 2-310 “样式”面板

图 2-311 图层扩展样式

① 使用预设的样式：只需单击样式面板或者“图层样式”对话框中的样式按钮就可以直接套用这些样式。图 2-312 中显示了几种套用“摄影效果”和“图像效果”样式的不同效果。

（a）原图

（b）紫红色图案

（c）金色重叠

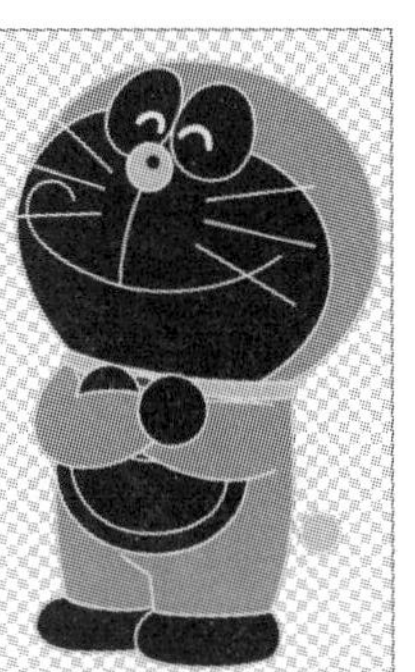

（d）负片

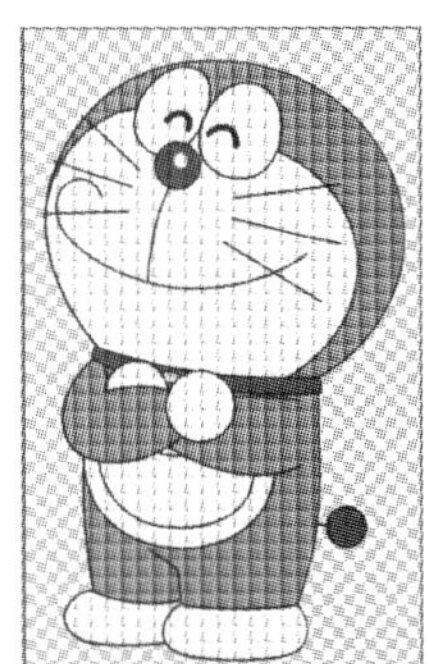

（e）拼贴马赛克

图 2-312 套用样式的不同效果

② 添加新样式到样式面板：选择设置好样式的图层，单击“样式”面板下方按钮区的按钮，在打开的“新建样式”对话框中，设置样式的名称，如图 2-313 所示。单击“确定”按钮，即可将新样式添加到样式面板中。

③ 删除样式：将样式按钮拖动到面板下方的图标，即可删除此样式。

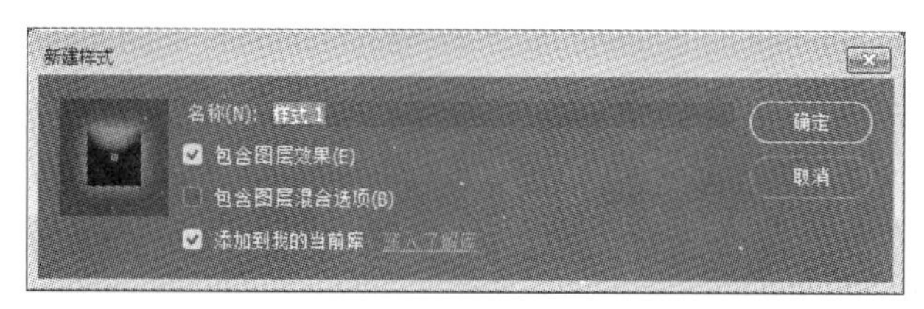

图 2-313　新建样式对话框

3. 图层样式的编辑

① 修改图层样式：双击图层下方对应的图层样式名称，即可打开“图层样式”对话框，在对话框中可以对样式的参数进行修改设置。

② 图层样式的复制和粘贴：多个图层可以设置相同的样式。在设置样式的图层中，选择“图层 | 图层样式 | 拷贝图层样式”命令复制图层样式。在新的图层中，选择“图层 | 图层样式 | 粘贴图层样式”命令，即可将图层样式应用到新的图层。

③ 图层样式转换为图层：可以将已选定的图层样式创建为图层，以便对图层、样式效果分别进行编辑。选用“图层 | 图层样式 | 创建图层”命令，可以将某个图层样式创建为新图层，如图 2-314（a）所示。

④ 缩放样式：选择“图层 | 图层样式 | 缩放效果”命令，打开“缩放图层效果”对话框，设置合适的缩放比例，可对当前图层中的所有样式效果进行相对于原始效果的缩放，如图 2-314（b）所示。

⑤ 全局光设置：选择“图层 | 图层样式 | 全局光”命令，打开“全局光”对话框，设置该图层样式的光照“角度”和“高度”，可以设置整个样式的光照效果，如图 2-314（c）所示。

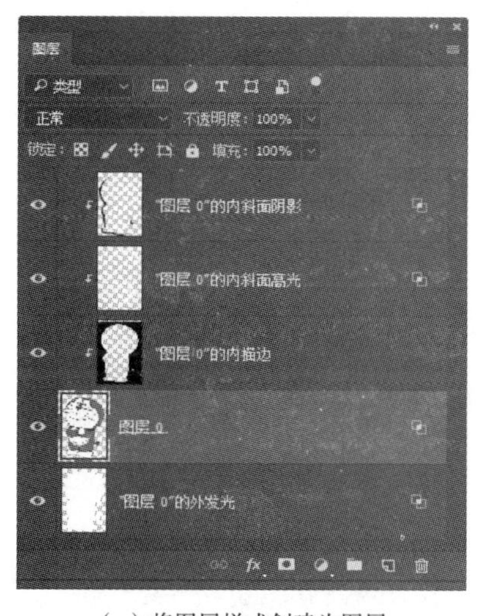

（a）将图层样式创建为图层

（b）“缩放图层效果”对话框

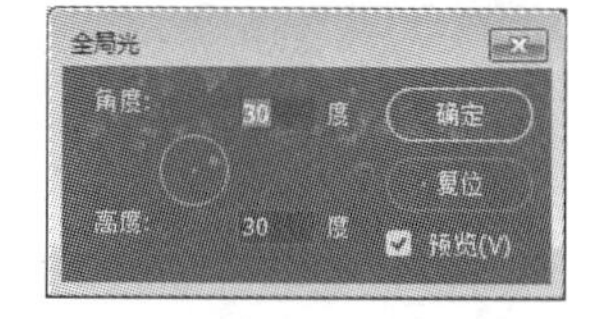

（c）“全局光”对话框

图 2-314　编辑图层样式

2.8.5　图层的混合模式

图层之间的混合模式和前面介绍的画笔与图像的融合模式相似，可以是正常、溶解、清除、变暗、正片叠底、颜色加深、变亮等不同模式。图层之间的混合模式决定了当前图层中的像素与它下面图层的像素如何进行混合，使最终像素点的 R、G、B 值发生变化，从而产生不同的颜色视觉。设置不同的模式，便会得到当前图层与其他图层混合的不同效果。这需要在反复的实践中来体会。“不透明度”参数用于设置混合图层之间的不透明度。

常用的图层混合模式举例如下：

①“正常”模式：图层的默认模式。在该模式下，图层的覆盖程度与不透明度有关。当不透明度为100%时，上面图层可以完全覆盖下面的图层；当不透明度小于100%时，上面图层的颜色就会受到下面图层的影响。

②“溶解”模式：使图层间产生融合作用，结果像素由上、下图层的像素随机决定。不透明度越小，融合的效果越明显。

③“正片叠底”模式：相当于透过灯光观看两张叠在一起的透明胶片的效果。

④“滤色”模式：与“正片叠底”模式相反，呈现一种较亮灯光透过两张透明胶片在屏幕上投影的效果。

总的来看，图层的混合模式分为如下5种类型：

①“加深”型混合模式：包括变暗、颜色加深、深色、线性加深、正片叠底等，混合后图像的对比度增强，图像亮度变暗。

②“减淡”型混合模式：包括变亮、滤色、颜色减淡、线性减淡、浅色等，与“加深”型混合模式相反，混合后图像的对比度减弱，图像亮度增加。

③“对比”型混合模式：包括叠加、柔光、强光、亮光、线性光、点光、实色混合等。混合结果是暗于50%的灰色区域混合后变暗，亮于50%的灰色区域混合后变亮，图像整体对比度加强。

④“比较”型混合模式：包括差值、排除模式。该模式能比较相混合的模式，相同的区域显示为黑色，不同的区域则以灰度或彩色显示。

⑤“色彩”型混合模式：包括色相、对比度、颜色、明度等混合模式。它们根据色彩的色相、饱和度和亮度三要素，将其中一种或两种要素应用到混合的效果中。

图2-315所示为原图及几种图层混合模式的效果。

（a）原图

（b）溶解

（c）正片叠底

（d）滤色

（e）叠加

图2-315　几种图层的混合模式及效果

2.8.6　调整图层和填充图层

在 Photoshop 中提供了蒙版、填充图层、调整图层以及智能对象等非破坏性编辑方法。其中，调整图层和填充图层是常用的非破坏性图像编辑方式。蒙版将在后面讲述。

1. 调整图层

调整图层可将图像色彩的调整应用于图像，却不改变图像本身的像素值，将图像色彩调整的效果只存储在调整图层中，但默认应用于它下面的所有图层。在 Photoshop CC 2018 中，提供了“调整”面板来创建和编辑调整图层，如 2–316（a）所示。

单击“调整”面板中对应色彩调整命令的按钮，即可创建一个新的调整图层，并打开相应的属性面板进行调整参数的设置，如选取曲线调整，其属性面板如图 2–316（b）所示。“属性”面板底端的控制按钮的功能从左至右分别为：此调整影响下面的所有图层、查看上一状态、复位到调整默认值、切换图层可视性、删除此调整图层。

调整图层在图层面板的显示图示分为两部分，如图 2–316（c）所示。左侧代表调整的参数，双击可再次打开相应的属性面板，进行参数的编辑和修改。右侧是图层蒙版，代表调整在图像中的应用范围，全白代表的是全图。在当前图层有选区时，调整只作用于当前选区，如图 2–317 所示。

（a）“调整”调节面板

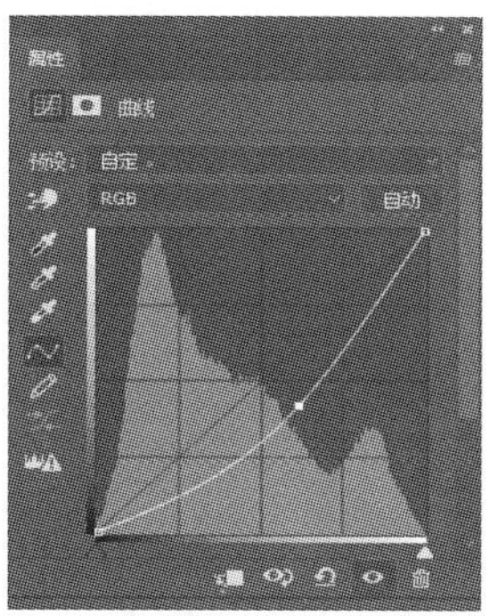

（b）“调整”曲线面板

（c）调整图层包含图层蒙版

图 2–316　“调整”调节面板及子模板

使用调整图层进行色彩调整，会影响图像的色彩效果，却不改变原图像本身的像素，这给以后的修正工作带来很多方便。

调整图层，也可以通过单击“图层”面板中的“创建新的填充或调整图层”按钮，或者选择“图层 | 新建调整图层”命令来创建。

图 2–317　调整图层作用于选区

2. 填充图层

填充图层可将图层或图层中选区填充以纯色、渐变、图案。同样，填充只存储在填充图层中，并应用于其下面的图层。

填充图层有纯色、渐变、图案 3 种类型，选择“图层 | 新建填充图层”命令，或者单击“图层”面板中的“创建新的填充或调整图层”按钮，即可创建一个新的填充图层。

填充图层与调整图层类似，在图层面板的显示图示也分为两部分，左侧代表填充的内容，右侧是图层蒙版，代表填充的范围。图 2–318 所示为将图层的灰色背景部分使用填充图层填充为“粉色纸”图案。

（a）原图

（b）图案填充层

图 2–318　填充图层示例

2.8.7　图层复合

图层复合是“图层”面板的快照，它记录了当前文件中的图层可视性、位置和外观（例如，图层的不透明度、混合模式以及图层样式）。通过图层复合可以快速地在文档中切换不同版面的显示状态。

选择“窗口 | 图层复合”命令，可以打开“图层复合”面板，如图 2–319 所示。通过它可以在单个文件中创建多个不同的设计方案，当向客户展示设计方案的不同效果时非常方便。

要创建图层复合，首先要在“图层”面板设置图层的显示隐藏、图层样式等，准备好一个设计方案，然后单击“图层复合”面板下方的“创建新的图层复合”按钮，即可打开“新建图层复合”对话框，如图 2–320 所示，设置当前方案的名称及记录图层的相关属性，单击“确定”按钮完成创建。单击“图层复合”面板中对应方案名称前的，会出现图标，即可切换到对应的设计方案。图 2–321 所示为通过图层复合创建的两个设计方案。

图 2–319　“图层复合”面板

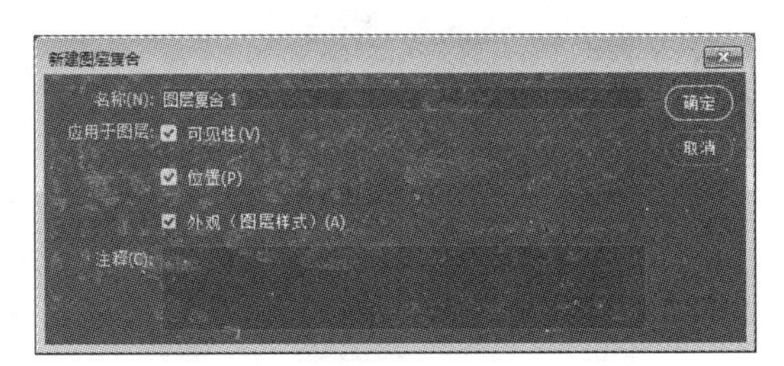

图 2–320　“新建图层复合”对话框

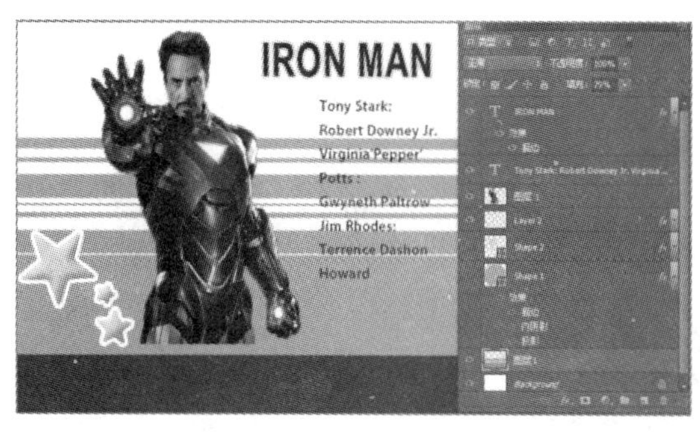

（a）“方案 1”效果

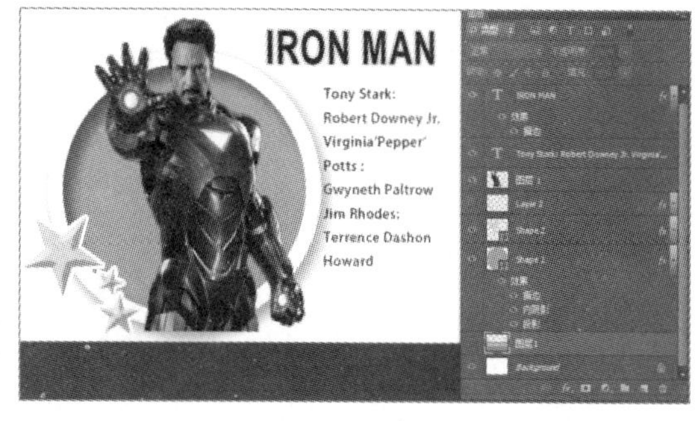

（b）“方案 2”效果

图 2-321　图层复合效果展示

2.8.8　应用实例——制作个人相册封面

【例 2-8】应用图层制作个人相册封面。在本例中主要练习图层的创建、复制、变换等基本操作，图层属性的更改以及图层样式和混合模式的设置。

① 新建文件，800*600 像素，72 像素/英寸；选择“编辑 | 变换”命令，选择颜色（R182，G212，B165）填充。

② 打开“大海.jpg”，按【Ctrl+A】快捷键全选，复制到新建文件中，成为图层 1；选择“编辑 | 自由变换”命令调整到图像大小，设置本图层的混合模式为“正片叠底”，不透明度为 50%，效果如图 2-322 所示。

③ 选择“图层 | 新建调整图层 | 色相/饱和度”命令创建一个色相/饱和度调整图层，在属性面板设置调整参数，如图 2-323 所示，调整效果如图 2-324 所示。

图 2-322　合成“大海”效果

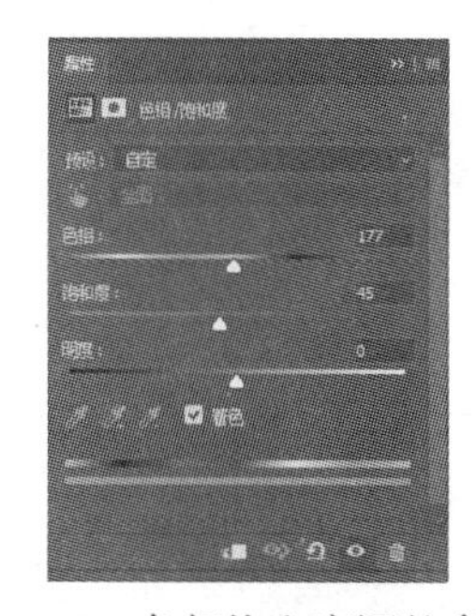

图 2-323　色相饱和度调整参数

图 2-324　色相饱和度调整效果

④ 打开“照片.jpg”，按【Ctrl+A】快捷键全选，复制到新建文件中，成为图层 2；在“图层”面板，单击按钮为图层添加图层蒙版，选择画笔工具，选择“柔边圆”，设置前景色为黑色，在图像中需要隐藏的部分涂抹，效果如图 2-325 所示。“图层”面板状态如图 2-326 所示。

⑤ 打开“礼物盒.jpg”，使用快速选择工具选择礼物盒部分，复制到新建文件中，按【Ctrl+T】快捷键适当变换大小和位置，效果如图 2-327 所示。

⑥ 选择直排文字工具，设置文字字体为华文行楷，颜色为（R224，G32，B115），按住【Ctrl】键适当调整大小和位置，按【Ctrl+Enter】快捷键确认文字的输入。为文字添加“描边”和“投影”样式，参数设置如图 2-328 所示，效果如图 2-329 所示。

图 2-325　合成“照片”效果

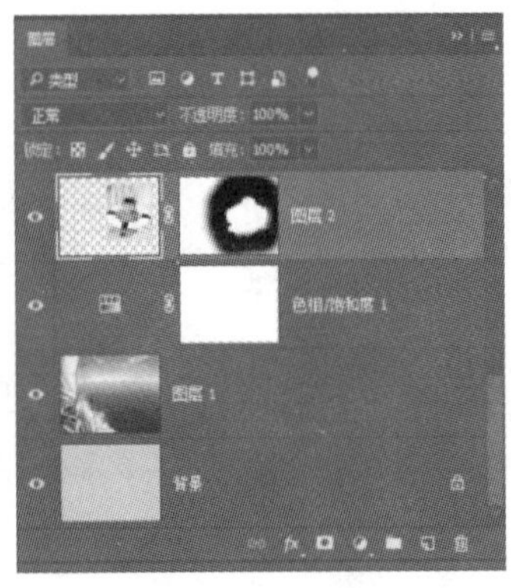
图 2-326　图层面板状态

图 2-327　添加“礼物盒”效果

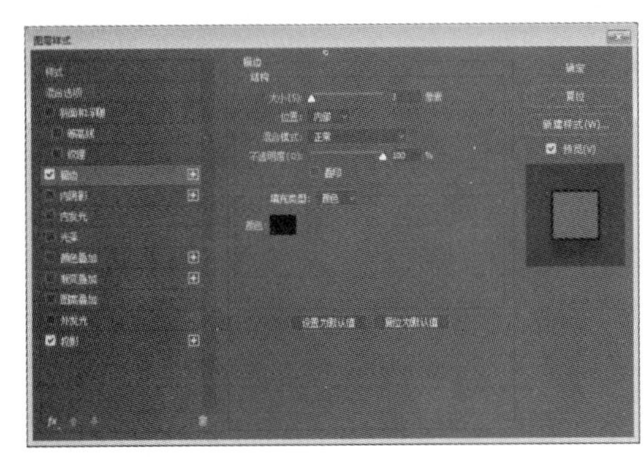
（a）搭边参数

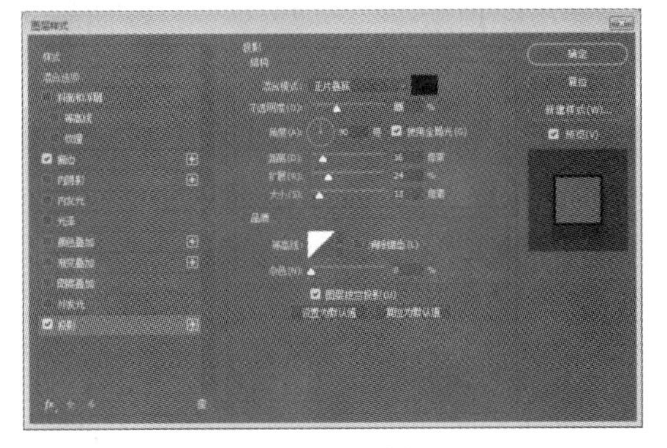
（b）投影参数

图 2-328　“描边”和“投影”样式参数设置

⑦ 输入白色文字“小小探险家”，适当调整大小和位置，效果如图 2-329 所示。

⑧ 打开“海鸥.jpg”，使用快速选择工具，选取其中的海鸥复制到新建文件中，按【Ctrl+T】快捷键适当变换大小和位置。复制海鸥所在图层，再次按【Ctrl+T】快捷键变换大小和位置，最终效果如图 2-330 所示。

⑨ 保存文件。

微视频 2.8

制作个人相册

图 2-329　输入文字效果

图 2-330　最终效果

2.9　设计高手的进阶——蒙版与通道

蒙版和通道是 Photoshop 图像处理的核心技术。有效地利用蒙版和通道可以处理更为复杂的图像，制作出更好的图像效果。

2.9.1　认识通道

通道就是一幅存储不同信息的灰度图像。所有的通道都具有与原图像相同的尺寸和像素数目。Photoshop 中有 3 种类型的通道：原色通道、专色通道和 Alpha 通道。原色通道存储构成图像的颜色信息，Alpha 通道存储图像中的选区信息，专色通道存储图像印刷所需的专用油墨信息。

1. 原色通道

在绘制图画时，经常用几种颜色混合来得到其他的颜色。任何颜色都可由几种基本的颜色，也就是“原色”调配而成。例如，RGB 模式的彩色图像就是由红、绿、蓝 3 种原色混合而成的。记录这些原色信息的对象就是原色通道。假如把一幅彩色图像的每个像素点分解成红、绿、蓝 3 个原色，所有像素点的红色信息记录到红（Red）通道，绿色信息记录到绿（Green）通道，而蓝色信息记录到蓝（Blue）通道中。改变各通道中原色的信息就相当于改变该图像各原色的份额，从而达到对原图像润饰或实现某种效果的目的。分别编辑原色通道可给图像编辑带来极大的方便和灵活性。

原色通道与图像的颜色模式相关。在 RGB 图像模式的“通道”调节面板中显示红（Red）绿（Green）蓝（Blue）3 个原色通道和一个 RGB 复合通道，如图 2–331（a）所示；而在 CMYK 模式图像的“通道”调节面板中会显示黄（Yellow）、品红（Magenta）、青（Cyan）和黑（Black）4 个原色通道和一个 CMYK 复合通道，如图 2–331（b）所示。灰度模式图像只有一个灰色通道，如图 2–331（c）所示。

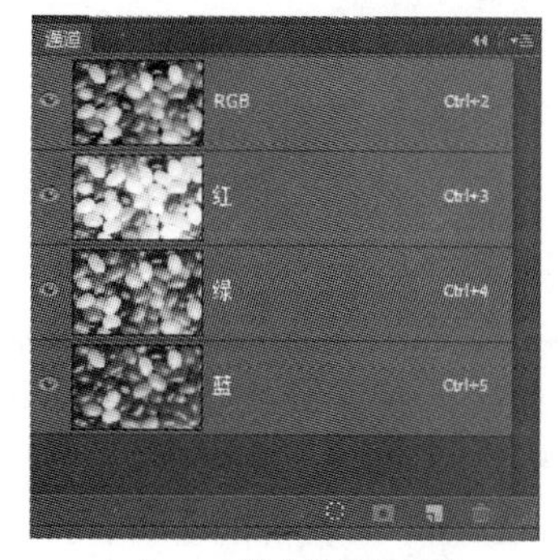

（a）RGB 模式的颜色通道

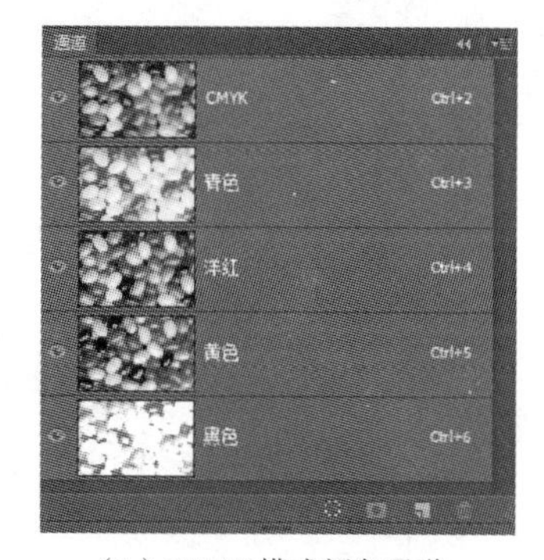

（b）CMYK 模式颜色通道

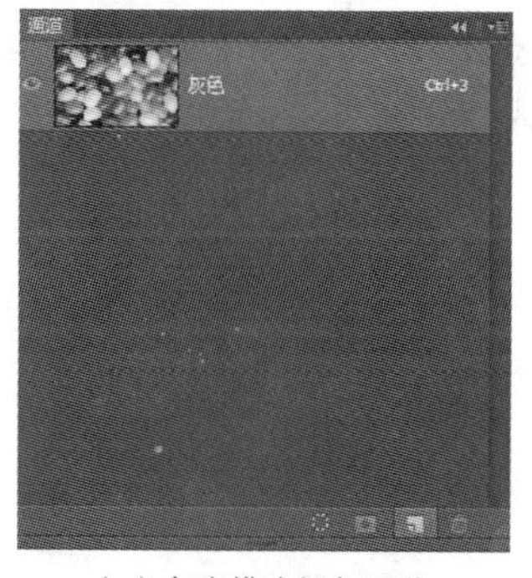

（c）灰度模式颜色通道

图 2–331　颜色通道示例

在 Photoshop 中，每个原色通道都是描述该原色的一幅灰度图像。当图像模式为 8 位/通道时，用 8 位，即 256 个灰度级表示该原色的明暗变化。对 RGB 模式的图像，原色通道较亮的部分表示该原色用量大，而较暗的部分表示该原色用量小。如图 2–332 所示，图像中花朵是洋红色，而洋红色是通过红色与蓝色混合得到，因此在红色通道和蓝色通道花朵部分都比较亮，而绿色通道中的花朵部分就比较暗。而对 CMYK 模式图像却相反，原色通道较亮的部分表示该原色用量小，而较暗的部分表示该原色用量大。所有原色通道混合在一起，就是图像的彩色复合通道，形成了图像的彩色效果。

（a）RGB 彩色复合通道　（b）红色通道　（c）绿色通道　（d）蓝色通道

图 2-332　RGB 图像的原色通道

由于每个通道都是一个独立的灰度图像，可以使用许多命令和工具，分别对各个通道进行编辑，进行相应的色彩调整。图 2-333 所示的图像就是将图像的绿色通道使用曲线适当调亮之后的效果。

（a）原图　（b）绿色通道调亮后的效果

图 2-333　调整原色通道的效果

2. 专色通道

除了原色通道外，Photoshop 5.0 以后版本增加了专色通道。这是由于在印刷时为了保证较高的印刷质量，或者经常希望在印刷品上增加金色、银色等特殊效果的颜色，需要定义一些专门的颜色。这些颜色专门占用一个通道，称为专色通道。专色通道可以理解为原色（黄、品、青、黑或红、绿、蓝）以外的其他印刷颜色。对于 4 种原色油墨来讲，它们的颜色都有严格的规定。而专色油墨的颜色却可以根据用户的需要随意地调配，没有任何限制，使用专色油墨会比四原色叠印效果更平实，更鲜艳。

使用“通道”面板菜单中的“新建专色通道”命令，可在图像中创建一个专色通道，在打开的“新建专色通道”对话框中（见图 2-334）可以设置专色名称、颜色和密度。

单击对话框中的小“颜色”块，可设置专色颜色。用户可以直接在“拾色器”中选定专色颜色，也可以在“拾色器”上单击“颜色库”按钮，在打开的“颜色库”对话框（见图 2-335）的颜色色谱中选定需要的专色。

专色通道只能用于专色油墨印刷的附加印版。专色按照“通道”面板中颜色的顺序由上到下压印。要注意，专色不能应用于单个图层。

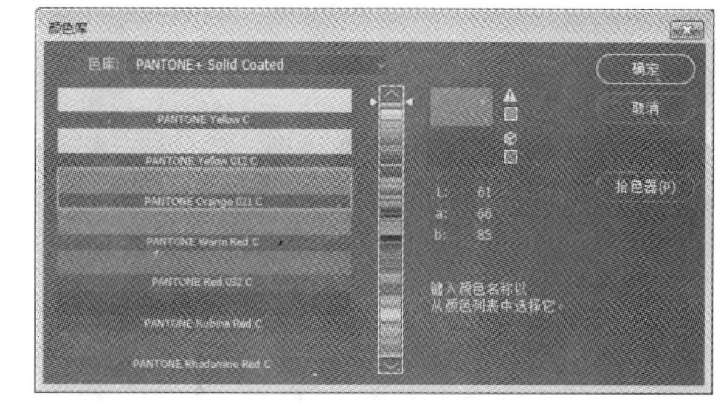

图 2-334　“新建专色通道”对话框

图 2-335　“颜色库”对话框

3. Alpha 通道

Alpha 通道也是一幅灰度图像，用来存储图像中的选区信息。利用 Alpha 通道可以创建、编辑、删除及存储图像中的选区，而不会对图像产生影响。

选择“选择 | 存储选区”命令保存选区后，“通道”面板会出现一个新的通道，这就是一个 Alpha 通道，如图 2-336 所示。在通道面板单击面板下方的“创建新通道”按钮或者在面板菜单中选择“新建通道”命令，也可创建一个新的 Alpha 通道。

和其他通道一样，当图像为 8 位/通道时，Alpha 通道也有 256 个灰度级。默认情况下，白色表示被选择的区域，黑色表示被屏蔽的区域，灰色为半透明的区域。

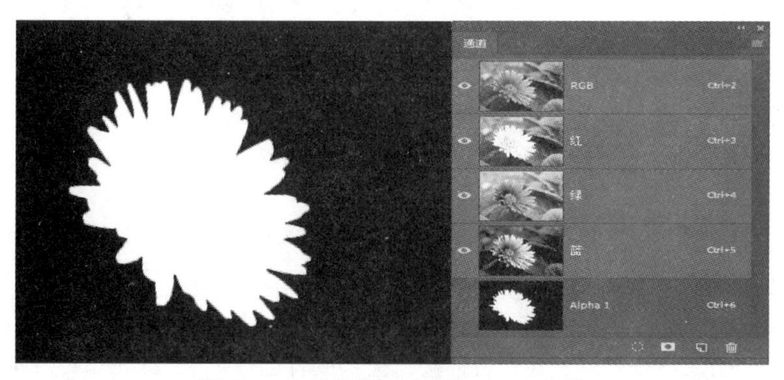

图 2-336　“通道”面板中 Alpha 通道

Alpha 通道作为一幅灰度图像，还可以使用绘图与修图工具、滤镜命令等来制作一些特殊效果。Alpha 通道是 3 种通道类型中应用较丰富的一种通道，许多图像特殊效果的制作都可以使用 Alpha 通道来完成。

2.9.2　通道的基本操作

1. “通道”面板

创建、管理和使用通道可以通过“通道”面板，选择“窗口 | 通道”命令显示“通道”面板（见图 2-336）。

① 显示图标：以眼睛图标表示该控制通道处于显示状态，否则表示该通道为隐藏状态。

② 缩略图标：表示通道的状态。若需同时操作多个通道，应按下【Shift】键再进行选择。

③ 控制按钮：在通道调节面板的下端，有一排 4 个控制用按钮，依次是：将通道作为选区载入、将选区存储为通道、创建新通道、删除当前通道。

④ 扩展菜单：单击面板右上角的扩展菜单按钮，即弹出通道的扩展菜单，其中包含操作通道的各种命令。

2. 创建、复制、删除和存储通道

（1）创建新通道

按下【Alt】键并单击“通道”面板中的“创建新通道”按钮或在扩展菜单中选择“新建通道”命令，打开“新建通道”对话框，如图 2-337 所示。

在“新建通道”对话框中设置如下参数：

① 名称：填入新通道名称，默认为 Alpha1、Alpha2 等。

② 色彩指示：选择“被蒙版区域”单选按钮时，新通道图像中不透明区域为被蒙版遮盖部分，透明区域为被选择的区域。若选中“所选区域”单选按钮则反之，透明区域为被蒙版遮盖部分，不透明区域为被选择部分。

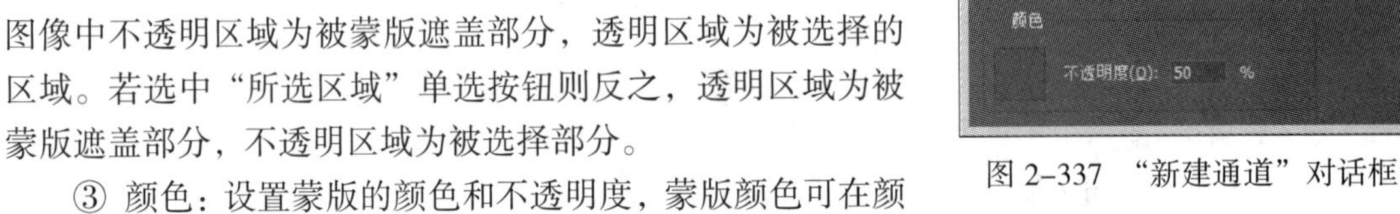

图 2-337 “新建通道”对话框

③ 颜色：设置蒙版的颜色和不透明度，蒙版颜色可在颜色“拾取器”中选取，其不透明度可直接输入。默认值为 50%不透明的红色。

单击“确定”按钮后，在“通道”面板底部会出现新创建的一个 8 位灰度通道。

（2）复制通道

若需要在同一图像或在不同图像间复制通道，有如下两种方法：

① 选用通道，如将 Alpha1 直接拖放到“通道”面板的“创建新通道”按钮上，则出现“Alpha1 副本”新通道。若要复制该通道到另一幅图像上，打开该图像文件，直接将通道拖到目标图像窗口即可。

② 选择“复制通道”命令，打开“复制通道”对话框，填入通道名称，选择目的文件名即可。

注意：若要在图像之间复制通道，Alpha 通道必须有完全相同的图像尺寸和分辨率。

（3）删除通道

为了避免通道占用空间，可将不需要的通道删除。操作时，将要删除的通道拖放到“通道”调节面板下端的“删除当前通道”的垃圾桶按钮上，或者选择扩展菜单中的“删除通道”命令来完成。

（4）存储通道

若希望在存储图像的同时能将通道存储下来，则应选择能存储通道的文件格式，如 PSD、TIFF 等。

3. 通道与选区的转换

（1）将选区存为通道

在图像中创建一个选区后，单击“通道”面板下端的“将选区存储为通道”按钮，选区即被存为 Alpha 通道。原来选区内的部分在 Alpha 通道中以白色表示，选区外区域以黑色表示，如图 2-338 所示。若选区中设置了一定的透明度，则通道中会出现灰色层次，表示选区中图像透明度的变化。

选择“选择 | 存储选区”命令，也可将现有选区存为一个通道。如果图像中已存有其他 Alpha 通道或专色通道，在打开的“存储选区”对话框中，可设置当前选区与现有通道的运算关系，指定通道名称，或将选区存储为新通道等。

（a）选区　　（b）将选区存为通道

图 2-338　通道与选区转换示例

（2）将通道载入选区

在需要将 Alpha 通道转换成图像上的选区时，只需将选定的通道拖放到“通道”面板下方的“将通道作为选区载入”按钮上，或者选择“选择｜载入选区”命令也可将通道转换成选区。如果图像中已存在另一个选区，则要在该对话框中设置通道所代表选区与当前选区的运算关系。

在选区存为通道或将通道载入选区时，均可实现通道与选区间的集合运算。只是在选区存为通道时，运算的结果以通道形式表现，而载入通道选区时，运算的结果就是生成的综合选区。

4. 通道的分离与合并

在彩色套印之前，可以将彩色图像按通道分离，然后取其中的一个或几个通道置于组版软件之中，并设置相应的颜色进行印刷。有时图像文件过大而无法保存时，也可以将图像各通道进行分离而分别保存。一张 RGB 彩色图像，选择“通道”面板中的“分离通道”命令，即可将图像分离成几幅独立的图像，每个单独窗口显示为灰度图像，并以源文件名加“_红”“_绿”“_蓝”为后缀命名新文件。如果是 CMYK 模式的图像，通道分离后生成 4 个灰度图像和文件，并以“_青色”“_洋红”“_黄色”“_黑色”为后缀命名。如果图像中有 Alpha 通道或专色通道，则 Alpha 通道和专色通道也会生成独立的灰度图像。

图像经过通道分离后，才能激活“合并通道”命令。该命令可以将分离的通道合并为具有完整颜色模式的彩色图像。合并时，“合并通道”对话框会提示用户选择颜色模式和通道数目，如图 2-339 所示，并要求用户选择哪些通道文件作为合并通道时的源通道文件。图 2-340 所示为“合并 RGB 通道”对话框。合并时并不一定非要选择原先分离的灰度文件，只要文件尺寸及分辨率相同，并都是灰度图像，就可以用来合并成一个文件。

图 2-339　“合并通道”对话框

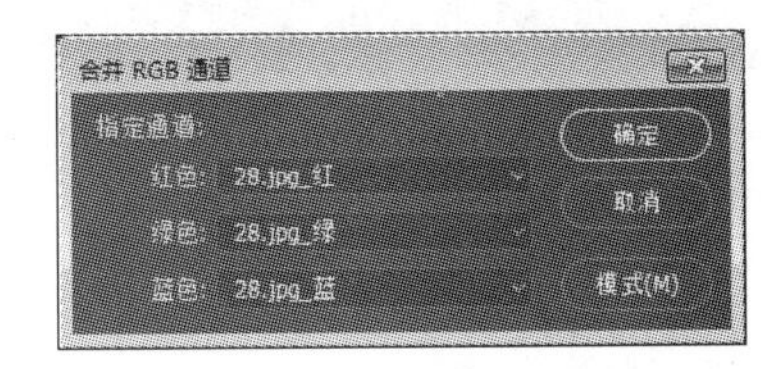

图 2-340　“合并 RGB 通道”对话框

2.9.3　通道的综合应用

通道可以分别存储和修改图像的颜色和选区信息，因此在图像的深度处理中有许多突出的优势。例如，利用通道工具可以抠取边缘复杂的图像；基于通道的“应用图像”和“计算”功能，可使图像更好地混合，达到理想的效果。

1. 利用通道工具抠取边缘复杂的图像

① 打开“蜘蛛网”文件，如图 2-341 所示。在通道蒙版中，选择对比度较大的“蓝”通道，复制它得到“蓝副本”通道，如图 2-342 所示。

② 在“蓝副本”通道中选择“图像 | 调整 | 亮度/对比度”命令，在打开的“亮度/对比度”对话框中调整亮度和对比度，加大图像的对比度，使蜘蛛网尽量突出。用魔棒选取黑色背景区，可多次选取。然后选择“选择 | 反向”命令反选白色蜘蛛网部分。

图 2-341　原图

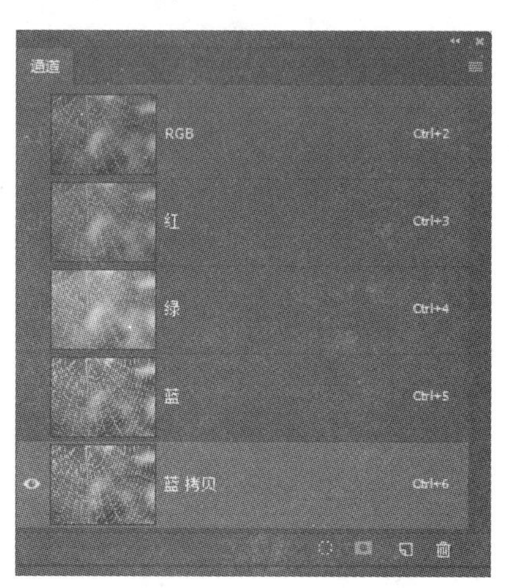

图 2-342　“蓝副本”通道

③ 存储选区到通道。回到“图层”面板，载入选区，抠取的蜘蛛网如图 2-343 所示。

④ 打开文件“蜘蛛”，用移动工具将“蜘蛛网”文件的选区拖放到蜘蛛图中，形成图层 1，图层样式为“变亮”。

⑤ 在图层 1 中，增加图层蒙版，并使用“径向”渐变，适当地编辑，效果如图 2-344 所示。

图 2-343　抠取的蜘蛛网

图 2-344　作品效果

2. 应用图像

使用“应用图像”命令将“源”图像的图层或通道与“目标”图像进行合成，以达到图像的特殊混合效果。但是要注意，进行混合的文件必须是相同色彩模式和相同大小的图像。

选择“图像 | 应用图像”命令，打开“应用图像”对话框，如图 2-345 所示。该对话框主要由两部分组成：

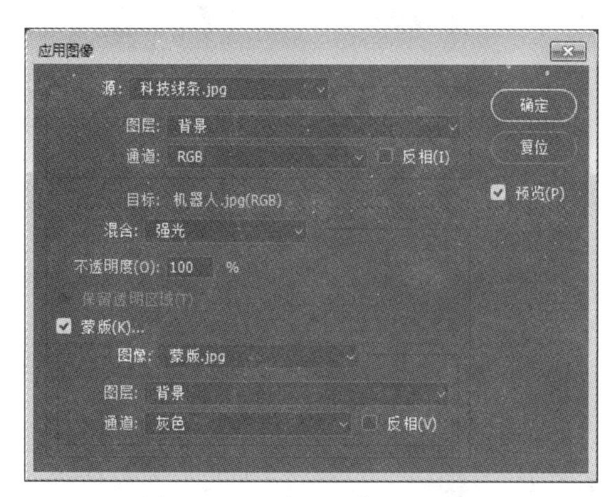

图 2-345　“应用图像”对话框

① 上面为源文件部分。在“源”下拉列表框中，设置与目标文件进行混合的文件；在“图层”和“通道”下拉列表框中，设置进行混合的图层和应用的通道；“反相”复选框主要应用于通道。

② 下面为目标文件及混合参数部分。可在“混合”和“不透明度”文本框中设置图像混合时的混合模式及源通道的透明度。选择不同的混合模式对图像混合效果有明显的影响，可以尝试选择不同的混合模式，在预览中观看效果，以便选择较理想的图像。“保留透明区域”复选框表示效果只应用于目标图层的不透明区域，而不影响其透明区域。如果图像只有背景图层或目标图层而无透明部分，则该选项不可用。

如果选中“蒙版”复选框，则打开“应用图像”对话框的第三部分。“蒙版”部分设置作为蒙版的“图像”、“图层”和“通道”。对于“通道”，可以选择任何颜色通道或 Alpha 通道以用作蒙版。同样，“反相”只作用于“通道”，选中“反相”复选框将反转通道的蒙版区域和未蒙版区域。

例如，分别打开 2 个或 3 个图像文件作为“目标”文件、“源”文件和“蒙版”文件，也可以没有“蒙版”文件，如图 2-346 所示。操作前应使 3 个文件具有同样大小和颜色模式（如 RGB 或 CMYK）。此时，选择“图像 | 应用图像”命令，在“应用图像”对话框中设置参数，分别将 3 个文件设置为“源”文件、“目标”文件和“蒙版”文件。在“源”文件和“蒙版”文件中选择图层和通道，在“混合”项中选择合成模式和不透明度，通过“预览”观看混合效果，然后“确定”按钮，即得到合成效果图，如图 2-347 所示。

（a）目标图像文件

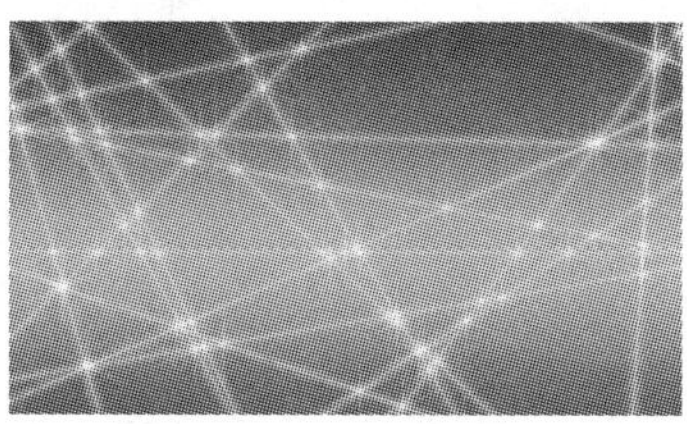
（b）源图像文件

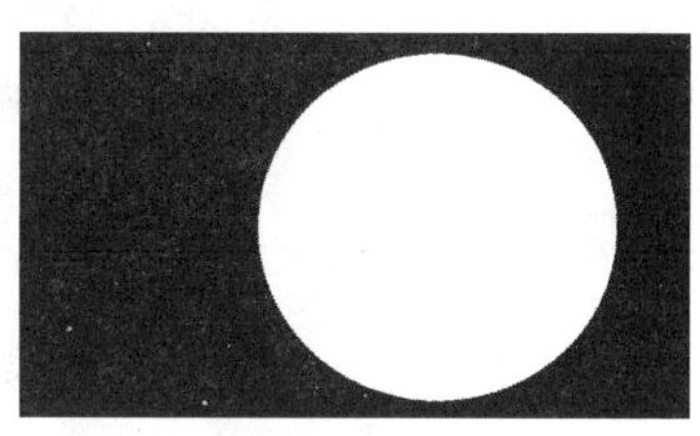
（c）蒙版图像文件

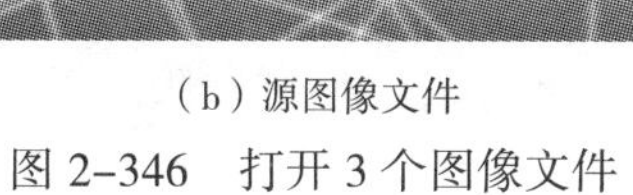
图 2-346　打开 3 个图像文件

（a）“强光”模式且没有蒙版　　（b）添加了蒙版

图 2-347　图像合成效果

3. 计算

“计算”命令可以将一幅或多幅图像中的两个通道以多种方式合成，并将合成的结果（选区或通道）应用到当前图像的新通道中。“计算”命令可以看成是“应用图像”命令的延伸，但不能合成复合通道。

选择“计算”命令时需要打开一幅或多幅图像。同样，进行“计算”的图像的尺寸和分辨率必须相同。例如，打开与“应用图像”时相同的两个文件（见图 2-347）。选择“图像 | 计算”命令后，打开“计算”对话框，如图 2-348 所示。

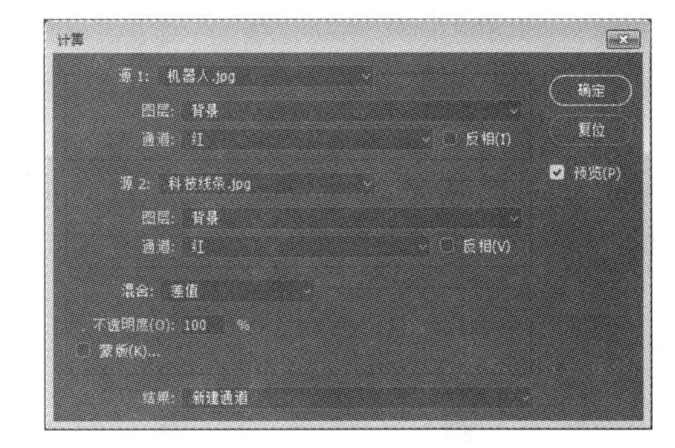

图 2-348　“计算”对话框

设置要混合的“图层”和“通道”，并在“混合”项中选择“混合”模式及“不透明度”。在“结果”框中选择如何应用合成结果，可以形成一个新建文档、新建通道或一个选区。例如，选择“新建通道”是把合成的结果作为一个新的 Alpha 通道加载到当前图像文件中，其效果如图 2-349（a）所示。通过将新建的 Alpha 通道作为选区载入，可以对图像中选中的部分进一步精细调整。例如，使用曲线调整使选区部分的亮度提高，效果如图 2-349（b）所示。

（a）“计算”新建通道的效果　　（b）曲线调整之后的效果

图 2-349　“计算”命令的应用

2.9.4　蒙版及快速蒙版

1. 认识蒙版

蒙版（Mask）是 Photoshop 的重要工具。使用蒙版可以对图像进行非破坏性编辑，并且非常方便修改。

在图像处理中应用蒙版可以对图像的某个区域进行保护，此时在处理其他区域的图像时，被蒙版保护的区域就不会被修改。蒙版就像图像（或图层）上一个透明度可调的遮盖板，对应于选择的图像部分，遮盖板被挖掉，用户可任意编辑其中图像的形状和颜色，而被蒙版遮盖的部分却丝毫不受影响。

蒙版实际上是一个独立的灰度图，是选区的另一种表现方式。所以，要改变遮盖区域的大小或性能，只需用处理灰度图的绘图工具，如画笔、橡皮擦、部分滤镜等，在蒙版上涂抹或改变它的透明度即可，因而蒙版能很方便地处理复杂的图像，功能极其强大。

Photoshop 中主要有 4 种类型的蒙版，包括快速蒙版、图层蒙版、矢量蒙版和剪贴蒙版。快速蒙版用于创建选区，而图层蒙版、矢量蒙版和剪贴蒙版则用于控制图层上图像的显示和隐藏。

2. 快速蒙版

快速蒙版可以在不使用通道的形式下，快速地将一个选区变成蒙版。在一幅图像上任意制作一个选区，如图 2-350 所示。然后，单击工具箱上的快速蒙版和标准编辑状态切换按钮，即将图像由标准编辑模式进入快速蒙版编辑状态。此时原先选区的虚线框消失，而选区与非选区由“遮板”的方式区分开；选区部分不变，而非选区部分则由红色透明的遮板遮盖，这就是快速蒙版。图像的标题栏也会显示出“快速蒙版”字样，如图 2-351 所示。同时，在“通道”面板中会多出一个“快速蒙版”临时通道。

默认情况下，快速蒙版的蒙版区域以透明度为 50%的红颜色来表示，即图像的非选择部分会用一种红颜色遮盖起来。但是，当要编辑的图像是以红色为主体时，红色蒙版很容易与图像编辑部分相混淆，此时可以双击工具箱中的快速蒙版按钮，打开“快速蒙版选项”对话框（见图 2-352），可在其中设置蒙版的颜色和不透明度。

通常快速蒙版遮盖的部分表示图像编辑的非选区，而未遮盖的透明部分为图像编辑的选区。因而，蒙版的遮盖区域和形状也就决定了选区的形状。用户可以通过对蒙版区域形状的修改来创建和修改所需的编辑选区。

对蒙版形状的修改可以使用任何编辑工具及滤镜操作，可以使用各种绘图工具，如画笔、喷枪等在蒙版上涂抹，以减小选区的范围；或使用橡皮擦工具擦除蒙版上的颜色，以扩大选区；还可以使用渐变工具，做出一个透明度由大到小的选区。但是特别要注意，这些编辑工作只能影响蒙版的形状和透明程度。当切换到标准编辑状态时，它只影响选区的形状，而不对图像本身产生任何作用。

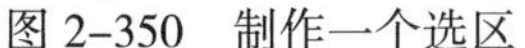

图 2-350　制作一个选区　　图 2-351　快速蒙版　　图 2-352　“快速蒙版选项”对话框

在快速蒙版状态下编辑完毕，单击工具箱中“标准编辑状态”和“快速蒙版编辑”切换按钮，即可退出快速蒙版，回到标准编辑状态。

从理论上来说，运用快速蒙版是 Photoshop 制作选区最精确的工具。可以把图像的显示比例设置得很大，而将绘图工具的笔形设置得很小，以像素为单位来精确地修正蒙版的形状，但是以这种方式制作选区往往很费时费力。

2.9.5 图层蒙版

图层蒙版是 Photoshop 中图层与蒙版功能相结合的有用工具。图层蒙版用于显示或隐藏图层的部分内容，而且可以随时调整部分蒙版的透明度，操作起来十分方便。除背景图层外，其他图层均可创建图层蒙版。

图层蒙版是用灰度区域来决定遮盖程度。通过灰度分布来确定图像的不透明度。在图层蒙版上，黑色区域为蒙版的遮盖区，而白色区域为图层显示区，灰色区域则为有一定透明度的蒙版。

1. 创建图层蒙版

（1）直接创建图层蒙版

打开两个文件分别置于背景和图层 1 中，选择“图层 | 图层蒙版 | 显示全部”命令，或单击“图层”面板下方的“添加图层蒙版”按钮，在当前图层就会出现一个白色蒙版。当前图层中的图像会全部显示出来，蒙版为透明状态，如图 2–353 所示。选择“图层 | 图层蒙版 | 隐藏全部”命令，或按住【Alt】键单击“图层”面板下方的“添加图层蒙版”按钮，在当前图层就会出现一个黑色蒙版。图层中的图像会全部隐藏起来，蒙版为不透明状态，如图 2–354 所示。

图 2–353 创建透明图层蒙版

图 2–354 创建不透明图层蒙版

创建完成后，可以利用各种绘图工具在蒙版中把想要显示的部分变成白色、想要隐藏的部分变成黑色。

（2）基于选区创建蒙版

如果图层中有选区，可选择“图层 | 图层蒙版 | 显示选区”命令，或单击“图层”面板下方的“添加图层蒙版”按钮，选区中的图像会全部显示出来，其余部分隐藏起来。图 2–355 所示为给羊创建一个选区之后添加蒙版的效果。选择“图层 | 图层蒙版 | 隐藏选区”命令，或按住【Alt】键单击“图层”面板下方的“添加图层蒙版”按钮，在当前图层选区就会出现一个黑色蒙版，选区中的图像会全部隐藏起来，其余部分显示，如图 2–356 所示。

图 2-355　创建选区透明蒙版

图 2-356　创建选区不透明蒙版

可以单击“图层”面板中的“图层”和“图层蒙版”按钮来进行图层与“图层蒙版”之间的切换，并进行各自的编辑。按住【Alt】键单击图层蒙版可以在图像窗口中显示蒙版，按住【Alt】键再次单击则恢复图像显示状态。

图层与“图层蒙版”默认是链接的，可在二者之间看到链接图标。此时移动图像，蒙版会跟随移动。单击该链接图标可取消两者的链接关系。

若想隐藏和停用图层蒙版，可选择“图层 | 图层蒙版 | 停用”命令，“图层蒙版”上出现一个大红叉，如图 2-357 所示，表示图层蒙版已停用。选择“图层 | 图层蒙版 | 启用”命令可重新启用“图层蒙版”。

选择“图层 | 图层蒙版 | 删除”命令，即将图层蒙版从图层中删除。选择“图层 | 图层蒙版 | 应用”命令，使当前蒙版效果直接与图像结合。

右击图层蒙版的缩略图，弹出“图层”面板的快捷菜单，如图 2-358 所示。上述对图层蒙版的停用、删除、应用及蒙版与选区计算等操作均可用快捷菜单完成。

图 2-357　停用图层蒙版

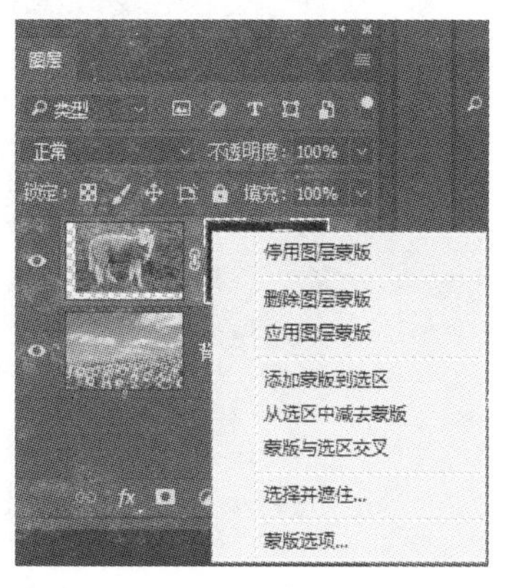

图 2-358　图层蒙版快捷菜单

2. 编辑图层蒙版

图层蒙版实际上是一幅灰度图像，经常使用画笔、渐变工具、选区等工具来修改和调整。也可以对图层蒙版使用滤镜命令来制作一些特殊效果。

（1）用画笔

例如在图 2-359 中，打开两个图像文件，并将图像 2 置于背景图像 1 之上的图层 1 中。在图层 1 中单击“图层”面板中的按钮添加图层蒙版。前景色设为“黑色”；选择画笔工具，设置“主直径”、“硬度”和“模式”等参数后，用画笔在图层 1 蒙版中涂抹，即可修饰调整蒙版的遮挡区域，如图 2-359 所示。

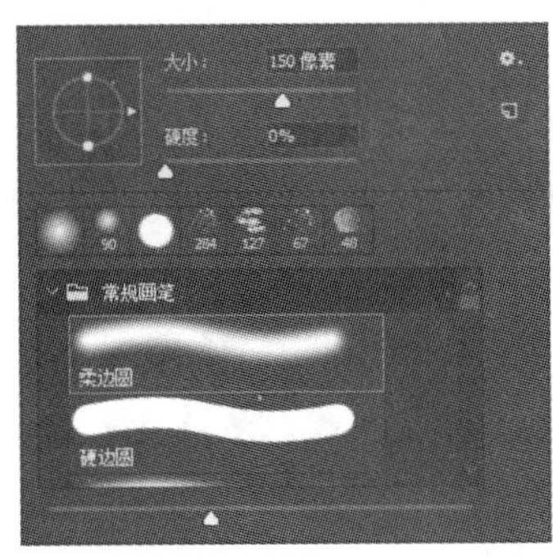

图 2-359　用“画笔”修饰图层蒙版

（2）用选区

在背景层上使用魔棒工具选择花朵之外的背景。在图层 1 蒙版中将选区填充为黑色，如图 2-360 所示。反向选择，取消蒙版和图层的链接关系，对蒙版按【Ctrl+T】快捷键适当变换并移动位置，效果如图 2-361 所示。

图 2-360　用“选区”修饰图层蒙版

图 2-361　适当变换图层蒙版

（3）用渐变工具

打开素材图像，复制背景图层，并选择“编辑｜变换｜水平翻转”命令。在复制的图层上创建图层蒙版，选用渐变工具，设置渐变样式为“线性渐变”，渐变类型为“黑白渐变”，在蒙版中进行渐变填充，效果如图 2-362 所示。

图 2-362　用“渐变”工具修饰图层蒙版

（4）使用滤镜命令

如图 2-363 所示，使用椭圆选框工具在图层 1 上创建一个椭圆选区，然后单击“图层”面板中的按钮添加图层蒙版，对蒙版选择“滤镜｜扭曲｜波纹”命令，效果如图 2-363 所示。

（a）基于椭圆选区添加蒙版

（b）蒙版选择“波纹”滤镜效果

图 2-363　用滤镜修饰图层蒙版

（5）蒙版属性面板

蒙版属性面板可以对创建的蒙版进行十分细致的像素级的调整，称为“像素蒙版”。正确地使用“蒙版”属性面板将使图像合成更加细致，处理操作更加方便。

创建蒙版后，双击图层蒙版缩略图，将打开“蒙版”属性面板，如图 2-364 所示。

图 2-364　蒙版属性面板及应用效果

在“蒙版”属性面板上各项参数及按钮含义如下：

① 选择图层蒙版按钮：显示在“图层”面板中选择的蒙版类型。

② 添加矢量蒙版按钮：为图层创建矢量蒙版。

③ 浓度：设置蒙版中黑色区域的透明程度，数值越大，蒙版越不透明。

④ 羽化：设置蒙版边缘的柔和程度，与选区的羽化功能类似。

⑤ 选择并遮住 选择并遮住...：为了更加细致地调整蒙版的边缘，单击该按钮将进入“选择并遮住”工作区，设置各项参数即可精确调整蒙版的边缘。

⑥ 颜色范围按钮 颜色范围...：重新设置蒙版的效果。单击该按钮将打开“色彩范围”对话框，具体使用方法与2.3.2节中“色彩范围”对话框相同。

⑦ 反相按钮 反相：将蒙版中的白色和黑色部分对换。

⑧ 创建选区按钮：将当前蒙版中的白色部分载入为选区。

⑨ 应用蒙版按钮：将图层中的图像与蒙版合成，其效果与选择“图层 | 图层蒙版 | 应用”命令相同。

⑩ 启用和停用蒙版按钮：可以将蒙版在使用和停用间切换。

⑪ 删除蒙版按钮：将当前图层中选择的蒙版从“蒙版”面板中删除。

2.9.6 矢量蒙版

矢量蒙版的作用与图层蒙版相似，矢量蒙版和图层蒙版的操作方法基本相同，只是创建或编辑矢量蒙版时要使用钢笔工具或形状工具。而选区、画笔、渐变工具等都不能编辑矢量蒙版。

选择“图层 | 矢量蒙版 | 显示全部”或“图层 | 矢量蒙版 | 隐藏全部”命令，可以创建白色和黑色蒙版，其效果与图层蒙版相同。

在当前图层中创建路径后，选择“图层 | 矢量蒙版 | 当前路径”命令，或者按住【Ctrl】键单击“图层”面板中的“添加图层蒙版”按钮，如当前图层已有图层蒙版，直接单击“添加图层蒙版”按钮，就可以基于当前路径创建矢量蒙版，如图2-365所示。

图2-365 “矢量蒙版”及其效果

2.9.7 剪贴蒙版

剪贴蒙版是产生在上下两个相邻图层中，用下方图层的图像形状来决定上面图层的显示区域。

如图2-366所示，在图层1下方创建一个图层，使用自定形状工具，选项栏设置模式为“像素”，画出一棵大树。选择图层1为当前图层，选择“图层 | 创建剪贴蒙版”命令，或按住【Alt】

键在相邻的两图层间单击，就为图层 1 添加了剪贴蒙版。图层 1 显示的图像部分完全由下方的图层形状决定。同时蒙版图层 1 出现符号，而下方图层的名称出现下画线。剪贴蒙版的效果如图 2–366 所示。

图 2–366 “剪贴蒙版”及其效果

选择“图层 | 释放剪贴蒙版”命令，即为图层取消剪贴蒙版。

剪贴蒙版也经常与“调整”图层和“填充”图层配合使用。当使用剪贴蒙版时，“调整”图层和“填充”图层的效果只影响下一个图层。

2.9.8　应用实例——制作浮雕文字

【例 2–9】应用通道制作浮雕文字效果。

① 打开背景文件图 1，如图 2–367 所示。

② 在“通道”面板，单击“新建通道”按钮，创建一个 Alpha 1 通道，同时显示 RGB 通道。选择横排文字工具，方正舒体，250 点，白色，在两个苹果上分别输入文字“福”“寿”，删除选区，如图 2–368 所示。

图 2–367　原图

图 2–368　Alpha 1 通道效果

③ 将 Alpha 1 通道作为选区载入，回到 RGB 通道，选择“图像 | 调整 | 亮度/对比度”命令，将亮度调高 50，删除选区，效果如图 2–369 所示。

④ 在“通道”面板，选择 Alpha 1 通道，选择“滤镜 | 风格化 | 浮雕效果”命令，设置高度为 8 个像素，效果如图 2–370 所示。

⑤ 将 Alpha 1 通道拖动到“通道”面板底部的“创建新通道”按钮上进行复制，生成新通道“Alpha 1 副本”，如图 2–371 所示。

⑥ 选择 Alpha 1 通道，选择“图像 | 调整 | 色阶”命令，打开“色阶”对话框，选择对话框中的设置黑场的“吸管”工具，在图像灰色背景上单击，使其变为黑色，如图 2–372 所示。

图 2-369　亮度对比度调整

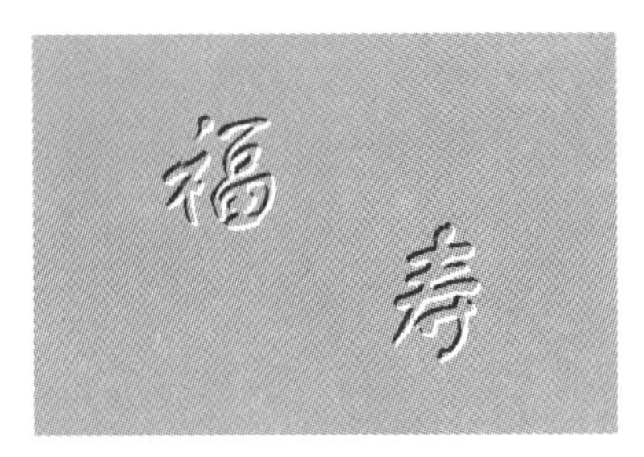

图 2-370　Alpha 1 通道效果

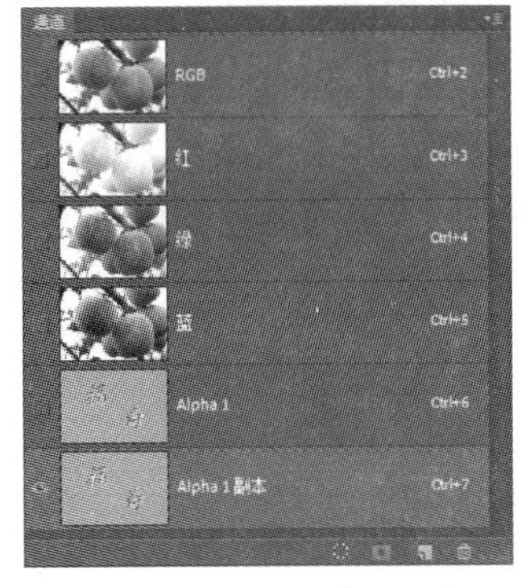

图 2-371　“通道”面板

图 2-372　色阶调整效果

⑦ 将 Alpha 1 通道作为选区载入，回到 RGB 通道，选择“图像 | 调整 | 亮度/对比度”命令，将亮度调高 70，删除选区，效果如图 2-373 所示。

⑧ 选中“Alpha 1 副本”通道，选择“图像 | 调整 | 色阶”命令，选择对话框中设置白场的“吸管”工具，在图像灰色背景上单击，使其变为白色，如图 2-374 所示。

⑨ 将 Alpha 1 副本通道作为选区载入，回到 RGB 通道，选择“选择 | 反向”命令。选择“图像 | 调整 | 亮度/对比度”命令，将亮度降低 50，删除选区，最终效果如图 2-375 所示。

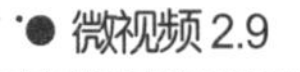

制作浮雕文字

图 2-373　调整高光区域效果

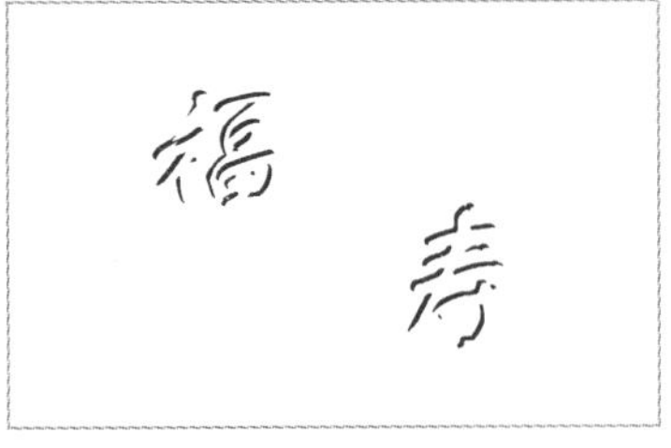

图 2-374　色阶调整效果

图 2-375　图像最终效果

2.10　强大的特效——滤镜

滤镜是一组包含多种算法和数据的、完成特定视觉效果的程序。通过适当地改变程序中的控制参数，就可以得到不同程度的特技效果。各种滤镜进行有机组合后，更能产生出令人赞叹的图像效果。Photoshop 中所有的滤镜都出现在“滤镜”菜单中。

Photoshop 的滤镜具有如下特点：

① 简单易用。Photoshop 将各种特效滤镜分组排列在“滤镜”菜单下。用户可根据需要方便地选择不同的滤镜。

② 特效效果的程度可调。使用各种滤镜时，通过调整滤镜的不同控制参数可调整特效效果的作用程度。

③ 可组合重叠使用。对同一幅图像或者选区，可多次施加不同效果的滤镜，从而创造出复杂的、令人惊奇的效果。

④ 使用灵活。滤镜可对整个图像或选区产生效果。如果选区是某一图层或某一通道，则只对该图层或通道起作用。

⑤ 与图像分辨率有关。滤镜的处理对象是每一个像素，所以滤镜的处理效果与图像的分辨率有关。用相同的参数来处理不同分辨率像素的图像，效果是不同的。

⑥ 可增添外挂滤镜。除了自带的滤镜外，还可安装和使用第三方软件公司的外挂滤镜。

⑦ 滤镜效果对图像的适用范围有很多不同。某些校正性滤镜只在较小的范围内校正图像，对图像的作用较小，不易察觉，如锐化、杂色、其他等。而某些滤镜对图像的改变却很明显，用来创造特殊的艺术效果。

2.10.1　使用滤镜的基本方法

Photoshop 提供了近百种滤镜，这些滤镜的使用方法基本相同。使用滤镜的一般步骤如下：

① 选择要使用滤镜效果的图像、图层、通道和选区。

② 在“滤镜”菜单下，选择所需要的滤镜命令，如液化、风格化、模糊、光照效果等。

③ 在各种“滤镜效果”对话框中设置参数，如图 2-376 所示。参数的设置方法有两种：拖动滑块并随时观察预览效果；直接输入数值得到较精确的结果。

④ 预览图像效果。大多数滤镜在预览框中可直接看到图像处理后的效果。可用“+”和“–”按钮放大或缩小预览图像，也可用鼠标拖动预览图像的位置。

⑤ 调整好各参数后，单击“确定”按钮执行此滤镜命令，单击“取消”按钮则不执行此命令，按住【Alt】键，则“取消”按钮变为“复位”按钮，单击此按钮，参数会恢复到上一次设置的状态。

图 2-376 “动感模糊”“滤镜效果”对话框

滤镜种类很多，可调节参数的数量和名称也不同，效果各异。使用滤镜有如下基本技巧：

① 使用滤镜处理图像时，要注意图层与通道的使用，在许多情况下，可先对单独的图层或通道进行滤镜处理，然后再把它们合成起来。

② 在某一选区执行“滤镜”命令前，最好先对该选区执行“羽化”命令，这样使经过滤镜处理后的选区内的图像能较好地融合到图像中。

③ 为能观察滤镜执行的效果，可在执行滤镜命令后，通过按【Ctrl+Z】快捷键不断切换，以观察使用滤镜前后的图像效果。

④ 按【Ctrl+F】快捷键可重复执行刚使用过的滤镜命令，但参数不能再调整。按【Ctrl+Alt+F】

快捷键，可再次打开上次使用的滤镜对话框，并可再次调整参数。

⑤ 可综合使用多个滤镜，将常用的多个滤镜组合录制成一个“动作”，以后就可像使用单个滤镜一样使用该组合滤镜了。

⑥ 在“位图”和“索引颜色”色彩模式下不能使用滤镜。不同的色彩模式下可供使用的滤镜范围也不同。例如，一些滤镜只能在 RGB 模式下使用，不可使用的滤镜在菜单上呈灰色显示。

优秀的 Photoshop 作品大都会用到滤镜，因此应该了解和掌握滤镜的效果和巧妙之处。下面介绍一些主要的滤镜产生的效果。滤镜在处理时图像的实际应用需要反复练习、认真琢磨才能逐渐领会和掌握，达到得心应手的目的。

2.10.2 智能滤镜

智能滤镜是一种非破坏性滤镜，可以在不破坏图像本身像素的条件下为图层添加滤镜效果。

在普通图层中应用智能滤镜，图层将转变为智能对象，此时应用滤镜，将不破坏图像本身的像素。在“图层”面板中可以看到该滤镜显示在智能滤镜的下方，如图 2-377 所示。

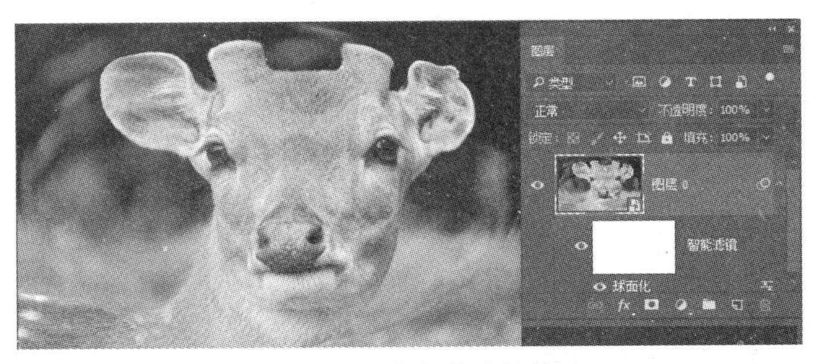

图 2-377 添加智能滤镜效果

单击所有滤镜前面的眼睛图标，可以设置滤镜效果的显示和隐藏。在所用滤镜的按钮上双击，打开“混合选项”对话框，可在图层中设置混合模式和不透明度，如图 2-378（a）所示。右击图标，弹出“智能滤镜”快捷菜单，可实现停用、删除、编辑智能滤镜操作，如图 2-378（b）所示。

右击智能滤镜蒙版图标，弹出“智能滤镜蒙版”快捷菜单，可实现停用、删除智能滤镜蒙版，或其他滤镜蒙版操作，如图 2-378（c）所示。

（a）“混合选项”对话框

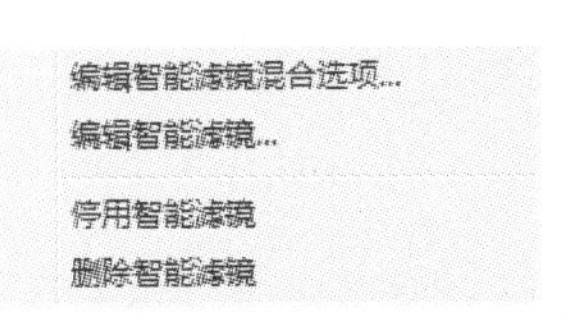

（b）“智能滤镜”扩展菜单

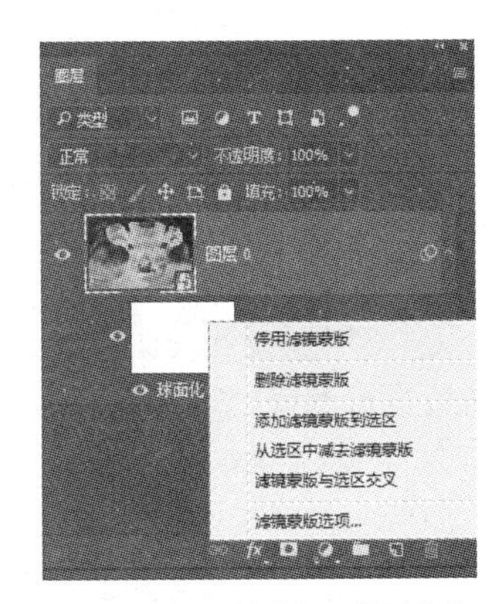

（c）“智能滤镜蒙版”扩展菜单

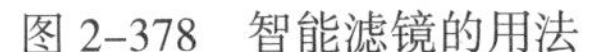

图 2-378 智能滤镜的用法

2.10.3　特殊功能滤镜的使用

“自适应广角”、Camera Raw、“镜头校正”、“液化”滤镜和“消失点”滤镜是具有鲜明特点的独立滤镜，它们不归入任何滤镜组。

1. “自适应广角”滤镜

“自适应广角”滤镜可以快速拉直在全景图或采用鱼眼镜头和广角镜头拍摄的照片中看起来弯曲的线条，校正由于使用广角镜头而造成的镜头扭曲。

选择“滤镜 | 自适应广角”命令，打开“自适应广角”对话框，滤镜可以对含照相机和镜头信息的图像自动检测照相机和镜头型号，并使用镜头特性拉直图像，如图 2-379 所示，当前图像使用的照相机型号是 Canon PowerShot A2000 IS，镜头类型是 6.4～38.4 mm。

图 2-379　“自适应广角”对话框

对话框左侧是“自适应广角”滤镜可使用的工具。

① 约束工具：单击图像或拖动端点，可以添加或编辑约束线，按住 Shift 键可以添加或编辑约束线，按住【Alt】键单击可删除约束线。

② 多边形约束工具：单击图像或拖动端点，可以添加或编辑多边形约束线，按住 Alt 键单击可删除约束线。

③ 移动工具：可以移动对话框中的图像。

④ 抓手工具：单击放大窗口的显示比例后，可以用该工具移动画面。

⑤ 缩放工具：单击可放大窗口的显示比例。

对话框右侧，是“自适应广角”滤镜的校正选项。

① 校正：选择校正类型。选择“鱼眼”，校正由鱼眼镜头所引起的极度弯度。选择“透视”校正由视角和照相机倾斜角所引起的会聚线。选择“完整球面”校正 360° 全景图，全景图的长宽比必须为 2:1。选择“自动”自动地检测合适的校正。

② 缩放：指定值以缩放图像。使用此值最小化在应用滤镜之后引入的空白区域。

③ 焦距：指定镜头的焦距。如果在照片中检测到透镜信息，则此值会自动填充。

④ 裁剪因子：指定值以确定如何裁剪最终图像。将此值结合“缩放”一起使用可以补偿在应用此滤镜时导致的任何空白区域。

⑤ 原照设置：启用此选项以使用镜头配置文件中定义的值。如果没有找到镜头信息，则禁用此选项。

图 2-380（a）所示为由于照相机拍摄时引起的建筑物弯曲。选择“透视”校正，使用约束工具创建如图 2-380（b）所示的约束线，可以看到图像有了一个自动校正的效果。如果对此效果不满意，可将鼠标移动到中间圆圈两端的调整点上，右击在弹出的快捷菜单中继续选择调整命令，或者当鼠标变成带两个方向箭头时，直接按住鼠标左键拖动调整。调整完成后，适当缩放。最终的调整效果如图 2-380（c）所示。

（a）原图　（b）创建约束线　（c）最终调整效果

图 2-380 “自适应广角”滤镜校正图像

2. Camera Raw 滤镜

Camera Raw 最早是以插件形式出现在 Photoshop 中，主要针对 Raw 格式文件进行图像处理，现在已经成为了 Photoshop 中内置的滤镜，可以应用于 JPEG、PNG、TIFF 等多种图像格式的处理。Camera Raw 滤镜常用于图像摄影的后期处理，可以快速打造出漂亮有质感的照片。

Camera Raw 滤镜对话框如图 2-381 所示，对话框上方为图像调整可以使用的各种工具，右侧为各种设置参数。

① 缩放工具：在处理图像时缩放图像。

② 抓手工具：图像在预览窗口显示不全时移动图像查看图像的不同位置。

③ 白平衡：在图像上单击调整白平衡。

④ 颜色取样器：在图像上单击可以查看点击位置像素点的颜色属性。

⑤ 目标调整工具：在图像上要调整的目标区域按住鼠标拖动即可快速调整图像的“参数曲线”、“色相”、“饱和度”、“明亮度”和“灰度混合”等参数调整。选择此工具后，右击图像可以弹出调整项目菜单，如图 2-382 所示。

⑥ 变换工具：选择此工具后，右侧会出现变换校正选项。可以使用预设的校正按钮，也可以自己建立参考线来校正。

⑦ 污点去除工具：去除图像当中的污点。使用方法与污点修复工具类似，在污点上单击或按住鼠标涂抹，会出现一个目标修复区域，用鼠标拖动可以调整目标区域。

⑧ 红眼去除工具：去除图像中的红眼现象。

⑨ 调整画笔工具：局部调整工具。用画笔涂抹出要调整的区域，在右侧对选取的区域进行相应的调整。

⑩ 渐变滤镜：局部调整工具。用鼠标拖动出一个矩形的渐变区域，在右侧对矩形区域的图像设置调整参数。

⑪ 径向滤镜：局部调整工具。用鼠标拖动出一个椭圆区域，椭圆区域外部将被调整。

图 2-381　Camera Raw 滤镜对话框

✓ 参数曲线　Ctrl+Shft+Alt+T
色相　Ctrl+Shft+Alt+H
饱和度　Ctrl+Shft+Alt+S
明亮度　Ctrl+Shft+Alt+L
灰度混合　Ctrl+Shft+Alt+G

图 2-382　目标调整工具的调整选项

图 2-383 所示为使用 Camera Raw 滤镜调整的图像效果。

（a）原图

（b）Camera Raw 滤镜调整效果

图 2-383　Camera Raw 滤镜调整效果

3. “镜头校正”滤镜

“镜头校正”滤镜可以修复由数码照相机镜头缺陷而导致的照片中出现桶形或枕形变形、色差以及晕影等问题，还可以用来校正倾斜的照片，或修复由照相机垂直或水平倾斜而导致的图像透视现象。

选择“滤镜 | 镜头校正”命令即可打开“镜头校正”对话框，如图 2-384 所示。在“自动校正”选项卡的搜索条件部分设置所用照相机和镜头型号，Photoshop 就会自动校正图像中出现的失真色差等。

对话框左侧是“镜头校正”滤镜的校正工具。

① 移去扭曲工具：按住鼠标左键向中心拖动或者脱离中心以校正失真。

② 拉直工具：绘制一条线将图像拉直到新的横轴或纵轴。图 2-385 所示为使用拉直工具校正图像的效果。

③ 移动网格工具：用鼠标拖动以移动对齐网格。

④ 抓手工具：用鼠标拖动移动图像。

⑤ 缩放工具：缩放图像。

图 2-384 “镜头校正”对话框

（a）原图

（b）拉直工具校正效果

图 2-385 “拉直工具”校正效果

在对话框右侧选择“自定”选项卡（见图 2-386），可以自定义镜头校正的参数。

① 几何扭曲：校正图像的桶状或枕状变形。

② 色差：修复图像边缘产生的边缘色差。

③ 晕影：校正图像边角产生的晕影。

④ 变换：修复由于照相机垂直或水平倾斜导致的图像透视现象，如图 2-387 所示。

4. “液化”滤镜

“液化”滤镜使图像产生液体流动的效果，可以进行局部推拉、旋转、扭曲、放大、缩小等操作，以产生特殊的效果。

图 2-388 所示为“液化”滤镜的对话框，其左侧是“液化”工具栏，其中按钮的含义如下：

① 向前变形工具：分别为向前变形工具、重建工具（使变形恢复的工具）、平滑工具（变形后适当平滑）。

② 变形工具：分别为顺时针旋转扭曲工具、褶皱工具、膨胀工具、左推工具，它们使图像产生各种变形。

③ 蒙版工具：分别为创建和解除图像的蒙版保护区。

④ 脸部工具：针对人脸的变形工具。

⑤ 一般工具：分别为抓手工具和放大镜工具。

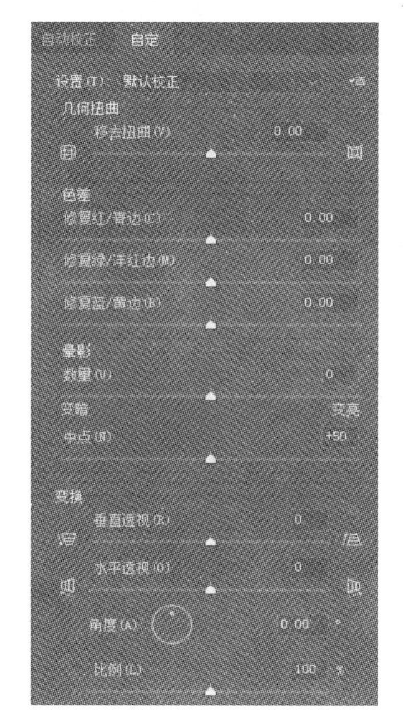

图 2-386　“镜头校正”自定选项

（a）原图

（b）透视校正效果

图 2-387　“镜头校正”透视校正效果

图 2-388　“液化”滤镜对话框

右上方框线内是工具选项，可分别设置画笔的大小、密度、压力、速率以及重建选项和蒙版选项。

使用液化滤镜时，首先确定图像中需要保持不变的部分，用冻结蒙版工具涂抹该保护部分。然后，选取变形工具，设置好选项参数，即可在图像上实施液化变形路径。其效果如图 2-389 所示。

“液化”滤镜具备高级人脸识别功能，可自动识别眼睛、鼻子、嘴唇和其他面部特征，可以轻松对人脸进行调整。“人脸识别液化”非常适合修饰人像照片、创建漫画以及执行其他操作。要使用人脸识别液化，可通过“编辑 | 首选项 | 性能”启用“使用图形处理器”。

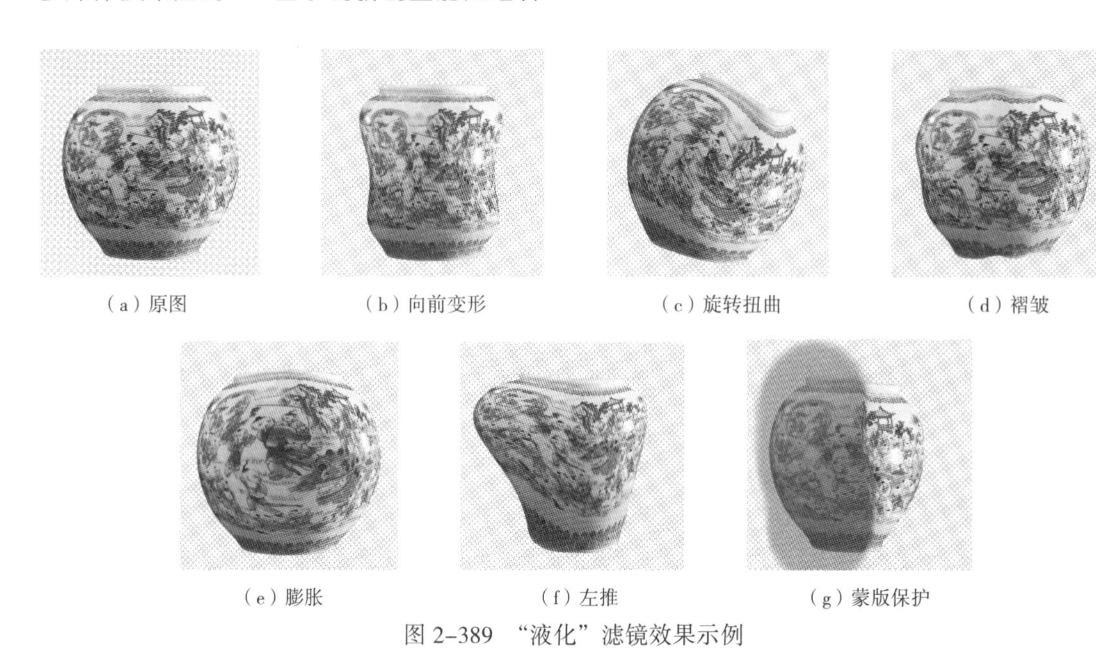

（a）原图　（b）向前变形　（c）旋转扭曲　（d）褶皱

（e）膨胀　（f）左推　（g）蒙版保护

图 2-389　“液化”滤镜效果示例

选择脸部工具，在图像上人脸的不同部位单击，即可出现相应的调整框，在调整点上拖动调整即可完成变形，也可以在右侧的人脸识别液化选项中进行设置，如图 2-390 所示。

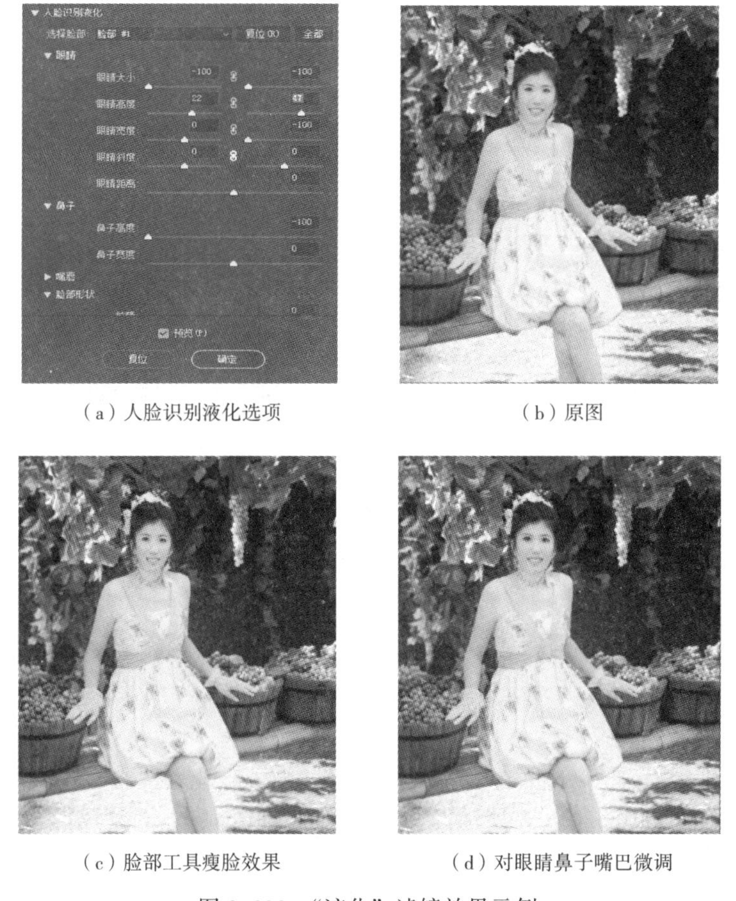

（a）人脸识别液化选项　（b）原图

（c）脸部工具瘦脸效果　（d）对眼睛鼻子嘴巴微调

图 2-390　“液化”滤镜效果示例

5. “消失点”滤镜

“消失点”滤镜是自动应用透视原理，在图像透视平面的选区中进行粘贴、克隆、喷绘等操作。这些操作会自动应用透视原理，按照透视的比例和角度进行计算，使图像自动形成透视效果。“消失点”滤镜大大节约了用户计算和设计的时间。

下面举例说明其使用方法：

① 打开两个文件，最好在目标文件建立一个空白图层 1，源文件被全选并复制，如图 2-391（a）、（b）所示。

（a）目标文件

（b）源文件

图 2-391　打开两个文件

② 在目标文件中应用“消失点”滤镜，左侧为工具栏，用它的创建平面工具沿广告牌的平面，创建透视平面及网格，如图 2-392 所示。

③ 将源文件粘贴到目标文件的图层 1 中，用选框工具拖移到透视平面中并进行缩放等变换，使粘贴的图像的四角与透视平面吻合，如图 2-393 所示。

图 2-292　透视平面

图 2-393　粘贴的图像

④ 点击“确定”按钮，得到奇妙的透视效果，如图 2-394 所示。

图 2-394　“消失点”滤镜效果

2.10.4　滤镜库

使用“滤镜库”可以同时给图像应用多种滤镜，也可以给图像多次应用同一滤镜或者替换原有的滤镜，操作方便，效果直观。滤镜库中整合了“风格化”、“画笔描边”、“扭曲”、“纹理”和“素描”等多个滤镜组的滤镜。选择“滤镜 | 滤镜库”命令，打开滤镜库对话框，如图 2-395 所示。对话框左侧为图像效果预览区，中间为滤镜选择区，右侧为滤镜参数设置区。

图 2-395 “滤镜库”对话框

对话框右下角为效果图层。效果图层以滤镜名字命名，要对一幅图像应用多个滤镜，需要创建多个效果图层。例如，想对图像应用“纹理化”和“水彩画纸”两个滤镜，其操作步骤如下：

① 选择“滤镜 | 滤镜库”命令，打开滤镜库对话框。

② 在滤镜选择区选择“艺术效果 | 水彩”，预览区显示应用滤镜后的效果，如图 2-396（b）所示；

③ 单击“新建效果图层”按钮，新建一个效果图层，在滤镜选择区选择“纹理 | 马赛克拼贴”，预览区显示两个滤镜命令叠加的效果，如图 2-396（c）所示。

效果图层与图层的编辑方法相同，单击图标可以设置显示或隐藏，按住鼠标上下拖动效果图层可以调整它们的堆叠顺序，滤镜效果也会发生改变。

（a）原图

（b）“水彩”滤镜效果

（c）叠加效果

图 2-396 “滤镜库”应用示例

2.10.5 滤镜组滤镜的使用

1. 3D 滤镜组

3D 滤镜组包括生成凹凸图和生成法线图两个滤镜命令，可以为图像快速地创建凹凸图和法线图，这在 3D 立体化图像设计中非常有用。

打开一幅图像，选择“滤镜 | 3D | 生成凹凸图”，打开的对话框如图 2-397 所示，在下方的对象中选择对象为“立方体环绕”，在右侧参数设置区设置凹凸的细节，点击确定就可以生成一张凹凸图，如图 2-398 所示。图所示为将凹凸图应用到 3D 对象中的效果。

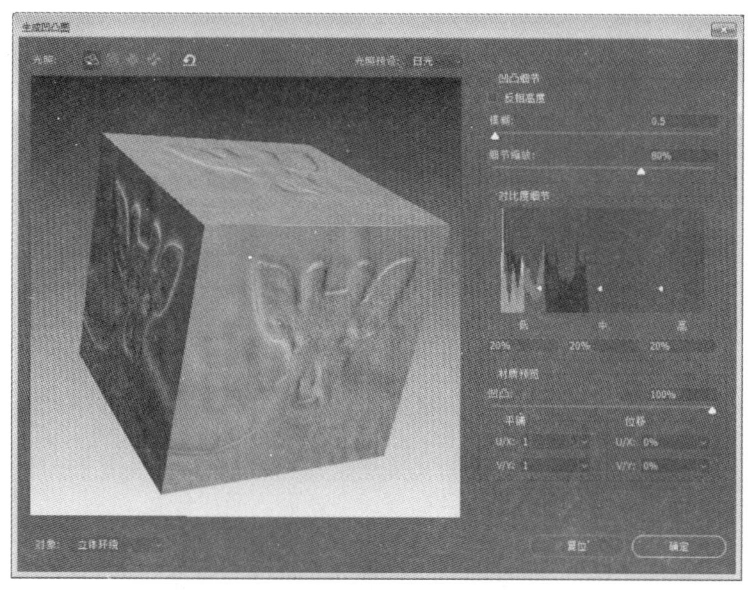

图 2–397　生成凹凸图滤镜

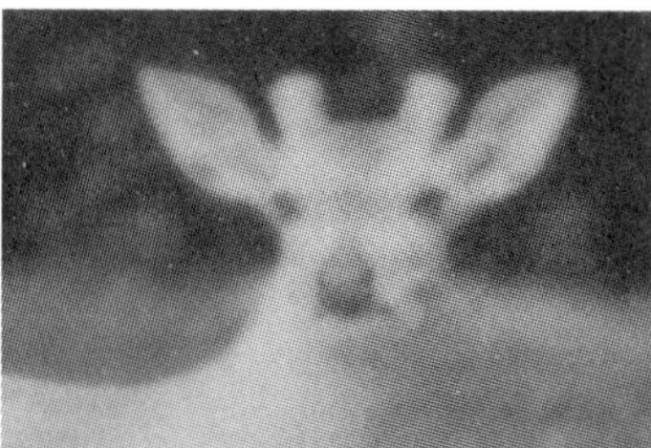

（a）原图　　（b）凹凸图　　（c）凹凸映射后的效果

图 2–398　生成凹凸图滤镜效果示例

选择“滤镜 | 3D | 生成法线图”命令，可以快速生成对应的法线贴图，如图 2–399 所示。

（a）原图　　（b）法线图

图 2–399　生成法线图滤镜效果示例

2. “风格化”滤镜组

“风格化”滤镜组通过置换像素，或查找和增加图像中的对比度，产生各种风格化效果的作品。“风格化”滤镜有 10 种，其中“照亮边缘”在滤镜库中。这里简单介绍常用的几种，如图 2–400 所示。

（a）原图

（b）查找边缘

（c）拼贴

（d）油画

图 2-400 “风格化”滤镜效果示例

① 查找边缘：自动搜索图像中像素对比度变化强烈的边界，勾画出图像的边界轮廓。

② 拼贴：将图像分解为一系列拼贴，使选区偏移原来的位置。

③ 浮雕：通过勾绘图像边缘和降低周围色值来产生浮雕效果。

④ 风：通过在图像中增加一些细小的水平线生成起风的效果。

⑤ 照亮边缘：描绘图的轮廓，加强过渡像素，从而产生轮廓发光的效果。

⑥ 凸出：赋予选区或图层一种 3D 纹理效果。

⑦ 油画：“油画”滤镜使用 Mercury 图形引擎作为支持，图像处理速度得到了大幅提升，能够快速地让图像呈现油画效果。

3. “画笔描边”滤镜组

“画笔描边”滤镜组是利用不同类型的油墨和画笔来勾画图像，从而产生不同笔触和笔锋的艺术效果。“画笔描边”滤镜组的滤镜命令可通过滤镜库来使用。下面简单介绍 5 种画笔描边滤镜，其中 3 种效果如图 2-401 所示。

① 成角的线条：使图像产生倾斜成角度的笔锋效果。

② 墨水轮廓：使图像具有用墨水笔勾绘的图像轮廓，模仿粗糙的油墨印刷效果。

③ “喷溅”和“喷色描边”：让图像产生色彩向四周喷溅的效果。

④ 强化边缘：用来突出图像不同颜色边缘，使图像的边缘清晰可见。

⑤ 阴影线；使图像产生十字交叉网络线风格，类似在粗糙的画布上作画的效果。

（a）原图

（b）成角的线条

（c）墨水轮廓

（d）喷溅

图 2-401 “画笔描边”滤镜组效果示例

4. “模糊”滤镜组

“模糊”滤镜组包括 11 种滤镜，主要修饰边缘过于清晰或对比度过于强烈的图像或选区，达到柔化图像或模糊图像的效果。这里介绍常用的 4 种模糊滤镜，其中两种效果如图 2-402 所示。

① 动感模糊：利用像素在某一方向的线性移动来产生物体沿某一方向运动的模糊效果，如同拍摄物体运动的照片。

② 镜头模糊：模拟现实世界拍照时物体透过照相机透镜孔产生的视觉模糊现象，并可透过 Alpha 通道或蒙版使图像产生接近真实拍摄的效果。

③ 径向模糊：产生旋转模糊或放射模糊的效果，类似于摄影中的动态镜头。

④ 高斯模糊：产生强烈的模糊效果。它利用高斯曲线的正太分布模式，有选择地模糊图像。高斯曲线是钟形曲线，其特点是中间高，两边低，呈尖锋状。高斯模糊是实际工作中应用较广泛的模糊滤镜，因为该滤镜可以让用户自由地控制其模糊程度。

（a）原图

（b）动感模糊

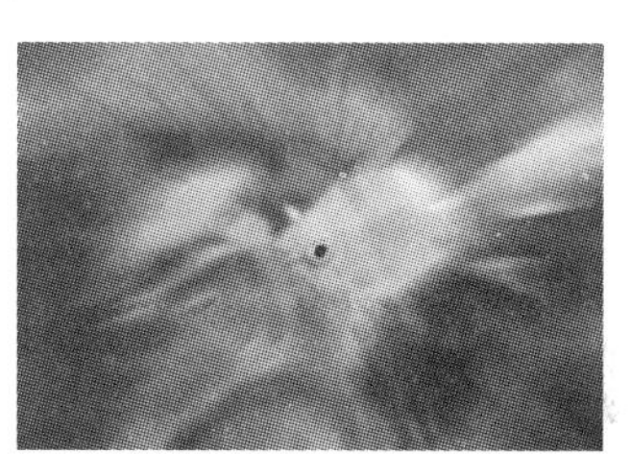

（c）径向模糊

图 2-402　“模糊“滤镜组效果示例

5. “模糊画廊”滤镜组

“模糊画廊”滤镜可以通过直观的图像控件快速创建截然不同的照片模糊效果，包括场景、光圈、移轴、路径、旋转模糊 5 个模糊滤镜命令。模糊效果如图 2-403 所示。

① 场景模糊：使用“场景模糊”可以对图片进行焦距调整。通过定义具有不同模糊量的多个模糊点来创建渐变的模糊效果。

② 光圈模糊：使用“光圈模糊”对图片模拟浅景深效果。

③ 移轴模糊：模拟使用倾斜偏移镜头拍摄的图像。此特殊的模糊效果会定义锐化区域，然后在边缘处逐渐变得模糊。“移轴模糊”效果可用于模拟微型对象的照片。

④ 路径模糊：使用路径模糊效果，可以沿路径创建运动模糊，还可以控制形状和模糊量。Photoshop 可自动合成应用于图像的多路径模糊效果。“速度”指定要应用于图像的路径模糊量。“锥度”调整滑块指定锥度值，较高的值会使模糊逐渐减弱。

⑤ 旋转模糊：使用旋转模糊可以在一个或更多点旋转和模糊图像。旋转模糊是等级测量的径向模糊。

（a）光圈模糊

（b）移轴模糊

（c）路径模糊

图 2-403　“模糊“滤镜组效果示例

6. “扭曲”滤镜组

“扭曲”滤镜组应用广泛。它可对图像进行各种扭曲和变形处理，从而产生模拟水波、镜面反射和火光等自然效果。“扭曲”滤镜组共12种滤镜，其中“玻璃”、“海洋波纹”和“扩散亮光”在滤镜库中。常用的10种效果如下：

① 波浪：用不同的波长产生不同的波浪，使图像有歪曲摇荡的效果，如同水中的倒影。

② 波纹：可产生水波涟漪的效果。

③ 玻璃：产生透过不同种类玻璃观看图片的效果。

④ 水波：产生的效果就像透过具有阵阵波纹的湖面的图像。

⑤ 挤压：可将图像或选区中的图像向内或向外挤出，产生挤压效果。“球面化”滤镜与挤压滤镜的效果很相似。

⑥ 极坐标：将图像坐标由平面坐标转化为极坐标，或由极坐标转化为平面坐标。

⑦ 旋转扭曲：使图像产生旋转的风轮效果。

⑧ 切变：按用户设置的弯曲路径来扭曲一幅图像。

⑨ 扩散亮光：可使图像产生漫射的亮光效果。

⑩ 海洋波纹：模拟海洋表面的波纹效果，波纹细小，边缘有较多抖动。

图2-404所示为几种“扭曲”滤镜的效果。

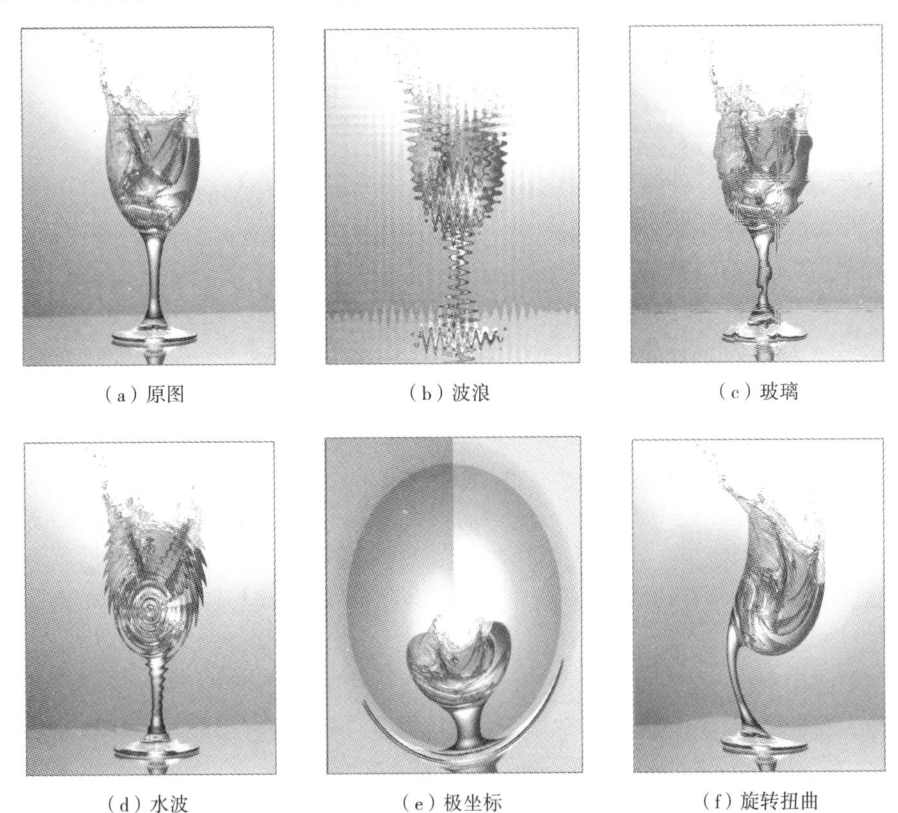

（a）原图　（b）波浪　（c）玻璃

（d）水波　（e）极坐标　（f）旋转扭曲

图2-404 “扭曲”滤镜组效果示例

7. “锐化”滤镜组

“锐化”滤镜组通过增强相邻像素的对比度达到使图像清晰的目的，常用来改善由于摄影和扫描所造成的图像模糊。

① USM（Unsharp Mask）锐化：改善图像边缘的清晰度，在边缘的侧面制作一条对比度很强的边线，从而使图像更清晰。

② 防抖：可减少由某些照相机运动类型产生的模糊，包括线性运动、弧形运动、旋转运动和 Z 字形运动。

③ 锐化边缘：通过系统自动分析颜色，只锐化边缘的对比度，使颜色之间的分界变得更加明显。

④ 进一步锐化/锐化：对图像自动进行锐化处理，提高图像的清晰度。

⑤ 智能锐化：与 USM 锐化类似，但它提供了独特的锐化控制选项，可以设置锐化算法、控制阴影和高光区域的锐化量。

图 2-405 所示为使用“USM 锐化”处理过的一幅模糊图像的效果。

（a）原图

（b）USM 锐化处理后

图 2-405 “锐化”滤镜组处理模糊图像的效果示例

8. “视频”滤镜组

“视频”滤镜组处理从摄像机输入的图像和为图像输出到录像带上做准备。视频滤镜包括“NTSC 颜色”和“逐行”两个滤镜。

① NTSC 颜色：用来使图像的色域能适应电视的需要。因为 NTSC 制式的电视信号所能表现的色域比 RGB 图像的色域窄。如果不经过“NTSC 颜色”滤镜的处理，在输出时会发生溢色问题。

② 逐行：用来去除视频图像中的奇数或偶数交错行，使图像清晰平滑。

9. “素描”滤镜组

“素描”滤镜组主要用来模拟素描、速写等手工绘制图像的艺术效果，还可以在图像中增加纹理、底纹等来产生三维效果。“素描”滤镜组中的一些滤镜需要使用图像的前景色和背景色，因此前景和背景色的设置对这些滤镜的效果起到很大的作用。“画笔描边”滤镜组的滤镜命令可通过滤镜库来使用。这组滤镜很多，这里介绍 10 种滤镜，其中 4 种滤镜的效果如图 2-406 所示。

① 半调图案：模仿报纸的印刷效果。

② 便条纸：在制作报纸风格印刷品时，需要比较单一的简单素材，它使图像变成相当于在便条簿上快速、随意涂抹的图片。

③ 炭笔：“炭笔”和“绘画笔”滤镜都产生一种手工绘图的效果。它可产生素描效果，使用前景色的墨水颜色。

④ 铬黄渐变：产生液态金属的效果。

⑤ 基底凸现：用来制造粗糙的浮雕式效果。

（a）原图

（b）半调图案

（c）便条纸

（d）绘画笔

（e）图章

图 2-406 “素描”滤镜的效果示例

⑥ 撕边：产生一种撕纸的效果，也使用设置的前景色。

⑦ 塑料效果：使用前景色，产生一种塑料融化的效果。

⑧ 影印：用图像的明暗关系分离出图像的影印轮廓。轮廓使用设置的前景色。

⑨ 绘画笔：模仿铅笔线条的效果，使用的彩色铅笔的颜色也是前景色。

⑩ 图章：用图像的轮廓制作出雕刻图章的效果，非常简洁。

10. “纹理”滤镜组

“纹理”滤镜组主要是给图像加入各种纹理，制作出深度感和材质感较强的效果，如图 2-407 所示。

（a）原图

（b）龟裂缝

（c）马赛克拼贴

（d）染色玻璃

图 2-407 “纹理”滤镜组效果示例

① 龟裂缝：以随机方式在图像上生成龟裂纹，产生凹凸不平的皱纹效果，并有一定的浮雕效果。

② 颗粒：可在图像中随机加入不规则的颗粒，形成颗粒纹理。

③ 马赛克拼贴：可使图像产生由小片马赛克拼贴墙壁的效果。

④ 拼缀图：可将图像转化成由规则排列的小方块拼成的图像，每个小方块的颜色取自块中像素颜色的平均值，从而产生拼贴画的效果。

⑤ 染色玻璃：使图像转化成由不规则分离的彩色玻璃格组成，如同教堂中的彩色玻璃窗。玻璃格的颜色也由格中像素颜色的平均值决定。

⑥ 纹理化：是在图像中加入各种纹理，以模拟各种材质。

11. “像素化”滤镜组

“像素化”滤镜组主要用来将图像分块和将图像平面化，即将图像中颜色值相似的像素组成块单元，使图像看起来像由小色块组成，其效果如图 2-408 所示。

① 彩块化：使纯色或相近颜色的像素结成像素块，使图像看起来像手绘的图像。

② 彩色半调：可模拟铜版画的效果。

③ 马赛克：将相似颜色的像素填充到小方块中以形成类似马赛克的效果。

④ 点状化：将相近颜色的像素合成更大的方块，模拟不规则的点状组合效果。

⑤ 晶格化：将周边相近颜色的像素集中到一个多边形晶格中。

⑥ 铜板雕刻：可在图像中随机生成各种不规则的直线、曲线和斑点，使图像产生年代久远的金属板效果。

（a）原图

（b）点状化

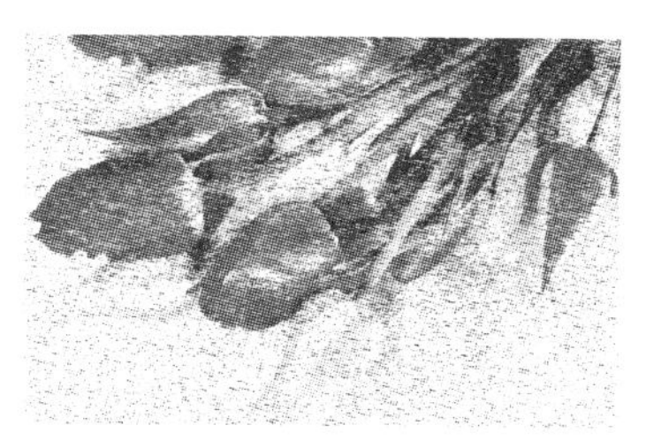

（c）铜板雕刻

图 2-408　“像素化”滤镜组效果示例

12. “渲染”滤镜组

“渲染”滤镜组可以对图像进行火焰、光照效果、镜头光晕、云彩、分层云彩等效果处理。

① 火焰：基于路径渲染出好看的火焰图像。图 2-409 所示为利用火焰滤镜制作的文字。操作步骤如下：新建一个文件，选择“编辑 | 填充”命令填充黑色；在图像中输入一个文字，适当调整大小，按【Ctrl+Enter】快捷键退出；选择“文字 | 创建工作路径”命令，得到一个文字路径；新建图层，选择“滤镜 | 渲染 | 火焰”命令，选择喜欢的火焰类型，得到火焰图像；将文字颜色设置为黑色。

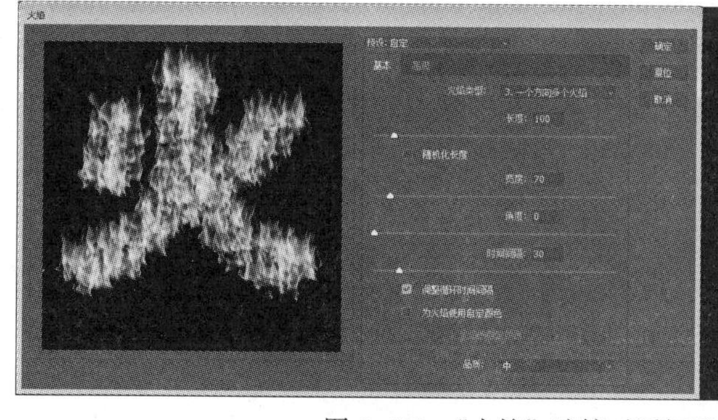

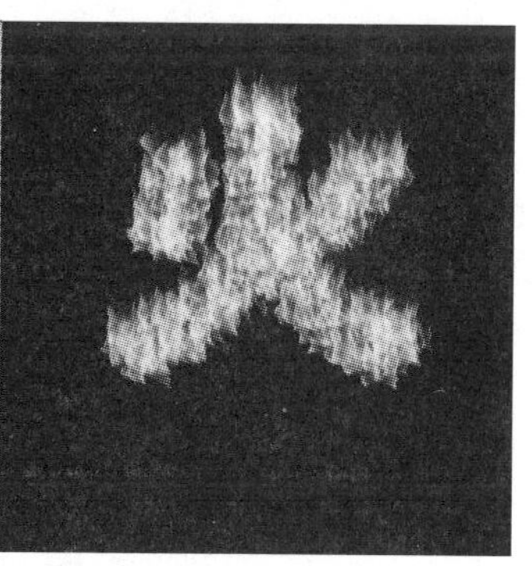

图 2-409　“火焰”滤镜对话框及效果

② 图片框：快速渲染得到各种样式的图片框。选择“滤镜 | 渲染 | 图片框”命令，打开“图案”对话框，在图案下拉列表中选择喜欢的图案样式。有些样式还包含叶子的花的选项设置。单击“确定”按钮即可自动生成图片框，如图 2-410 所示。

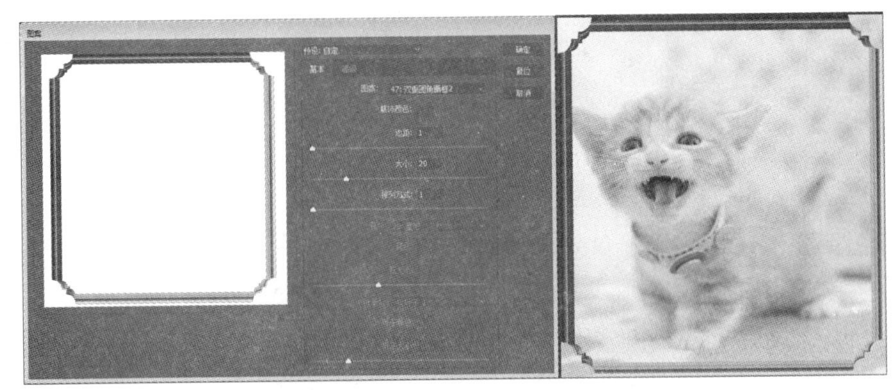

图 2-410 “图片框”滤镜对话框及效果

③ 树：渲染得到各种树的图案。选择“滤镜 | 渲染 | 树”命令，打开“树”对话框，如图 2-411 所示，选择树的类型，设置叶子、树枝等各项参数，单击“确定”按钮就可以得到一棵大树。

④ 光照效果：包含 3 种光源（点光、聚光灯、无限光）、17 种光照样式，用来在图像上设置各种光照效果。其参数设置比较复杂，首先要选定光源类型，然后在对选定的光源设置光源的位置、颜色、强度、照射范围等，效果如 2-412 所示。

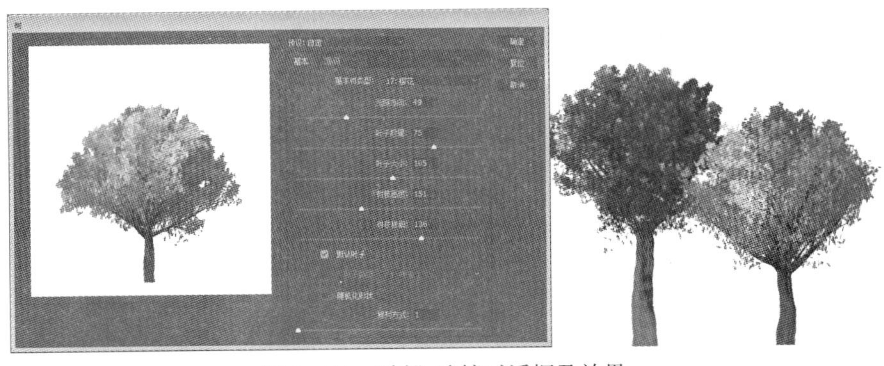

图 2-411 “树”滤镜对话框及效果

（a）原图

（b）光照效果

（c）分层云彩

图 2-412 “光照效果”和“分层云彩”滤镜组效果示例

⑤ 镜头光晕：用来模拟照相机的眩光效果。

⑥ 云彩：利用图像的前景色、背景色之间的随机值来产生云彩的效果。

⑦ 分层云彩：将图像加以“云彩”滤镜效果后再进行反白的图像，效果如 2-412 所示。

⑧ 纤维：用前景色和背景色随机创建编织纤维的效果。

13. “艺术效果”滤镜组

“艺术效果”滤镜组包括 15 种滤镜，可以对图像进行各种艺术处理，达到水彩、油画、蜡笔画、木刻等效果。这里简单介绍 6 种滤镜，其中 5 种滤镜的效果如图 2-413 所示。

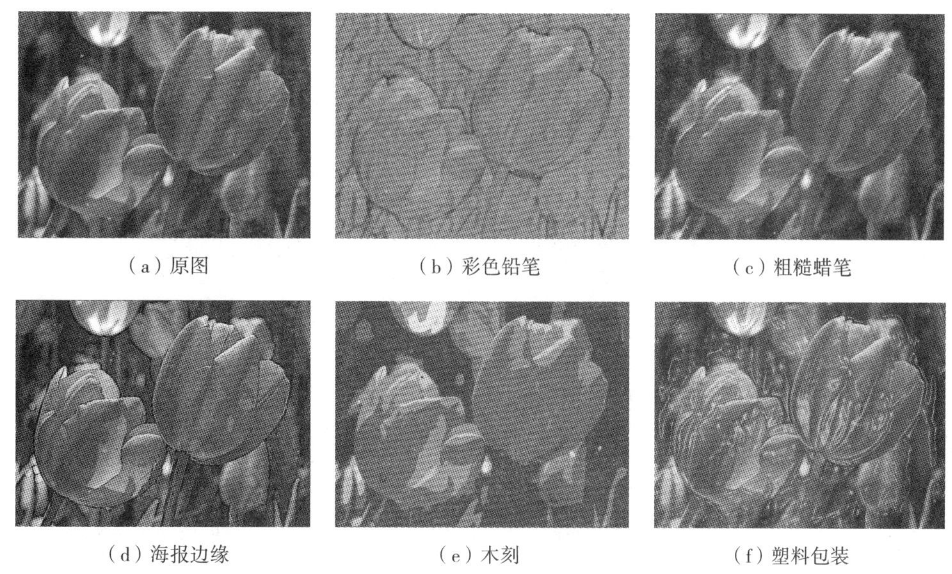

（a）原图　（b）彩色铅笔　（c）粗糙蜡笔

（d）海报边缘　（e）木刻　（f）塑料包装

图 2-413　“艺术效果”滤镜组效果示例

① 壁画：使图像具有古代壁画的效果。

② 彩色铅笔：可模拟彩色铅笔绘制的美术作品。

③ 干画笔：模拟不饱和的干枯画笔涂抹的油画效果。

④ 海报边缘：根据海报特点，减少图像的颜色，并将自动查找图像的边缘，在图像边缘中填入黑色阴影。

⑤ 木刻：模拟木刻版画的逼真效果。

⑥ 塑料包装：经过它的处理，图像外面类似包了一层薄膜塑料。

14. “杂色”滤镜组

“杂色”滤镜组可在图像中随机地添加或减少噪声。其中，“添加杂色”给图像中添加一些颗粒状的像素。其他滤镜主要用来去除图像中的杂色，如“蒙尘和划痕”“中间值”“去斑”均可用来除去扫描图像中常有的斑点或折痕。“杂色”滤镜组的效果如图 2-414 所示。

（a）有瑕疵的原图

（b）使用“蒙尘和划痕”

（c）使用“添加杂色”

图 2-414　“杂色”滤镜组效果示例

15. “其他”滤镜组

“其他”滤镜组包含一些具有独特效果的滤镜，其效果如图 2-415 所示。

① 高反差保留：在有强烈颜色转变发生的地方按指定的半径保留边缘细节，并且不显示图像的其余部分。

② 位移：用来偏移图像。

③ 最大值：放大图像中的明亮区，削减黑暗区，产生模糊效果。

④ 最小值：放大图像中的黑暗区，削减明亮区。

⑤ 自定义：可随意定义滤镜，其对话框中的参数随设计者自己的选择设置。

（a）原图

（b）位移

（c）最大值

（d）最小值

图 2-415 “其他”滤镜组效果示例

2.10.6 外挂滤镜与增效工具

外挂滤镜是由第三方厂商开发的滤镜，Photoshop 提供了一个开放的平台，允许用户将这些滤镜以插件的形式安装在 Photoshop 中。外挂滤镜必须安装在 Photoshop 安装目录中的 Plug-ins 目录下。重启 Photoshop，即可在滤镜菜单中看到新安装的滤镜命令。

增效工具也可以作为插件来使用，是一种遵循一定规范的应用程序接口编写出来的程序文件。在 Photoshop CC 2018 中，增效工具是可选安装内容。用户可以登录到 Adobe 的官方网站下载可用的增效工具。下载完成后将其复制到 Photoshop 安装目录的 Plug-ins 目录下。

2.10.7 应用举例——制作暴风雪效果

【例 2-10】应用模糊、点状化等滤镜命令制作暴风雪效果。

① 打开一幅彩色照片，如图 2-416 所示。

② 在“图层”面板，复制背景图层，得到“背景副本”图层；选择“滤镜 | 像素化 | 点状化”命令，设置单元格大小为 6，效果如图 2-417 所示。

选择“图像 | 调整 | 阈值”命令，设置阈值色阶为 250，效果如图 2-418 所示。

③ 选择“背景副本”图层，选择“滤镜 | 模糊 | 动感模糊”命令，设置角度为-45°，距离为 20，效果如图 2-419 所示；将当前图层的混合模式设置为“滤色”模式，效果如图 2-420 所示。

④ 复制背景图层副本，加强暴风雪效果，最终效果如图 2-421 所示。

微视频 2.10

制作暴风雪效果

图 2-416 “其他”滤镜组效果示例

图 2-417　点状化滤镜效果

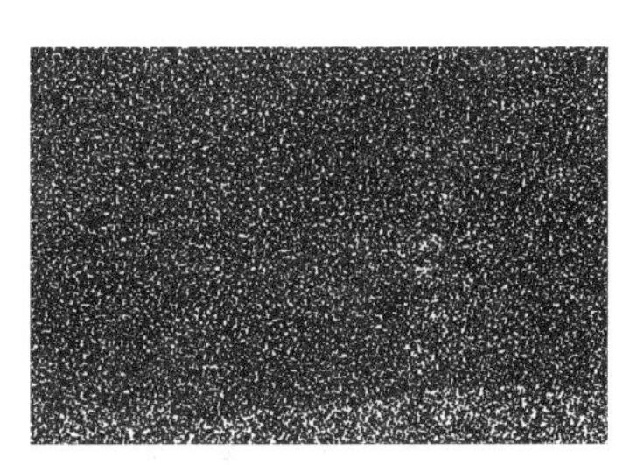

图 2-418　阈值 命令效果

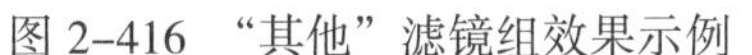

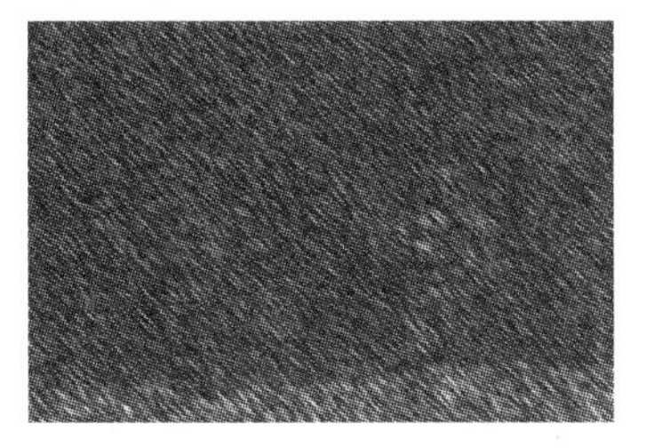

图 2-419　动感模糊效果

图 2-420　“滤色”效果

图 2-421　最终图像效果

2.11　提高效率的利器——动作与自动化

在图像处理中，有时需要对大量的图像文件执行相同操作的情况。如果一张一张地进行处理，非常浪费时间。为此，Photoshop 中提供了对重复执行的任务自动化处理的功能。通过对一幅图像的处理动作录制，来自动完成其他图像的批量处理。Photoshop 中不仅提供了大量的预设动作，也可以进行动作的自定义创建和存储。

2.11.1　认识动作

1. 动作的概念

动作是指在单个文件或一批文件上执行的一系列命令，如菜单命令、面板选项、工具动作等。Photoshop 可以将动作中执行的一系列命令记录下来，以后对其他图像进行同样处理时，执行该动作就可以自动完成操作任务。动作是自动化处理的基础。

在 Photoshop 中绝大部分操作都可以录制为动作的内容。例如，工具箱中工具的操作或者各个控制面板中的操作都可以录制。但是，有时候为了灵活地处理图像，希望针对图像特点进行个性化处理，可以通过在动作中插入菜单项目、停止、条件等命令来实现。

2. 动作控制面板

Photoshop 中提供了“动作”面板用于创建、执行、修改和删除动作。选择“窗口 | 动作”命令，即可打开“动作”面板，如图 2-422 所示。面板中默认显示 Photoshop 预设的默认动作。

① 切换项目开/关☑按钮：如果有“✓”，并呈黑色，表示该动作组（包含所有动作和命令）可以执行，如果呈红色，表示该组中的部分动作或命令不能执行。如果没有“✓”，表示组中的所有动作都不能执行。

② 切换对话开/关▣按钮：出现▣图标，表示在执行动作的过程中会暂停，只有在对话框中单击“确定”按钮后才能继续。如果没有出现▣，表示动作会顺序执行。如果▣成红色，表示动作中的部分命令设置了暂停操作。

③ 展开按钮：可展开查看动作组或动作。

④ 停止播放/记录按钮：停止当前的播放或记录操作。

⑤ 开始记录：用于记录一个新动作。当处于记录状态时，该按钮呈红色显示。

⑥ 播放选定动作：执行当前选定的动作。

⑦ 创建新组：创建一个新的动作组，以便存放新的动作。

⑧ 创建新动作：创建一个新的动作，单击会打开新建动作对话框。

⑨ 删除按钮：删除选定的命令、动作、序列。

⑩ 面板右上角的按钮：打开“动作”调板菜单，如图 2–423 所示。选择“按钮模式”可以将动作以按钮的形式显示。

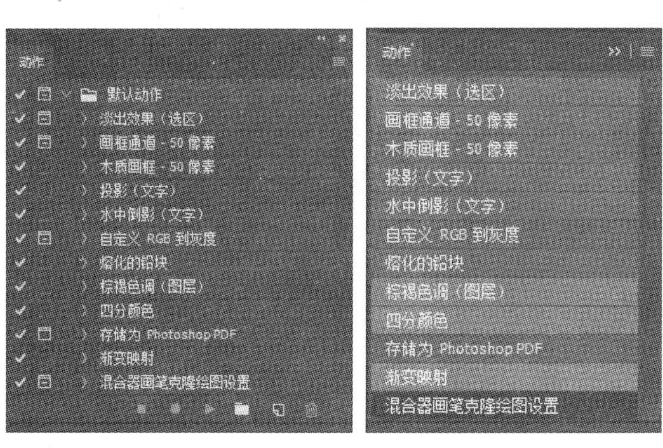

（a）动作面板默认视图　　（b）“按钮”模式

图 2–422 “动作”面板

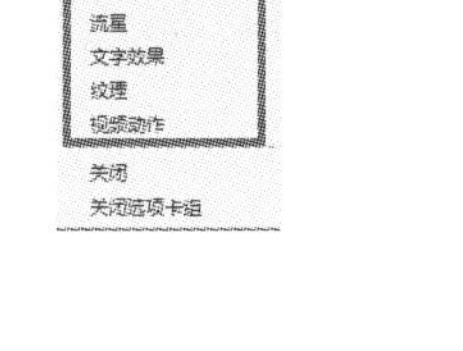

图 2–423 “动作”调板菜单

3. 使用预设动作

Photoshop 中提供了大量的预设动作，使用非常简单。打开“动作”面板后，面板中默认显示的是 Photoshop 预设的默认动作。在面板中选取想要执行的预设动作，单击播放选定动作按钮即可进入动作的执行过程。图 2–424 所示为使用默认动作中的“木质画框”动作之后的处理效果。

（a）原图

（b）“木质画框”效果

图 2–424 “木质画框”动作处理效果

单击面板右上角的按钮，打开“动作”调板菜单，选择其中的红色方框内的命令，可以载入 Photoshop 中预设的其他动作序列。例如，选取“图像效果”，即可将一组图像效果的动作序列载入“动作”面板。图 2-425 所示为使用“图像效果”中的“细雨”动作处理后的结果。

选择“动作”调板菜单中的“复位动作”命令，可以恢复“动作”面板的默认状态。

（a）原图

（b）“细雨”效果

图 2-425　“细雨”动作处理效果

2.11.2　创建与编辑动作

除了 Photoshop 预设的动作之外，还可以按照需要创建自定义的动作。

1. 创建和记录新动作

动作的创建就是把对图像的处理过程录制下来。下面以为图像添加文字水印为例，讲解动作的创建方法。

① 打开一幅图像素材，如图 2-426 所示。

② 在“动作”面板中单击“创建新动作”按钮，打开“新建动作”对话框，如图 2-427 所示。输入新动作的名称“添加文字水印”，单击“记录”按钮。此时开始记录变为红色，动作进入录制状态。

图 2-426　原图

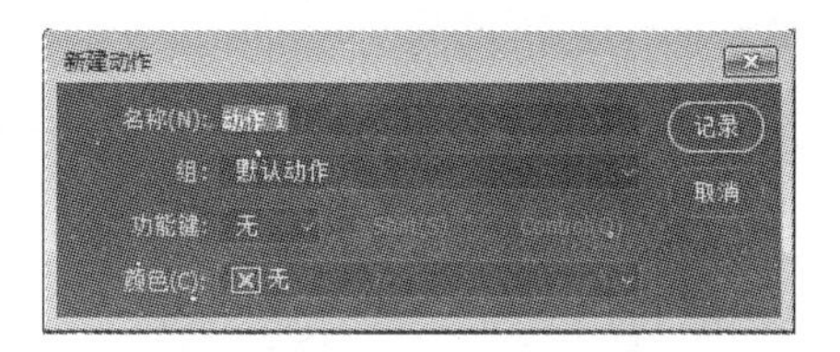

图 2-427　“新建动作”对话框

③ 选择“横排文字工具”，在图像左下角输入红色文字“www.baidu.com”，48 点，华文彩云。

④ 把文字图层的不透明度调整为 50%，效果如图 2-428 所示。

⑤ 选择“文件 | 存储”命令，存储格式选择 JPEG。

⑥ 单击“停止播放/记录”按钮，结束动作的录制。录制的动作已出现在动作面板中，如图 2-429 所示。

图 2-428　水印效果

图 2-429　新录制的动作

2. 修改动作

在动作创建完成后，可以对其进行修改。

（1）重命名动作

在“动作”面板双击该动作名称，会进入名称的编辑状态，输入新名称即可。也可按住【Alt】键双击该动作名称或者选择面板菜单中的“动作选项”，会打开“动作选项”对话框，在对话框中进行设置，如图 2-430 所示。

（2）复制动作

选中要复制的动作，将其拖动到“创建新动作”按钮，即可得到相应的动作副本。

（3）移动动作

将动作拖动到适当位置后释放鼠标即可。

（4）删除动作

选中要删除的动作，将其拖动到删除按钮即可。

（5）修改动作内容

使用面板菜单中的命令可以修改动作内容（见图 2-423）。

① 选择“开始记录”，可以在当前动作继续添加记录动作。

② 选择“再次记录”命令，可以从当前动作重新记录。

③ 选择“插入菜单项目”，会打开相应对话框，如图 2-431 所示，选择需要的菜单命令，如“文件 | 打开”，可在动作中插入想要执行的菜单命令。

图 2-430　“动作选项”对话框

图 2-431　“插入菜单项目”对话框

④ 选择“插入停止”，可在动作中插入一个暂停设置。如图 2-432 所示，在打开的对话框中设置提示信息，如“用画笔修饰边缘”。选中“允许继续”复选框，可以在动作执行时允许动作继续执行不停止。插入停止后，动作执行到停止会打开一个对话框，如图 2-433 所示，单击“停止”按钮，动作暂停，完成处理后，继续单击“播放”按钮完成动作。

⑤ 选择“插入条件”，可在动作中插入一个条件判断，如图 2-434 所示。

⑥ 选择“插入路径”，可以在动作中设置一个工作路径。

图 2-432　“记录停止”对话框

图 2-433　停止执行时显示的对话框

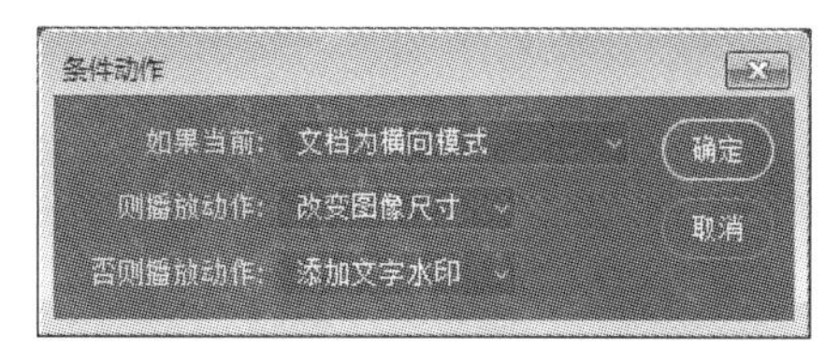

图 2-434　“条件动作”对话框

3. 执行动作

动作的执行非常简单，打开要执行动作的图像，在“动作”面板中选择要执行的动作，如“添加文字水印”，单击“播放”按钮▶选定动作，该动作的编辑就应用到图像。

4. 创建动作组

为方便管理，可以创建动作组来对动作分类管理。在“动作”面板，单击“创建新组”按钮，打开“新建组”对话框，如图 2-435 所示。输入新组的名称，如“自定义动作”，单击“确定”按钮即可创建一个新的动作组。

图 2-435　“新建组”对话框

在动作面板中选择动作，使用鼠标将其拖动到动作组名称处，松开鼠标，即可将该动作添加到组。将动作拖动到组外，即可从组中删除该动作。

使用鼠标拖动动作组到动作面板中的可以删除动作组。

5. 存储和载入动作

动作创建后会暂时保留在 Photoshop 中，即使重新启动 Photoshop，也仍然存在。但如果重新安装了 Photoshop，这些记录的动作就会被删除。为了能够在重新安装 Photoshop 后继续使用这些动作，可以将它们保存起来。

选择要保存的动作组，在“动作”面板菜单中选择“存储动作”命令，打开“另存为”对话框，如图 2-436 所示。设置文件名和保存位置，单击“保存”按钮就完成了动作的存储。存储的动作文件扩展名为.ATN。

对已保存的动作可以方便地载入，选择“动作”面板菜单中的“载入动作”命令，打开“载入”对话框，如图 2-437 所示。找到要载入的动作文件，单击“载入”按钮即可。

6. 替换动作

在“动作”面板菜单中选择“替换动作”命令，打开“载入”对话框，选择替换的动作文件，单击“载入”按钮，可将“动作”面板中的现有动作列表替换为动作文件中的动作。

图 2–436 “存储动作”对话框

图 2–437 “载入”对话框

2.11.3 自动处理的应用

在 Photoshop 的“文件 | 自动”的下级菜单中，提供了多个自动处理图像的命令。合理利用这些命令可以有效地提高图像处理的效率。

1. 批处理图像

批处理可以对多个图像文件执行同一个动作的操作，从而实现操作的自动化。批处理可以帮助用户完成大量的、重复性的操作，可节省时间，提高工作效率。

使用批处理前，必须先录制好要使用的动作。以上一节中创建的“添加文字水印”动作为例，讲解如何在 Photoshop 中创建一个批处理。

① 准备好要进行批处理的素材。要处理的素材要放在同一文件夹下，如“处理前”。新建一个“添加水印后”的文件夹存放处理之后的图像。

② 选择“文件 | 自动 | 批处理”命令，打开“批处理”对话框，如图 2–438 所示。

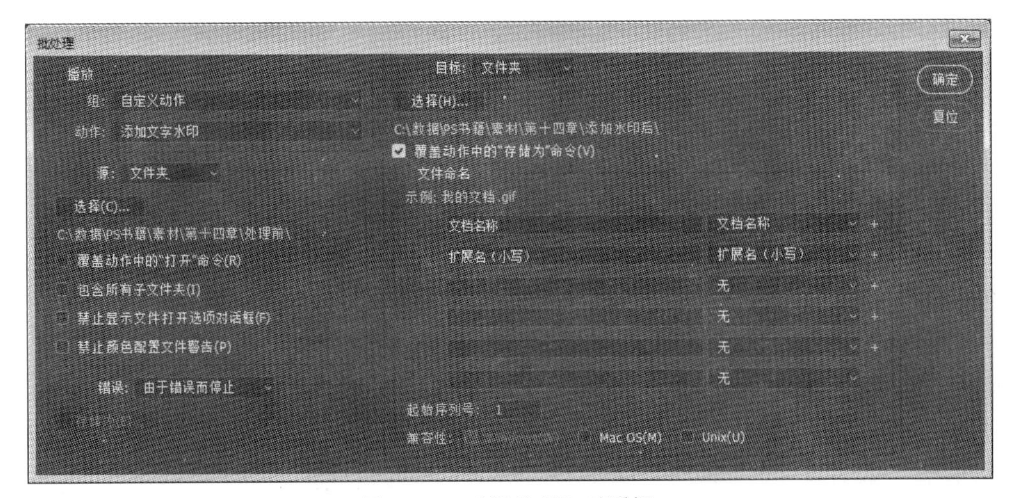

图 2–438 “批处理”对话框

③ 在“组”的下拉列表中选择要使用的动作所在的组“自定义动作”，在动作的下拉列表中选中要使用的动作“添加文字水印”。

④ 设置源：设置应用批处理的图像来源，可以来源于“文件夹”“导入”“打开的文件”“Bridge”。本例中选择“文件夹”，然后单击“选择”按钮，浏览找到素材所在文件夹。

⑤ 设置目标：设置动作执行后文件的保存位置。可以保存在“文件夹”或者直接存储并关闭。本例中选择“文件夹”，单击“选择”按钮，浏览指定一个存储结果的文件夹，并选中“覆盖动作中的“存储为”命令”选项。

⑥ 在“文件命名”区域可以指定文件名的组合方式，本例中采用默认方式。

⑦ 错误：用于指定批处理出现错误时的操作，本例选择“由于错误而停止”。

⑧ 单击“确定”按钮，批处理进入执行阶段。文件夹中的原始素材依次打开处理，最终全部都添加好水印，并保存在结果文件夹。

2. 创建快捷批处理

创建快捷批处理可以创建一个批处理的快捷方式。当把需要处理的图片拖动到创建的批处理图标上时，会自动对图片进行批处理。

以 2.11.2 中的“添加文字水印”为例，选择“文件 | 自动 | 创建快捷批处理”命令，打开“创建快捷批处理”对话框，如图 2-439 所示设置参数。单击“将快捷批处理存储为”下面的“选择”按钮，为创建的批处理快捷方式选择保存位置。单击“确定”按钮后，在设置的位置会看到出现一个可执行文件，如图 2-440 所示。将图片拖到到此图标上，完成水印的快捷添加。

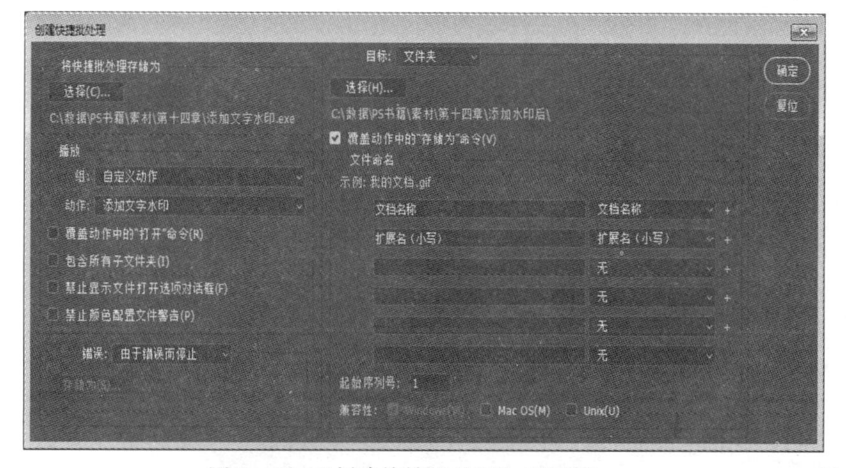

图 2-439　“创建快捷批处理”对话框

图 2-440　批处理快捷图标

3. 裁剪并拉直图像

在同时扫描多幅图像后，需要将每幅图像进行分割并修正，选择“文件 | 自动 | 裁剪并拉直照片”命令，即可快速完成这个操作。

“裁剪并拉直照片”命令能自动查找图像边缘，在扫描图像中识别出各个图像，并对其旋转对齐，然后再将它们复制到新文档中，并保持原始文档不变。为了得到更好的裁剪效果，在扫描时，照片与照片之间至少保持 0.4 cm 的间距，这样自动裁剪出来的照片往往准确。

图 2-441（a）中的原图，选择“裁剪并拉直照片”命令后得到四张独立的图像文件，如图 2-441（b）所示。

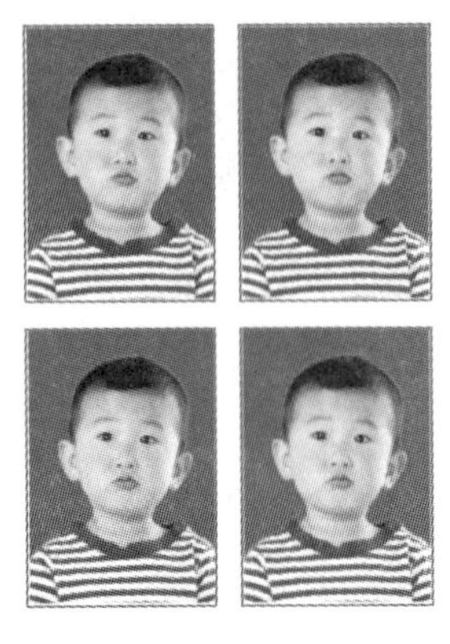

（a）原图

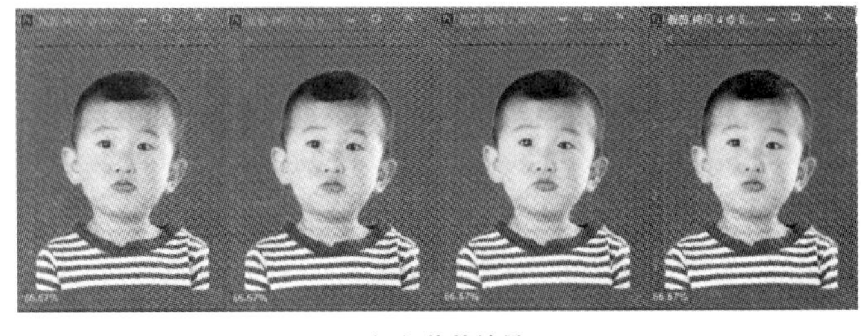

（b）裁剪效果

图 2-441　“裁剪并修齐照片”效果

4. 制作全景图

对一些大的场景，在用照相机拍摄时，无法全部一次纳入镜头，需要多角度拍摄多张，这样就需要把多角度的照片合成一张全景图。选择“文件｜自动｜Photomerge”命令，可以快速地合成全景图。Photomerge 对话框如图 2-442 所示。

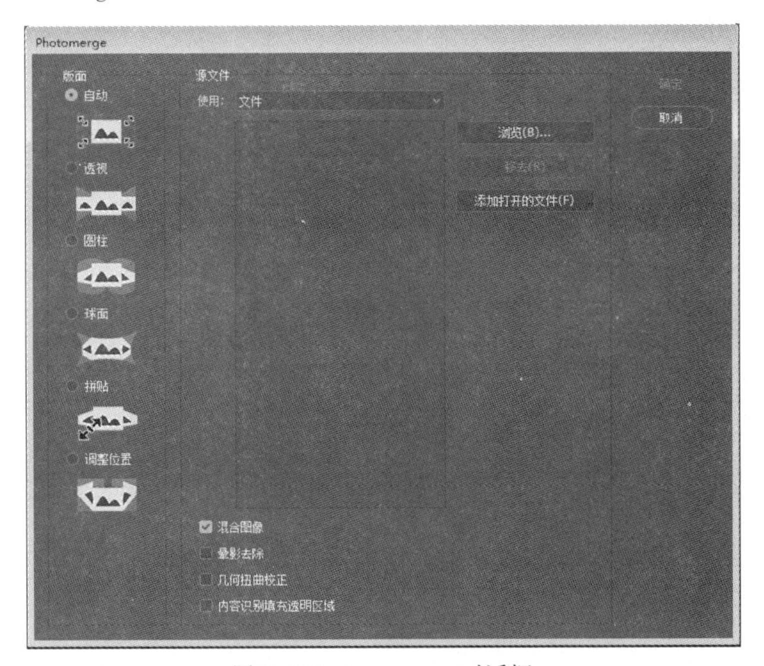

图 2-442　Photomerge 对话框

利用 Photomerge 命令合成全景图的步骤如下：

① 单击“浏览”按钮打开源文件。

② 选择版面：

- “自动”：自动对源图像进行分析，然后将选择“透视”或“圆柱”版面对图像进行合成。
- “透视”：将源图像中的一个图像指定为参考图像来复合图像，然后交换其他图像以使其匹配图层的重叠内容。

- “圆柱”：在展开的圆柱上显示各个图像来减少在“透视”布局中出现的扭曲现象。
- “球面”：对齐并转换图像，使其映射球体内部。
- “拼贴”：对齐图层并匹配重叠内容，同时交换任何源图层。
- “调整位置”：对齐图层并匹配重叠内容，但不会交换任何源图层。

③ 单击“确定”按钮开始图像的合成。

④ 使用裁剪工具适当裁剪得到最终全景图。

图 2-443 所示为全景图合成效果。

（a）原图 1

（b）原图 2

（c）原图 3

（d）效果图

图 2-443　全景图合成效果

5. 合并到 HDR

“合并到 HDR pro”可以将同一景物不同曝光度的多幅图像合成在一起，主要是为了解决在数码摄影中对同一对象拍摄时由于“曝光不准”而产生的不足。进行合成的图像分辨率和大小必须一致。

选择“文件 | 自动 | 合并到 HDR pro”命令，在对话框选取要进行合并的图像［见图 2-444（a）（b）］，单击“确定”按钮即可自动完成，并打开 HDR 调整对话框，如图 2-444（c）所示。根据需要调整参数，完成图像的合成。

图 2-444（d）所示为合成效果图。

（a）原图 1

（b）原图 2

图 2-444　“合并到 HDR pro”参数设置及合成效果

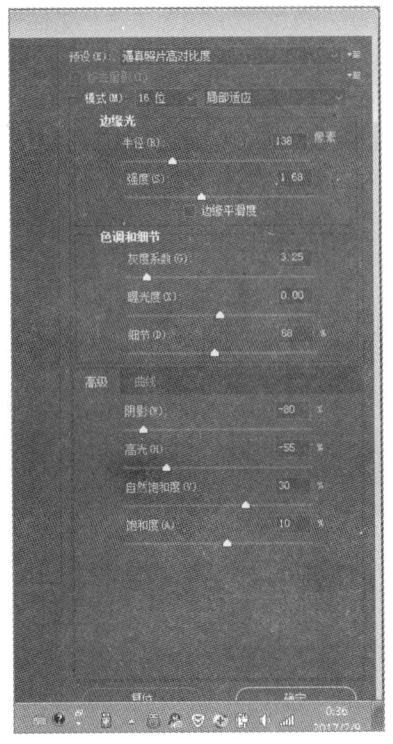

（c）调整参数　　（d）效果图

图 2-444　“合并到 HDR pro”参数设置及合成效果（续）

6. 限制图像

很多网络都对图像大小有限定。在图像处理中，可以快速地调整图像的大小，使其在设置的范围之内。选择“文件 | 自动 | 限制图像”命令，打开“限制图像”对话框，如图 2-445 所示。

图 2-445　“限制图像”对话框

例如，打开一副图像，原始大小如图 2-446（a）所示，执行“限制图像”命令后，图像大小如图 2-446（b）所示。

（a）原图大小　　（b）“限制图像”后大小

图 2-446　“限制图像”效果

2.11.4　脚本

Photoshop 通过脚本支持外部自动化。在 Windows 中，可以使用支持 COM 自动化的脚本语言，如 VBScript。在 Mac OS 中，可以使用允许发送 Apple 事件的语言，如 AppleScript。这些语言不是跨平台的，但可以控制多个应用程序，如 Adobe Photoshop、Adobe Illustrator 和 Microsoft Office。

与动作相比，脚本提供了更多的可能性。在“文件 | 脚本”级联菜单中包含了多种对脚本命令封装的应用，如图 2-447 所示。

① 图像处理器：可以使用图像处理器转换和处理多个文件，与“批处理”不同的是，使用图像处理器不需要创建动作，如图 2-448 所示。

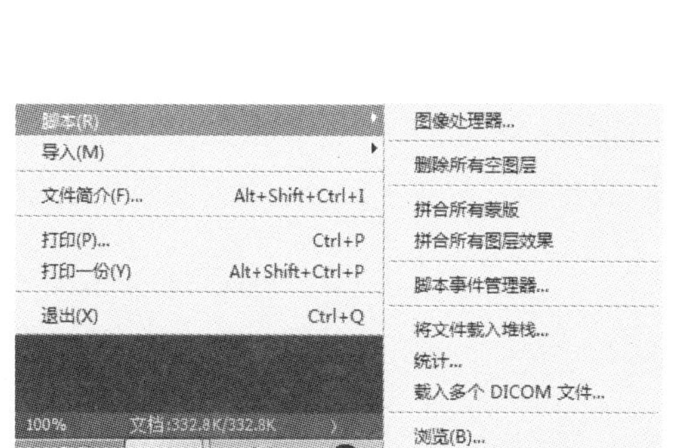

图 2-447 “脚本”级联菜单

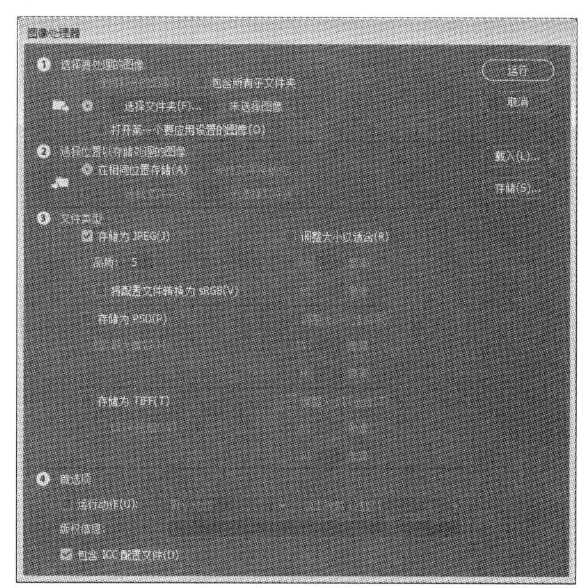

图 2-448 “图像处理器”对话框

② 删除所有空图层：删除不需要的空图层，减小图像文件大小。

③ 拼合所有蒙版：将所有的蒙版效果应用到图层中，并删除蒙版。

④ 拼合所有图层效果：将图层样式等效果合并到图层的图像中。

⑤ 脚本事件管理器：可以将脚本和动作设置为自动运行，即使用事件（如在 Photoshop 中打开、存储或导出文件）来触发 Photoshop 动作或脚本。

⑥ 将文件载入堆栈：可以使用脚本将多个图像载入到图层中。

⑦ 统计：可以使用统计脚本自动创建和渲染图形堆栈。

⑧ 浏览：运行存储在其他位置的脚本。

2.11.5　应用实例——自动裁剪照片

【例 2-11】自动裁剪照片到指定的冲印尺寸，如五英寸照片：3.5 英寸 × 5 英寸，分辨率为 300 像素/英寸。

① 将要裁剪的照片放到同一个文件夹中，打开要裁剪的一幅照片。

② 选择“文件 | 动作”命令，打开“动作”面板。

③ 创建新组。单击“创建新组”按钮，输入名称，“裁剪图像”，单击“确定”按钮创建一个新的动作组。

④ 创建新动作。单击“创建新动作”按钮，打开“新建动作”对话框，输入名称“裁剪 3.5 × 5 寸照片”，单击“记录”按钮。

⑤ 调整图像尺寸。选择“文件 | 图像大小”命令，更改图像的分辨率为 300 像素/英寸，其他参数如图 2-449 所示，单击“确定”按钮。

图 2-449　图像大小设置参数

⑥ 裁剪照片。选择“矩形选框工具”，在选项的样式中选择“固定大小”，宽度设为 5 英寸，高度设为 3.5 英寸。在图像上单击形成一个矩形选区，适当调整矩形选区的位置，使其包含想要的主体图像。选择“图像 | 裁切”命令裁剪图像，取消选区。

⑦ 存储图像。新建一个文件夹“裁剪后”，选择“文件 | 存储为”命令，将文件存到新建的文件夹中。

⑧ 结束录制。单击“停止播放/记录”按钮■，结束动作的录制。

⑨ 创建批处理。选择“文件 | 自动 | 批处理”命令，打开“批处理”对话框，设置参数，如图 2-450 所示。

⑩ 单击“确定”按钮完成批处理。

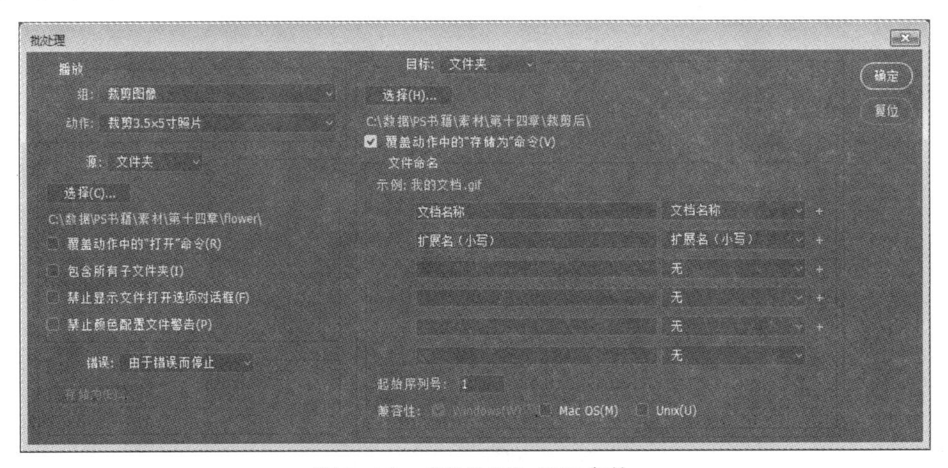

图 2-450　“批处理”设置参数

2.12　立体化图像设计——3D 设计

3D 立体设计可以让设计目标更立体化，更形象化，使图像效果更加绚丽。Photoshop CC 2018 中提供了强大的 3D 处理工具，可以不借助其他 3D 软件，快速制作漂亮的 3D 效果。

2.12.1　3D 基础

在进行 3D 设计之前，需要熟悉一些 3D 设计中的一些基本概念和名词，以及 Photoshop 中的 3D 编辑环境。

1. 3D 对象

3D 对象包含网格、材质、光源和场景等组件。

① 网格：3D 模型的框架结构。网格看起来是由成千上万个单独的多边形框架结构组成的线框。3D 模型通常至少包含一个网格，也可能包含多个网格。Photoshop 提供了一些预设的网格类型，如立方体、帽子、酒瓶，球体等。要编辑 3D 模型本身的多边形网格，必须使用 3D 制作程序。

② 材质：指 3D 模型各个平面的填充类型。一个网格可具有一种或多种相关的材质，这些材质控制整个网格的外观或局部网格的外观，构建于纹理映射的子组件。纹理映射本身是一种二维图像文件，如各种纯色、图案文件等。纹理映射还可以产生各种效果，如反光度或崎岖度等。Photoshop 材质最多可使用 9 种不同的纹理映射来定义其整体外观。图 2–451 所示为设置材质纹理映射前后的效果。

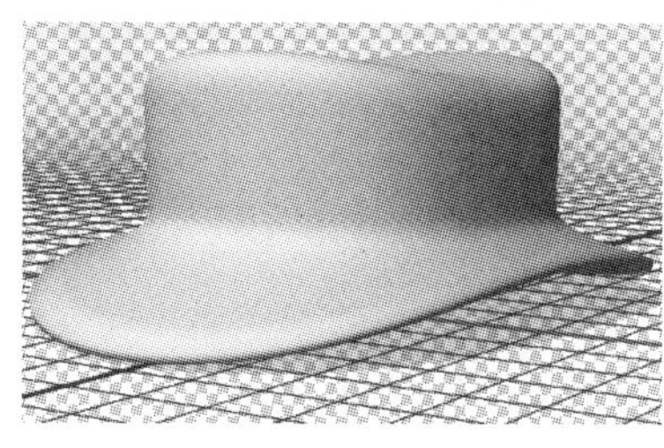

（a）未设置材质纹理映射效果

（b）设置材质纹理映射效果

图 2–451　材质纹理映射效果示例

③ 光源：模拟光源照射 3D 对象效果。光源类型包括无限光、聚光灯、点光以及环绕场景的基于图像的光。图 2–452 所示为添加无限光源前后的效果。

（a）未添加光源效果

（b）无限光源后效果

图 2–452　添加光源前后效果

④ 场景：指 3D 对象所在的立体场景，是一个三维的立体画面。也就是在 Photoshop 3D 编辑窗口看到的 3D 画面。

2. 3D 编辑环境

在 Photoshop 中创建或编辑 3D 文件时，会自定切换到 3D 编辑界面，如图 2–453 所示。工具箱会切换到 3D 编辑常用工具。

① 3D 视图窗口：可查看 3D 对象的俯视图、左右视图等视图。

② 3D 面板：查看 3D 对象的各种组件并进行相关的编辑。

③ 3D 属性设置面板：对 3D 对象相关的环境、材质、光源等属性进行设置。

④ 3D 工具：对 3D 对象网格进行旋转、滚动、平移、滑动、缩放操作。

⑤ 3D 相机工具：对场景视图进行环绕、滚动、平移、滑动、变焦操作。

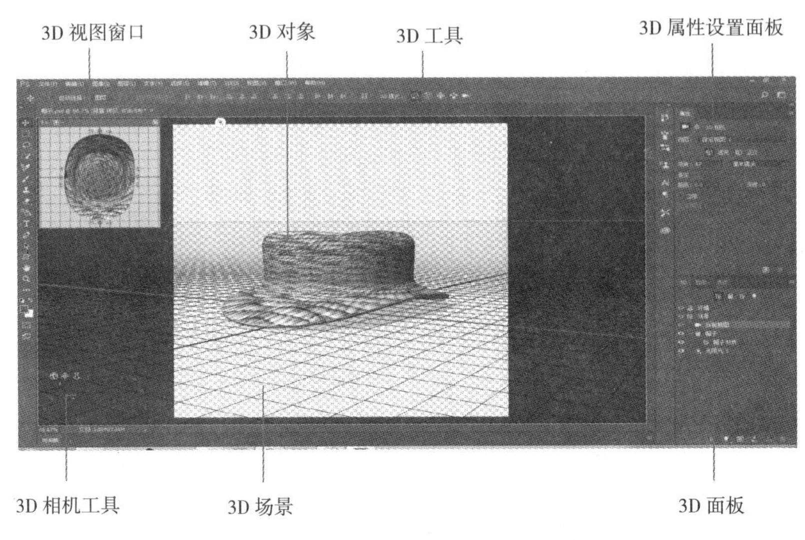

图 2-453　3D 编辑界面

3. 3D 面板

3D 对象的相关操作可以通过 3D 面板生成。选择“窗口 | 3D”命令，可打开 3D 面板。在未创建和选取 3D 对象前，3D 面板显示创建 3D 对象的各种设置选项，如图 2-454 所示。

在创建和选取 3D 对象后，3D 面板会显示相应对象的各种组件信息，可如图 2-455 所示通过 3D 面板提供的按钮对其进一步进行编辑。

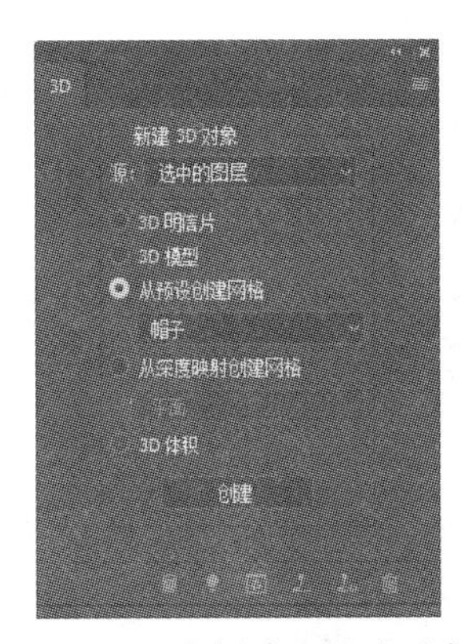

图 2-454　未创建和选取对象

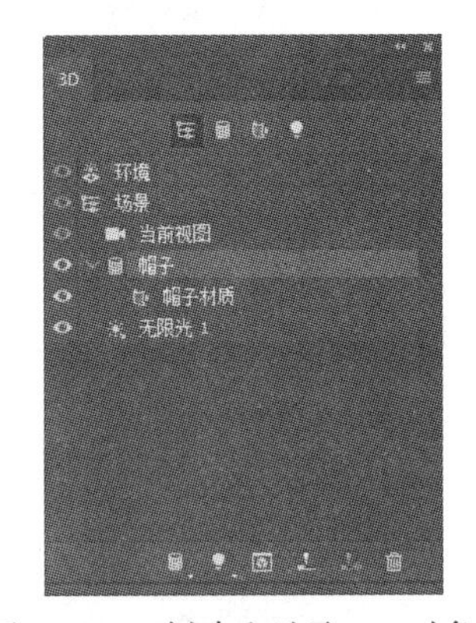

图 2-455　创建和选取 3D 对象后

① 场景、网格、材质、光源滤镜按钮：切换面板的显示信息，如选择“材质”，则面板只显示 3D 对象的材质。

② 添加新对象按钮：将各种 3D 对象继续添加到当前场景。

③ 添加新光源：添加各种光源到场景中。

④ 渲染按钮：渲染 3D 对象。

⑤ 打印按钮：单击打开 3D 打印机属性面板设置打印机属性后，打印输出 3D 对象。

⑥ 取消打印：取消打印。

⑦ 删除：选中对象后，单击此按钮删除或将对象拖动到此按钮删除。

2.12.2　3D 对象的创建

在 Photoshop 中，可以基于图层、选区、路径、文件 4 种方式来创建 3D 对象。Photoshop 中还提供了明信片、3D 模型、从预设创建网格、从深度映射创建网格、3D 体积等不同类型的 3D 对象。

1. 基于图层创建 3D 对象

Photoshop 中，可以基于当前图层来创建 3D 对象。

打开如图 2-456（a）所示的一幅花朵图像文件，选择“背景”图层，在 3D 面板中（见图 2-454 所示），选择“源”为“选中的图层”，选择“从预设创建网格”中的“环形”，单击“创建”按钮，即可快速创建一个立体环形。当前的图层内容会作为材质纹理填充到环形中，效果如图 2-456（b）所示。

原有图层将会变为一个 3D 图层，图层面板状态如图 2-456（c）所示。

（a）原图

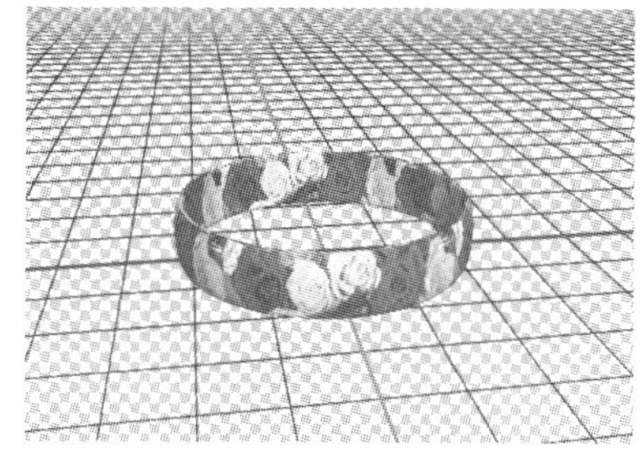

（b）创建 3D 效果后

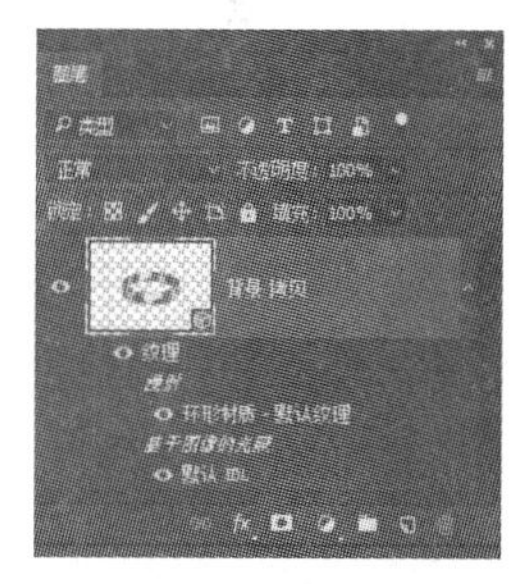

（c）“图层”面板状态

图 2-456　基于图层创建 3D 对象示例

2. 基于选区创建 3D 对象

在 Photoshop 中，可以基于选区来创建 3D 对象。

打开一幅如图 2-457（a）所示的图像文件，选择魔棒工具，选择其中的钟表。在 3D 面板中，选择“源”为“当前选区”，此时面板只能选择“3D 模型”类别，单击“创建”按钮，即可快速创建一个立体钟表。效果如图 2-457（b）所示，“图层”面板状态如图 2-457 所示。

（a）原图

（b）创建 3D 效果后

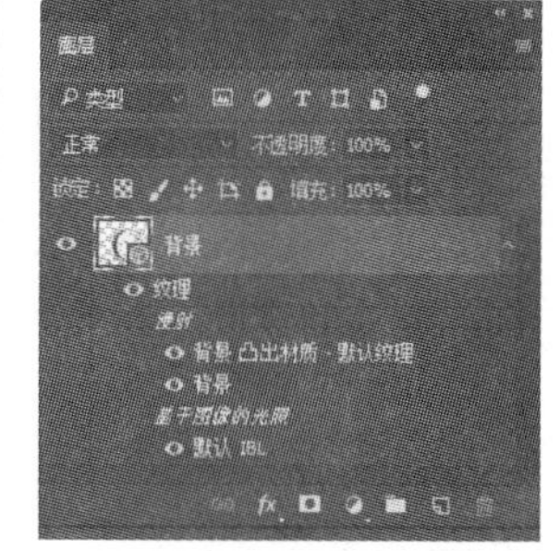

（c）“图层”面板状态

图 2-457　基于选区创建 3D 对象示例

3. 基于路径创建 3D 对象

Photoshop 中，可以基于已有的工作路径来创建 3D 对象。

新建一个文件，选择“自定形状工具”，在选项栏中设置绘制“路径”，选择雪花形状，创建如图 2–458（a）所示的路径。在 3D 面板中，选择“源”为“工作路径”，此时面板只能选择“3D 模型”类别，单击“创建”按钮，即可快速创建一个立体雪花，效果如图 2–458（b）所示，“图层”面板状态如图 2–458 所示。

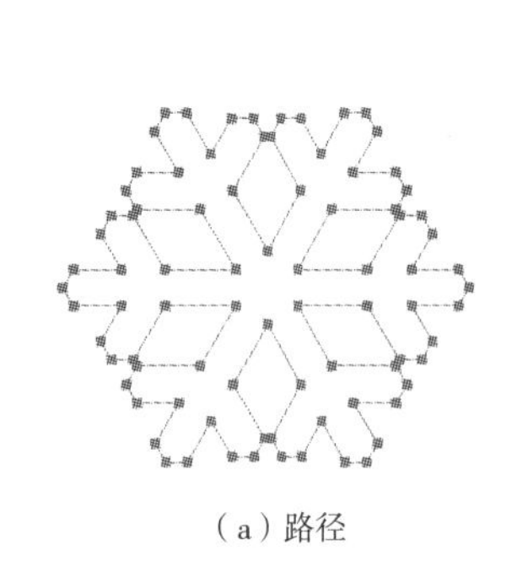

（a）路径

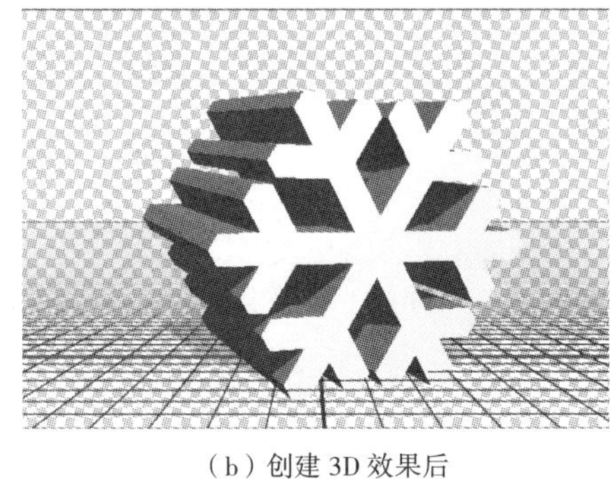

（b）创建 3D 效果后

（c）“图层”面板状态

图 2–458 基于工作路径创建 3D 对象示例

4. 基于文件创建 3D 对象

其他软件如 3ds Max 等制作的 3D 文件也可导入到 Photoshop 中。Photoshop 支持的 3D 文件格式如图 2–459 所示。在 3D 面板中，选择“源”为“文件”，单击“创建”按钮，打开一个“打开”对话框，找到相应的 3D 文件，即可基于文件创建 3D 对象。

3D Studio (*.3DS)
Collada (*.DAE)
Flash 3D (*.FL3)
Google Earth 4 (*.KMZ)
IGES (*.IGS;*.IGES)
PLY (*.PLY)
PRC (*.PRC)
STL (*.STL)
U3D (*.U3D)
Wavefront|OBJ (*.OBJ)
虚拟现实建模语言 | VRML (*.WRL)
所有格式 (*.*)

图 2–459 Photoshop 支持的图像文件格

5. 创建不同类型的 3D 对象

面向于不同的应用，在创建 3D 对象时，可以选择明信片、3D 模型、从预设创建网格、从深度映射创建网格、3D 体积等不同类型。

（1）创建 3D 明信片

3D 明信片快速打造图像的透视立体效果。打开如图 2–460（a）所示的图像文件，选择手机截图所在的图层，在 3D 面板选择“源”为“选中的图层”，选择“3D 明信片”，单击“创建”按钮即可创建一个 3D 明信片对象。然后，进行适当旋转、平移等，如图 2–460 所示。

（a）路径原图

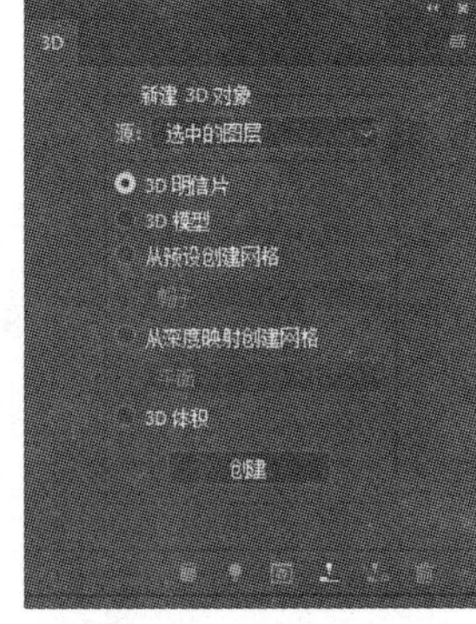

（b）3D 面板设置

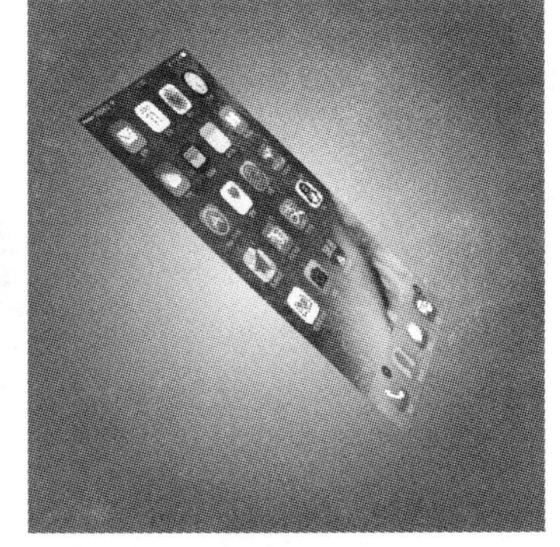

（c）3D 明信片效果

图 2–460 3D 明信片效果示例

（2）从预设创建网格

Photoshop 中提供了若干预设的 3D 网格，可以快速创建一个带有预设效果的 3D 对象。在 3D 面板中，选择“从预设创建网格”，在下拉列表中选择要创建的网格类型，单击“创建”按钮即可创建相应的 3D 对象。图 2-461 所示为通过一个纹理图层创建的各种预设网格效果。

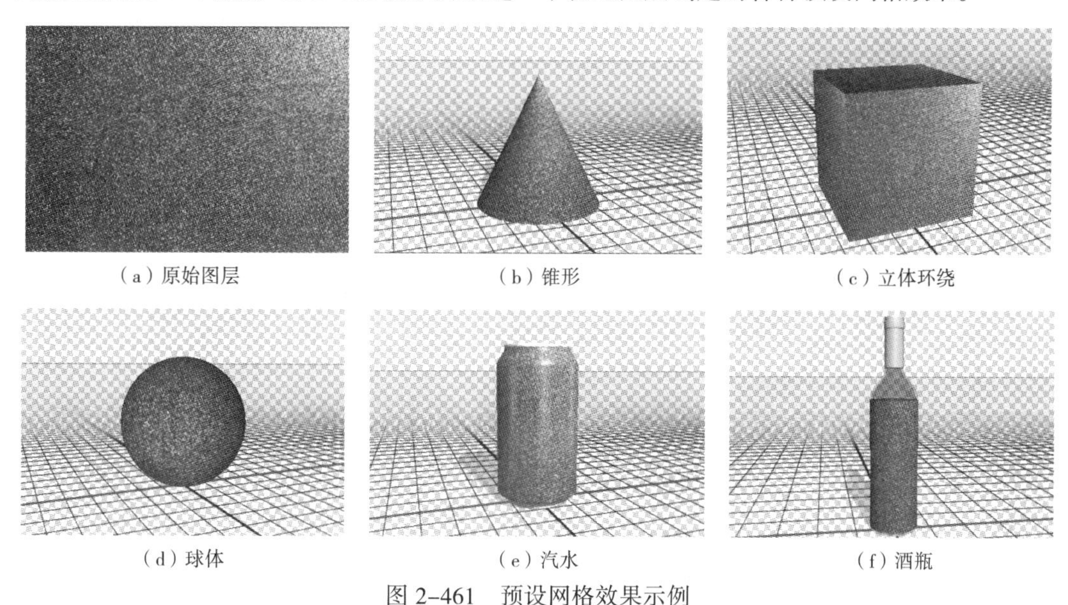

（a）原始图层　（b）锥形　（c）立体环绕

（d）球体　（e）汽水　（f）酒瓶

图 2-461　预设网格效果示例

（3）创建 3D 模型

“3D 模型”是基于选择的图层、选区、工作路径来创建 3D 对象。创建的 3D 对象需要进一步设置材质纹理和其他效果。图 2-462 所示为基于文字图层创建的 3D 模型效果。

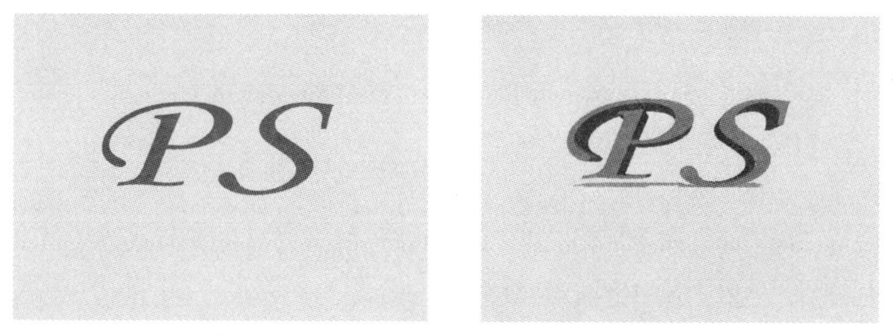

（a）原始文字　（b）基于文字的 3D 模型

图 2-462　文字 3D 模型效果示例

（4）从深度映射创建网格

“从深度映射创建网格”会根据所选图层的明度来生成 3D 立体对象，亮度越高凸起越大。在 3D 面板“从深度映射创建网格”，可从下拉菜单中选择“平面”“双色平面”“纯色突出”“圆柱”“球体”样式。图 2-463 所示为由亮度不同的红色条组成的图层，选择“从深度映射创建网格”后的不同样式的 3D 对象。

图 2-464 所示为一幅图像从深度映射创建网格，选择“平面”样式之后的创建效果。使用深度映射可以快速打造一些 3D 艺术效果。

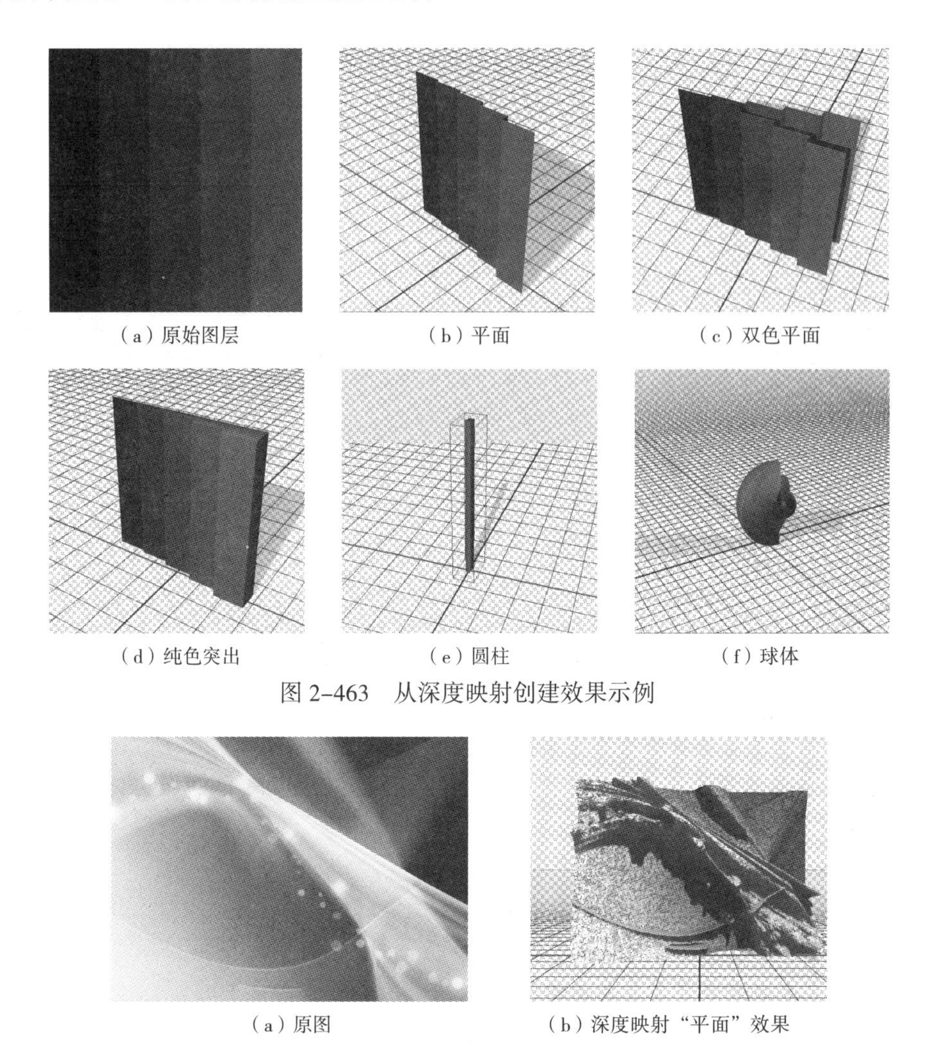

（a）原始图层　（b）平面　（c）双色平面

（d）纯色突出　（e）圆柱　（f）球体

图 2-463　从深度映射创建效果示例

（a）原图　（b）深度映射“平面”效果

图 2-464　图像深度映射创建效果示例

（5）3D 体积

3D 体积主要应用于一些医学图像。选择“文件 | 打开”命令，打开一个 DICOM 文件，Photoshop 会读取文件中所有的帧，并将其转换为图层。选择要转换为 3D 体积的图层后，在 3D 面板选择“3D 体积”即可创建对应的 3D 对象。

2.12.3　3D 对象的基本编辑

创建 3D 对象后，可以通过 3D 菜单或者 3D 面板对 3D 对象的场景、网格、材质、光源进行编辑。

1. 3D 对象工具和 3D 相机工具

Photoshop 中提供了 3D 对象工具和 3D 相机工具来编辑 3D 对象。使用 3D 对象工具可更改 3D 模型的位置或大小；使用 3D 相机工具可更改场景视图。

如图 2-465（a）所示，使用自定形状工具，创建一个“花型装饰”的形状路径，在 3D 面板基于工作路径创建一个 3D 对象，如图 2-465（b）所示。3D 面板状态如 2-465（c）所示。

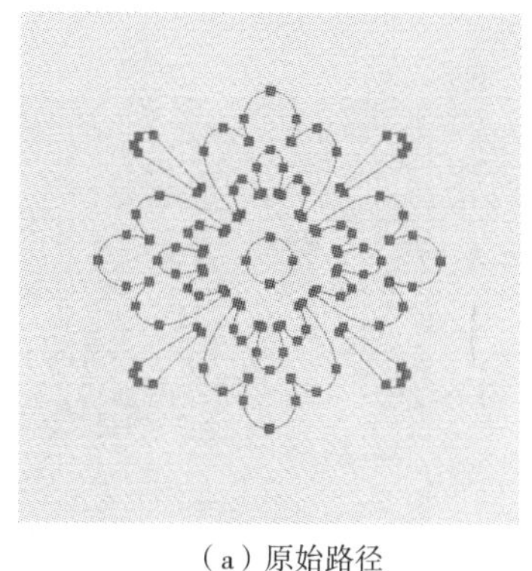

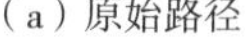

（a）原始路径

（b）3D 对象

（c）3D 面板

图 2-465　创建 3D 对象效果

（1）3D 对象工具调整 3D 模型的位置或大小

选中 3D 图层后，在 3D 面板选择 3D 对象，会默认激活 3D 对象工具。当操作 3D 模型时，相机视图保持固定。3D 对象工具图图 2-466 所示。

图 2-466　3D 对象工具

① 旋转：上下拖动可将模型围绕其 x 轴旋转；两侧拖动可将模型围绕其 y 轴旋转。

② 滚动：两侧拖动可使模型绕 z 轴旋转。

③ 拖动：两侧拖动可沿水平方向移动模型；上下拖动可沿垂直方向移动模型。按住【Alt】键的同时进行拖移可沿 x 或者 z 方向移动。

④ 滑动：滑动 3D 对象。两侧拖动可沿水平方向移动模型；上下拖动可将模型移近或移远。按住【Alt】键的同时进行拖移可沿 x 或者 y 方向移动。

⑤ 缩放：上下拖动可将模型放大或缩小。按住【Alt】键的同时进行拖移可沿 z 方向缩放。

（2）3D 相机工具调整场景

选中 3D 图层后，在 3D 面板选择“场景”，会激活 3D 相机工具。选项栏中的 3D 模式工具也会相应变化为 3D 相机工具。

① 环绕：拖动以将相机沿 x 或 y 方向环绕移动。

② 滚动：两侧拖动可将相机绕 z 轴旋转。

③ 平移：拖动以将相机沿 x 或 y 方向平移。按住【Alt】的同时进行拖移可沿 x 或 z 方向平移。

④ 滑动：拖动以步进相机（z 转换和 y 旋转）。按住【Alt】的同时进行拖移可沿 z/x 方向步览（z 平移和 x 旋转）。

⑤ 变焦：拖动以更改 3D 相机的视角。

图 2-467 所示为使用 3D 对象工具和 3D 相机工具对 3D 对象的变换效果。

（a）3D 对象工具变换效果

（b）3D 相机工具变换效果

图 2-467　3D 对象和 3D 相机的变换效果

2. 3D 场景设置

3D 场景设置可更改渲染模式，选择要在其上绘制的纹理或创建横截面。单击 3D 面板中的“场景”按钮 ，或者在面板顶部选择“场景”条目，在属性面板即可出现场景相关的属性设置，如图 2–468 所示。

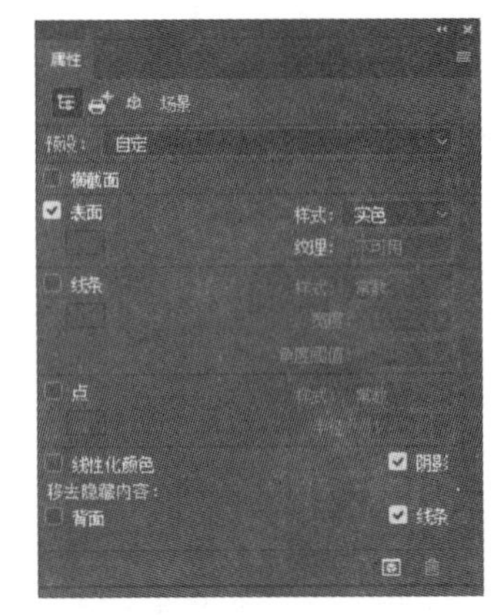

图 2–468　场景属性面板

① 预设：设置 3D 模型渲染预设。

② 横截面：可创建以所选角度与模型相交的平面横截面。

③ 表面：设置表面的渲染样式。

④ 线条：设置线条的渲染样式。

⑤ 点：设置点的渲染样式。

⑥ 阴影：显示和隐藏阴影。

⑦ 移去隐藏内容：隐藏双面组件背面的表面。

图 2–469 所示为“法线”、“线条插图”和“素描草”渲染预设效果。

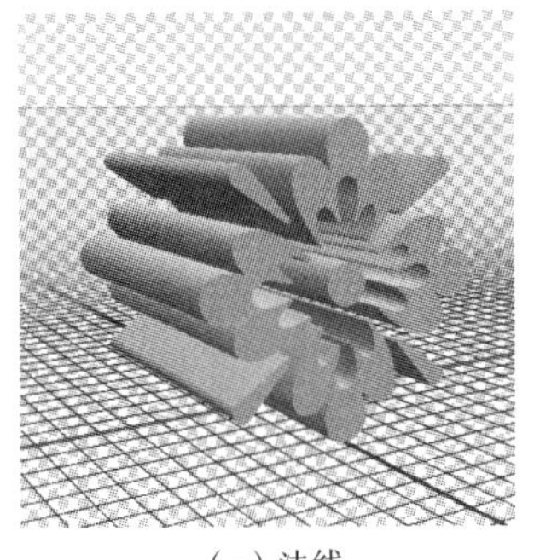
（a）法线

（b）线条插图

（c）素描草

图 2–469　渲染预设效果

3. 3D 网格设置

单击 3D 面板顶部 选择“网格”，在属性面板即可出现网格相关的属性设置，如图 2–470 所示。

① 捕捉阴影：控制选定网格是否在其表面上显示其他网格所产生的阴影。

② 投影：控制选定网格是否投影到其他网格表面上。

③ 不可见：隐藏网格，但显示其表面的所有阴影。

④ 形状预设：选取网格对象的形状预设样式，默认为“凸出”。图 2–471 所示为“斜面”“锥形增长”“旋转 360 度”预设效果。

⑤ 变形轴：设置网格变形时的中心点位置。

⑥ 纹理映射：设置纹理映射的样式，可选择“缩放”“平铺”“填充”。

⑦ 凸出深度：设置网格凸出深度。凸出深度数值可以为 0、正数或负数。数值越大，网格越厚；数值越小，网格越薄。若为负数则反方向凸出。图 2–472 为凸出深度效果。

单击面板上方的“变形” 按钮进入网格“变形”属性设置，如图 2–470（b）所示。可进一步设置网格的扭转、锥度、水平和垂直弯曲角度等。扭转设置沿 z 轴旋转的角度；锥度设置沿 z 轴的凸出锥度。

单击面板上方的“盖子”按钮进入“盖子”属性设置，如图 2–470（c）所示。可以设置边缘斜面的样式，创建膨胀效果。膨胀角度为正为凸出，为负为凹陷。图 2–473 所示为膨胀角度为正数和负数的效果。

单击面板上方的按钮进入“坐标”属性设置，如图 2–470（d）所示。在 *x*、*y*、*z* 轴相应的位置、旋转、缩放输入框中输入相应的数值来编辑网格。

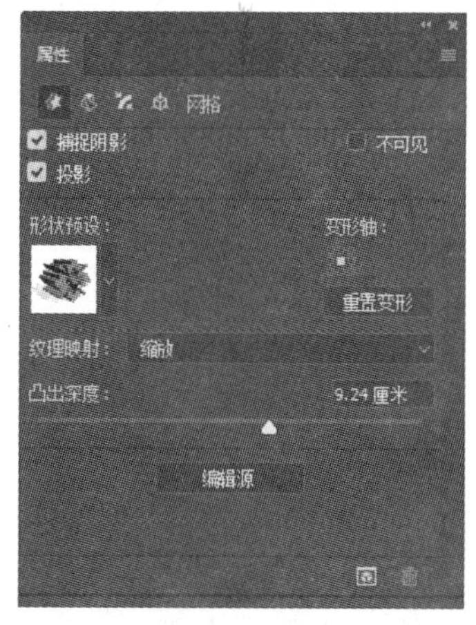

（a）“网格”属性设置

（b）“变形”属性设置

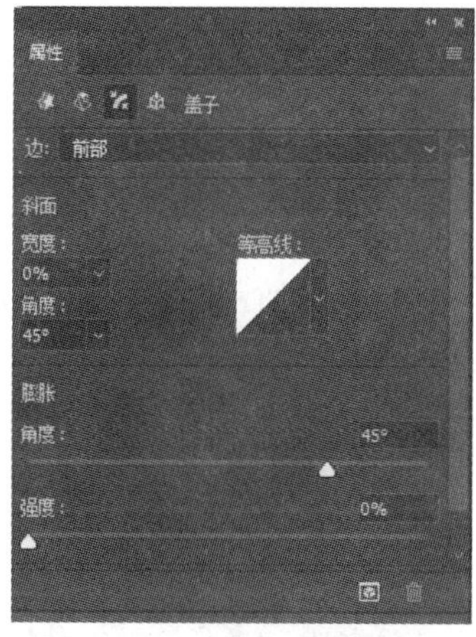

（c）“盖子”属性设置

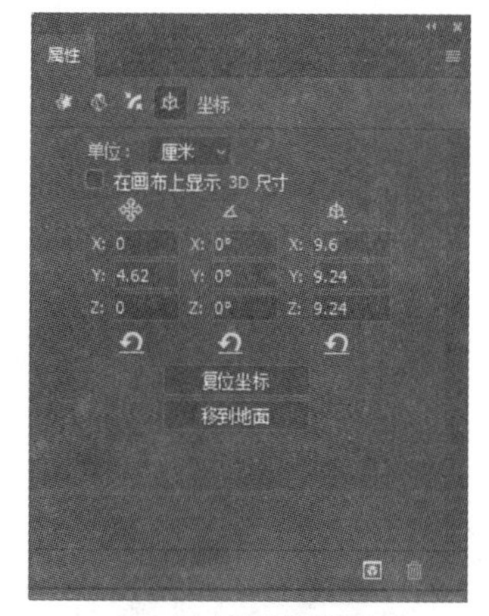

（d）“坐标”属性设置

图 2–470　网格属性面板

（a）斜面

（b）锥形增长

（c）旋转 360 度

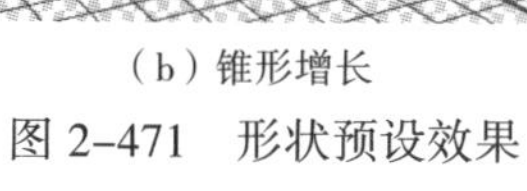

图 2–471　形状预设效果

（a）原图

（b）凸出深度加大

（c）凸出深度降低

图 2–472　凸出深度设置效果

（a）未设置“盖子”

（b）膨胀角度为正

（c）膨胀角度为负

图 2–473　膨胀角度设置效果

4. 3D 材质设置

可以使用一种或多种材质来创建模型的整体外观。单击 3D 面板顶部 选择“材质”，3D 面板中会列出网格各个表面的材质列表，如图 2–474 所示。在面板中选择要编辑的材质，在属性面板即可出现材质相关的属性设置，如图 2–475 所示。

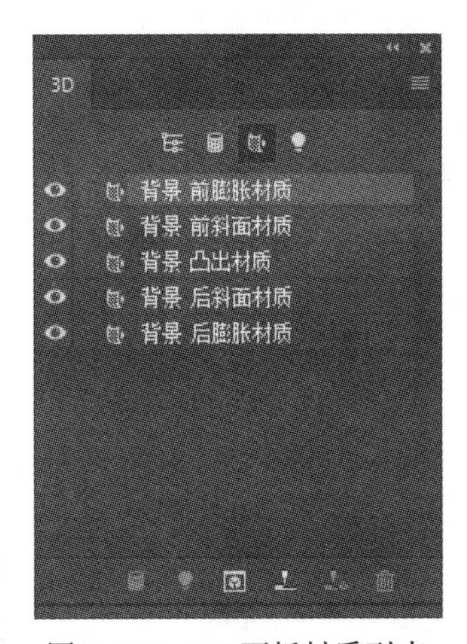

图 2–474　3D 面板材质列表

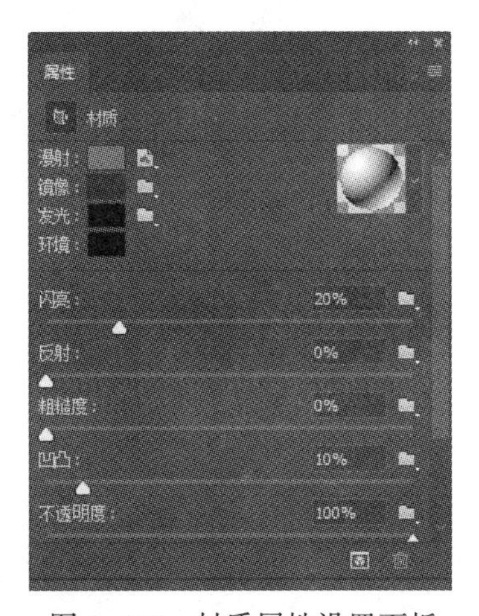

图 2–475　材质属性设置面板

单击属性面板右侧“材质”拾色器，在下拉列表中可以选取预设的材质属性。图 2–476 所示为使用“材质”预设的效果。

（a）趣味纹理

（b）金属-黄金

（c）软木

图 2-476　材质预设纹理映射效果

① 漫射：材质的颜色。漫射可以是实色或任意二维图像内容。如果选择“移去纹理”则通过“漫射”色板来设置漫射颜色。选择“新建纹理”，可新建一个纹理文件，如图 2-477（a）所示。选取要使用的纹理素材，将其复制到新建文件中，并调整大小，如图 2-477（b）所示。回到原来的 3D 图层，可看到纹理映射的结果，如图 2-477（c）所示。选择“编辑纹理”会打开创建的纹理文件进行编辑，可以使用任意 Photoshop 工具在纹理上绘画或编辑纹理。选择“编辑 UV 属性”命令可以打开“纹理属性”对话框，如图 2-478（a）所示。通过修改填充纹理对应的缩放、平铺、位移等来编辑纹理映射效果，如图 2-478（b）所示。

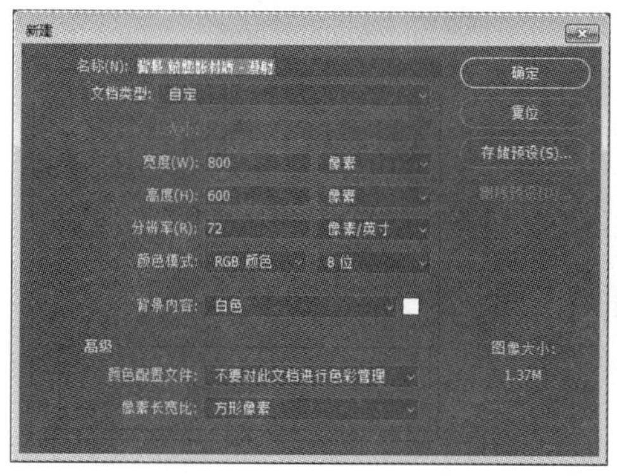

（a）新建纹理对话框

（b）编辑纹理文件效果

（c）纹理映射效果

图 2-477　新建纹理映射

② 镜像：为镜面属性显示的颜色，例如，高光光泽度和反光度。

③ 发光：定义不依赖于光照即可显示的颜色，创建从内部照亮 3D 对象的效果。

④ 环境：设置在反射表面上可见的环境光的颜色。该颜色与用于整个场景的全局环境色相互作用。

⑤ 闪亮：定义产生的反射光的散射。低反光度（高散射）产生更明显的光照，而焦点不足；高反光度（低散射）产生较不明显、更亮、更耀眼的高光。

⑥ 反射：增加 3D 场景、环境映射和材质表面上其他对象的反射。

⑦ 粗糙度：设置材质表面的粗糙程度，可以使用纹理映射或小滑块来控制粗糙度。

⑧ 凹凸：在材质表面创建凹凸，无须改变底层网格。可以使用纹理映射或小滑块来控制凹凸程度。纹理映射的灰度值控制凹凸程度，则较亮的值创建突出的表面区域，较暗的值创建平坦的表面区域。图 2-479 所示为凹凸纹理映射的效果。

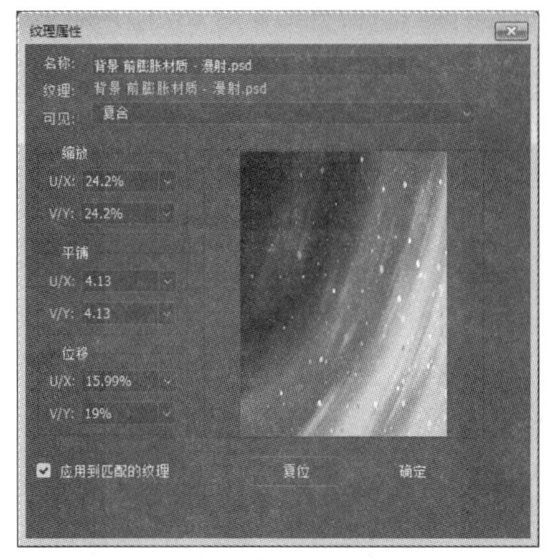

（a）“纹理属性”对话框　　（b）纹理映射效果

图 2–478　编辑纹理 UV 属性效果

（a）凹凸纹理　　（b）凹凸纹理映射效果

图 2–479　凹凸纹理映射效果

⑨ 不透明度：增加或减少材质的不透明度。可以使用纹理映射或小滑块来控制不透明度。纹理映射的灰度值控制材质的不透明度。白色值创建完全的不透明度，而黑色值创建完全的透明度。

⑩ 折射：设置折射率。两种折射率不同的介质（如空气和水）相交时，光线方向发生改变，即产生折射。新材质的默认值是 1.0（空气的近似值）。

⑪ 环境：存储 3D 模型周围环境的图像。环境映射会作为球面全景来应用，可以在模型的反射区域中看到环境映射的内容。要避免环境映射在给定的材质上产生反射，可将“反射”更改为 0%，并添加遮盖材质区域的反射映射，或移去用于该材质的环境映射。

材质所使用的纹理映射作为“纹理”出现在“图层”面板中，按纹理映射类别编组。

5. 3D 光源设置

3D 光源从不同角度照亮模型，从而添加逼真的深度和阴影。单击 3D 面板顶部选择“光源”，3D 面板中会列出现有光源列表，如图 2–480 所示。选择要编辑的光源，在图像编辑窗口出现光源示意图。使用 3D 对象工具，配合鼠标拖动可以移动光源位置。

以“无限光”为例，光源属性设置面板如图 2–481 所示。

图 2-480　3D 面板光源列表

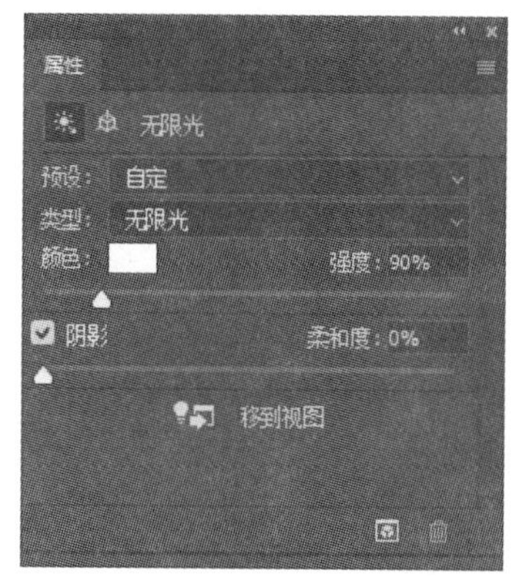

图 2-481　光源属性设置面板

① 预设：从预设下拉菜单中选取光源预设样式。图 2-482 所示为默认光源、“晨曦”和“狂欢节”光源预设效果。

（a）默认光源

（b）“晨曦”光源效果

（c）“狂欢节”光源效果

图 2-482　使用光源预设效果

② 类型：设置光源类型。无限光像太阳光，从一个方向平面照射，这种光源被看作来自无穷远，它的强度不随着接近对象而变化。在唯一的方向上，亮度是固定的，如图 2-483（a）所示。点光源是从一个点发出的光，类似灯泡照射效果，如图 2-483（b）所示。聚光灯是可调整的锥形光线，是有方向和强弱的，类似手电筒照射效果，如图 2-483（c）所示。

（a）无线光源

（b）点光光源

（c）聚光灯效果

图 2-483　不同光源效果

③ 强度：调整光源亮度。

④ 颜色：定义光源的颜色。

⑤ 阴影：从前景表面到背景表面、从单一网格到其自身或从一个网格到另一个网格的投影。

⑥ 柔和度：模糊阴影边缘，产生逐渐的衰减。

⑦ 移到视图：将光源置于与相机相同的位置。

对于点光源或聚光灯，除以上属性设置外，还有以下附加选项：

① 光照衰减：“内径”和“外径”选项决定衰减锥形，以及光源强度随对象距离的增加而减弱的速度。对象接近“内径”限制时，光源强度最大；对象接近“外径”限制时，光源强度为零。处于中间距离时，光源从最大强度线性衰减为零。

② 聚光（仅限聚光灯）：聚光灯内锥形角度。

③ 锥形（仅限聚光灯）：聚光灯外锥形角度。

单击 3D 面板下方的添加光源按钮，可以继续添加光源。单击删除按钮，可以删除光源。在 3D 面板选择“环境”，可设置环境光。环境光对场景中所有的对象都提供了固定不变的照明。

6. 3D 图层的栅格化

3D 对象编辑完成后，可以转换为普通图层。在“图层”面板选择对应的 3D 图层，选择“图层 | 栅格化 | 3D”命令，或者右击在弹出的快捷菜单中选择“栅格化 3D”命令，对应的 3D 图层将转换为普通图层。栅格化之后，不能再使用 3D 工具对其进行修改。

2.12.4 3D 对象的渲染

完成 3D 对象的编辑处理之后，选择“3D | 渲染 3D 图层”命令，或者单击 3D 面板下面按钮区中的按钮，可创建最终渲染以产生用于 Web、打印或动画的最高品质输出。最终渲染使用光线跟踪和更高的取样速率以捕捉更逼真的光照和阴影效果。

使用最终渲染模式可以增强 3D 场景中的下列效果：

① 基于光照和全局环境色的图像。

② 对象反射产生的光照（颜色出血）。

③ 减少柔和阴影中的杂色。

最终渲染可能需要很长时间，具体取决于 3D 场景中的模型、光照和映射。如果只想暂时查看一下最终渲染的效果，可以只选取 3D 对象的一小部分来渲染以缩短渲染时间。

2.12.5 3D 文件的存储和导出

要保留 3D 模型的位置、光源、渲染模式和横截面，需要将包含 3D 图层的文件以 PSD、PSB、TIFF 或 PDF 格式存储。

Photoshop 还提供 3D 图层的导出功能以用于其他软件。选择“3D | 导出 3D 图层”命令，打开“导出属性”对话框，如图 2-484 所示。

可以导出的 3D 文件格式如图 2-485 所示。不同的文件格式所支持的纹理格式不同，例如，Collada 支持 Photoshop 支持的纹理格式，Flash 3D 支持 JPEG 和 PNG 两种纹理格式，3D PDF 只支持 JPEG。

图 2-484　导出属性对话框

图 2-485　支持的 3D 文件格式

如果导出为 U3D 格式，需要在对话框中选择编码选项。ECMA 1 与 Acrobat 7.0 兼容；ECMA 3 与 Acrobat 8.0 及更高版本兼容，并提供一些网格压缩。

2.12.6　应用实例——创建立体包装盒

【例 2-12】利用预设的立方体网格创建立体包装盒。

① 新建一个文件，大小为 800×600 像素，分辨率为 72 像素/英寸。

② 选择“窗口 | 3D”命令，打开 3D 面板。选择“从预设创建网格”，选择“立方体”样式，单击“创建”按钮创建一个立方体对象。使用 3D 相机工具适当调整旋转一下，效果如图 2-486 所示。

③ 在 3D 面板上方选择“材质”，选择“前部材质”，在“属性”面板，单击漫射旁边的按钮，在下拉菜单中选择“新建纹理”，如图 2-487 所示，在打开的新文件中，将包装盒前面的图像复制到此文件中，适当变换，保存。返回到立方体文件中，立方体前面已经有了刚才的图像，如图 2-488 所示。

图 2-486　创建立方体

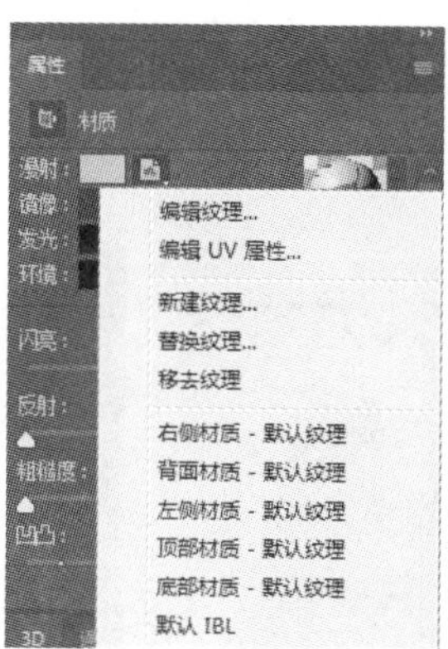

图 2-487　设置材质纹理映射

④ 分别选取右侧、背面、左侧、顶部、底部材质，重复第③步的过程，将包装盒各个平面的图像贴入到立方体中。效果如图 2-489 所示。

⑤ 在 3D 面板上方选择“网格”，在“属性”面板设置取消平均缩放，如图 2-490 所示。将 z 轴设置为 70%，让包装盒扁一些，如图 2-491 所示。

图 2-488　贴入前面图像

图 2-489　贴入包装图效果

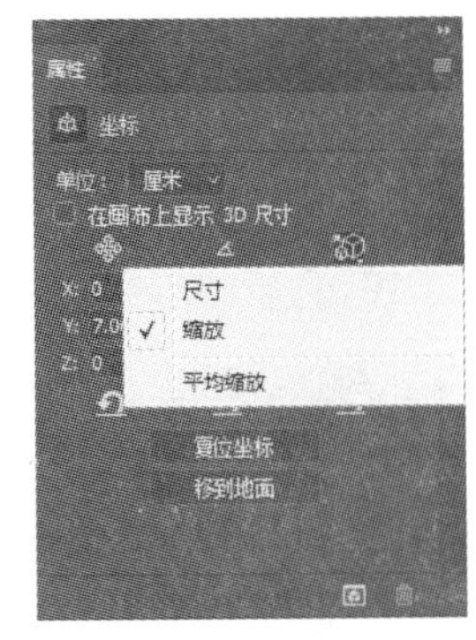

图 2-490　网格属性设置

⑥ 使用 3D 相机工具适当旋转一下包装盒。在 3D 面板上方选择“光源”，适当设置一下无限光源的位置，效果如图 2-492 所示。

⑦ 在“图层”面板，新建一个图层，填充白色，选择“图层 | 新建 | 图层背景”命令，转换为背景图层，如图 2-493 所示。

图 2-491　设置网格效果

图 2-492　调整位置和光源

图 2-493　创建背景

⑧ 选择横排文字工具，输入文字“××服务中心”，红色，华文隶书，110 点，效果如图 2-494 所示。

⑨ 保存文件。

图 2-494　添加文字效果

微视频 2.12

创建立体包装盒

习　题

一、选择题

1. 图像分辨率是指（　　）。

A. 确立组成一幅图像的像素数目　　B. 确定图像显示区域

C. 确定图像的色彩　　D. 确定图像的打印区域

2. 下面（　　）色彩模式不依赖于设备。

A. RGB　　B. CMYK　　C. Lab　　D. 索引颜色

3. CMYK 色彩模式主要用于（　　）。

A. 图像显示　　B. 图像打印与印刷　　C. 图像编辑　　D. 图像模式的转换

4. 下列（　　）的选项栏中“消除锯齿”的选项不可用。

A. 矩形选框工具　　B. 椭圆选框工具　　C. 套索工具　　D. 魔棒工具

5. 下面关于调整图层的说法正确的是（　　）。

A. 选择“图像”/“调整”子菜单中的命令自动创建调整图层

B. 调整图层一旦创建之后不能修改

C. 调整图层只能影响下面相邻图层的色彩

D. 调整图层默认影响在它下面的所有图层的色彩

二、填空题

1. Photoshop 是由美国__________公司推出的专用于图像处理的软件。

2. Photoshop 所特有的一种能保存图层信息的图像文件格式是__________。

3. 矩形选区工具栏的左端有 4 个按钮，它们代表了选区的 4 种运算，分别是__________、__________、__________和__________。

4. 形状工具有__________、__________和__________绘图模式。

5. 在 Photoshop 中常用的自动色彩调整命令有__________、__________、__________等。

三、简答题

1. Photoshop 的界面由哪几部分组成?

2. 选区的作用和目的是什么？如何存储和载入选区?

3. 路径的作用是什么？路径和形状有什么区别?

4. 什么是图层、图层样式、图层混合模式和图层蒙版？它们各有什么用途?

5. Photoshop 有哪几种通道？它们各自存储什么信息?

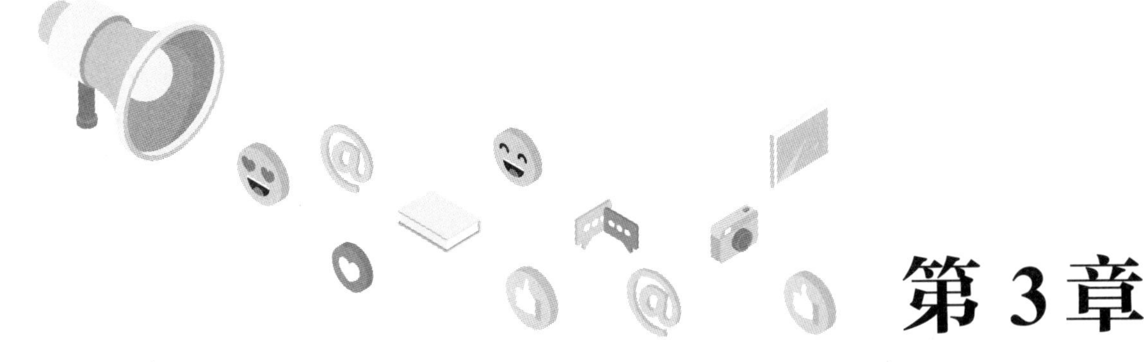

第3章 数字音频的设计与制作

◎ **学习要点：**

- 掌握数字音频的基本概念。
- 掌握声音数字化过程。
- 了解 Adobe Audition CC 的基本工作流程。
- 了解 Adobe Audition CC 的主要功能。
- 掌握 Adobe Audition CC 的编辑方法。
- 掌握音频文件的录制。
- 掌握波形视图模式下音频文件的编辑。
- 掌握多轨会话模式下音频文件的编辑。
- 掌握在 CD 视图模式下创建 CD 的方法。

建议学时：上课 2 学时，上机 6 学时。

3.1 数字音频基本概念

声音（Sound）的物理学概念是振动产生的声波，通过介质（空气、液体或固体）传播并能被人或动物听觉器官所感知的波动现象，通常把发声的物体称为声源。现实中，声音是人类进行交流和认识自然的主要媒体形式，语言、音乐和自然之声构成了声音的丰富内涵，人类被一直包围在丰富多彩的声音世界当中。

听觉器官是人类感知世界的重要器官，人脑通过听觉器官获取声源发出的声音并进行加工处理，最终获取到不同声音中包含的信息。由此可见，声音是携带信息的重要媒体，同时多媒体技术的一个主要分支便是多媒体音频技术。多媒体音频技术的核心技术之一是数字音频信号的处理技术。数字音频信号的处理技术主要包括数字音频信息采样技术和数字音频信号的编辑加工两个方面。其中，数字音频信息采样技术的作用是指将自然界中的声波转换成计算机能够处理的数据音频信号；对数字音频信号的编辑加工则主要表现为编辑、合成、静音、增加混响、调整频率等方面。

3.1.1　音频简介

音频（Audio）是个专业术语，一般用于描述音频范围内和声音有关的设备及其作用。通常，将人类能够听到的所有声音都称为音频，需要特别注意的是除了语言、音乐和自然声音之外，音频也包括噪声等。按照音频存储形式不同，可将音频分为模拟音频和数字音频。

1. 基本概念

（1）模拟音频

模拟音频是指将声波的机械振动转换为电信号，同时将声音的强弱体现在电信号的振幅上，将音调的高低体现在电信号的周期或频率上的音频形式。留声机的胶片、磁带、广播和电视中的声音均是模拟音频的表现形式。模拟音频是随时间连续变化的模拟量，它有 4 个重要指标：

① 振幅（Amplitude）：声波的振幅是指振动物体离开平衡位置的最大距离，振幅是声波能量的体现。模拟音频的振幅通常是指音量，它记录了声波波形的高低幅度，用于描述声音信号的强弱程度，小的振幅表明声音微弱或传输的距离近，大的振幅表明声音很强或传输的距离远。

② 周期（Period）：声波的周期是指两个相邻声波之间的时间长度，即重复出现的时间间隔，以秒（s）为单位。

③ 频率（Frequency）：声波的频率是声源振动的频率，是指每秒经过一个给定点的声波周期的数量，即每秒周期性变化的次数。从频率的定义可知，频率为周期的倒数，以赫兹（Hz）为基本单位或简称为赫。例如，100 Hz 表示每秒经过一个给定点的声波有 100 个周期。

④ 相位（Phase）：声波的相位一般是指左右声道音箱相位。为了再现立体声效果，使放送的声音具有良好的展开感，保证声场均匀，现代音响均采取双声道系统放音。在左右声道音箱同时放音时，如果给左右声道音箱送入同一个推动信号，其扬声器的振动方向应该完全相同；如果扬声器振膜的振动方向正好相反，其发出的声波的振动方向必然相反，相当于左右两音箱发出的声波之间永远存在一个 180° 的相位差，称为左右声道音箱反向。

（2）数字音频

由于模拟音频信号是一种随时间连续变化的电信号，而计算机只能加工处理和存储 0、1 形式的数字信号。因此，由自然音源而得的音频信号必须经过一定的变化和处理，变成二进制数据后才能送到计算机进行再编辑和存储。数字音频首先将音频文件转换，然后再将这些电平信号转换成二进制数据保存。

模拟音频和数字音频在声音的录制、保存、处理和播放有很大不同。模拟音频的录制是将代表声音波形的电信号经转换存储到不同的介质，如磁带、唱片上。在播放时将记录在介质上的信号还原为声音波形，经功率放大后输出。数字音频是将模拟的声音信号变换（离散化处理）为计算机可以识别的二进制数据然后进行加工处理。播放时首先将数字信号还原为模拟信号，经放大后输出。相比而言，数字音频具有存储方便、存储成本低廉、存储和传输过程中没有声音的失真、编辑和处理方便等特点。

2. 声音的基本特点

（1）声音的传播与可听域

声音依靠介质的振动进行传播。声源实际上是一个振动源，它使周围的介质（空气、液体、固体）产生振动，并以波的形式进行传播，人耳如果感觉到这种传播过来的振动，再反映到大脑，就意味着听到了声音。声音在不同介质中的传播速度和衰减率是不一样的，这两个因素导致了声音在不同介质中传播的距离不同。声音按频率可分为 3 种：次声波、人耳可听声波和超声波。人类听觉的声音频率范围为 20 Hz～20 kHz，其上限会随年龄的增加而降低，低于 20 Hz 的为次声波，高于 20 kHz 的为超声波。人说话的声音信号频率通常为 100 Hz～1 kHz，把在这种频率范围内的信号称为语音信号，语音信号的频率范围主要集中在中频。频率范围又称“频域”或“频带”，不同种类的声源的频带也不同。表 3-1 所示为部分常见声源的频带宽度。

表 3-1　部分常见声源的频带宽度

声 源 类 型	频带宽度/Hz
男声	100～9 000
女声	150～10 000
电话声音	200～3 400
电台调幅广播（AM）	50～7 000
电台调频广播（FM）	20～15 000
高级音响设备声音	20～20 000
宽带音响设备声音	10～40 000

从表 3-1 中看出，不同声源的频带宽度差异很大。一般而言，声源的频带越宽表现力越好，层次越丰富。例如，调频广播的声音比调幅广播好、宽带音响设备的重放声音质量（10～40 000 Hz）比高级音响设备好，尽管宽带音响设备的频带已经超出人耳可听域，但正是因为这一点，把人们的感觉和听觉充分调动起来，产生极佳的声音效果。

（2）声音的方向

声音以振动波的形式从声源向四周传播，人类在辨别声源位置时，首先依靠声音到达左、右两耳的微小时间差和强度差异进行辨别，然后经过大脑综合分析而判断出声音来自何方。从声源直接到达人类听觉器官的声音称为“直达声”，直达声的方向辨别最容易。但是，在现实生活中，森林、建筑、各种地貌和景物存在于我们周围，声音从声源发出后，须经过多次反射才能被人们听到，这就是“反射声”。就理论而言，反射声在很大程度上影响了方向的准确辨别。但令人惊讶的是，这种反射声不会使人类丧失方向感，在这里起关键作用的是人类大脑的综合分析能力。经过大脑的分析，不仅可以辨别声音的来源，还能丰富声音的层次，感觉声音的厚度和空间效果。

3. 声音的三要素

声音的三要素是音调、音色和音强。就听觉特性而言，声音质量的高低主要取决于该三要素。

（1）音调（Pitch）——代表声音频率的高低

音调与频率有关，声音振动得越快发出声音的音调就越高，反之亦然。音调的高低还与发声体的结构有关，因为发声体的结构影响了声音的频率。人们都有这样的经验，提高电唱机的转速时，唱盘旋转加快，声音信号的频率提高，其唱盘上声音的音调也提高了。同样，在使用音频处理软件对声音的频率进行调整时，也可明显感到音调随之而产生的变化。各种不同的声源具有自己特定的音调，如果改变了某种声源的音调，则声音会发生质的转变，使人们无法辨别声源本来的面目。

声音分纯音和复音两种类型。所谓纯音，是指振幅和周期均为常数的声音；复音则是具有不同频率和不同振幅的混合声音，大自然中的声音大部分是复音。在复音中，最低频率的声音是“基音”，它是声音的基调。其他频率的声音称为“谐音”，也称泛音。基音和谐音是构成声音音色的重要因素。

（2）音色（Timbre）——具有特色的声音

音色是人们区别具有同样响度、同样音调的两种声音之所以不同的特性，或者说是人耳对各种频率、各种强度的声波的综合反映。音色也称音品，波形决定了声音的音色。声音因不同物体材料的特性而具有不同特性，音色本身是一种抽象的东西，而波形是把这个抽象的东西直观地表现出来。音色不同，波形则不同。典型的音色波形有方波、锯齿波、正弦波、脉冲波等。不同的音色，通过波形完全可以分辨。各种声源都具有自己独特的音色，例如，各种乐器的声音、每个人的声音、各种生物的声音等，人们就是依据音色来辨别声源种类的。

（3）音强——声音的强度

音强也称为声音的响度（Loudness），常说的“音量”也是指音强。音强与声波的振幅成正比，振幅越大，强度越大。音强还由人和音源的距离决定，人和声源的距离越小，响度越大。唱盘、CD 激光盘以及其他形式声音载体中的声音强度是一定的，通过播放设备的音量控制，可改变聆听时的响度。如果要改变原始声音的音强，可把声音数字化以后，使用音频处理软件提高音强。

4. 声音的频谱

声音的频谱有线性频谱和连续频谱之分。线性频谱是具有周期性的单一频率声波；连续频谱是具有非周期性的带有一定频带所有频率分量的声波。纯粹的单一频率的声波只能在专门的设备中创造出来，声音效果单调而乏味。自然界中的声音几乎全部属于非周期性声波，该声波具有广泛的频率分量，听起来声音饱满、音色多样、具有生气。

5. 声音的质量

“音质”是指声音的质量，可以简单地理解为对录制现场声音的还原，或者对作品精细程度的表达，通常音质的好坏与音色和频率范围有关。悦耳的音色、宽广的频率范围，能够获得非常好的音质。影响音质的因素有很多，常见的有：

① 对于数字音频信号，音质的好坏与数据采样频率和数据位数有关。采样频率越低，位数越少，音质越差。

② 音质与声音还原设备有关。音响放大器和扬声器的质量能够直接影响重放的音质。

③ 音质与信号噪声比有关。在录制声音时，音频信号幅度与噪声幅度的比值越大越好，否则声音被噪声干扰，会影响音质。

6. 声音的连续时基性

声音在时间轴上是连续信号，具有连续性和过程性，属于连续时基性媒体形式。构成声音的数据前后之间具有强烈的相关性。除此之外，声音还具有实时性。对处理声音的硬件和软件提出很高的要求。

3.1.2　声音的数字化

1. 声音的数字化过程

自然界中的声音是具有一定的振幅和频率且随时间变化的声波，通过传声器或录音设备等转化装置可将其变成相应的电信号，即模拟音频，但模拟音频是随时间连续变化的模拟信号，不能由计算机直接进行处理，必须先对其进行数字化，即将模拟音频信号经过模数转换器（A/D）变换成计算机所能处理的数字音频信号，然后利用计算机进行存储、编辑或处理。现在几乎所有的专业化声音录制、处理都是数字的。在数字声音回放时，由数模转换器（D/A）将数字声音信号转换为实际的模拟声波信号，经放大由扬声器播出，如图 3-1 所示。

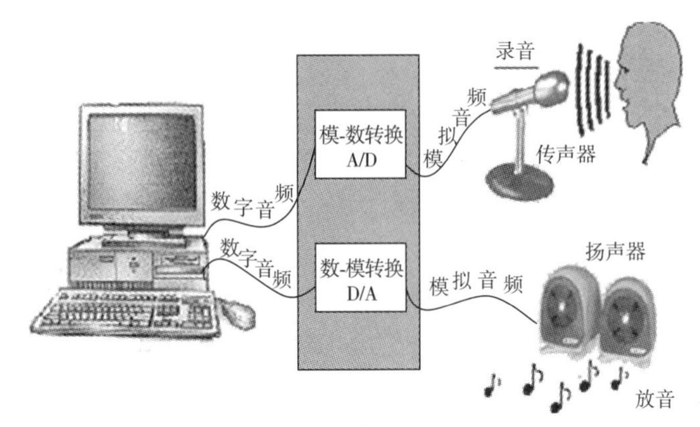

图 3-1　声音的数字化和回放过程示意图

把声音的模拟信号转变为声音的数字信号的过程称为声音的数字化，它是通过对声音信号进行采样、量化和编码来实现的，如图 3-2 所示。

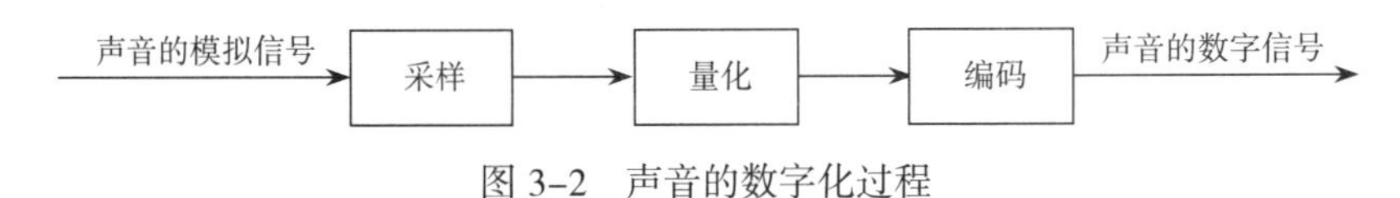

图 3-2　声音的数字化过程

① 采样：指在时间轴上对信号数字化，图 3-3 所示为声音的采样过程。

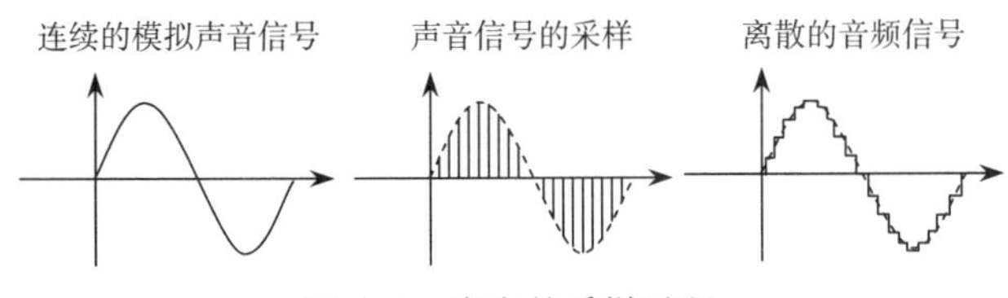

图 3-3　声音的采样过程

② 量化：在幅度轴上对信号数字化。

③ 编码：按一定格式记录采样和量化后的数字数据。

2. 声音数字化的主要技术指标

（1）采样频率

采样频率又称取样频率，是指将模拟声音波形转换为数字音频时，每秒所抽取声波幅度样本的次数。采样频率越高，经过离散数字化的声波越接近于其原始的波形，也就意味着声音的保真度越高，声音特征复原得越好。当然，所需要的信息存储量也越多。

（2）量化位数

量化位数又称取样大小，它是每个采样点能够表示的数据范围。量化位数的大小决定了声音的动态范围，即被记录和重放的声音最高与最低之间的差值。量化位数越高，声音还原的层次越丰富，表现力越强，音质越好，但数据量也越大。例如，16 位量化，即在最高音和最低音之间有 65 536 个不同的量化值。表 3-2 所示为量化位数和声音的动态范围。

表 3-2　量化位数和声音的动态范围

量化位数	量化值	动态范围/dB	应用
8	256	48～50	数字电话
16	65536	96～100	CD-DA

（3）声道数

声道数是指所使用的声音通道的个数，它表明声音记录只产生一个波形（即单音或单声道）还是两个波形（即立体声或双声道）。立体声听起来要比单音丰满优美，更能反映人的听觉感受，但需要两倍于单音的存储空间。

3.1.3　数字音频的质量与数据量

通过对上述 3 个影响声音数字化质量因素的分析，可以得出声音数字化数据量的计算公式：

数据率（bit/s）=采样频率（Hz）×量化位数（bit）×声道数

根据上述公式，可以计算出不同采样频率、量化位数和声道数的各种组合情况下的数据量。表 3-3 所示为声音质量和数字音频参数的关系。

表 3-3　声音质量和数字音频参数的关系

采样频率/kHz	数据位数/bit	声道形式	数据量/（KB/s）	音频质量
8	8	单声道	8	一般质量
	8	立体声	16	
	16	单声道	16	
	16	立体声	31	
11.025	8	单声道	11	电话质量
	8	立体声	22	
	16	单声道	22	
	16	立体声	43	
22.05	8	单声道	22	收音质量
	8	立体声	43	
	16	单声道	43	
	16	立体声	86	
44.1	8	单声道	43	
	8	立体声	86	
	16	单声道	86	
	16	立体声	172	CD 质量

由计算结果看出，音质越好，音频文件的数据量越大。为了节省存储空间，通常在保证基本音质的前提下，尽量采用较低的采样频率。

3.1.4 数字音频压缩标准

1. 数字音频压缩编码概述

将量化后的数字声音信息直接存入计算机将会占用大量的存储空间，需要对数字化后的音频信号进行压缩编码，使其成为具有一定字长的二进制数字序列，并以这种形式在计算机内传输和存储。声音信号中存在着很大的冗余度，通过识别和去除这些冗余数据，便能达到压缩的目的。音频信号的压缩编码主要分为有损压缩编码和无损压缩编码两大类，其中无损编码包括各种熵编码，它不会造成数据的失真；有损编码可分为 3 类，即波形编码、参数编码和混合型编码。

（1）熵编码

熵编码即编码过程中按熵原理不丢失任何信息的编码。信息熵为信源的平均信息量（不确定性的度量）。常见的熵编码有行程编码、哈夫曼（Huffman）编码和算术编码。

（2）波形编码

波形编码主要利用音频采样值的幅度分布规律和相邻采样值间的相关性进行压缩，目标是力图使重构的声音信号的各个样本尽可能地接近于原始声音的采样值。这种编码保留了信号原始采样值的细节变化，即保留了信号的各种过渡特征，因而复原的声音质量较高。波形编码技术有脉冲编码调制（PCM）、自适应增量调制（ADM）和自适应差分脉冲编码调制（ADPCM）等。

（3）参数编码

参数编码是一种对语音参数进行分析合成的方法。语音的基本参数是基音周期、共振峰、语音谱、声强等，如果能得到这些语音基本参数，就可以不对语音的波形进行编码，而只要记录和传输这些参数就能实现声音数据的压缩。这些语音基本参数可以通过分析人的发音器官的结构及语音生成的原理，建立语音生成的物理或数学模型通过实验获得。得到语音参数后，就可以对其进行线性预测编码（Linear Predictive Coding，LPC）。

（4）混合型编码

混合型编码是一种在保留参数编码技术的基础上，引用波形编码准则去优化激励源信号的方案。混合型编码充分利用了线性预测技术和综合分析技术，其典型算法有：码本激励线性预测（CELP）、多脉冲线性预测（MP-LPC）、矢量和激励线性预测（VSELP）等。

2. 音频编码标准

（1）电话质量的音频压缩编码技术标准

电话质量语音信号频率规定在 200 Hz～3.4 kHz，采用标准的脉冲编码调制（PCM）。当采样频率为 8 kHz，进行 8 bit 量化时，所得数据传输速率为 64 Kbit/s。1972 年，CCITT 制定了 PCM 标准 G.711，传输速率为 64 Kbit/s，采用非线性量化，其质量相当于 12 bit 线性量化。此后制定了一系列语音压缩编码标准，如表 3-4 所示。

表 3-4 ITU 指定的电话质量语音压缩标准

标　准	说　明
G.711	采用 PCM 编码，采样频率为 8 kHz，量化位数 8 位，传输速率为 64 Kbit/s
G.721	自适应差分脉冲编码调制 ADPCM 标准 G.721，传输速率为 32 Kbit/s
G.723	基于 ADPCM 的有损压缩标准，传输速率为 24 Kbit/s
G.728	短时延码本激励线性预测编码 LD-CELP 标准，传输速率为 16 Kbit/s

（2）调幅广播质量的音频压缩编码技术标准

调幅广播质量音频信号的频率在 50 Hz～7 kHz 范围。CCITT 在 1988 年制定了 G.722 标准。G.722 标准是采用 16 kHz 采样、14 bit 量化，信号传输速率为 224 Kbit/s，信号传输速率可被压缩成 64 Kbit/s。因此，利用 G.722 标准可以在窄带综合服务数据网 N-ISDN 中的一个 B 信道上传送调幅广播质量的音频信号。

（3）高保真度立体声音频压缩编码技术标准

高保真立体声音频信号频率范围是 50 Hz～20 kHz，采用 44.1 kHz 采样频率，16 bit 量化进行数字化转换，其数据传输速率每声道达 705 Kbit/s。

1991 年，国际标准化组织 ISO 和 CCITT 开始联合制定 MPEG 标准，"MPEG 音频标准"成为国际上公认的高保真立体声音频压缩标准。MPEG 音频标准提供了 3 个独立的压缩层次：第一层编码器的输出速率为 384 Kbit/s，主要用于小型数字合成式磁带；第二层编码器的输出速率为 192～256 Kbit/s，主要用于数字广播、数字音乐、CD-I 以及 VCD 等；第三层编码器的输出速率为 64 Kbit/s，主要用于 ISDN 上的声音传播。

3.1.5　数字音频文件格式

数字音频数据是以文件的形式保存在计算机中，所以数字音频文件格式专指存放音频数据的文件格式。数字音频文件的格式与音频文件的编码不同，通常音频文件仅支持一种音频编码，但也有的音频文件格式可以支持多种编码，例如 AVI 文件格式。当前主要的音频文件格式可以划分为无损格式和有损格式两种，其中无损格式主要有 WAVE、FLAC、APE 等，有损格式主要有 MP3、WMA、RA 等。专业数字音乐工作者一般都使用非压缩的 WAVE 格式进行操作，而普通用户更乐于接受压缩率高、文件容量相对较小的 MP3 或 WMA 格式。

1. 无损数字音频格式

（1）WAVE 格式

这是 Microsoft 和 IBM 共同开发的 PC 标准声音格式。由于没有采用压缩算法，因此无论进行多少次修改和剪辑都不会失真，而且处理速度也相对较快。这类文件最典型的代表就是 PC 上的 Windows PCM 格式文件，它是 Windows 操作系统专用的数字音频文件格式，扩展名为 wav，即波形文件。

对波形文件的支持是迄今为止最为广泛的，几乎所有的播放器都能播放 WAVE 格式的音频文件，而电子幻灯片、多媒体工具软件都能直接使用。但是，波形文件的数据量比较大，其数据量的大小直接与采样频率、量化位数和声道数成正比。

（2）FLAC 格式

FLAC（Free Lossless Audio Codec，无损音频压缩编码）是一套著名的免费音频压缩编码，其最大的特点是无损压缩。FLAC 采用专门针对音频的特点设计的压缩方式，在保证音频文件完整性的同时为用户提供更大的压缩比率。同时，FLAC 是免费的并且支持大多数的操作系统，包括 Windows、UNIX 和 Linux 等。

（3）APE 格式

APE 是一种无损压缩音频格式，它以更精练的记录方式来缩减体积。通常，APE 的文件大小大为 WAV 的一半，但还原后数据与 WAV 文件一样，从而保证了文件的完整性。相比同类文件格式 FLAC，APE 有查错能力但不提供纠错功能，以保证文件的无损和纯正；其另一个特色是压缩率约为55%，比FLAC高，体积大概为原CD的一半，便于存储。

（4）CD格式

CD是当今音质较好的音频格式，其文件扩展名为“*.CDA”。标准CD格式也就是44.1 kHz的采样频率，速率88.2 KB/s，16位量化位数。因为CD音轨可以说是近似无损的，因此它的声音基本上是忠于原声的。*.cda文件只是一个索引信息，并不是真正的包含声音信息，所以不论CD音乐的长短，在计算机上看到的*.cda文件都是44字节长。

2. 有损数字音频格式

（1）MP3格式

MP3（MPEG Audio Layer 3）文件是按MPEG标准的音频压缩技术制作的数字音频文件，是一种有损压缩文件。MP3是利用人耳对高频声音信号不敏感的特性，将时域波形信号转换成频域信号，并划分成多个频段，对不同的频段使用不同的压缩率，对高频加大压缩比（甚至忽略信号）对低频信号使用小压缩比，保证信号不失真，从而将声音用1∶10甚至1∶12的压缩率压缩。由于这种压缩方式的全称为MPEG Audio Layer3，所以人们把它简称为MP3。

（2）WMA格式

WMA文件是Windows Media格式中的一个子集，而Windows Media格式是由Microsoft Windows Media技术使用的格式，包括音频、视频或脚本数据文件，可用于创作、存储、编辑、分发、流式处理或播放基于时间线的内容。WMA是Windows Media Audio的缩写，表示Windows Media音频格式。WMA文件可以在保证只有MP3文件一半大小的前提下，保持相同的音质。现在的大多数MP3播放器都支持WMA文件。

（3）RA格式

RA格式是Real Audio的简称，是Real Network推出的一种音频压缩格式，其压缩比可达96∶1，因此在网上比较流行。其最大特点是可以采用流媒体的方式实现网上实时播放。

3. MIDI格式

严格地说，MIDI与上面提到的声音格式不是同一族，因为它不是真正的数字化声音，而是一种计算机数字音乐接口生成的数字描述音频文件，扩展名为mid。该格式文件本身并不记载声音的波形数据，而是将声音的特征用数字形式记录下来，是一系列指令。MIDI音频文件主要用于计算机声音的重放和处理，其特点是数据量小。

4. 格式转换软件

（1）狸窝全能视频转换器

狸窝全能视频格式转换器是一款功能强大、界面友好的全能型音视频转换及编辑工具。它几乎支持所有流行的音视频格式的任意转换，其最新版本主要支持的音频格式有aac、ac3、aiff、amr、m4a、mp2、mp3、ogg、ra、au、wav、wma、mka、flac（无损）、wav（无损）等。狸窝全能视频格式转换器支持将有损格式（如MP3）转换为无损格式（如WAVE），但是转换后的音频并不是真正的无损格式，其中被损失掉的信息仍然是丢失的。

（2）Ease Audio Converter

Ease Audio Converter适用于无损音频文件与有损音频文件之间的转换。通过该软件可以将任何格式的音频文件转换为WAVE格式，或者将WAVE转换为任何一种有损压缩格式。由于它可以将音频文件转换为CD格式的WAVE文件，因此可以利用该软件来创建用户自己的音频CD。

（3）Super Video to Audio Converter

Super Video to Audio Converter 是一个从影视艺术的视频文件中提取其中音频文件的工具软件。目前，它支持提取的视频格式包括 AVI、MPEG、VOB、MOV、RM/RMVB、DAT 和 ASF 等。提取出的音频文件可以保存为无损的 WAVE 格式，也可以保存为有损的 WMA、MP3 或 OGG 格式。

3.2 Adobe Audition CC 简介

Adobe Audition CC 是一个专业音频编辑和混合软件。2003 年，Adobe 公司收购了 Syntrillium 公司的专业级音频后期编辑软件 Cool Edit Pro，并将其更名为 Audition。之后不断进行版本的升级，如 Adobe Audition 1.5、Adobe Audition 2.0、Adobe Audition 3.0、Adobe Audition CS4、Adobe Audition CC 2018 等。Adobe Audition 专为在照相室、广播设备和后期制作设备方面工作的音频和视频专业人员设计，可提供先进的音频混合、编辑、控制和效果处理功能。同时 Adobe Audition 还完善了各种音频编码格式接口。

3.2.1 Adobe Audition CC 2018 的新功能及系统要求

1. Adobe Audition CC 2018 的新功能

① 改进的 Premiere Pro 序列导入，可以直接将序列从 Premiere Pro 项目导入 Audition。从 Premiere Pro 导入的这些序列不需要渲染，而是使用原始媒体，因此可节省渲染时间。

② 新的“轨道”面板，用户可以显示或隐藏轨道或轨道组，同时还可以创建自己的首选轨道组，并将其保存为预设，以获得个性化的多轨编辑体验。

③ 整合的媒体容器，导入媒体文件可将其中的音频和视频通道作为单个整合的媒体容器导入。此容器显示在“文件”面板中。可使用下拉选项查看单独列出的所有视频和音频通道。

④ 新的载入视频，通过新的启动屏幕将引导初学者通过不同方式了解此应用，包括导入序列以及 Audition 的各种可能的使用方式。

⑤ 不再支持 Quicktime 7 era 格式和编解码器。

⑥ 增加了 Audition User Voice 社区。

2. Adobe Audition CC 2018 系统要求

Adobe Audition CC 2018 对系统的运行环境有一定的要求，在安装前应先检查计算机系统的配置情况。

① 处理器：具有 64 位支持的多核处理器。

② 操作系统：Microsoft® Windows® 7 Service Pack 1（64 位）、Windows 8.1（64 位）或 Windows 10（64 位）。注：Windows 10 版本 1507 不受支持。

③ 4 GB 以上内存。

④ 4 GB 可用硬盘空间，安装过程中需要额外可用空间（无法安装在可移动闪存设备上）。

⑤ 1 920 × 1 080 或更大的显示屏，支持 OpenGL 2.0 的系统。

⑥ ASIO 协议、WASAPI 或 Microsoft WDM/MME 兼容声卡。

⑦ 外部操纵面支持可能需要 USB 接口和/或 MIDI 接口。

⑧ 可选：用于刻录 CD 的光驱。

⑨ 必须具备 Internet 连接并完成注册，才能激活软件、验证订阅和访问在线服务。

3.2.2 Adobe Audition CC 2018 的界面环境

启动 Adobe Audition CC 2018，打开 Adobe Audition CC 2018 的工作界面，如图 3–4 所示。

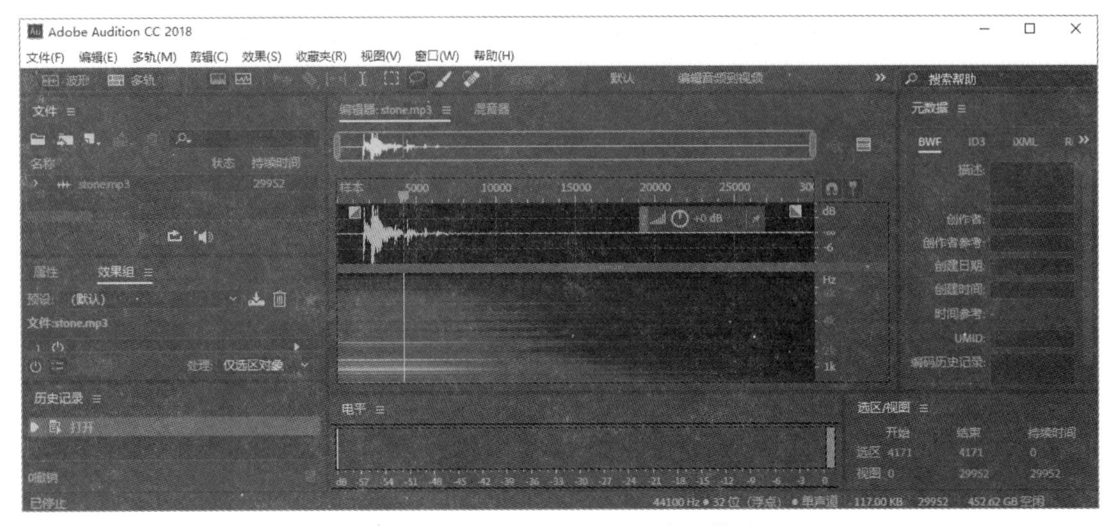

图 3–4　Adobe Audition CC 2018 的工作界面

1. Adobe Audition CC 2018 的 3 种视图模式

（1）波形视图

波形视图是为编辑单轨波形文件设置的界面，利用该视图可以处理单个的音频文件。图 3–4 所示为“波形视图”下的工作区界面显示。

（2）多轨会话

多轨会话可以对多个音频文件进行混音，来创作复杂的音乐或制作视频音轨，如图 3–5 所示。

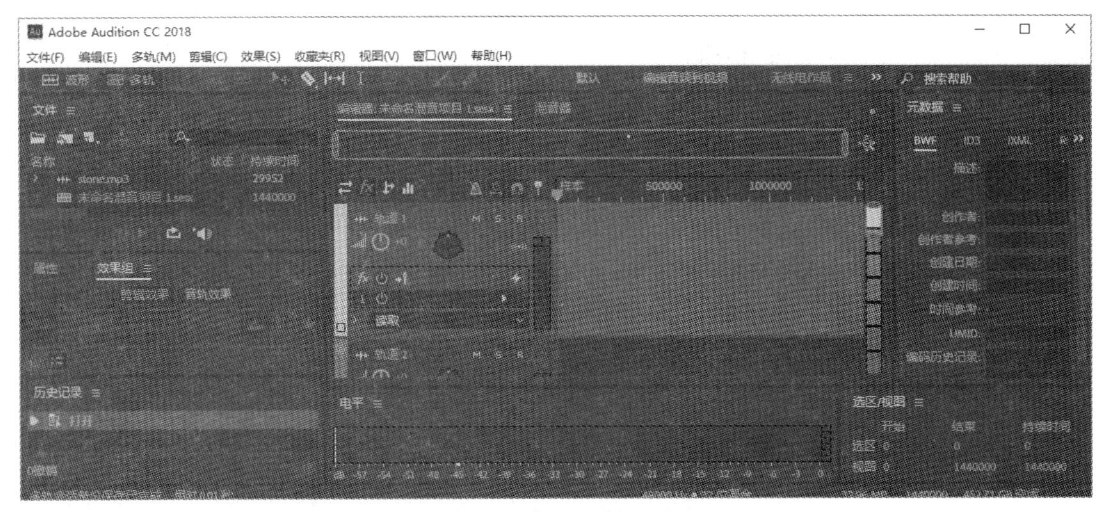

图 3–5　“多轨会话”界面

（3）CD 视图

CD 视图可以集合音频文件，并将其转化为 CD 音轨，该视图主要用于刻录数字音频 CD，如图 3–6 所示。

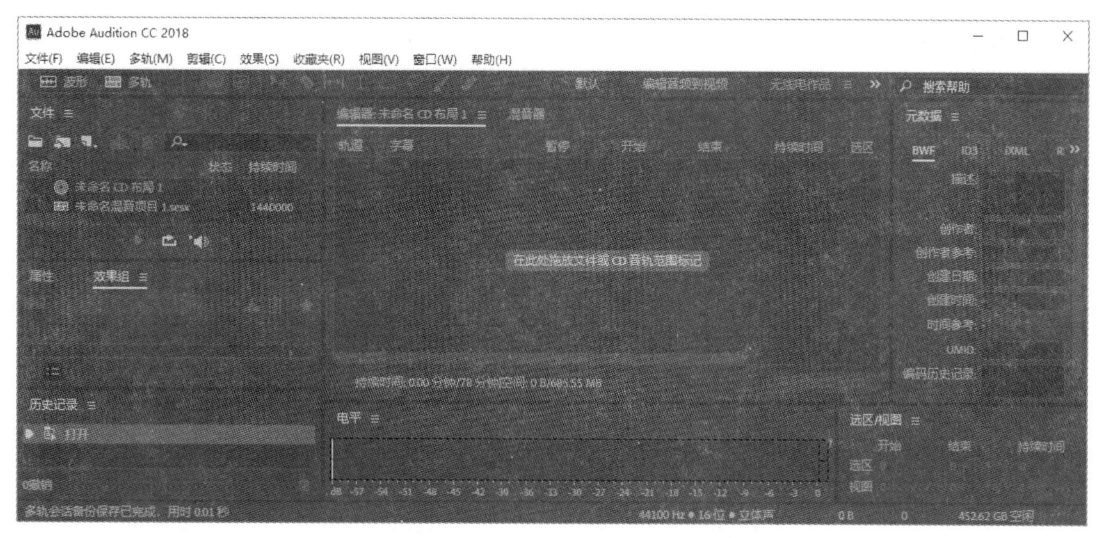

图 3-6　CD 视图界面

2. 常用的工作面板

①“文件”面板：用于对“打开”或“导入”的文件进行管理，如图 3-7 所示。“文件”面板上主要按钮的名称和作用如表 3-5 所示。

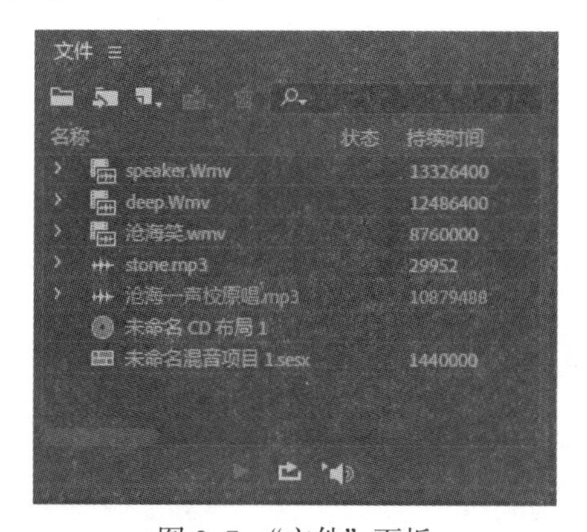

图 3-7　“文件”面板

表 3-5　“文件”面板主要按钮的名称和作用

序　号	图　标	名　称	作　用
1		打开文件	打开“打开文件”对话框，将文件导入并在“编辑”窗口将其打开
2		导入文件	打开“导入”对话框，导入一个或多个素材文件
3		新建文件	新建音频文件、多轨会话或 CD 布局
4		插入进多轨会话	将选中的文件按顺序加入到多轨编辑窗口的轨道中
5		关闭文件	关闭选中的文件
6		播放文件	播放选中的文件
7		循环播放	循环播放选中文件
8		自动播放	自动播放选中文件

②“效果组”面板：列出了所有可以使用的音频特效。面板底端有两个分类按钮，可以对效果进行不同的分类编组，如图 3–8 所示。

③“历史记录”面板：使用“历史记录”面板可以方便地进行操作过程的恢复，如图 3–9 所示。

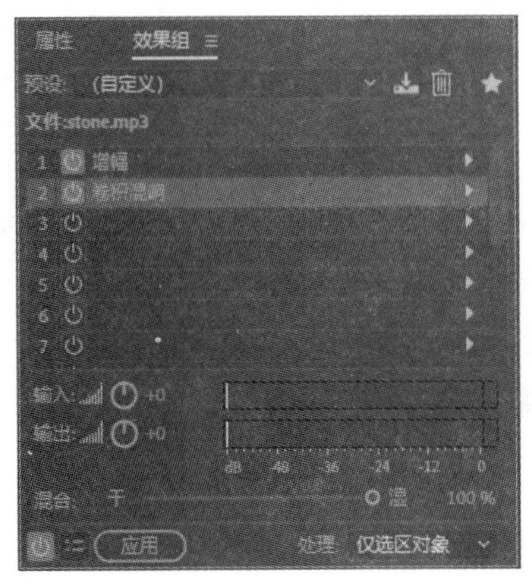

图 3–8 “效果组”面板

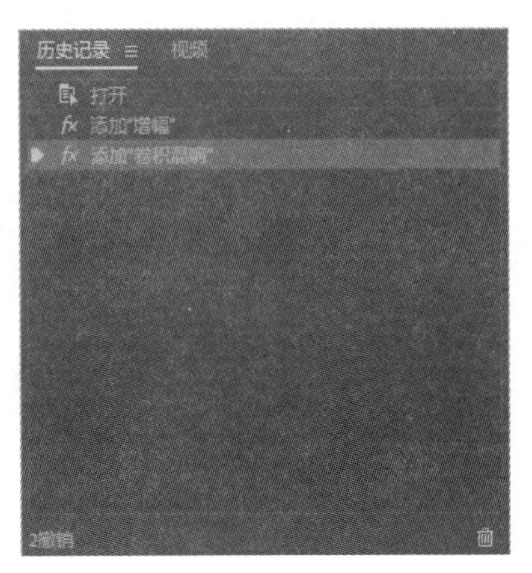

图 3–9 “历史记录”面板

④“编辑器”面板：它是 Audition 的主要工作面板，在该面板中可以对文件以不同的形式进行编辑处理。选择“视图”菜单下的“频谱显示”“显示频谱音调”等命令，在“编辑器”面板中将以不同的形式显示文件内容。在“编辑”上方的矩形长条是显示范围区，矩形框表示声音波形的时间总长，透明条表示当前显示在波形显示区的波形在整个声音波形中的位置和长度。可以使用水平缩放工具或右击绿条改变透明条的长度，也就改变了波形显示的范围。在“编辑器”面板的下方是播放点时间显示设置按钮一组控制播放和录音的按钮和一组用来对音频波形或音频轨道进行水平方向和垂直方向的缩放的按钮，如图 3–10 所示。

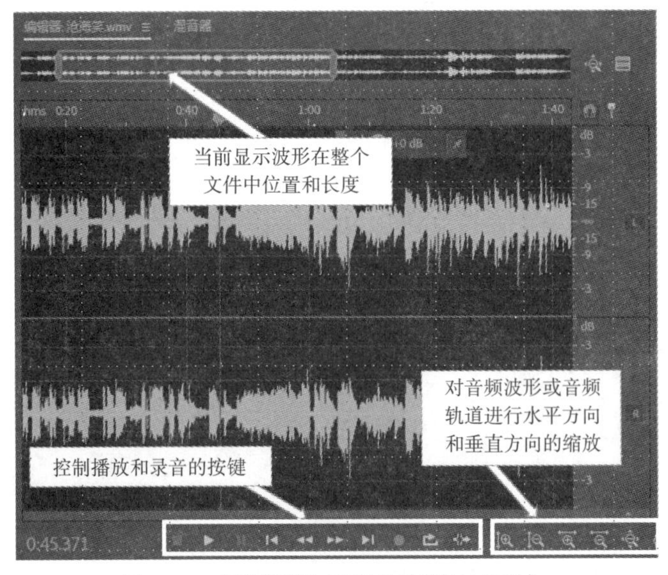

图 3–10 “编辑器”面板的波形显示区域

⑤“选区/视图”面板：该面板可以精确地选择或查看音频或音轨的开始位置、结束位置以及长度。图 3–11（a）是根据需要设置的选择和查看范围，图 3–11（b）是编辑中的相应波形显示。

（a）“选区/视图”面板

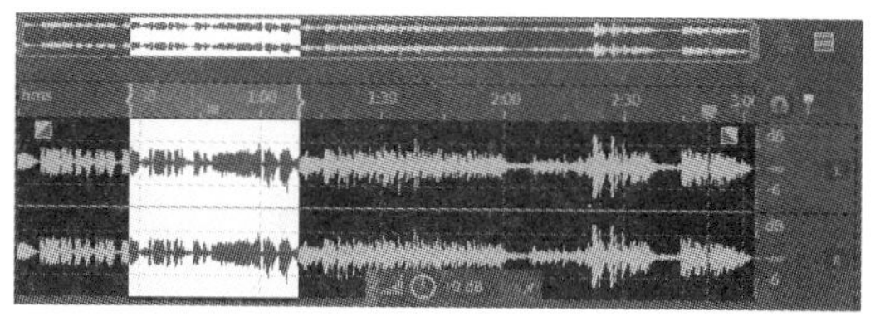

（b）编辑中的波形

图 3-11　“选区/视图”面板及编辑中的波形

⑥“电平”面板：显示当前正在播放或记录文件的波形峰值，下方是音量的显示轴，以绝对分贝数度量，最大值规定为绝对 0 dB，如图 3-12 所示。

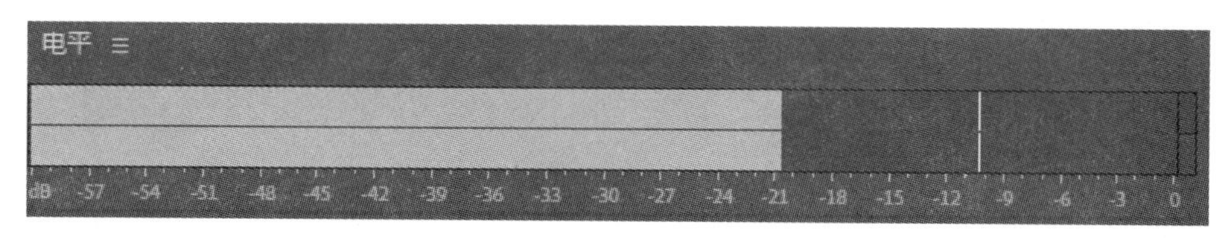

图 3-12　“电平”面板

⑦ 状态栏：在窗口的底端，用来显示文件的采样频率、量化位数、声道数、未压缩音频文件大小、持续时间、剩余空间等信息，如图 3-13 所示。

图 3-13　状态栏

3.2.3　Adobe Audition CC 2018 的基本工作流程

Adobe Audition CC 2018 的基本工作流程可以分以下几个步骤：

1. 新建或打开文件

启动 Adobe Audition CC 2018 后，选择“新建音频文件”或“新建多轨会话项目”；或者选择“打开音频文件”或“打开多轨会话项目”。

2. 录音

根据需要在不同的视图模型下，录制说明文字或者配音。

3. 编辑处理音频文件

根据需要切换到不同的视图模式下进行音频文件的编辑和处理。

4. 添加音频特效

通过添加音频特效更好地渲染音频内容。

5. 混合音频

将来源不同的音频内容进行混合，对各个音频轨道上的音频片段进行位置、均衡等方面的处理，使所有声效达到和谐统一。

6. 导出音频

将合成的音频内容导出为指定的音频文件格式。

3.3 开启音频处理第一步——录音

3.3.1 录音工作的基本流程

在 Adobe Audition CC 2018 中进行录音，需要遵循以下基本流程：

① 确保录音中使用的硬件已经正确连接，录音中使用的硬件包括录音的传声器、音频连接线、计算机的声卡等。

② 通过 Windows 操作系统的控制面板来设置声卡的录音选项，需要设置录音来源、音源的音量等参数。

③ 录音时，采用先试录、再正式录音的顺序，这样可以保证获得平稳的录音电平，同时在录音开始前需要录制一段 2 s 左右的环境噪音，便于录音文件的降噪处理。

3.3.2 录制声音

在 Adobe Audition CC 2018 中进行录音，既可以在“波形视图”模式下进行单轨录音，也可以在“多轨会话”模式下通过多轨录音来完成。

1. 检查音频硬件设置

启动 Adobe Audition CC 2018，选择“编辑 | 首选项 | 音频硬件”命令，打开“音频硬件”对话框（见图 3-14），图中的默认输入和输出项已被激活，说明硬件已经准备好可以录音了。

在录音过程中，若要调整音频电平的高低，可以在 Windows 7 操作系统下从“控制面板”启用“Realtek 高清晰音频管理器”来调整各项录音来源的电平高低，如图 3-15 所示。

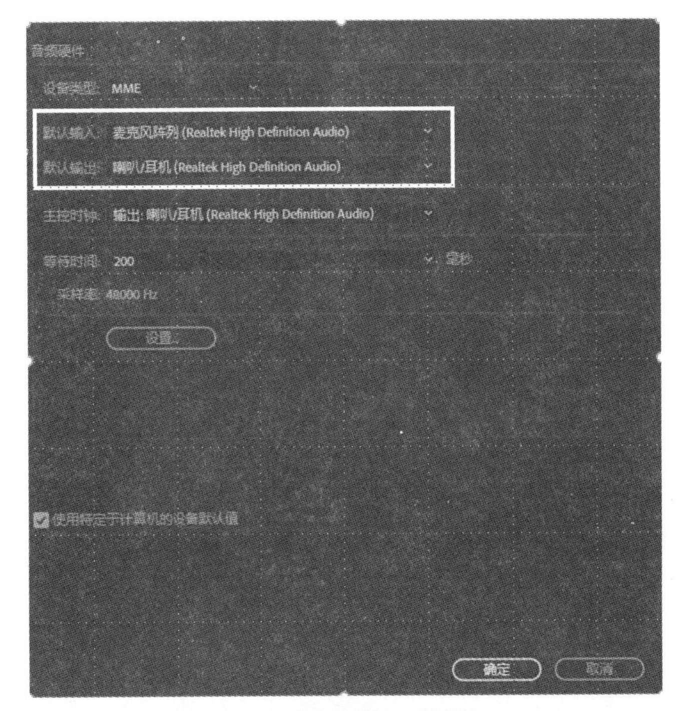

图 3-14 “音频硬件”对话框

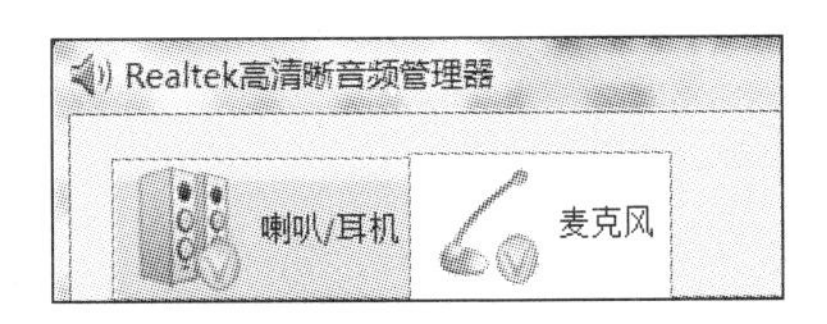

图 3-15 Realtek 高清晰音频管理器

2. 在“波形视图”模式下进行单轨录音

（1）新建文件

将传声器与计算机声卡的 Microphone 接口相连接。单击工具栏上的“波形视图”模式按钮，或者直接按键盘上的数字【9】键，也可以使用命令“文件 | 新建 | 音频文件”，在“新建音频文件”对话框中选择文件的名称、采样率、声道以及位深度（量化位数）等信息，单击“确定”按钮，如图 3-16 所示。

（2）开始录音

单击“编辑器”面板上的“录音”按钮，开始录音。录音结束后单击“编辑器”面板上的“停止”按钮。录制好的音频文件将自动添加到“文件”面板中，如图 3-17 所示。选择“文件 | 另存为”命令，指定文件的保存路径和名称，保存新建的声音文件。

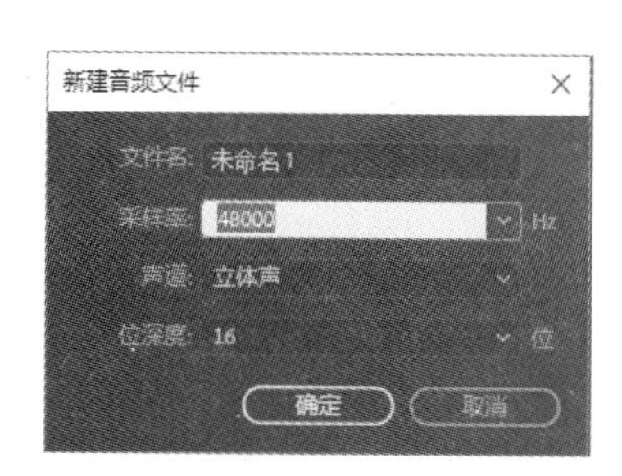

图 3-16　“新建音频文件”对话框

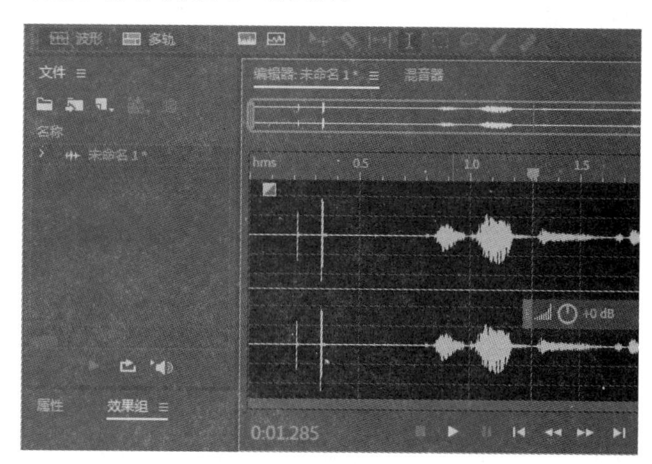

图 3-17　“波形视图”模式下的录音

3. 在“多轨会话”模式下进行多轨录音

多轨录音常用在录制配音、配唱等场合，要求一边播放一边录音。可以先将要播放的内容放置在一个音频轨道上，然后选择另外一个音频轨道进行录音。

（1）新建文件

启动 Adobe Audition CC 2018，将传声器与计算机声卡的 Microphone 接口相连接。单击工具栏上的“查看多轨会话项目”模式按钮，或者直接按键盘上的数字【0】键，也可以选择“文件 | 新建 | 多轨会话”命令，在“新建多轨会话”对话框（见图 3-18）中选择混音项目的名称、位置、模板、采样频率、位深度以及主控音频类型等信息，单击“确定”按钮，如图 3-19 所示。

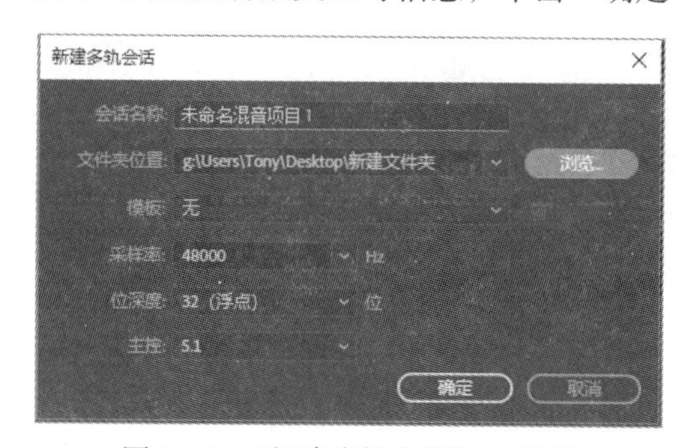

图 3-18　“新建多轨会话”对话框

（2）开始录音

在“编辑器”面板选取某个录音轨道，单击某音频轨道的“录制准备”按钮R，然后单击面板下方“录制”按钮开始录音。录音结束后单击”编辑器”面板上的“停止”按钮。录制好的音频文件将自动添加到“文件”面板中，如图 3–19 所示。录制好的文件将自动添加到“文件”面板中，同时被保存到与项目文件同目录的名为“×××_Recorded”文件夹中。

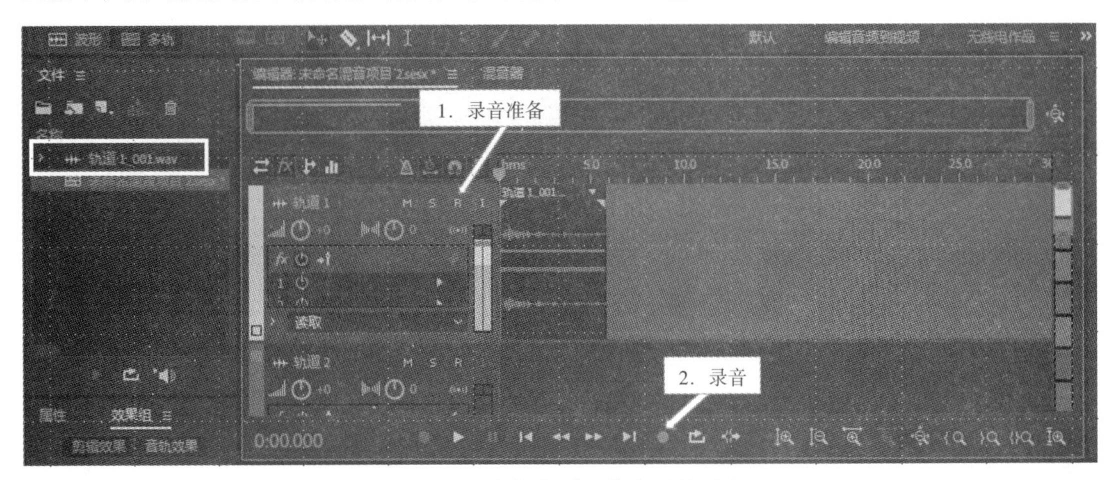

图 3–19 “多轨会话”模式下的录音

3.3.3 循环录音

循环录音是指在可视范围内或指定的范围内进行循环的录音方式，每次录音都将自动产生一个音频文件。录制好的文件将自动添加到“文件”面板中，同时被保存到与项目文件同目录的名为“×××_Recorded”的文件夹中。循环录音只能在“多轨会话”下完成。

① 选择录音轨道，单击工具栏上的“时间选区工具”，选取一段要循环录音的区域，或者在“选区/视图”面板上输入选择区域的精确位置，如图 3–20 所示。

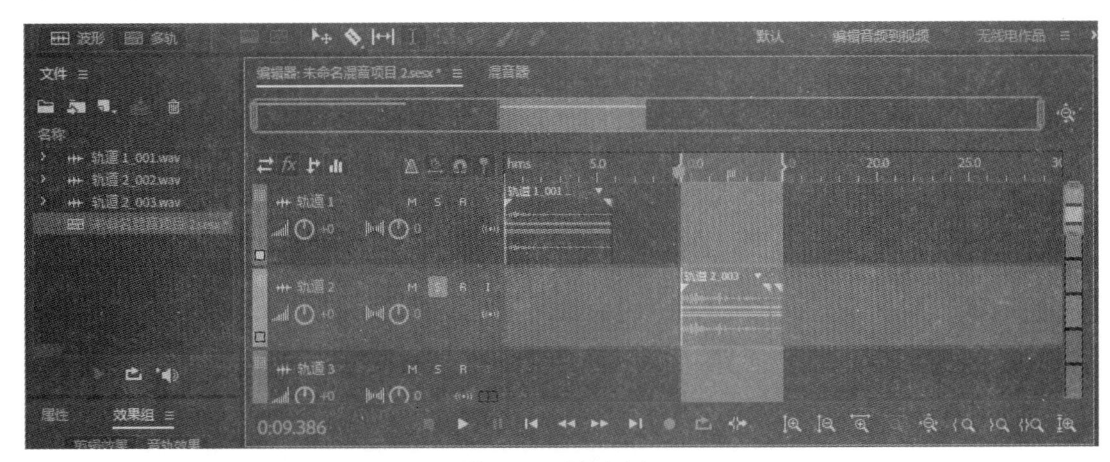

图 3–20 循环录音

② 选择录音轨道的“录制准备”按钮和“独奏”按钮准备录音。

③ 右击“编辑器”面板上的“循环播放”按钮和“录制”按钮开始录音。

当录音结束后播放线的位置重新回到选区的起始位置，再次单击“录制”按钮开始下一次录音。系统不断重复在选定的区域进行录音，每次录音的结果出现在“文件”面板中，如图 3-20 所示。保存到项目文件同目录的名为“×××_Recorded”的文件夹中。

所有录制的音频文件都被自动放置到一个音频轨道上，单击工具栏上的“移动工具”，将它们移动到不同的音频轨道上。单击”编辑器”面板中的“循环播放”按钮。分别单击每个轨道的“独奏”按钮S，试听选出满意的录音文件，如图 3-21 所示。

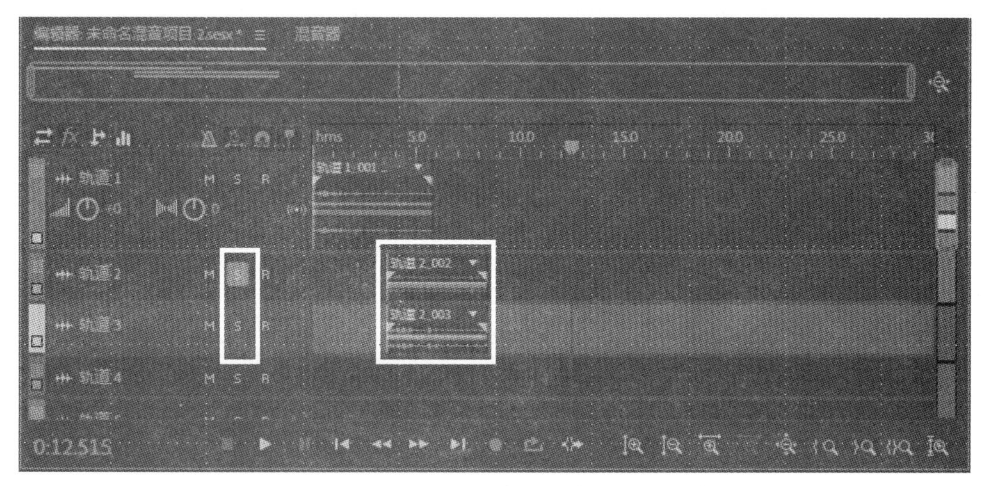

图 3-21　试听各个录音片段

3.3.4　穿插录音

穿插录音用于在已有的文件中重新插入新录制的片断。系统只是将选区内的内容重新进行录制，选区外的部分只做播放处理。穿插录音同循环录音一样也要求在“多轨会话”模式下完成。

① 单击工具栏上的“时间选区工具”，选取一段要补录的录音区域，或者在“选区/视图”面板输入选择区域的精确位置。单击轨道的“录制准备”按钮。

② 将选择指针的位置拖动到音频文件的开始位置，单击“编辑器”面板上的“录制”按钮开始录音。当选择指针经过选区时进行的是录音操作，当选择指针离开选区时进行的是播放操作，如图 3-22 所示。

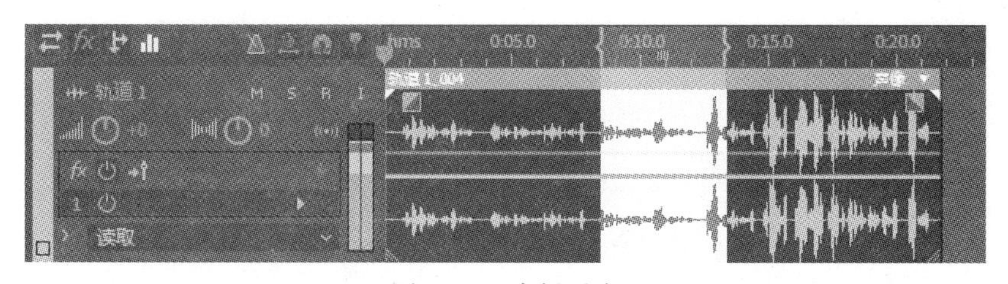

图 3-22　穿插录音

③ 若音频文件的其他位置还需要补录，继续上面的操作，不断完成穿插录音。

3.3.5　应用实例——配乐诗朗诵

具体操作步骤如下：

① 启动 Adobe Audition CC 2018，按键盘上的数字【0】键进入“多轨会话”模式。设置项目名称、保存位置、采样率、位深度以及主控类型等参数，如图 3-23 所示。

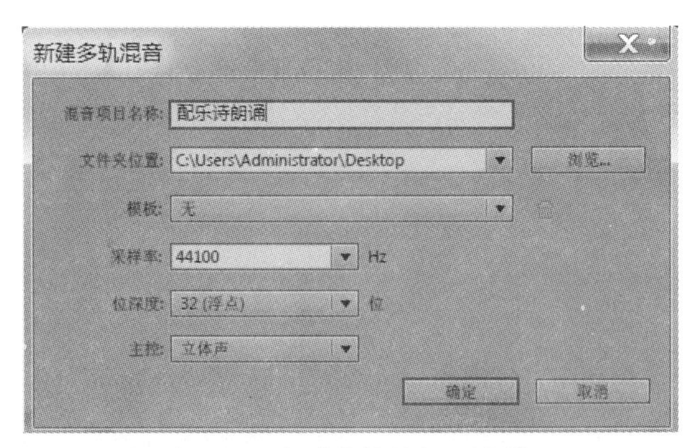

图 3–23 “新建多轨混音”对话框

② 选择“文件 | 导入 | 文件”命令，导入“古筝曲.mp3”文件，并将其插入到“音轨 1”轨道的零点处，如图 3–24 所示。

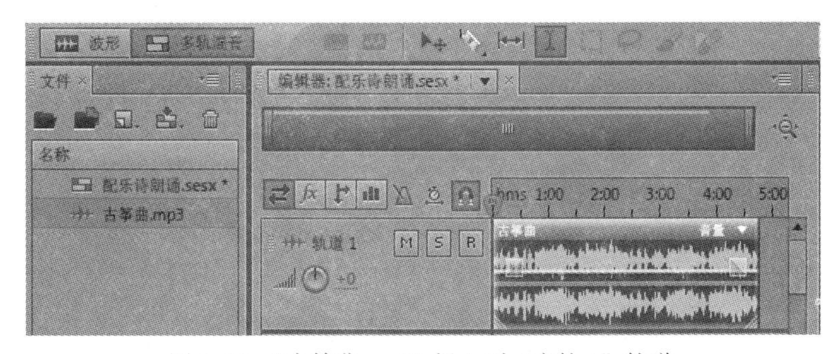

图 3–24 “古筝曲.mp3”插入到“音轨 1”轨道

③ 在“音轨 2”中单击“录制准备”按钮 R，观察“监视输入”按钮对着传声器讲话，同时观测“电平表”的电平显示。根据实际情况调整传声器的音量大小。

④ 单击“编辑器”面板上的“录制”按钮，可以一边播放音乐一边录制声音。录制完成后单击“编辑器”面板上的“停止”按钮，同时，录制的文件自动添加到“文件”面板中，如图 3–25 所示。

图 3–25 开始录音

⑤ 选择“文件 | 导出 | 多轨缩混 | 完整混音”命令，在打开的“导出多轨缩混”对话框中选择文件的保存位置和设置文件名称，并选择文件的保存类型，单击“确定”按钮保存混音后的文件，如图 3–26 所示。

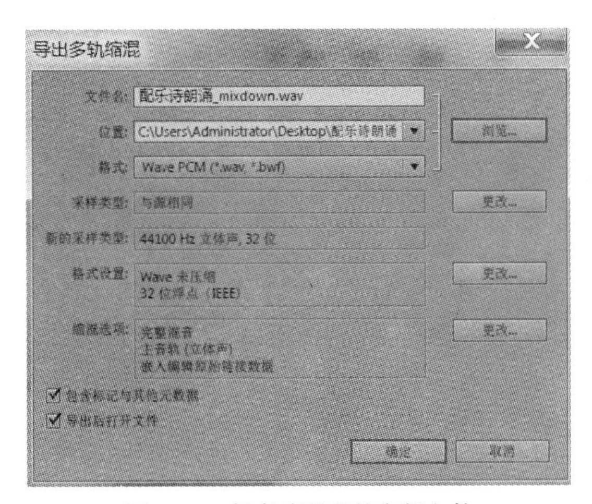

图 3-26　保存缩混后的音频文件

⑥ 混音处理结束后，混音的文件自动添加到“文件”面板中。

3.4　独立音频文件的处理——波形视图的编辑

Adobe Audition CC 2018 的“波形编辑器”模式是一个单轨编辑界面，本节介绍“波形编辑器”模式下音频文件的处理和编辑方法。

3.4.1　单轨模式下基本文件操作

1. 新建文件

单击工具栏上的“波形编辑器”模式按钮，或者直接按键盘上的数字【9】键，也可以选择“文件 | 新建 | 音频文件”命令，在“新建音频文件”对话框中选择文件的名称、采样率、声道类型（声道数）以及位深度（量化位数）等信息，单击“确定”按钮，如图 3-27 所示。

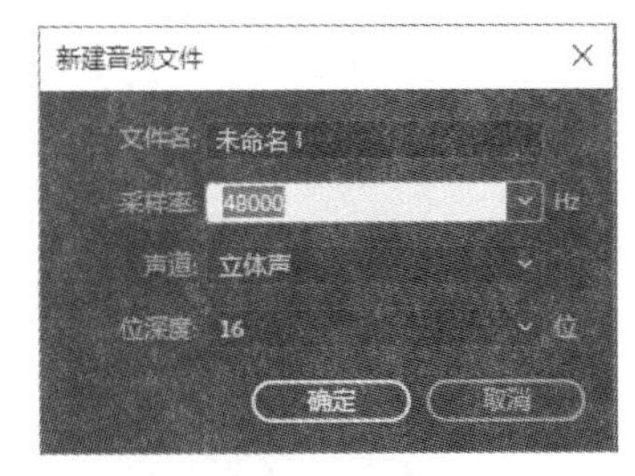

图 3-27　“新建音频文件”对话框

2. 打开文件

在“文件”菜单中提供了多种打开文件的方式。

① 选择“文件 | 打开”命令。

在打开的“打开”对话框，选择要打开的文件。

单击第一个文件后按住【Shift】键再单击最后一个文件可以选择多个文件；按住【Ctrl】键逐个单击要打开的文件可以选中多个不连续的文件，然后单击“打开”按钮。打开的文件自动添加到“文件”面板中。

② 选择“文件 | 追加打开”命令。

“追加打开”有两种方式：一种是追加打开“新建”命令，这是指在一个新建立的文件中打开某文件；另一种是追加打开“到当前”命令，这是指在已经打开的音频文件尾部再追加一个音频文件。

③ 选择“文件 | 打开最近使用的文件”命令。

可把最近使用的音频文件打开进行编辑。

④ 选择“文件/从 CD 中提取音频”命令。

在“从 CD 中提取音频”对话框中选择 CD 上的一个或多个音频文件，单击“确定”按钮，如图 3-28 所示。

经过一个提取过程，选中的文件将被导入到“文件”面板。

3. 保存文件

“文件”菜单中提供了“保存”、“另存为”、“将选区保存为”、“全部保存”以及“所有音频保存为批处理”等 5 种保存命令。

4. 关闭文件

“文件”菜单中提供了“关闭”、“全部关闭”、“关闭未使用的媒体”和“关闭会话及其媒体”等 4 种关闭命令。

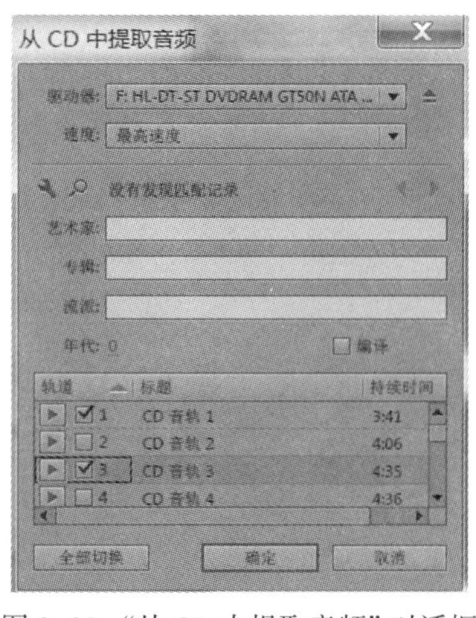

图 3-28 “从 CD 中提取音频”对话框

3.4.2 单轨模式下音频文件的编辑

1. 选取波形

选取波形的操作非常重要，通过选取操作可以明确当前需要进行编辑的具体内容。在 Adobe Audition CC 2018 中，要对一个音频文件的部分内容进行编辑处理，应先选中这部分内容再做处理。对于非精确要求的编辑可以直接用鼠标拖动出选择区域；对于精确要求的内容需要在“选区/视图”面板中输入精确的选区起始位置以及要查看的区间位置，如图 3-29 所示。

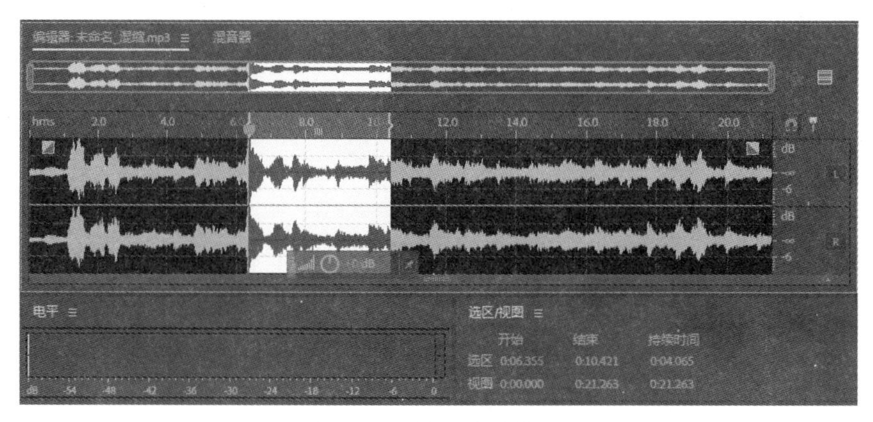

图 3-29 选取波形范围

若要选取立体声文件中的一个声道。单击轨道右侧的声道激活状态开关，其中 L 为左声道开关，R 为右声道开关。图 3-30 所示为选中了右声道的部分内容。

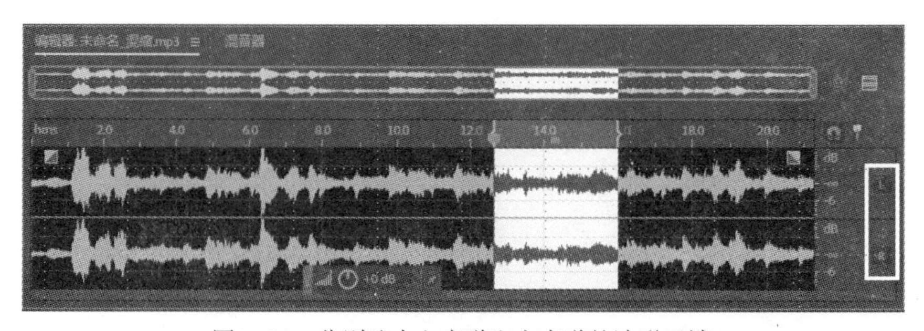

图 3-30 分别选中左声道和右声道的波形区域

若要选取整个波形，可以按【Ctrl+A】快捷键。Adobe Audition CC 2018 还提供了一些选择特殊范围的菜单命令。选择“编辑 | 过零”命令可以将选区的起点和终点移动到最近的零交叉点处；“编辑 | 选择”命令还提供了多种选择编辑范围的命令，如图 3-31 所示。

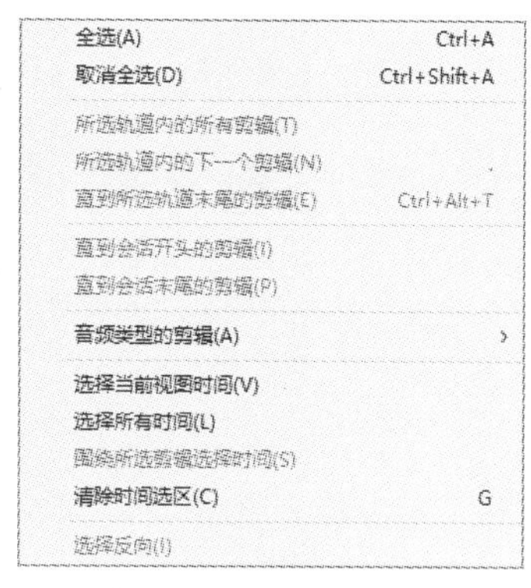

图 3-31 选取波形命令

2. 删除波形

选取波形后，按【Delete】键，或者选择“编辑 | 删除”命令。

3. 裁剪波形

裁剪波形是将选区内的内容保留，而将其他部分删除。

选取波形后，选择“编辑 | 裁剪”命令或按【Ctrl+T】快捷键。

4. Adobe Audition CC 2018 的剪贴板

为了方便用户在编辑过程中保存中间的操作结果，在 Adobe Audition CC 2018 中提供了 5 个剪贴板。选择“编辑 | 设置当前剪贴板”命令，然后根据需要选一个剪贴板作为当前剪贴板。注意：虽然 Audition 提供了 5 个剪贴板，但是当前活动的剪贴板只有一个，用户每次进行剪切、复制或粘贴操作时，始终是针对当前剪贴板的。Audition 的内置剪贴板只能在 Audition 内部使用。若 Audition 中的音频文件要和外部程序交换数据，需要使用 Windows 剪贴板。

5. 剪切波形

选取波形后，选择“编辑 | 剪切”命令，或按【Ctrl+X】快捷键，将波形移动至当前剪贴板中。

6. 复制波形

选取波形后，选择“编辑 | 复制”命令，或按【Ctrl+C】快捷键，将波形复制至当前剪贴板中。

选取波形后，选择“编辑 | 复制为新文件”命令，将所复制的波形生成新的文件。

7. 粘贴波形

编辑菜单的粘贴命令有 3 个：粘贴、粘贴到新文件、混合粘贴。

（1）“粘贴”命令

做完剪切或复制操作后，在目标位置设置插入点也就是选择指针的位置，选择“编辑 | 粘贴”命令，或按【Ctrl+V】快捷键，或单击常用工具栏上的“粘贴”按钮。这样剪贴板的波形就粘贴到新的区域。

（2）“粘贴到新文件”命令

选择“编辑 | 粘贴到新的”命令，或按【Ctrl+Alt+V】快捷键，将剪贴板中的内容创建为一个新的文件。

（3）“混合粘贴”命令

混合粘贴可以将两个波形区域的内容进行混音。选择“编辑 | 混合粘贴”命令，或按【Ctrl+Shift+ V】快捷键，将打开“混合式粘贴”对话框，如图 3-32 所示。

①“复制的音频”和“现有的音频”：用来调整复制的和现有的音频的百分比音量。

②“反转已复制的音频”：如果现有音频包含类似内容，反转所复制音频的相位，可以扩大或减少相位抵消。

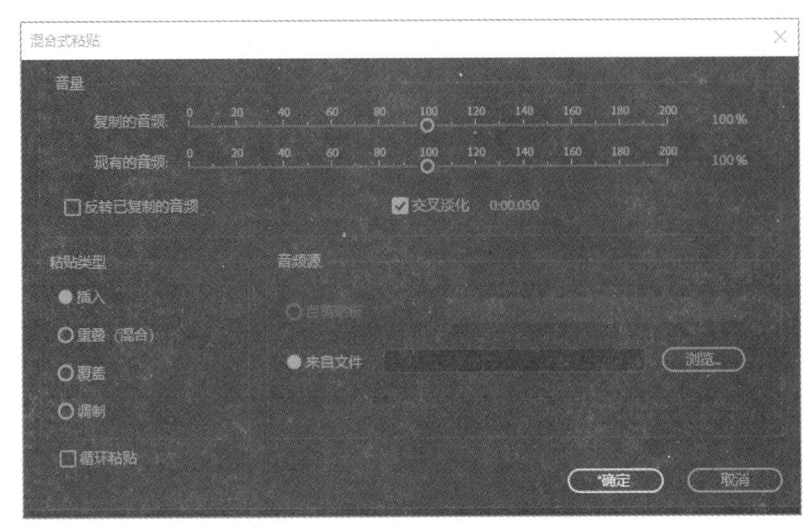

图 3-32 “混合式粘贴”对话框

③ 粘贴类型”：用户可以选择两个文件粘贴的类型，分为“插入”“重叠（混合）”“覆盖”“调制”4 种，其中“调制”指剪贴板中的内容在选择指针处插入，选择指针后的波形文件内容与被粘贴的内容混合起来并将做调制处理。

④“交叉淡化”：将交叉淡化应用到所粘贴的音频的两端，从而生成更平稳的过渡。指定淡出长度以毫秒为单位。

3.4.3 单轨模式下音频文件的效果

Adobe Audition CC 2018 提供了种类丰富的音频效果，这些效果均可在单轨模型下为音频文件添加，特别是效果命令后面带有“处理”字样的命令只能在单轨模型下使用。Adobe Audition CC 2018 可以方便地为音频文件添加一个或多个效果。选择“窗口 | 效果组”命令可以打开“效果”面板使用其中的效果。或者选择“效果”菜单中的命令添加效果。

1. 添加效果的步骤

① 选择要应用效果的波形区域，若不选，则对整个文件应用效果。

② 选择“效果”菜单中的相应命令，或者在“效果组”面板中添加相应效果命令。

③ 在打开的效果设置对话框中进行参数的设置。

④ 在对话框中预览效果并确定。

Adobe Audition CC 2018 中可以一次同时添加多个效果，如图 3-33 所示。

图 3-33 “效果组”面板

2. 常用的音频特效

通过为音频文件添加特效，可以增加音乐的感染力、改善音乐品质。

（1）改变音量大小

改变音量大小可以通过下面的方法：

① 选中需要调整音量的区域后，直接拖动“编辑器”面板上出现的浮动的音量调节按钮，如图 3-34 所示。

② 选择“效果 | 振幅与压限 | 标准化（处理）”命令，打开“标准化”对话框进行设置。如图 3-35 所示。其中“标准化为”的值为 100%时，使得声音电平的峰值达到 100%，得到最大的动态范围。当选择“DC 偏差调整”复选框时，“标准化为”的值为分贝数，此时 100%标准化对应 0 分贝。“平均标准化全部声道”可以使左右声道达到最大音频峰值。

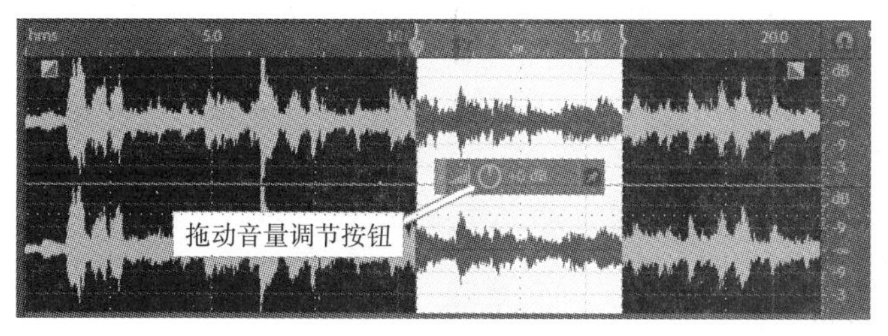

图 3-34 音量调节

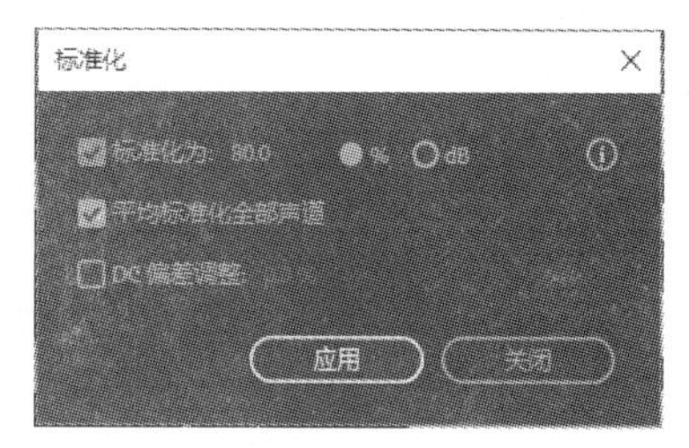

图 3-35 “标准化”对话框

③ 选择“效果 | 振幅与压限 | 增幅”命令，打开“效果-增幅”对话框进行设置，如图 3-36 所示。在“预设”中可以选择已有的预设值；单击右侧的“保存一个新的预设”按钮也可以将自己设置的参数值保存为新的预设效果；单击“删除预设”按钮可以删除某预设；单击“存储当前效果设置为一个收藏效果”按钮，可以将当前设置好的效果放置到“收藏夹”菜单中。也可以不使用预设的效果，直接改变“左/右声道增益的值”，正数表示加大音量，负数表示减小音量。

很多效果对话框中都有“状态开关”按钮，用来启用或去除效果；“预览播放/停止”按钮，用来预听效果。

（2）淡化效果

在乐曲的开头和结尾处常常要做出淡入和淡出的效果，选择“效果 | 振幅与压限”中的“淡化包络（处理）”命令，打开“效果-淡化包络”对话框，设置相关参数。

下面做一段乐曲的淡出效果：

① 选择一段结尾处的音频区域，选择“效果 | 振幅与压限”中的“淡化包络（处理）”命令，打开“效果-淡化包络”对话框，如图 3-37 所示。在“预设”里选中“线性淡出”效果。

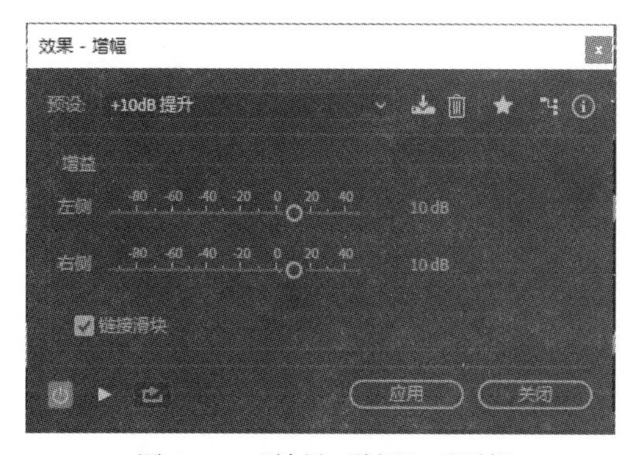

图 3-36 “效果-增幅”对话框

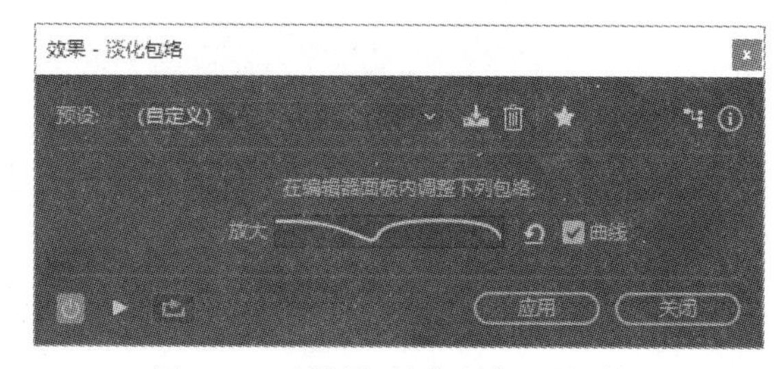

图 3-37 “效果-淡化包络”对话框

使用效果前后的波形对比图，如图 3-38 所示。

② 也可以用鼠标拖动的方式完成淡入/淡出效果。在波形图的左上角或右上角，拖动渐变控制图标或，通过向内拖动设置渐变的长度、向上向下拖动设置渐变的曲线，如图 3-39 所示。

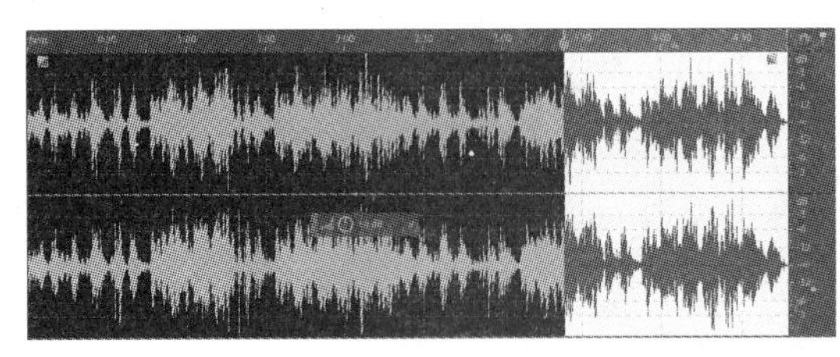
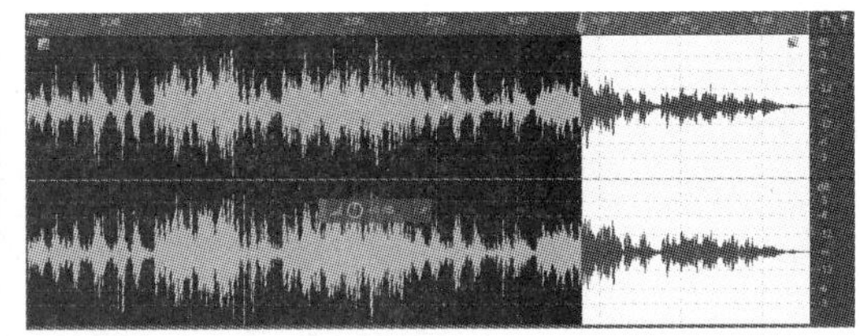

图 3-38 “淡出”效果对比图

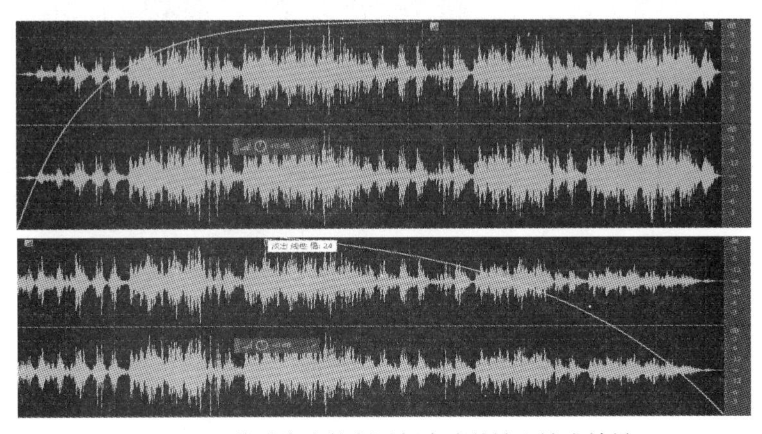

图 3-39 拖动渐变控制图标完成的淡入淡出效果

③ 也可以选择“收藏夹”中的“淡入”“淡出”命令完成淡入淡出效果。

（3）降噪处理

音频文件在采集过程中可能都会受到噪声的干扰，其中在录制音频文件时，由于受环境的影响，即使没有发音时传声器也会捕捉到一定的增幅微弱的噪声。使用降噪处理可以降低或减少这部分噪声。除了降噪处理之外，在 Adobe Audition CC 2018 中还增加了“声音移除（处理）”命令，可以针对音频文件中的特定声音进行去除操作。在“效果”菜单的“降噪/恢复”子菜单中包含了针对不同类型的噪声的降噪处理命令，如图 3-40 所示。

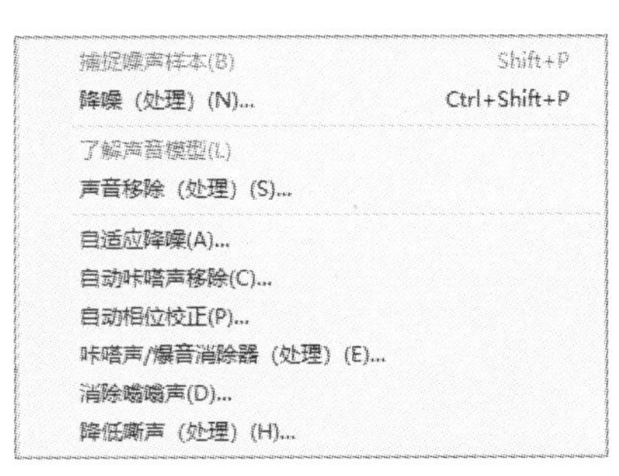

图 3-40 降噪命令

这里只介绍其中几个命令。

① 降噪（处理）：在开始位置选中一段噪声波形，如图 3-41 所示。

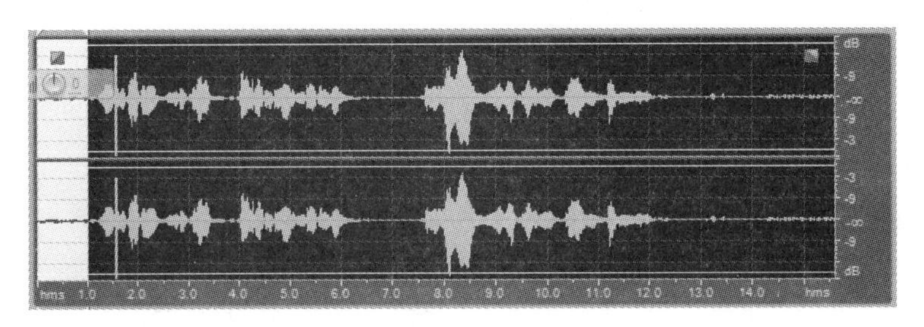

图 3-41 选中一段噪声波形

然后选择“效果”菜单“降噪/恢复”中的“降噪（处理）”命令，在打开的“效果–降噪”对话框（见图 3-42）中单击“捕捉噪声样本”按钮，经过一段时间的处理后，将显示出所选波形的噪声样本示意图以及其他一些相关的参数值，如图 3-43 所示。

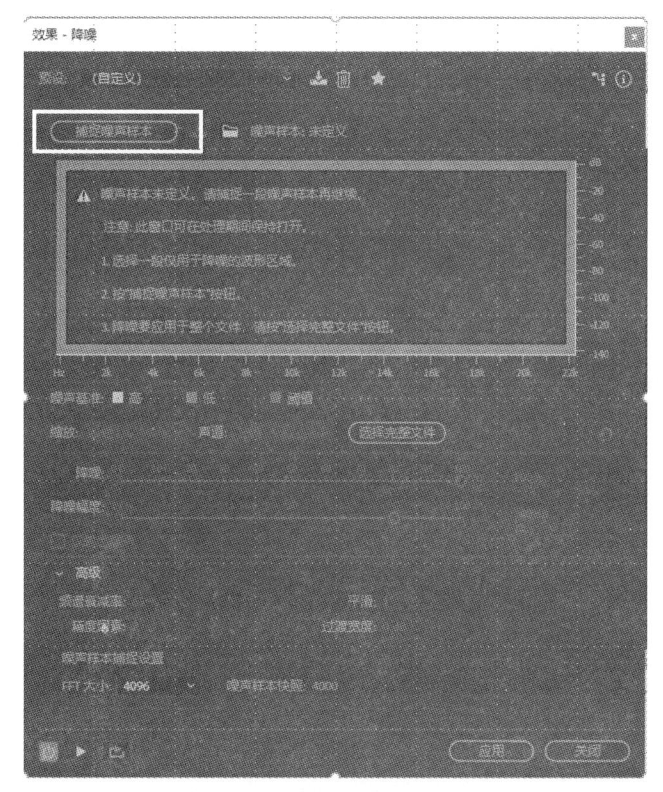

图 3–42 “效果–降噪”对话框

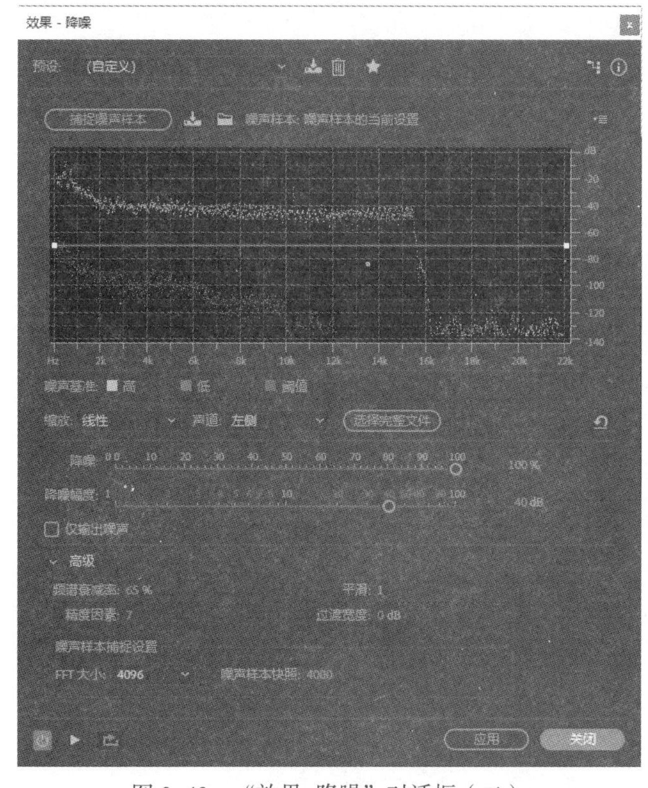

图 3–43 “效果–降噪”对话框（二）

单击“预演播放/停止”按钮，若效果不满意可继续调整参数值，若试听的效果很好，单击“降噪”对话框中的“选择完整文件”按钮，并单击“确定”按钮。降噪效果前后对比图如图 3-44 所示。

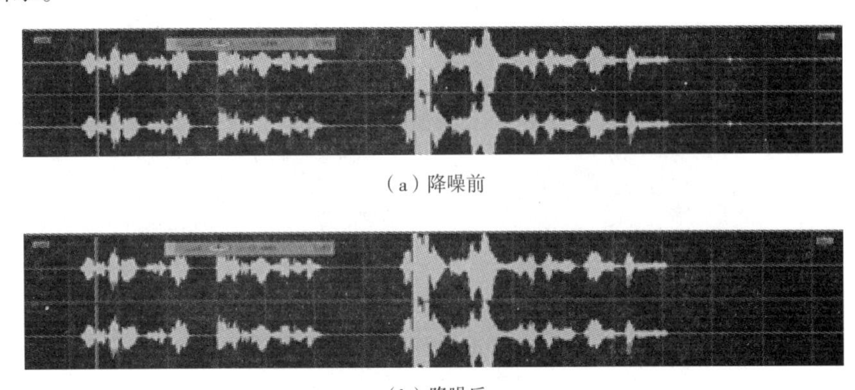

（a）降噪前

（b）降噪后

图 3-44　降噪前后对比图

② 自适应降噪：选择“效果”菜单“降噪/恢复”中的“自适应降噪”命令，打开“效果-自适应降噪”对话框，如图 3-45 所示，在“预设”下拉列表中可以选择“弱降噪”和“强降噪”快速消除风声、电流声以及持续的嘶嘶声和嗡嗡声等。

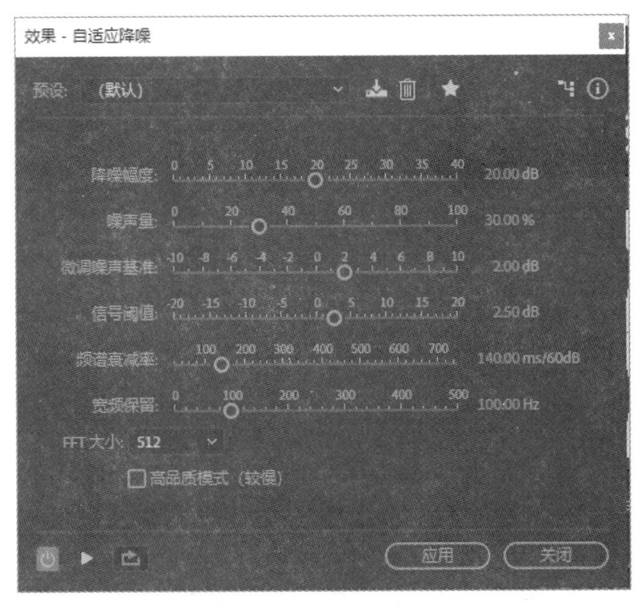

图 3-45　“效果-自适应降噪”对话框

其中，“降噪幅度”用来确定降噪水平；“噪声量”表示原始音频包含噪声量的水平；“微调噪声基准”用来手动调节基于自动计算的噪声层次；“信号阈值”用于调节音频信号阈值；“频谱衰减率”在进行大幅降噪的同时尽可能地降低人为操作的痕迹；“宽频保留”用于指定要保留的频率宽带；“FFT 大小”用于指定要分析频带的数量。

③ 降低嘶声：用于降低电平中的嘶声。

选取一段有嘶声的区域，选择“效果”菜单“降噪/恢复”中的“降低嘶声（处理）”命令，打开“效果–降低嘶声”对话框。可以使用预设内容，也可以自行设置。单击“捕获噪声基准”按钮，示意图将显示分析结果，如图 3–46 所示。单击“预演播放/停止”按钮，若有过分降噪现象可以手动调整曲线。

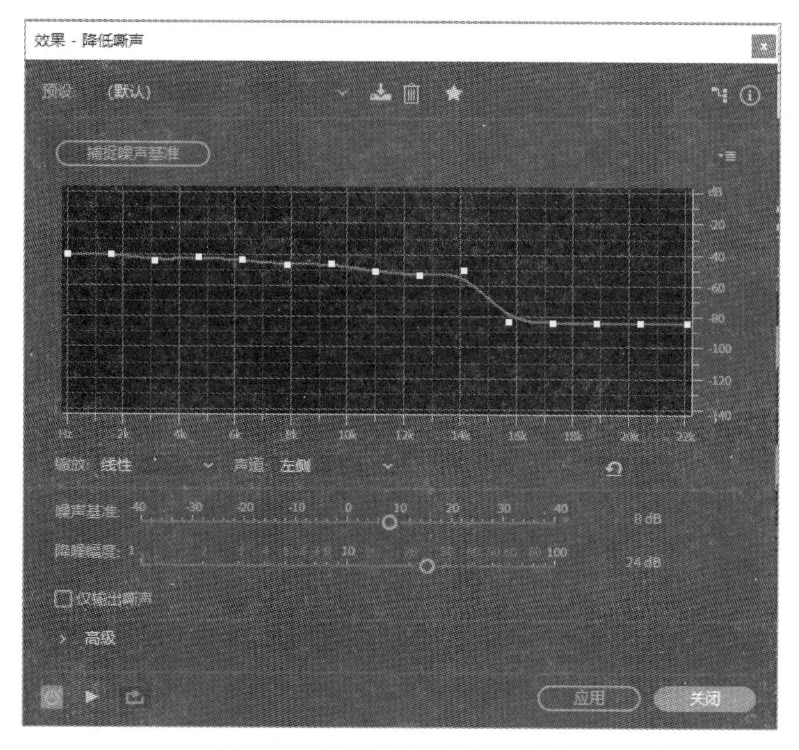

图 3–46　“效果–降低嘶声”对话框

（4）延迟与回声

① 延迟：设置声道的简单延迟效果。选中要添加延迟效果的一段区域，选择“效果 | 延迟与回声 | 延迟”命令，在打开的“效果–延迟”对话框中设置参数，如图 3–47 所示。可以使用“预设”的参数值，也可以分别设置左右声道的延迟时间。“混合”用来设置混合的干湿比，其中“干”声表示未施加效果的声音，“湿”声是施加效果后的声音。

② 模拟延迟：用于模拟老式的硬件延迟效果器的声音。选中要添加延迟效果的一段区域，选择“效果 | 延迟与回声 | 模拟延迟”命令，在打开的“效果–模拟延迟”对话框中设置参数，如图 3–48 所示。可以使用“预设”的参数值，也可自行设置参数值。

其中，“模式”用来指定模拟类型是磁带、电子管以及模拟器；“干输出”设置未处理的音频音量；“湿输出”设置延时后的音频音量；“延迟”单位是毫秒；“反馈”用于重新发送延迟的音频，创建重复的回声；“劣音”提高低频并增加失真效果；“扩展”设置延迟信号的立体声宽度。

③ 回声：由多个延迟效果叠加而成。选中要添加延迟效果的一段区域，选择“效果 | 延迟与回声 | 回声”命令，在打开的“回声”对话框中设置参数，如图 3–49 所示。可以使用“预设”的参数值，也可自行设置参数值。

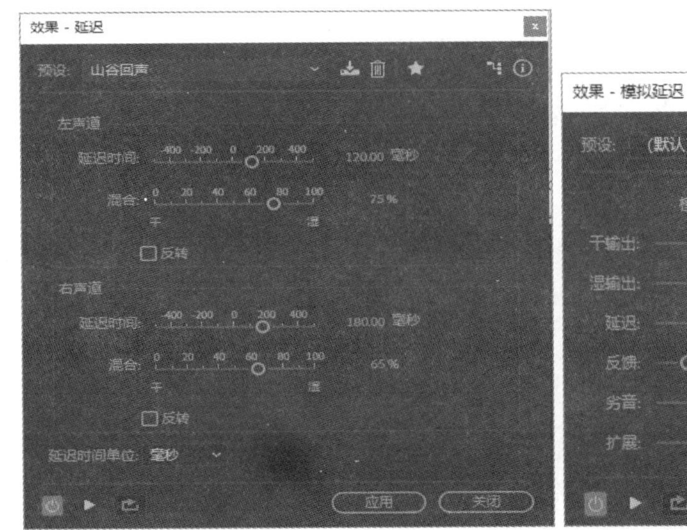

图 3-47 “效果–延迟”对话框

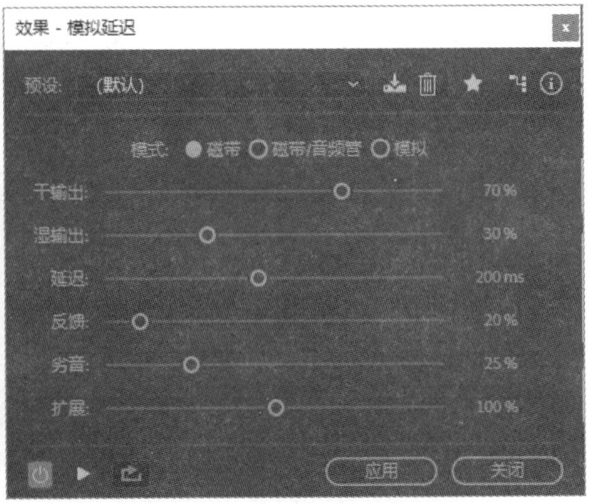

图 3-48 “效果–模拟延迟”对话框

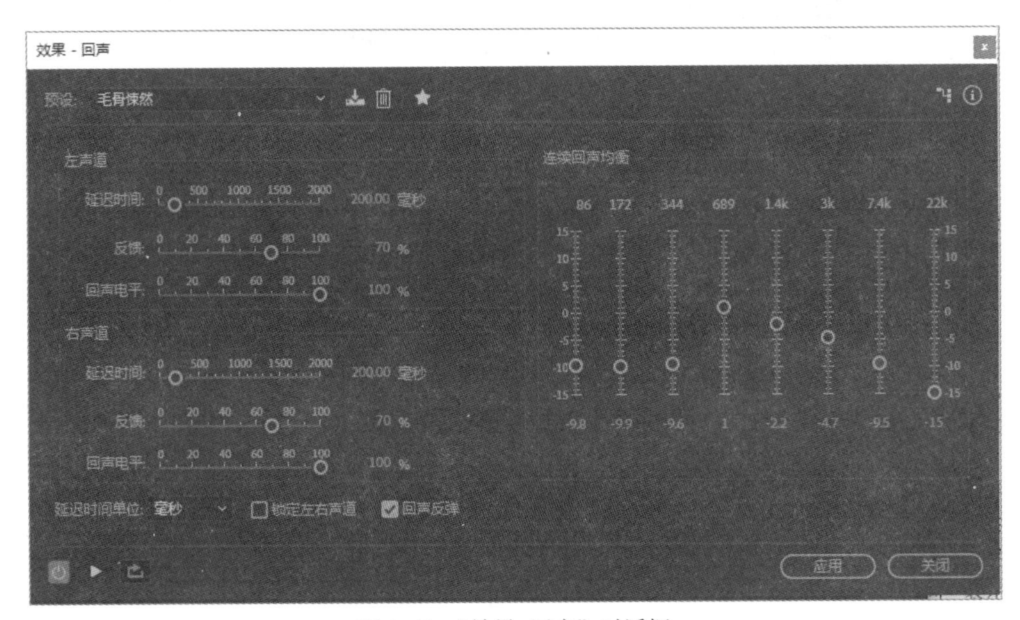

图 3-49 “效果–回声”对话框

可设置左右声道的延迟时间和回馈量，“回声电平”的值越大，回声重复次数越多。“连续回声均衡器”可以对回声进行快速滤波，当滑块向上拖动表示该频段的声音衰减较大。

（5）时间与变调

变速用于改变声音的速度。选择“效果 | 时间与变调 | 伸缩与变调”命令，打开“效果–伸缩与变调”对话框，可以在“预设”内选中变速或者变调设置，再进行参数的调整，如图 3–50 所示。其中“算法”包括 iZotope Radius 算法和 Audition 算法。iZotope Radius 算法产生的人为修改痕迹较少但所用时间较长；“持续时间”中的“当前持续时间”表示处理前的波形时间长度，“新持续时间”表示处理后的波形时间长度；“伸缩与变调”中的“伸缩”表示处理后波形是原始长度的百分之几，大于 100%表示波形持续时间变长速度变慢；“变调”用于音高的转换，大于 0 表示音高的升高。

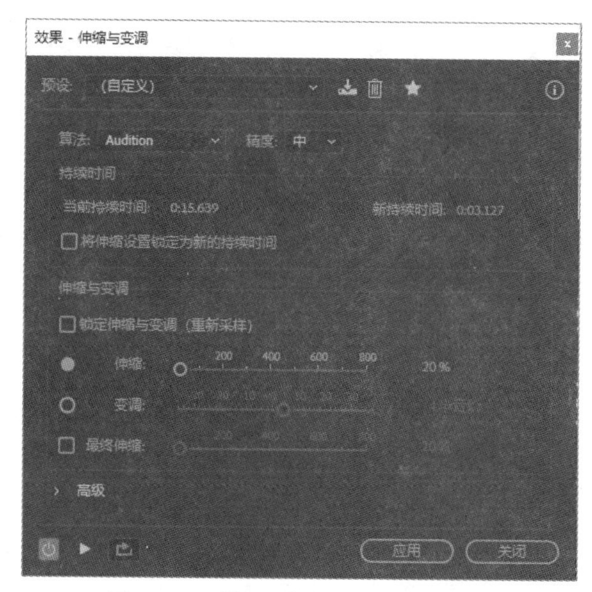

图 3-50　“效果-伸缩与变调”对话框

（6）中置声道提取

用来消除部分人声，制作伴奏音乐。

选择“效果 | 立体声声像 | 中置声道提取”命令，打开“效果-中置声道提取”对话框，在“预设”中选择“人声移除”命令，如图 3-51 所示。这里也可以选择“预设”中的“卡拉 OK”命令。边预听边调节“中置声道电平”和“侧边声道电平”的参数。在“频率范围”中可以选择“男生”“女生”等选项。

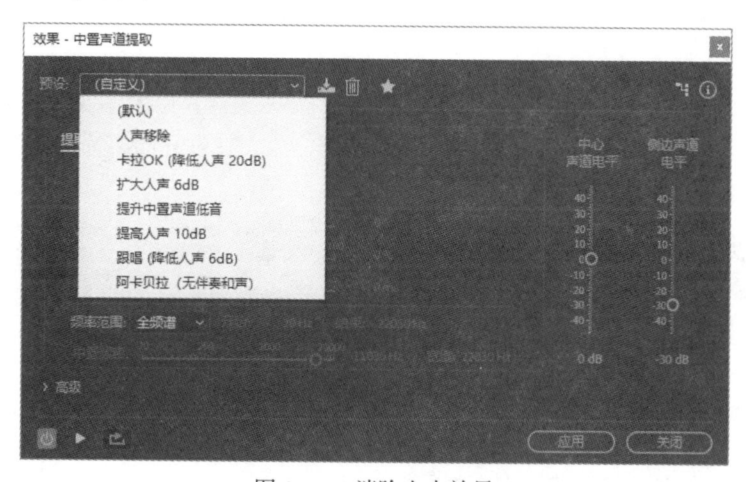

图 3-51　消除人声效果

（7）其他效果

① 静音：选择“效果 | 静音”命令，可以为所选波形设置静音效果。

② 音色信号：选择“效果 | 生成音色”命令，可以根据用户的需求来自动生成固定音色信号、调幅波形信号或扫频音等音频文件。

③ 滤波和均衡：选择“效果 | 滤波与均衡”命令，可以对不同的音频频率段进行增益或衰减的操作。

④ 特殊效果：选择“效果 | 特殊效果”命令，可以对音频文件整体或吉他声音进行优化处理，可以添加回声和失真效果等。

⑤ 调制：选择“效果 | 调制”命令，可以添加合唱效果、移动的相位效果以及制作带有声音起伏感的“镶边”效果等。

3.4.4 Adobe Audition CC 2018 插件

除了上述 Adobe Audition CC 2018 内置的效果器之外，用户还可以根据自身的需求从网上下载或者购买外挂的效果器。在 Adobe Audition CC 2018 中把这些外部效果器称为插件。常用的插件有 Waves、Ultrafunk、BBE 和 iZotope Nectar 等。

Waves 是功能最强大的音频效果器，能够为用户提供高品质的音频合成效果。

Ultrafunk 内含混响、延迟、环绕、多段动态处理、压限、均衡和噪声门等多种效果器，调音的效果出色，品质一流。其中的噪声门可以帮助用户更好地去除音频文件中的噪声信息。

BBE 是一款插件式激励器，可以帮助用户增强声音的频率动态，提高音频文件的清晰度、亮度、音量、温暖感和厚重感，使得调节后的声音文件富有表现力和张力。

iZotope Nectar 是功能强大的歌曲处理的专用插件，几乎包含了歌曲处理所需的全部功能。用户首先选取其设置的歌曲风格，然后根据自己的需求进行参数的修改来获得定制化的歌曲。如果需要进行深入的定制，用户还可以切换到插件的高级视图模式，这样就可以对所有的底层模块进行操作。

3.4.5 应用实例——音乐伴奏

通过为已有的音频文件添加音频特效，制作动感音乐伴奏曲。

① 启动 Adobe Audition CC 2018，进入“波形视图”模式。

② 选择“文件 | 打开”命令打开一个自己喜欢的音乐文件，如图 3-52 所示。

③ 选择“效果 | 振幅与压限 | 标准化（处理）”命令，在打开的“标准化”对话框中根据实际情况给出具体的值，单击“确定”按钮，如图 3-53 所示。

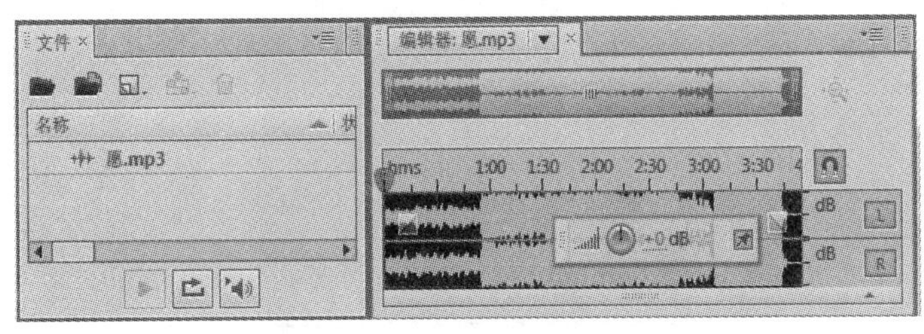

图 3-52 在“编辑器”面板中打开音频文件

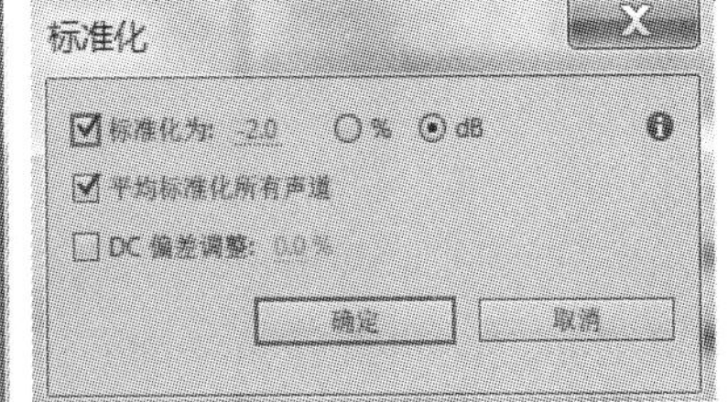

图 3-53 “标准化”对话框

④ 选择“效果 | 立体声声像 | 中置声道提取”命令，打开“效果-中置声道提取”对话框，在“预设”中选择“人声”移除，如图 3-54 所示。将音乐文件中的人声部分去掉。

⑤ 选择“效果 | 时间与变调 | 伸缩与变调”命令，进行加速处理，如图 3-55 所示。使得音乐播放速度变快，动感十足。

⑥ 选择“文件 | 保存为”命令，在打开的“存储为”对话框中选择文件的保存位置，设置文件的名称以及文件的类型，如图 3-56 所示。

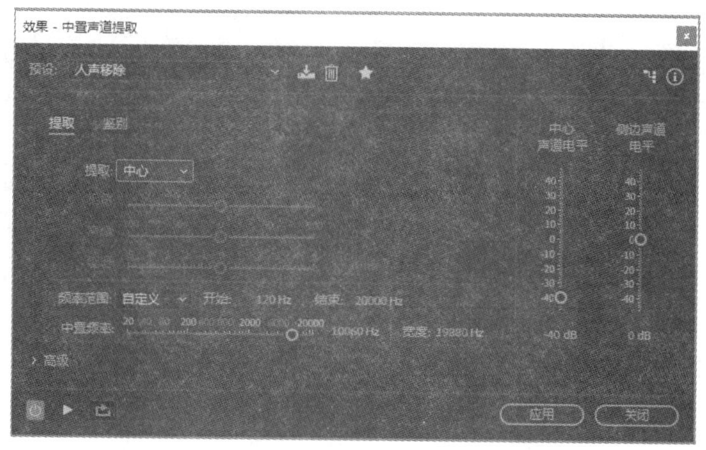

图 3-54 消除人声

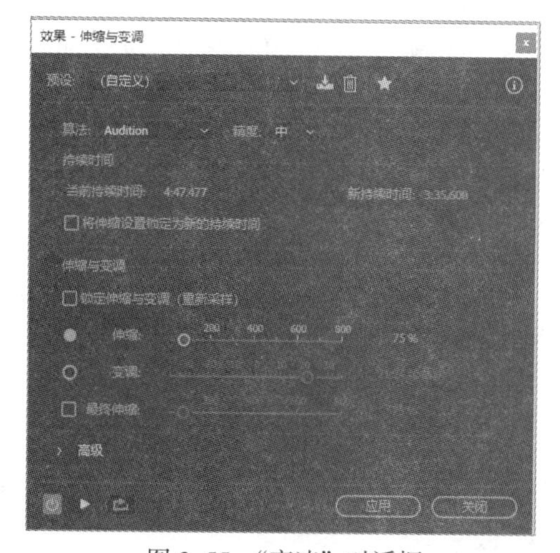

图 3-55 “变速”对话框

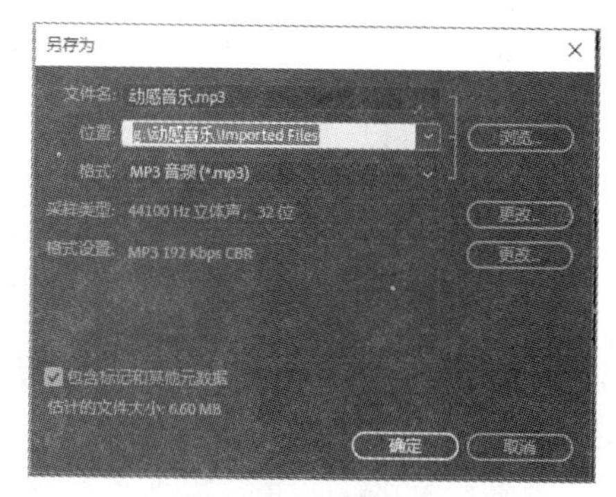

图 3-56 保存文件

3.5 复杂的混音之路——多轨视图的编辑

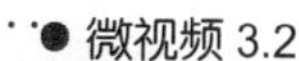

动感音乐伴奏

在 Adobe Audition CC 2018 中除了单轨编辑界面外，还有另外一个重要的多轨编辑合成界面——“多轨会话”模式。“多轨会话”模式是一个多轨道音频编辑界面，能够将多个轨道的音频素材文件按照用户的参数设置合成输出的音频文件。本节介绍“多轨会话”模式下的文件处理和编辑。

3.5.1 多轨会话模式下基本文件操作

1. 导入文件

启动 Adobe Audition CC 2018，单击工具栏上的“多轨会话”模式按钮，或者直接按键盘上的数字【0】键，或者选择“文件 | 新建 | 多轨会话...”命令，进入“新建多轨会话”对话框，设置相关参数，如图 3-57 所示。

选择“文件”菜单中的“导入 | 文件”命令，在“导入”对话框中选择一个或多个文件，单击“打开”按钮。导入的文件将出现在“文件”面板中，如图 3-58 所示。

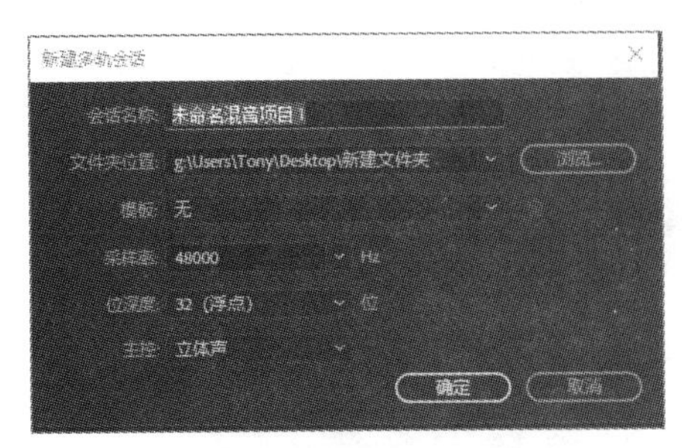

图 3-57 “新建多轨会话”对话框

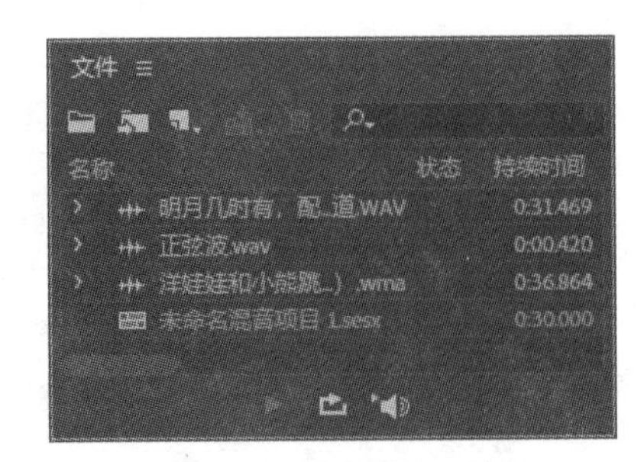

图 3-58 “文件”面板

2. 混缩音频文件与多轨会话项目文件（Session）

在多轨会话模式下包括了多条轨道，每条轨道中可以设置一个或多个剪辑（即音频块），每个剪辑都可以进行独立的操作，如进行剪辑的编辑、添加各种音频特效等。

当对所有剪辑的整体效果满意后，既可将它们导出为一个混缩音频文件，也可以将其保存为项目文件。混缩音频文件是一个独立的音频文件。而多轨会话项目文件保存的是指向源文件的链接和混音时的各种参数，它并不保存实际的音频文件的内容，所以多轨会话项目文件所占空间相对较小。

多轨会话项目文件是一类.sesx 的文件。多轨会话模式下可以利用“文件”菜单新建、打开、关闭，以及保存多轨会话项目文件。

在保存多轨项目文件时，最好将项目中所用到的源文件与项目文件保存在一个单独的文件夹中，这样在进行项目文件移植时，源文件也将被一同移植到同一个目录中，无须重新链接源文件。

3. 导出文件

（1）导出混缩音频文件

当对所有剪辑的整体效果满意后，选择“文件 | 导出 | 多轨混音/整个会话”命令，在打开的“导出多轨混音”对话框中，设置文件的存储位置、名称，单击“格式”下拉列表，选择要输出的音频文件格式，如图 3-59 所示。

（2）导出多轨会话项目文件

选择“文件 | 导出 | 多轨混音/整个会话”命令，打开“导出混音项目”对话框，如图 3-60 所示。

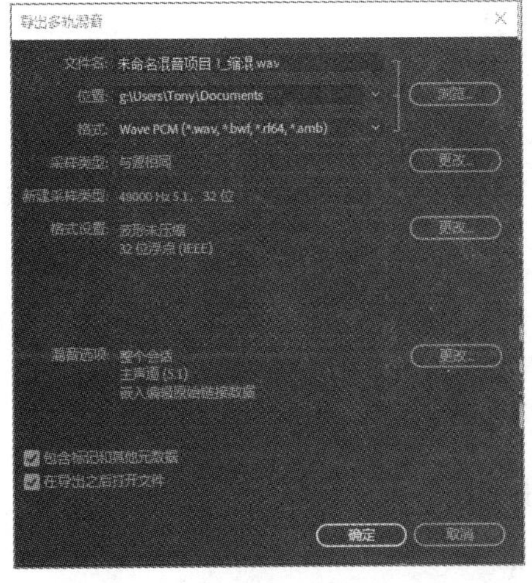

图 3-59 “导出多轨混音”对话框

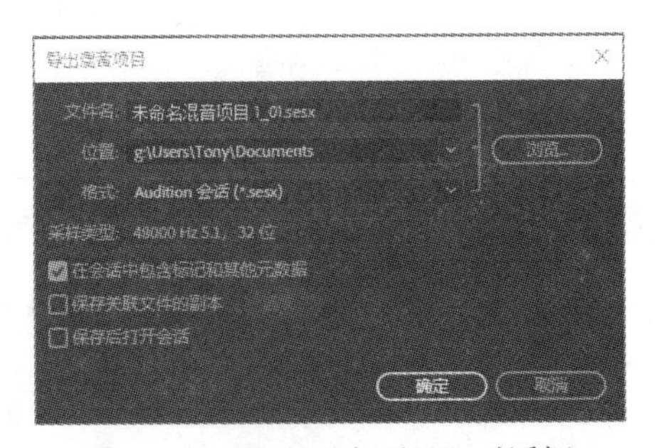

图 3-60 “导出混音项目”对话框

3.5.2　多轨会话模式下的轨道操作

1. 轨道的类型

Adobe Audition CC 2018 的轨道类型包括以下几种：

① 音频轨道：可以放置音频文件或剪辑，包括“单声道音轨”、“立体声音轨”和“5.1 声道音轨”。

② 视频轨道：可以显示视频的缩略图，它总是在其他轨道的最上方，如图 3-61 所示。若要观看其画面，可选择“窗口 | 视频”命令，在“视频”面板中可以看到视频播放画面。

③ 总音轨：可以将多个音频轨道的内容输出到总音轨，再由总音轨统一对它们进行设置，如图 3-62 所示。

④ 主轨道：可以将多轨道的内容或多总线的内容进行集中输出，如图 3-63 所示。

图 3-61　视频轨道

图 3-62　总音轨

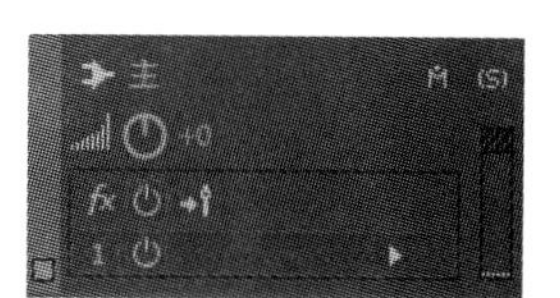

图 3-63　主轨道

2. 轨道操作

① 添加轨道：选择“多轨 | 轨道”中的相应命令完成轨道的添加，如图 3-64 所示。

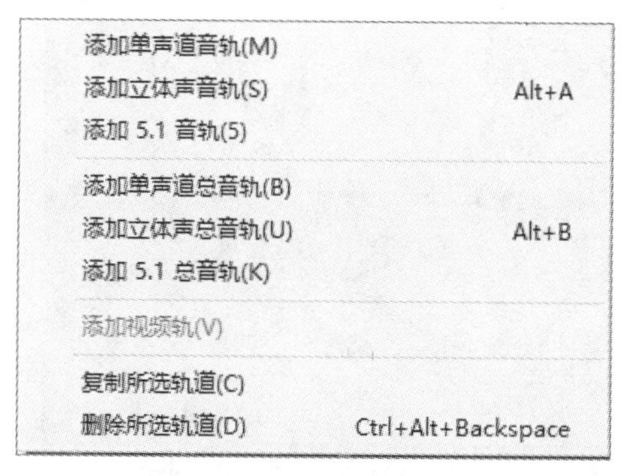

图 3-64　添加轨道命令

也可以右击任意轨道的放置波形区域，在弹出的快捷菜单中选择“轨道”命令，在其子菜单中选择一种要添加的轨道类型。

② 删除轨道：右击要删除的轨道，在弹出的快捷菜单中选择“轨道/删除已选择轨道”命令；或选择“多轨 | 轨道 | 删除所选择轨道”命令。

③ 移动轨道：移动鼠标到轨道标示框，这时鼠标变成一个小手的形状，按住鼠标拖动即可移动轨道。

④ 缩小轨道：移动鼠标到轨道名称的位置，单击此按钮，可以快速缩小轨道的垂直显示空间。

⑤ 轨道设置窗口组成：这里以音频轨道为例，介绍“多轨会话”模式下“编辑”窗口的组成，如图 3-65 所示。可以为每个轨道设置“输入/输出”“效果”“发送”“均衡”等参数。

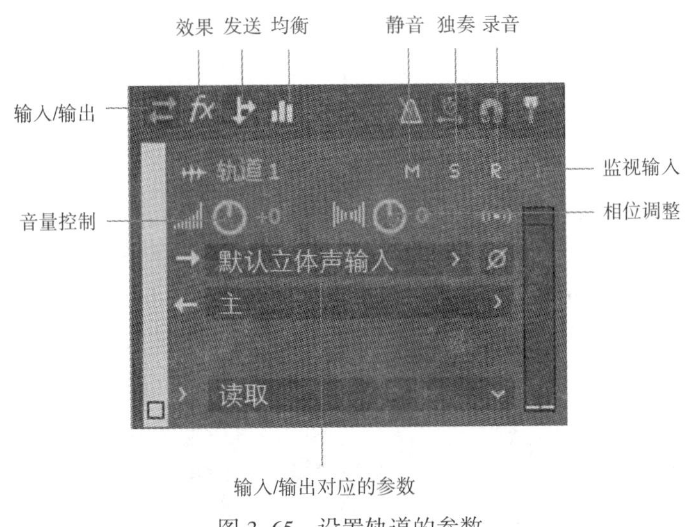

图 3-65　设置轨道的参数

在“多轨会话”模式下，设置轨道的参数既可在“编辑器”面板中设置，也可以在“混音器”面板中设置。选择“窗口 | 混音器”打开“混音器”面板，如图 3-66 所示。在“混音器”中可以显示和编辑轨道的参数。

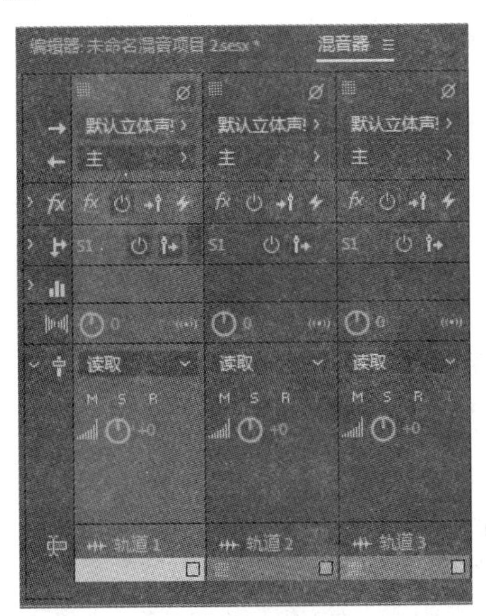

图 3-66　“混音器”面板

⑥ 将相同设置应用于全部轨道。

按住【Ctrl+Shift】快捷键，再执行某操作，例如，将全部轨道静音。

3.5.3　多轨会话模式下音频剪辑的处理

在多轨会话模式下，可以对音频剪辑进行非破坏性的处理，而不会破坏原始的音频文件。多轨会话模式提供了多条轨道，每条轨道都可以进行独立操作。

1. 将文件插入到多轨会话模式下的轨道中

可以用不同的方法完成此操作：

① 在多轨会话模式下，可以先将文件导入到“文件”面板中，右击文件，在弹出的快捷菜单中选择“插入到多轨会话”中的相应命令，将其插入到当前轨道的选择指针之后的位置。

② 直接将“文件”面板中的文件选中，按住鼠标将其拖放至目标轨道的目标位置。

③ 选中轨道并设置插入点位置，选择“多轨 | 插入文件”命令，在“导入文件”对话框中选择要插入的音频文件，单击“打开”按钮，音频文件就插入到指定轨道的指定位置。

2. 编辑音频剪辑

插入到轨道中的音频块称为音频剪辑，在系统菜单中有“素材”菜单，其中包含了剪辑处理的大部分命令。下面介绍音频剪辑的基本编辑处理操作。

（1）选择音频剪辑

单击工具栏上的“移动工具”按钮，单击轨道上的音频剪辑，将其全部选中，如图 3-67 左侧所示；若拖动则选中一段波形区域，如图 3-67 右侧所示。

单击工具栏上的“时间选择工具”按钮，在音频剪辑上拖动，可以选中一段波形区域，如图 3-68 所示。

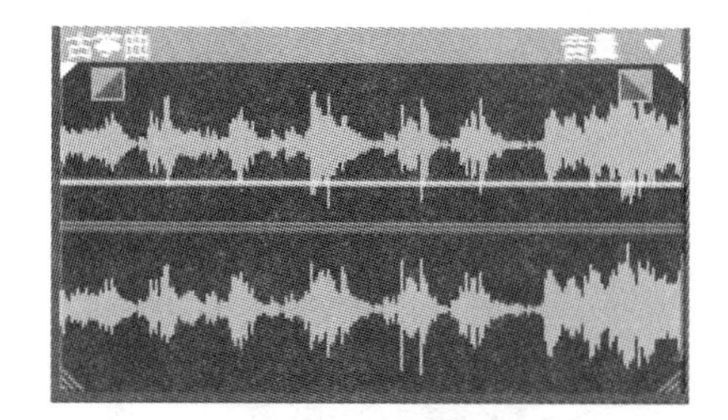

图 3-67　选中音频剪辑以及选中波形区域

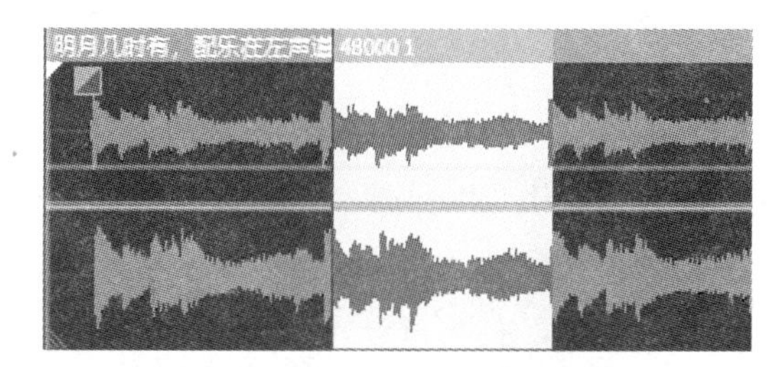

图 3-68　选中一段波形

单击“移动工具”按钮，然后按住【Ctrl】键逐个单击音频剪辑，可以选择多个剪辑。单击工具栏上的“移动/复制剪辑工具”按钮，拖动绘制一个矩形选框，选框所包含的剪辑都被选中，如图 3-69 所示。

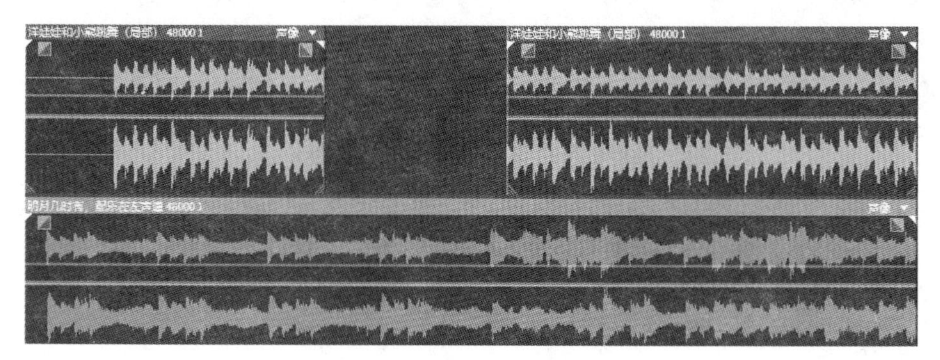

图 3-69　选取多个音频剪辑

（2）移动音频剪辑

① 单击工具栏上的“移动工具”按钮，直接拖动音频剪辑。

② 利用菜单命令。选中要移动的音频剪辑，选择“编辑 | 剪切”命令，然后选中目标轨道设置好选择指针的位置，选择“编辑 | 粘贴”命令。

（3）复制音频剪辑

① 单击工具栏上的“移动工具”按钮，右击并拖动剪辑到目标位置，释放鼠标右键并在弹出的菜单中选择相应的复制命令，如图 3–70 所示。

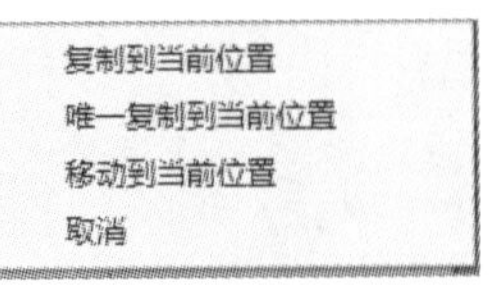

图 3–70　复制/移动音频剪辑

若选择“复制到当前位置”命令，将复制一个剪辑到目标位置，选择的音频剪辑和复制的音频剪辑拥有同一个原始音频文件。

若选择“唯一复制到当前位置”命令，将复制一个独立的音频剪辑，并且在“文件”面板中生成一个新的文件。

若选择“移动到当前位置”，将作剪辑的移动操作。

② 利用菜单命令。选中要复制的音频剪辑，选择“编辑 | 复制”命令，然后选中目标轨道设置好选择指针的位置，选择“编辑 | 粘贴”命令。

选中剪辑后，选择“素材 | 转换为唯一拷贝”命令，将音频剪辑转换为独立的音频文件，并在“文件”面板中显示。

（4）剪辑编组与取消编组

选中多个音频剪辑后，选择“剪辑 | 分组 | 将剪辑分组”命令，或按【Ctrl+G】快捷键，或右键快捷菜单中的“编组 | 编组素材”命令，将多个剪辑组合起来，如图 3–71 所示。再次使用这些命令将取消编组状态。

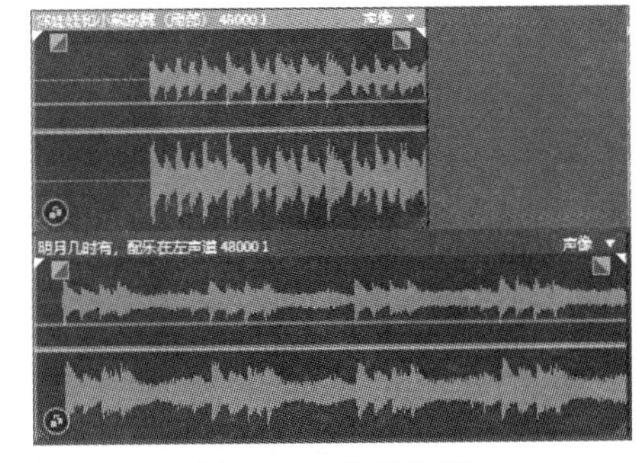

图 3–71　剪辑编组

选择“剪辑 | 组颜色”命令，可以修改剪辑的颜色。

（5）裁切音频剪辑

① 利用鼠标拖动裁切音频剪辑。在音轨上选中某音频剪辑后，移动鼠标至音频剪辑的左右边界处，当鼠标指针变为拖动标志后，拖动鼠标。裁切前后对比图如图 3–72 所示。

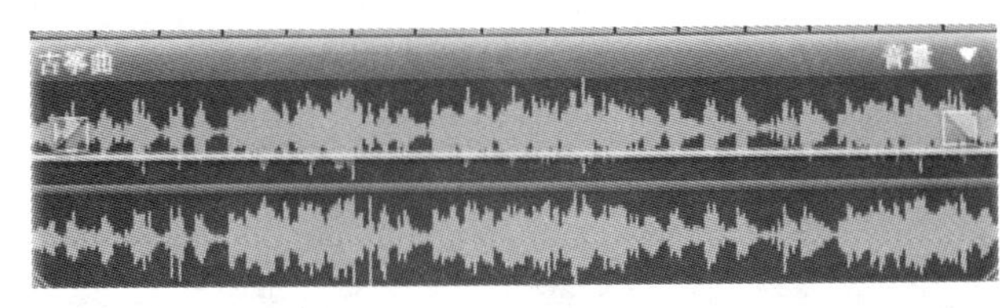

（a）裁切前

（b）裁切后

图 3–72　裁切音频剪辑

② 保留选取区域内部的音频剪辑。选中一段要保留的波形区域，选择“素材 | 修剪时间选区”命令，将选择区域之外的内容删除。

若要将选区内的内容删除，先选中要删除的区域，然后选择“编辑 | 删除”命令或“编辑 | 波纹删除”子菜单中的命令，如图 3–73 所示。

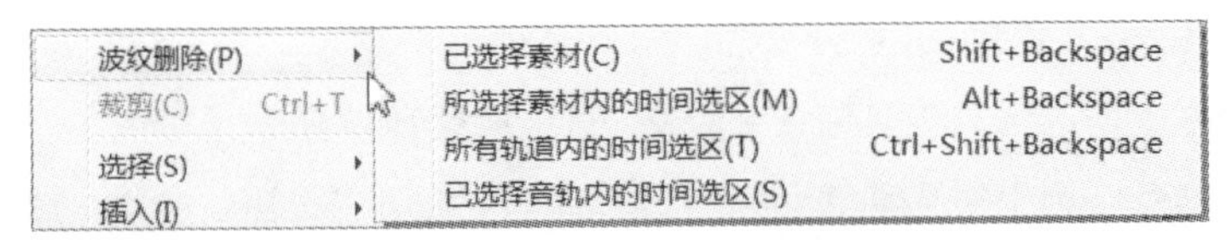

图 3–73　“波纹删除”子菜单

若使用“删除”命令，删除之后的内容显示为一段空白区域，如图 3–74 所示；若使用“波纹删除”命令，删除区域右侧的其他内容将自动左移。两者的区别如图 3–75（a）、（b）所示。

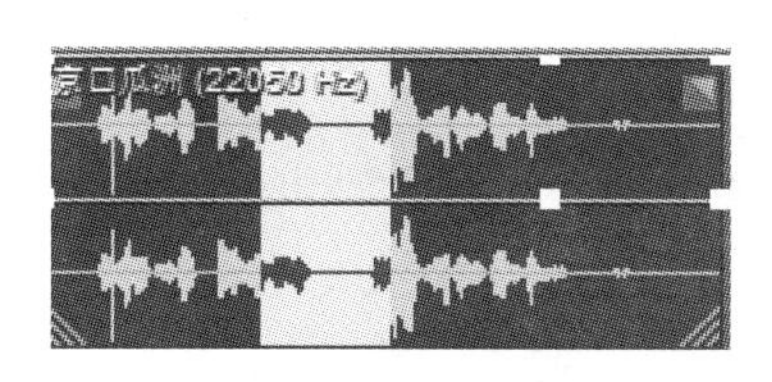

图 3–74　选择要删除的波形区域

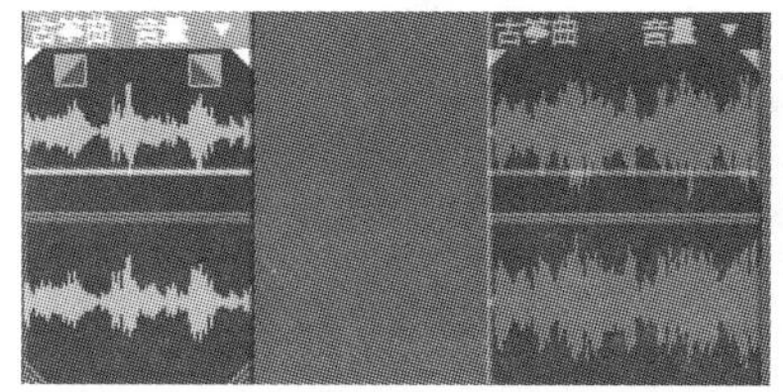

（a）“删除”效果

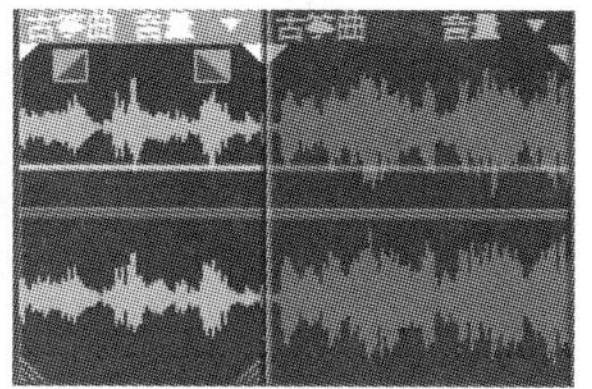

（b）“波纹删除”效果

图 3–75　“删除”与“波纹删除”的区别

③ 剪辑的切分。将剪辑切分为不同部分后，可以对各个部分进行独立的操作。

先选中剪辑，然后设置选择指针的位置（即切分点的位置），选择“素材 | 拆分”命令，或按【Ctrl+K】快捷键，将剪辑切分为两个相对独立的部分。如果先选中了一段波形区域，然后再选择“素材 | 拆分”命令，将把剪辑划分为 3 个相对独立的部分。

（6）音频剪辑的时间伸缩

多轨会话模式下可以很方便地对音频剪辑进行时间的伸缩处理，达到声音的快放或慢放效果。

① 利用鼠标拖动完成。选中音频剪辑，选择“窗口 | 属性”命令，打开“属性”面板，如图 3–76 所示。在“属性”面板中有“伸缩”控制项，其中“模式”中选择“关”时伸缩参数将不能调整，波形速度和音高将恢复原样；“实时”模式修改完参数后直接播放，效果不好；“渲染（高品质）”模式修改完参数后会进行渲染，所以处理的时间较长，但音质效果好。“音调”可调节音频剪辑音调的高低。当选中“渲染”模式时，在对话框的“高级”选项中还可设置其“精度”值：高、中、低。

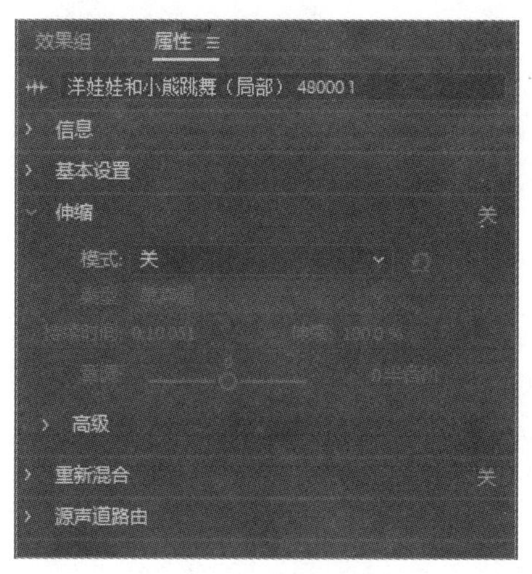

图 3–76　“属性”面板

② 利用菜单命令。选择“素材 | 伸缩 | 启用全局素材伸缩”命令，在所有轨道上的音频剪

辑的左上角和右上角都会出现三角形的伸缩标记，如图 3-77 所示。当鼠标移动到伸缩标记时鼠标指针变为秒表图标，按住鼠标进行拖动可以快速拉长或者缩短音频剪辑。

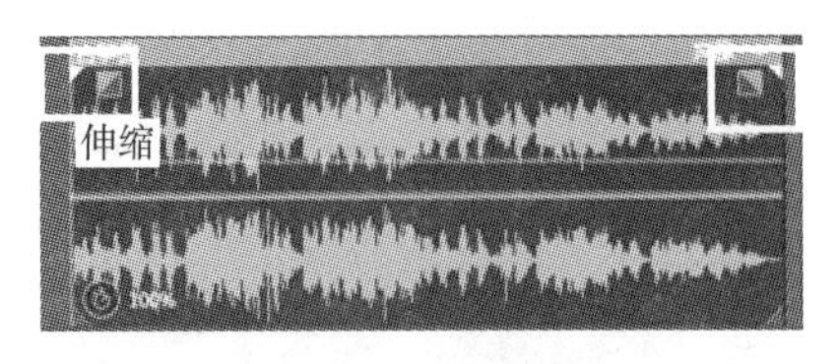

（a）原始素材

（b）快放效果

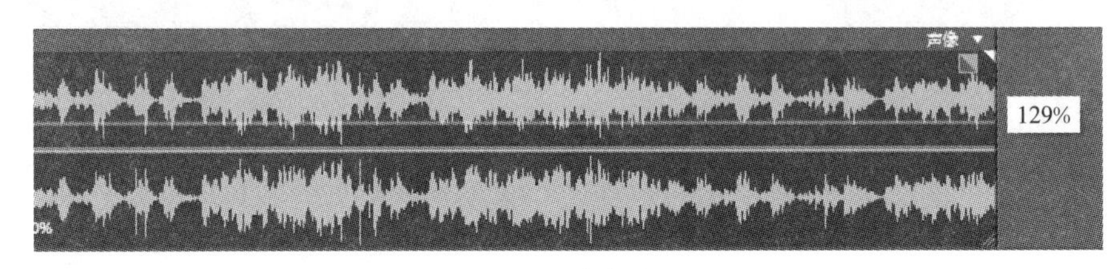

（c）慢放效果

图 3-77　原始音频剪辑与快放效果和慢放效果的对比图

（7）锁定音频剪辑

选中音频剪辑，利用右键快捷菜单中的“锁定时间”或“素材 | 锁定时间”命令，将音频剪辑锁定。锁定后的音频剪辑不能改变其在时间轴上的位置，但可以在不同的轨道上下移动或者做其他的操作。

（8）循环音频剪辑

选中音频剪辑，选择“素材 | 循环”命令，在音频剪辑的左下角有一个圆形的循环标识，表示当前已经进入循环模式，如图 3-78 所示。在音频剪辑的右端按住鼠标进行拖动，新的波形就会出现且与原始波形一致，只要一直拖动波形就会不断产生。每两段循环波形之间有一条白色虚线是循环的分界线，如图 3-79 所示。

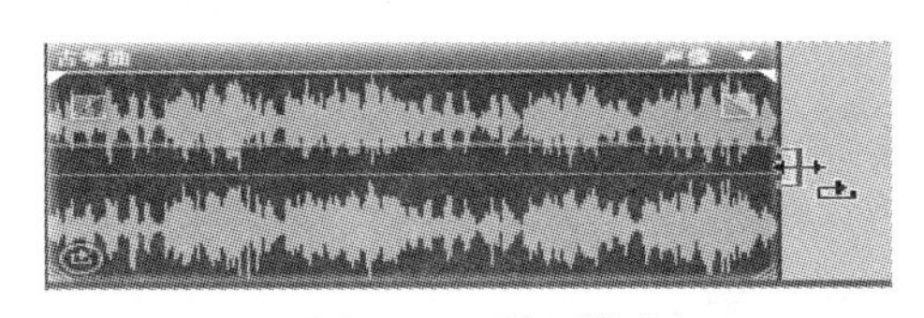

图 3-78　循环模式

图 3-79　循环音频剪辑

3.5.4　多轨会话模式下的混音处理

在多轨会话模式下可以很方便地进行混音处理。下面介绍在多轨会话模式下为音频剪辑添加渐变效果、使用包络曲线以及在多轨会话模式下为轨道添加音频效果等。

1. 在多轨会话模式下为音频剪辑添加渐变效果

（1）为一个音频剪辑添加渐变效果

可以用鼠标拖动的方式完成淡入/淡出效果。在波形图的左上角或右上角，拖动渐变控制图标◩或◪，通过向内拖动设置渐变的长度、向上向下拖动设置渐变的曲线，如图 3-80 所示。

可以右击渐变控制图标，在弹出的快捷菜单中选择渐变类型，如图 3-81 所示。也可以使用“素材 | 淡入、淡出”中的相应命令。

图 3-80 鼠标拖动完成淡入/淡出效果

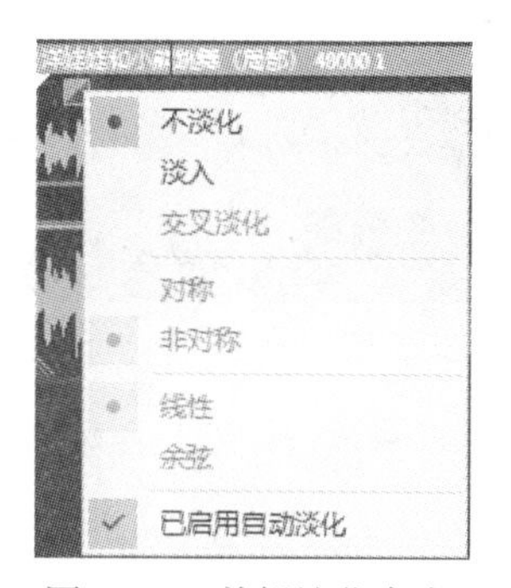

图 3-81 剪辑淡化命令

（2）为在同一轨道中重叠的音频剪辑设置交叉渐变效果

先将菜单中的“素材 | 启用自动淡化”选中，然后将两个音频剪辑放置到同一个音频轨道上，并使得它们有相交的区域，在相交处将自动产生交叉淡化效果，如图 3-82 所示。

2. 音频剪辑包络曲线的使用

在多轨会话模式下，可以使用音量包络曲线和声相包络曲线对音频剪辑进行音量和声相的动态调节。包络的编辑是非破坏性的，并不改变原始音频文件的内容。

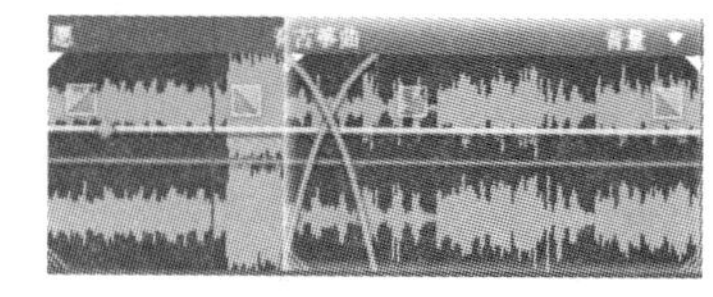

图 3-82 交叉淡化效果

（1）显示与隐藏包络曲线

① 显示与隐藏音量包络：选择“视图 | 显示素材音量包络”命令。音量包络线是一条黄绿色的线条，如图 3-83 所示。

② 显示与隐藏声相包络：选择“视图 | 显示素材声像包络”命令。声像包络线是一条蓝色的线条，如图 3-84 所示。

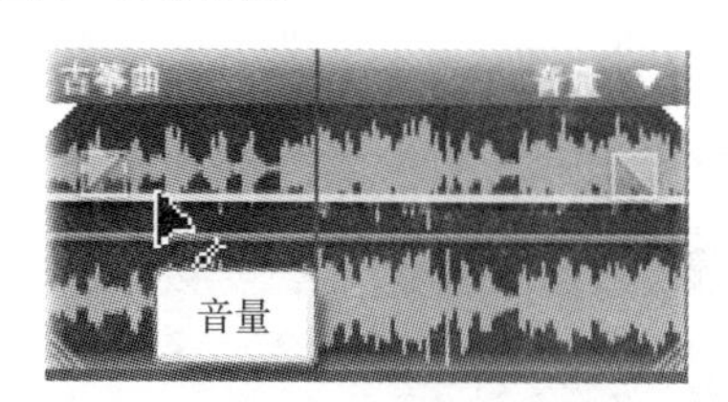

图 3-83 音量包络线

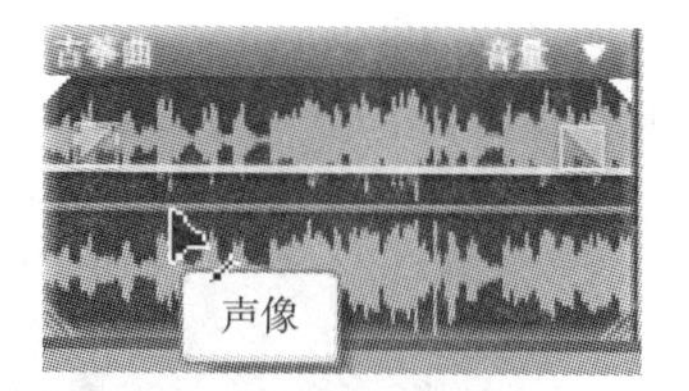

图 3-84 声像包络线

（2）编辑音频剪辑包络曲线

① 编辑音频剪辑音量包络曲线。将鼠标移动到音量包络曲线上时，鼠标指针变为一个带加号的指针，单击鼠标可以添加音量的控制关键帧。单击关键帧并向左右拖动，可以改变节点的时间位置；单击关键帧并向上下移动，可以改变关键帧处的音量大小，向上拖动加大音量，向下拖动减小音量，如图 3-85 所示。

若要删除多余的关键帧，直接将关键帧向上或向下拖出当前音轨外即可。右击关键帧，打开其快捷菜单（见图 3-86），选择“曲线”命令，可以使音量包络曲线变得平滑，如图 3-87 所示。

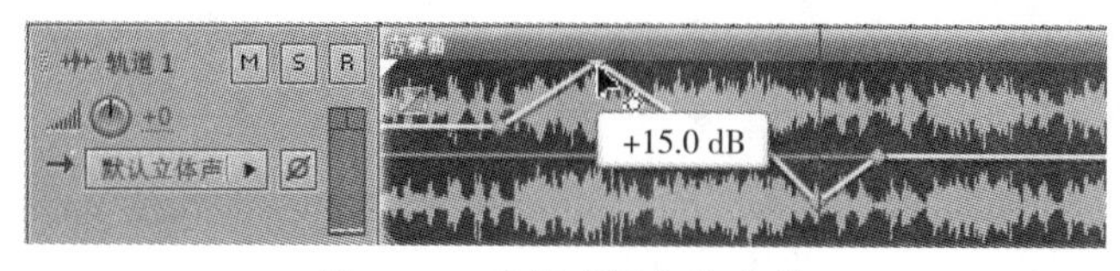

图 3-85 编辑音量包络曲线

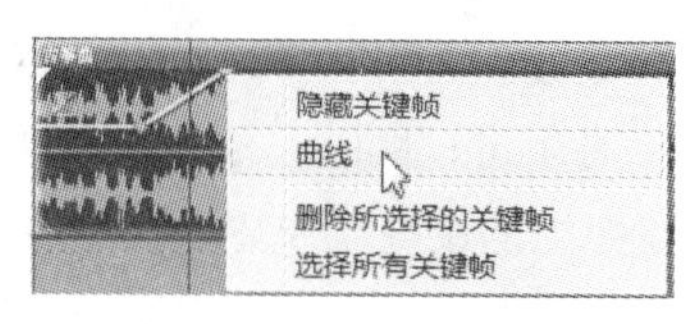

图 3-86 右键快捷菜单

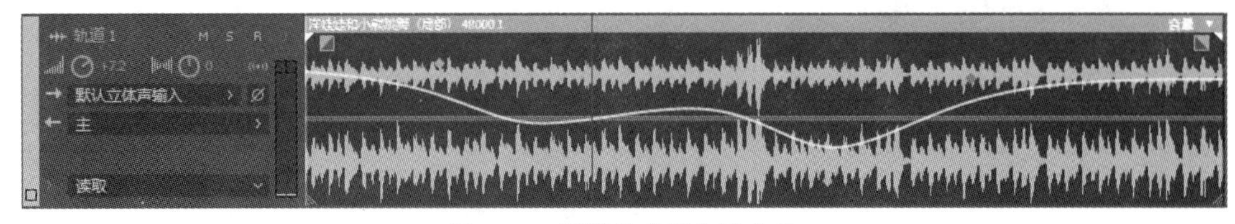

图 3-87　平滑的音量包络曲线

② 编辑音频剪辑声相包络曲线。将鼠标指针移动到声相包络曲线上时，鼠标变为一个带加号的手形指针，单击可以添加声相的控制关键帧。单击关键帧并向左右拖动，可以改变关键帧的时间位置；单击关键帧并向上下移动，可以改变关键帧处的声相位置，向上拖动至顶端表示声相为左，向下拖动至底端表示声相为右，如图 3-88 所示。

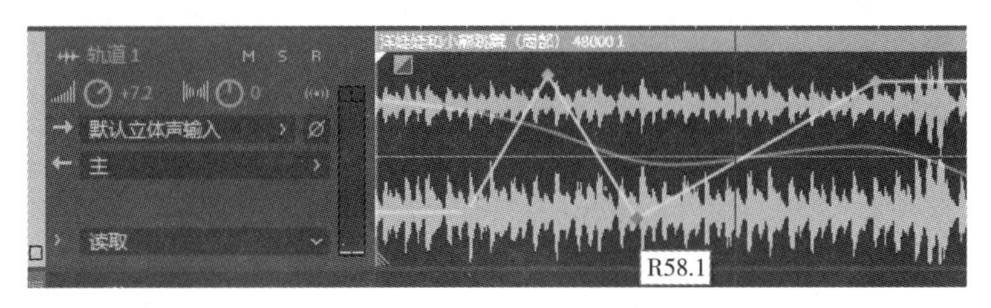

图 3-88　编辑声相包络曲线

其他操作与编辑音量包络曲线相似，这里不再介绍。

3. 轨道包络线的使用

音频剪辑包络线是对音频剪辑进行的实时调整，而轨道包络线是对整个音频轨道进行的实时调整。在“编辑器”面板的轨道左侧控制区，单击“读取”前面的三角按钮，轨道将被展开，在轨道上将显示轨道包络线，单击“显示包络”右侧的三角按钮，在打开的菜单中选择轨道所包含的包络线的种类，如图 3-89 所示。

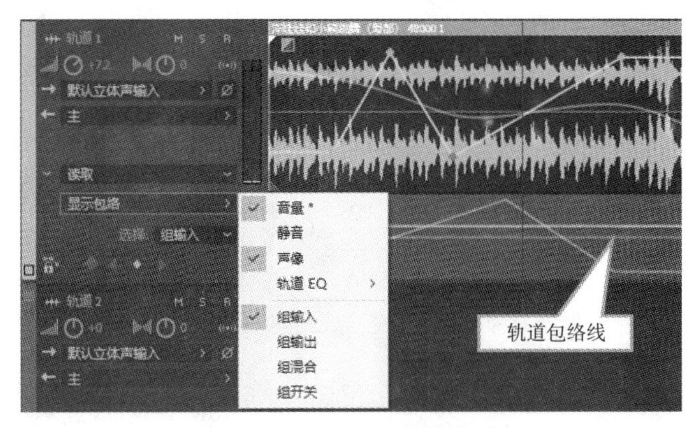

图 3-89　轨道包络线的种类

轨道包络线的编辑：增加关键帧，将鼠标移动到包络线上，当鼠标指针变为带加号的三角标记 时单击；删除关键帧，直接将其拖动到轨道外；移动关键帧，直接拖动；右击某个关键帧，在弹出的快捷菜单中选择“曲线”命令，可以将轨道包络线设置为平滑的曲线等。轨道包络线的编辑操作与音频剪辑的包络线操作类似，这里不再介绍。

3.5.5　多轨会话模式下为轨道添加音频效果

多轨会话模式下为轨道添加音频特效的操作也是非破坏性的，并不改变原始音频文件的内容。在多轨会话模式下为某轨道添加音频效果可以分别在“编辑器”面板、“混音器”面板、“效果组”以及“总音轨”上进行添加。

1. 在“编辑器”面板中添加音频效果

单击“编辑器”面板上方的“效果”按钮fx，打开其下方的“效果列表”，单击“效果列表”右侧的按钮打开可以添加的效果菜单，选择要添加的效果。这里添加的是“振幅与压限”效果，如图 3–90 所示。

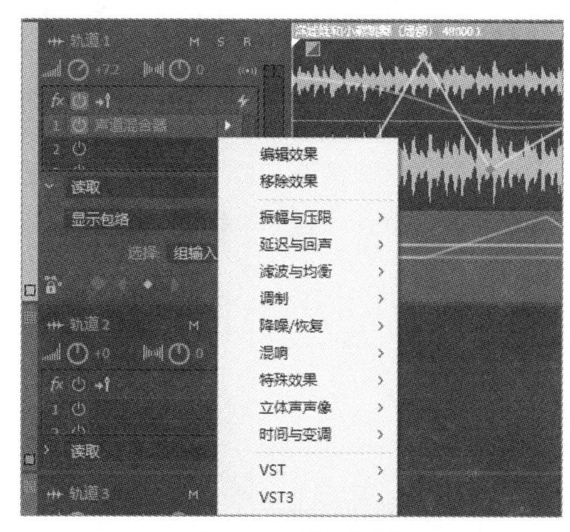

图 3–90　添加效果

可以继续在“效果列表”中添加其他音频效果。

注意：“效果列表”是一个有序的列表，添加效果的顺序不同，最终的效果也不同。

2. 在“混音器”面板中添加音频效果

选择“窗口 | 混音器”命令打开“混音器”面板，如图 3–91 图所示。打开“效果列表”，添加效果的操作与在“编辑器”面板中添加的方式相同。

3. 在“效果组”对话框中添加音频效果

先选中要添加音频效果的音频轨道，选择“窗口 | 效果组”命令，在打开的“效果组”对话框中进行效果的添加和设置，如图 3–92 所示。

在“效果组”对话框中还可以直接选择“预设”下拉列表中已经有的设置，也可以单击“预设”后的“保存”按钮，将设置好的效果列表保存为预设。

4. 在“总音轨”上添加效果

如果多个音频轨道希望添加相同的音频效果，可以考虑使用“发送”控制器将多轨音频的内容发送至“总音轨”，然后在“总音轨”上添加音频效果。

选择“多轨 | 轨道”子菜单，在菜单中选择要添加的总音轨类型，如图 3–93 所示，这里插入一条立体声总音轨“总音轨 A”。将“音频 1”轨道和“音频 2”轨道分别插入音频剪辑，然后单击“编辑器”面板上方的“发送”按钮（见图 3–94），在“发送输出”列表中选择“总音轨 A”。

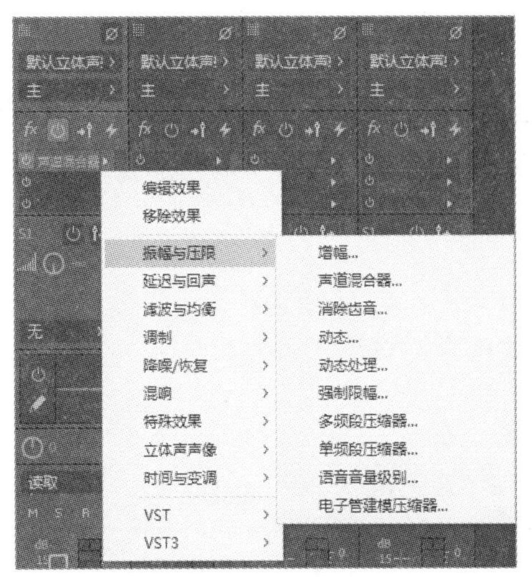

图 3-91 “混音器”面板中添加效果

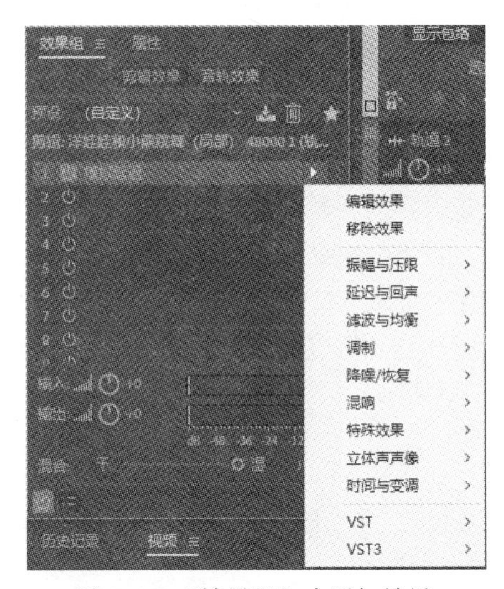

图 3-92 “效果组”中添加效果

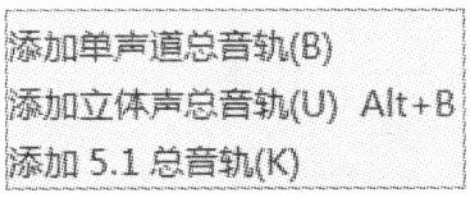

添加单声道总音轨(B)
添加立体声总音轨(U) Alt+B
添加 5.1 总音轨(K)

图 3-93 添加总音轨

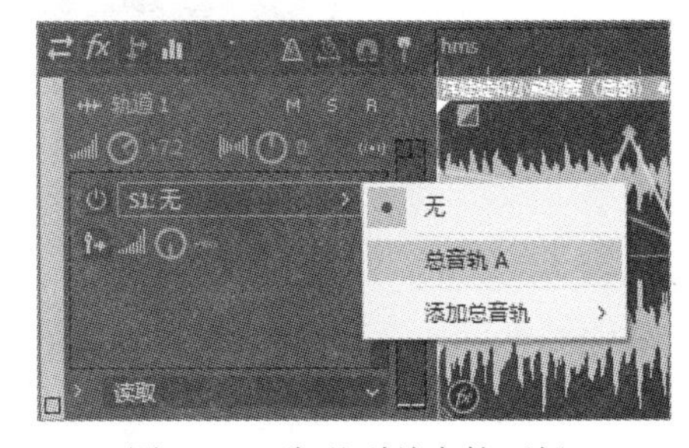

图 3-94 发送到总音轨面板

设置完成的效果如图 3-95 所示。

下面为“总音轨 A”添加音频效果。单击“编辑器”面板上方的“效果”控制器按钮，在“总音轨 A”的效果列表中添加效果，如图 3-96 所示。

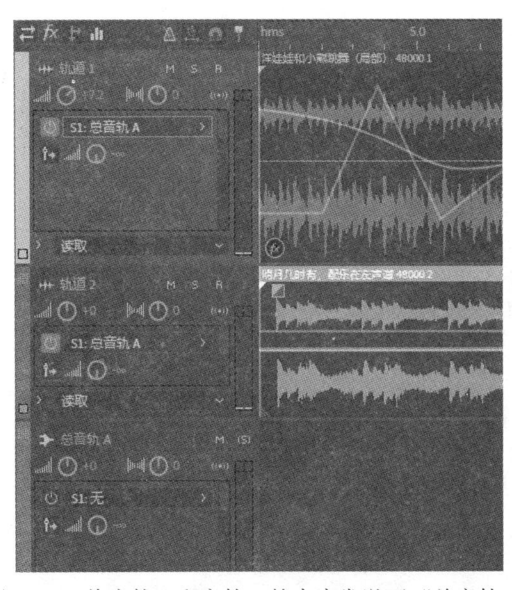

图 3-95 将音轨 1 和音轨 2 的内容发送至“总音轨 A”

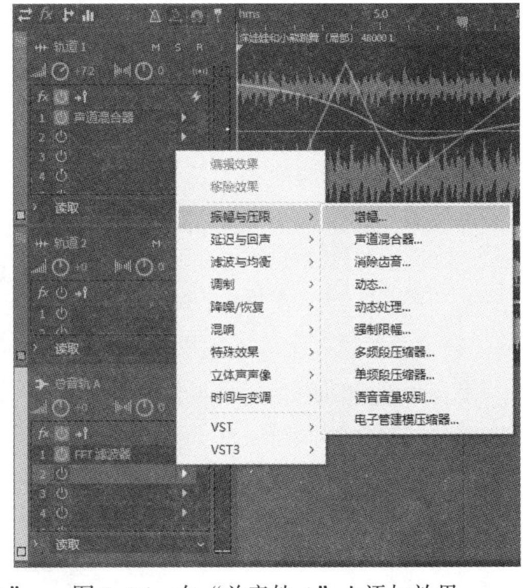

图 3-96 在“总音轨 A”上添加效果

3.5.6　创建 5.1 声道音频

Adobe Audition CC 2018 支持创建 5.1 声道音频文件，5.1 声道音频文件能够更好地表现声音的临场感。

首先在多轨界面创建多轨会话 5.1 声道音频项目，如图 3–97 所示。在某轨道上插入一个立体声波形文件，在轨道左侧的圆形声像图中可以简单快速地设置声像位置和范围，如图 3–98 所示。

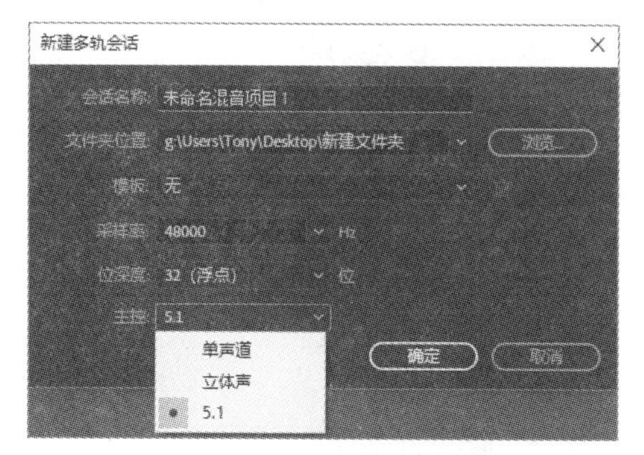

图 3–97　创建 5.1 声道音频文件

图 3–98　“声像球”的位置

若要精确设置声像位置和范围，可选择“窗口 | 音轨声像器”命令，打开“音轨声像器”对话框，如图 3–99 所示。

按住声像图中心点的“声相位置控制点”进行拖动，在图中设置其环绕声的发声位置和范围。单击声道所对应的 L、C、R、Ls、Rs 按钮可以启用或者禁止该声道。在拖动“声相位置控制点”时，声像图中的绿色区域表示左声道的影响范围，紫色区域表示右声道的影响范围，蓝色区域表示声道影响的重叠区域。“角度”：设置环绕立体声声音的位置，–90° 表示左侧，90° 表示右侧；“立体声扩展”：表示立体声轨道之间的分离角度；“半径”：决定声像的影响面积，数值越小其面积越大；“居中”：决定中置声道相对于左右音箱音量的百分比；“重低音”：决定低重音的混合百分比。

所有轨道都设置好后，可以单击“编辑器”中的播放按钮进行预览，在“电平”面板中可以看到多条电平的状态，如图 3–100 所示。

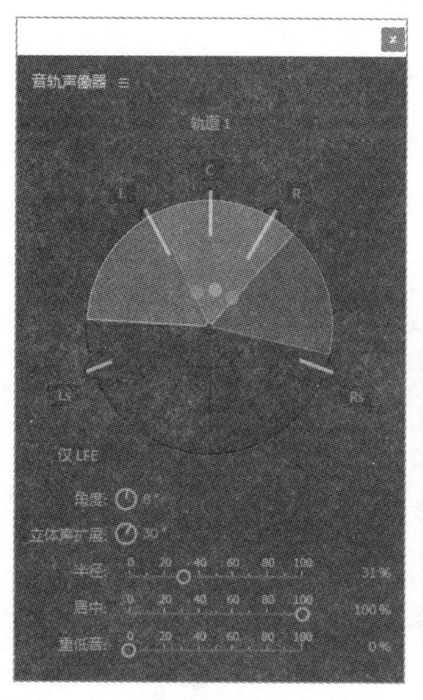

图 3–99　“音轨声像器”对话框

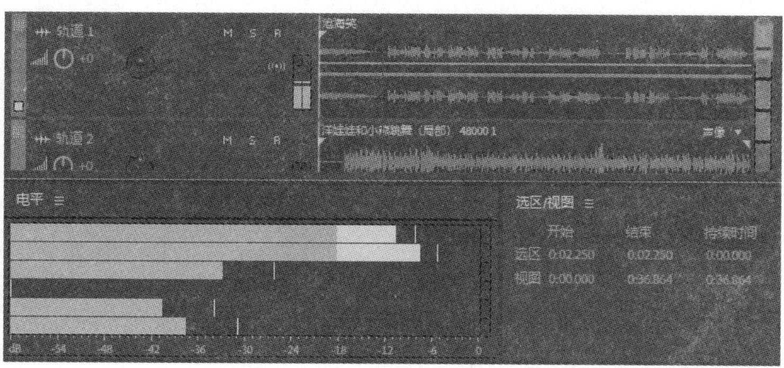

图 3–100　“电平”面板

选择“文件 | 导出 | 多轨混音 | 整个会话”命令，在“导出多轨混音”对话框中设置导出文件的名称、类型以及保存位置等信息，如图 3-101 所示。

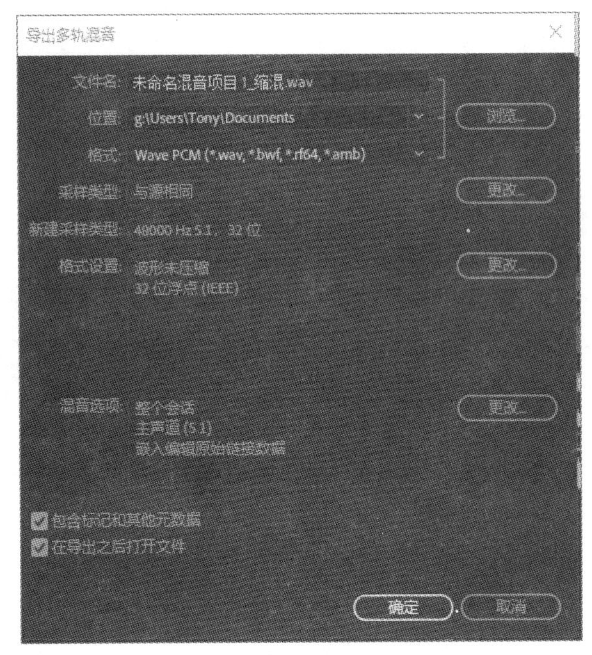

图 3-101　多通道导出选项

3.5.7　应用实例——为影片配音

为一段影片配上背景音乐和旁白。

① 启动 Adobe Audition CC 2018，按键盘上的数字【0】键进入“新建多轨混音”模式，设置文件的各项参数，如图 3-102 所示。

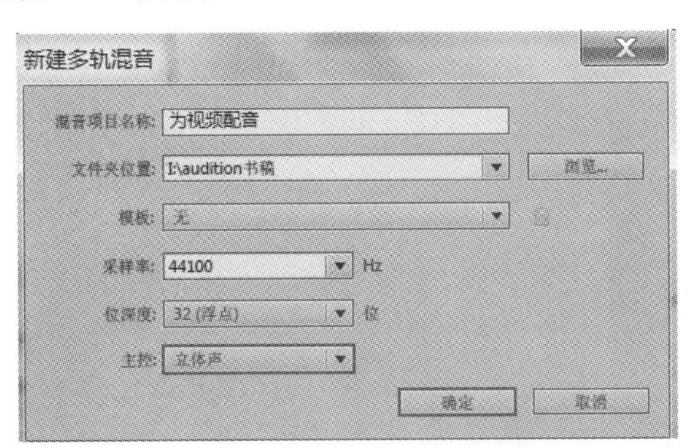

图 3-102　设置文件参数

② 选择“文件 | 导入 | 文件”命令，导入一个视频文件。

③ 将视频文件的视频部分拖动到“编辑器”面板的任意轨道上，释放鼠标，在“编辑器”面板的顶端自动添加了一个视频轨道，并在该轨道上插入了视频素材。在“视频”窗口可以播放视频的内容，如图 3-103 所示。

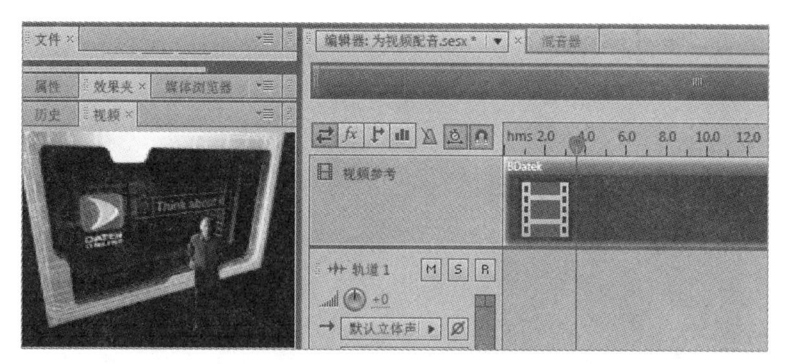

图 3–103　“视频”面板以及视频轨道

④ 选择“文件 | 导入 | 文件”命令，导入一个音频文件“示例音乐.mp3”作为背景音乐。将“示例音乐.mp3”插入到“音轨 1”的零点处。单击“缩放”面板中的“水平缩放”按钮，将波形区域缩小，使得整个波形区域都可见。在“轨道 1”波形区域右侧单击并拖动，去掉多余的部分音频，使得“轨道 1”中的内容与“视频”轨道的内容长度一致，如图 3–104 所示。

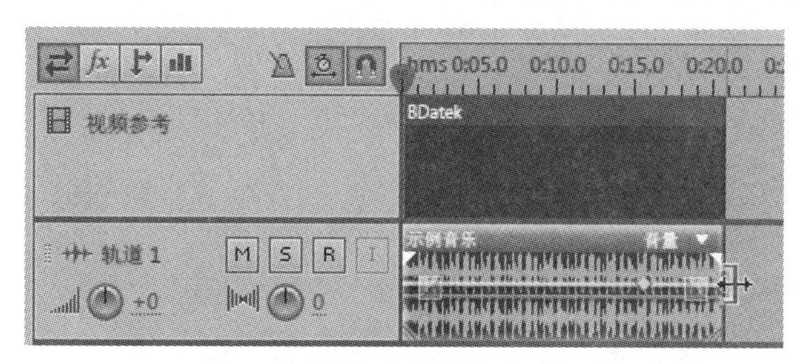

图 3–104　裁切多余的音频部分

⑤ 在“轨道 2”中单击“录音备用”按钮R，将选择指针拖动至零点。单击“编辑器”面板下方的“录音”按钮，可以在“视频”窗口看着视频播放的内容，听着背景音乐并开始录制声音，如图 3–105 所示。录制完成后单击“编辑器”面板上的“停止”按钮，录制的文件自动添加到“文件”面板中。

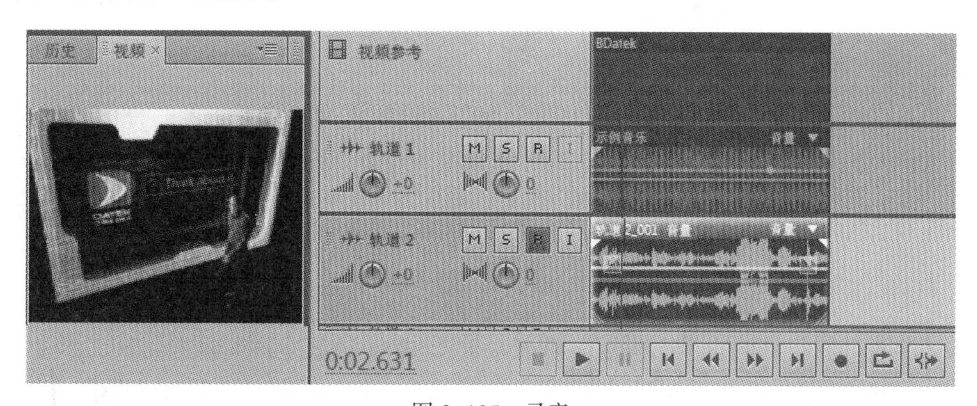

图 3–105　录音

⑥ 双击“轨道 2”轨道的波形区域，在“波形视图”模式下打开刚录制好的音频文件。因为“波形视图”模式下的“修复”效果比较多，所以这里将录制好的音频文件在“波形视图”模式下打开。首先为录制的音频文件做降噪处理。

⑦ 选取开始的一段噪声曲线，选择“效果 | 降噪 | 恢复”中的“降噪（处理）”命令。在打开的“效果-降噪”对话框中进行设置，单击“确定”按钮，如图 3-106 所示。

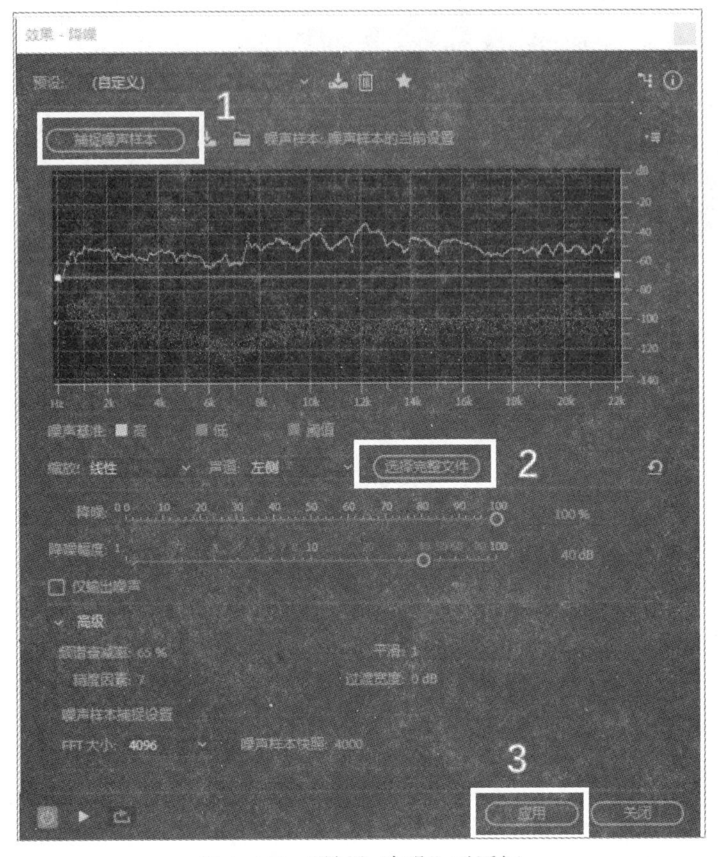

图 3-106 “效果-降噪”对话框

⑧ 在“多轨会话”视图模式下，为背景音乐编辑音量包络曲线，使得人说话时背景音乐音量减小，人不说话时背景音乐加强，并在音频剪辑的开始处和结尾处设置淡化效果，如图 3-107 所示。

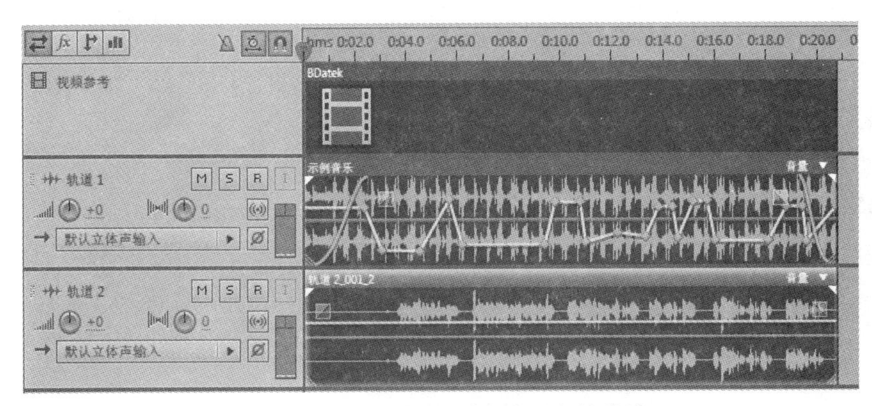

图 3-107 为背景音乐编辑音量包络曲线

⑨ 选择“文件 | 导出 | 多轨混缩 | 完整混音”命令，在打开的对话框中选择文件的保存位置、名称以及类型，单击“确定”按钮，如图 3-108 所示。

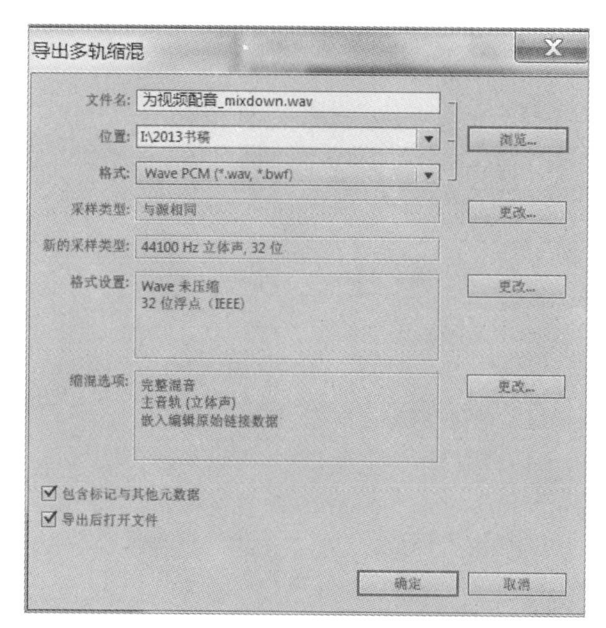

图 3-108　“导出多轨缩混”对话框

3.6　Adobe Audition 在 CD 视图模式下刻录 CD

在 Adobe Audition CC 2018 提供的“CD 视图”模式下，可以很方便地进行 CD 的刻录。

启动 Adobe Audition CC 2018，按键盘上的数字【8】键，或者选择“视图 | CD 编辑器”命令，进入“CD 视图”模式。

3.6.1　插入 CD 音轨

将要刻录的音频文件导入到“文件”面板，选择要添加到 CD 中的文件，直接拖动到“编辑器”窗口的 CD 布局列表中，或者选中文件后利用快捷菜单中的“插入到 CD 布局”命令，如图 3-109 所示。

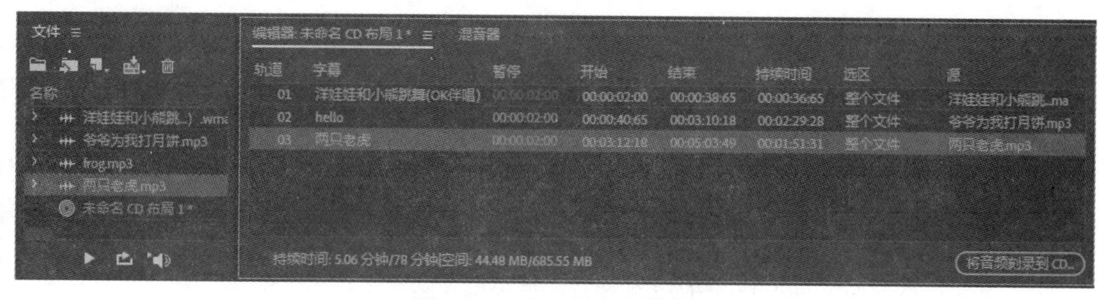

图 3-109　“CD 视图”模式

3.6.2　调整 CD 轨道

在 CD 布局列表中选中某文件直接上下拖动，可以调整其所处的轨道位置。按【Delete】键可以直接将文件从 CD 列表中删除。

3.6.3 刻录CD

单击“编辑器”窗口右下角的“将音频刻录到CD”按钮，或者选择“文件 | 导出 | 将音频刻录到CD”命令，在打开的“刻录音频”对话框中设置写入的速度以及要刻录的盘片数量等信息，单击“确定”按钮开始刻盘。

习　　题

一、选择题

1. 进入到“多轨编辑器”的快捷键是（　　）。

A. 9　　B. 0　　C. 8　　D. 7

2. 下列（　　）命令可以保存选择区域的音频内容。

A. 保存　　B. 另存为　　C. 保存为副本　　D. 保存所选为

3. 录制传声器的声音时，传声器的连接线应和声卡的（　　）接口连接。

A. Line in　　B. Mic　　C. Spk　　D. MIDI

4. 混合粘贴的快捷键是（　　）。

A. Ctrl+Shift+N　　B. Ctrl+Shift+V　　C. Ctrl+V　　D. Ctrl+Alt+V

5. Adobe Audition CC 2018中有（　　）个剪贴板可以使用。

A. 2　　B. 4　　C. 5　　D. 6

二、填空题

1. Adobe Audition CC 2018的多轨会话文件可以包含五类轨道，分别是________、________、________、________、________。

2. 在多轨会话模式下，可以对音频剪辑进行非破坏性处理，而不会破坏__________。

3. 在Adobe Audition CC 2018中进行录音，既可以在__________模式下进行单轨录音，也可以在__________模式下通过多轨录音来完成。

4. 在多轨会话模式下，可以使用音量包络曲线和声像包络曲线对音频剪辑进行__________调节。包络的编辑是非破坏性的，并不改变原始音频文件的内容。

5. 音量包络线是对__________进行的实时调整。

三、简答题

1. 录制声音既可以在“波形视图”模式下进行，也可以在“多轨会话”模式下进行，分别简述在这两种模式中的录音过程。

2. 简述在“波形视图”模式下如何为音频文件添加音频效果。

3. 简述在“多轨会话”模式下如何为音频文件添加音频效果。

4. 简述在Adobe Audition CC 2018中如何完成不同音频文件的混音处理。

5. 简述如何在Adobe Audition CC 2018中创建5.1声道的音频文件。

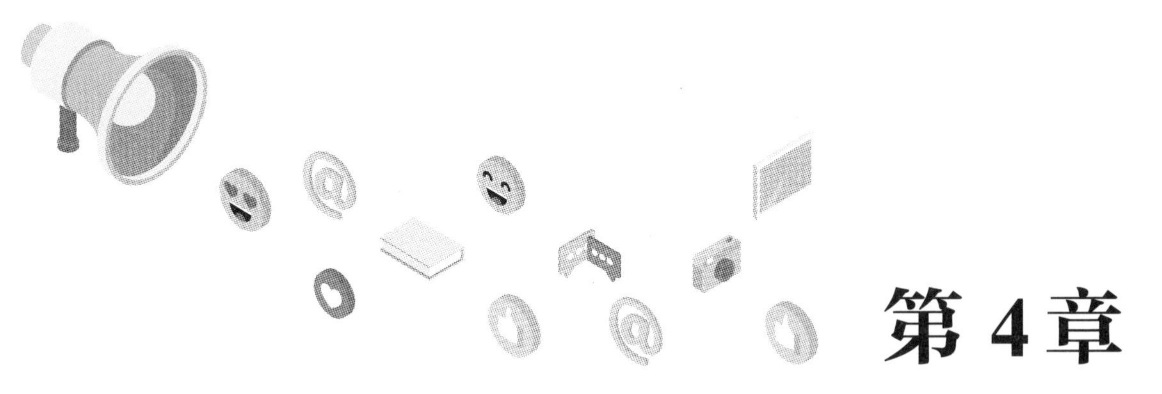

第 4 章 数字视频的设计与制作

◎ 学习要点：

- 掌握数字视频的基本概念。
- 了解 Premiere Pro CC 的主要功能。
- 掌握 Premiere Pro CC 的编辑方法。
- 掌握视频过渡效果、视频运动效果、视频效果。
- 掌握字幕的编辑方法。
- 掌握输出不同格式的文件方法。

建议学时：上课 2 学时，上机 6 学时。

4.1 数字视频的基本概念

数字视频（Digital Video）是先用数字摄像机等视频捕捉设备，将外界影像的颜色和亮度等信息转变为电信号，再记录到存储介质。数字视频有不同的产生方式、存储方式和播出方式。

4.1.1 视频的基本概念

1. 视频信息

眼睛在观察景物时，当光信号传入大脑神经时需经过一段短暂的时间。同样，光的作用结束后视觉形象也并不会立即消失，这种现象称为“视觉暂留”。动态图像就是视觉暂留效应的一个应用。从物理意义上看，任何动态图像都是由多幅连续的图像序列构成，每一幅图像保持一段显示时间，然后顺序地以眼睛感觉不到的速度（一般为每秒 25～30 帧）更换为另一幅图像，这样连续不断地播放形成了动态图像的效果。

动态图像序列根据每一帧图像的产生形式不同，又分为不同的种类。当每一帧图像是人工或计算机产生的时候，称为动画；当每一帧图像是实时获取的自然景物时，称为动态影像视频或视频信息。

2. 模拟视频与数字视频

按照视频信息的存储与处理方式不同，视频可分为模拟视频和数字视频两大类。

（1）模拟视频

模拟视频是指每一帧图像是实时获取的自然景物的真实图像信号。日常生活中看到的电视、电影都属于模拟视频的范畴。模拟视频信号具有成本低和还原性好等优点，视频画面往往会给人一种身临其境的感觉。但它的最大缺点是无论被记录的图像信号有多好，经过长时间的存放之后，信号和画面的质量将大幅降低。当经过多次复制后，画面失真就会很明显。

在电视系统中，摄像端是通过电子束扫描，将图像分解成与像素对应的随时间变化的点信号，并由传感器对每个点进行感应。在接收端，则以完全相同的方式利用电子束从左到右，从上到下进行扫描，将电视图像在屏幕上显示出来。扫描分为逐行扫描和隔行扫描两种。在逐行扫描中，电子束从显示屏的左上角一行接一行地扫描到右下角，在显示屏上扫描一遍就显示一帧图像。在隔行扫描中，电子束扫描完第 1 行后，从第 3 行开始的位置继续扫描，再分别扫描第 5，7，…，直到最后一行为止。所有的奇数行扫描完后，再使用同样的方式扫描所有的偶数行，这样才构成一帧画面。可见，在隔行扫描中，一帧画面是由奇数行和偶数行两部分组成，分别称为奇数场和偶数场，也就是说，要得到一幅完整的图像需要扫描两遍。如图 4–1 所示的扫描图像所示，其中图 4–1（a）为奇数场、图 4–1（b）为偶数场、图 4–1（c）为一幅完整的图像。

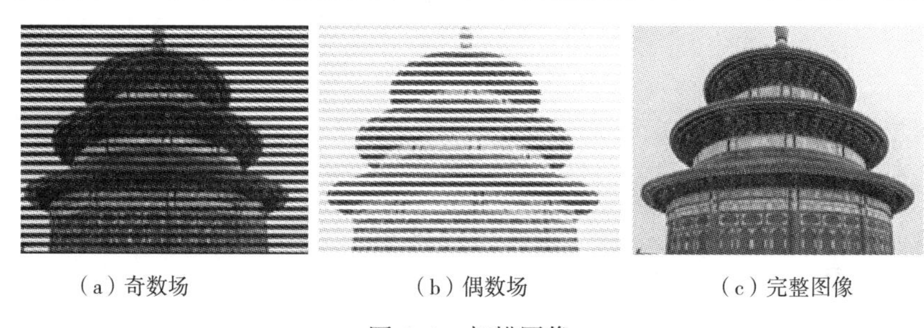

（a）奇数场　（b）偶数场　（c）完整图像

图 4–1　扫描图像

（2）数字视频

数字视频是基于数字技术记录视频信息的。模拟视频信号可以通过视频采集卡将模拟视频信号进行 A/D（模/数）转换，将转换后的数字信号采用数字压缩技术存入计算机存储器中就成为了数字视频。与模拟视频相比，数字视频可以不失真地进行多次复制；便于长时间地存放而不会有任何质量变化；可以方便地进行非线性编辑、增加特技效果等操作；数据量大，在存储与传输过程中必须进行压缩编码。

4.1.2　视频信息的数字化

随着多媒体技术的发展，计算机不仅可以播放视频信息，还可以准确地编辑、处理这些信息，这就为我们有效地控制视频信息、对视频节目进行二次创作，提供了多样化的方法。

1. 视频信息的获取

获取数字视频信息主要有两种方式：一种是将模拟视频信号数字化，即在一段时间内以一定的速度对连续的视频信号进行采集，然后将数据存储起来。使用这种方法，需要拥有录像机、摄像机及一块视频捕捉卡。录像机和摄像机负责采集实际景物，视频卡负责将模拟的视频信息数字化。另一种是利用数字摄像机拍摄实际景物，从而直接获得无失真的数字视频信号。

2. 视频数字化过程

视频数字化过程就是将模拟视频信号经过采样、量化、编码后变为数字视频信号的过程。

高质量的原始素材是获得高质量最终视频产品的基础。数字视频的来源有很多，包括从家用级到专业级、广播级的多种素材，如摄像机、录像机、影碟机等视频源的信号，还有计算机软件生成的图形、图像和连续的画面等。可以对模拟视频信号进行采集、量化和编码的设备，一般由专门的视频采集卡来完成，然后由多媒体计算机接收、记录编码后的数字视频信号。在这个过程中视频采集卡起到了决定作用。视频采集卡不仅提供接口以连接模拟视频设备和计算机，而且具有把模拟信号转换成数字数据的功能。

3. 运动图像压缩标准

（1）运动图像压缩标准

MPEG 是 Moving Pictures Experts Group，运动图像专家组）始建于 1988 年，从事运动图像编码技术工作。MPEG 下分 3 个小组：MPEG-Video（视频组）、MPEG-Audio（音频组）和 MPEG-System（系统组）。

MPEG 是系列压缩编码标准，既考虑了应用要求，又独立于应用之上。MPEG 给出了压缩标准的约束条件及使用的压缩算法。MPEG 包括 MPEG-1、MPEG-2、MPEG-4、MPEG-7、MPEG-21 压缩标准等。

① 数字声像压缩标准 MPEG-1。MPEG-1 标准是 1991 年制定的，是数字运动图像及伴音压缩编码标准。MPEG-1 标准主要有 3 个组成部分：视频、音频和系统。系统部分说明了编码后的视频和音频的系统编码层，提供了专用数据码流的组合方式，描述了编码流的语法和语义规则；视频部分规定了视频数据的编码和解码；音频部分规定了音频数据的编码和解码。

MPEG-1 标准可适用于不同带宽的设备，如 CD-ROM、Video-CD、CD-I，主要用于在 1.5 Mbit/s 以下数据传输速率的数字存储媒体。这个标准主要是针对 20 世纪 90 年代初期数据传输速率为 1.4 Mbit/s 的 CD-ROM 开发的。因此，主要用于在光盘上存储数字影视、在网络上传输数字影视以及存放 MP3 格式的数字音乐。

② 通用视频图像压缩编码标准 MPGE-2。MPEG-2 标准是由 ISO 的活动图像专家组和 ITU-TS 于 1994 年共同制定的，是在 MPEG-1 标准基础上的进一步扩展和改进。它主要是针对数字视频广播、高清晰度电视和数字视盘等制定的 4～9 Mbit/s 运动图像及其伴音的编码标准。MPEG-2 标准的典型应用是 DVD 影视和广播级质量的数字电视。

MPEG-2 的目标与 MPEG-1 相同，仍然是提高压缩率，提高音频、视频质量。采用的核心技术是分块 DCT（Discrete Cosine Transform，离散余弦变换）和帧间运动补偿预测技术。但却增加了 MPGE-1 所没有的功能，如支持高分辨率的视频、多声道的环绕声、多种视频分辨率、隔行扫描以及最低为 4 Mbit/s，最高为 100 Mbit/s 的数据传输速率。

③ 低比特率音视频压缩编码标准 MPEG-4。MPEG-4 于 1992 年 11 月被提出，并于 2000 年正式成为国际标准，其正式名称为 ISO 14496-2，是为了满足交互式多媒体应用而制定的通用的低码率（64 kbit/s 以下）的音频/视频压缩编码标准，具有更高的压缩比、灵活性和可扩展性。MPEG-4 主要应用于数字电视、实时多媒体监控、低速率下的移动多媒体通信、基于内容的多媒体检索系统和网络会议等。

相对于 MPEG-1、MPEG-2 标准，MPGE-4 已不再是一个单纯的音频、视频编码解码标准，它将内容与交互性作为核心，更多定义的是一种格式、一种框架，而不是具体的算法，这样人们就可以在系统中加入许多新的算法。

④ 多媒体内容描述接口 MPEG-7。MPEG-7 被称为多媒体内容描述接口（Multimedia Content Description Interface）标准，它并不是一个音频、视频数据压缩标准，而是一套多媒体数据的描

述符和标准工具，用来描述多媒体内容以及它们之间的关系，以解决多媒体数据的检索问题。MPEG-1、MPEG-2、MPEG-4数据压缩与编码标准只是对多媒体信息内容本身的表示，而MPEG-7标准则是建立在MPEG-1、MPEG-2、MPEG-4标准基础之上，并可以独立于它们而使用。MPEG-7标准并不是要替代这些标准，而是为这些标准提供一种标准的描述表示法。它提供的是关于多媒体信息内容的标准化描述信息，这种描述只与内容密切相关，它将支持用户对那些感兴趣的资料做快速而高效的搜索。所谓“资料”包括静止的画面、图形、声音、运动视频以及它们的集成信息等。

⑤ MPEG-21标准。它是MPEG专家组在2000年启动开发的多媒体框架，制定MPEG-21标准的目的是：将不同的协议、标准、技术等有机地融合在一起；制定新的标准，将这些不同的标准集成在一起。

MPEG-21标准其实就是一些关键技术的集成，通过这种集成环境对全球数字媒体资源增强透明和增强管理，实现内容描述、创建、发布、使用、识别、收费管理、产权保护、用户隐私权保护、终端和网络资源抽取、事件报告等功能，为未来多媒体的应用提供完整的平台。

（2）视频会议压缩编码标准H.26x

对视频图像传输的需求以及传输带宽的不同，CCITT分别于1990年和1995年制定了适用于综合业务数字网（Integrated Service Network，ISDN）和公共交换电话网（Public Switched Telephone Network，PSTN）的视频编码标准，即H.261协议和H.263协议。这些标准的出现不仅使低带宽网络上的视频传输成为可能，而且解决了不同硬件厂商产品之间的互通性，对多媒体通信技术的发展起到了重要的作用。

① H.261：它是由ITU-TS第15研究组于1988年为在窄带综合业务数字网（N-ISTN）上开展速率为P×64 kbit/s的双向声像业务（可视电话、会议）而制定的，该标准常称为P×64K标准，其中P是取值为1～30的可变参数，P×64K视频压缩算法也是一种混合编码方案，即基于DCT的变换编码和带有运动预测差分脉冲编码调制（DPCM）的预测编码方法的混合。

H.261的目标是会议电视和可视电话，该标准推荐的视频压缩算法必须具有实时性，同时要求最小的延迟时间。当P≥6时，由于增加了额外的有效比特数，可以传输较好质量的复杂图像，因此，更适合于会议电视应用，如图4-2所示。

图4-2　会议电视和可视电话

② H.263：是ITU-T为低于64 kbit/s的窄带通信信道制定的视频编码标准。其目的是能在现有的电话网上传输活动图像。它是在H.261基础上发展起来的，其标准输入图像格式可以是S-QCIF、QCIF、CIF、4CIF或者16CIF的彩色4:2:0取样图像。H.263与H.261相比采用了半像素的运动补偿，并增加了4种有效的压缩编码模式：无限制的运动矢量模式；基于句法的算术编码模式；高级预测模式和PB帧模式。虽然H.263标准是为基于电话线路（PSTN）的可视电话和视频会议而设计的，但由于它优异的编解码方法，现已成为一般的低比特率视频编码标准。

③ H.264：是由 ISO/IEC 与 ITU-T 组成的联合视频组（JVT）制定的新一代视频压缩编码标准。H.264 的主要特点体现在：在相同的重建图像质量下，H.264 比 H.263 和 MPEG-4（SP）减小 50%码率；对信道时延的适应性较强，既可工作于低时延模式以满足实时业务，如会议电视等；又可工作于无时延限制的场合，如视频存储等；提高网络适应性，采用“网络友好”的结构和语法，加强对误码和丢包的处理，提高解码器的差错恢复能力；在编/解码器中采用复杂度分级设计，在图像质量和编码处理之间可分级，以适应不同复杂度的应用；相对于先期的视频压缩标准，H.264 引入了很多先进的技术，包括 4×4 整数变换、空域内的帧内预测、1/4 像素精度的运动估计、多参考帧与多种大小块的帧间预测技术等。新技术带来了较高的压缩比。

（3）数字音视频编解码技术标准 AVS 简介

数字音视频编解码技术标准 AVS（Audio Video coding Standard）工作组由国家信息产业部科学技术司于 2002 年 6 月批准成立。其任务是：面向我国的信息产业需求，联合国内企业和科研机构，制（修）订数字音视频的压缩、解压缩、处理和表示等共性技术标准，为数字音视频设备与系统提供高效经济的编解码技术，服务于高分辨率数字广播、高密度激光数字存储媒体、无线宽带多媒体通信、互联网宽带流媒体等重大信息产业应用。

4.1.3 数字视频理论基础

1. 电视制式

所谓电视制式，实际上是一种电视显示的标准。不同的制式，对视频信号的解码方式、色彩处理的方式以及屏幕扫描频率的要求都有所不同。

（1）NTSC 制式

NTSC（National Television Standards Committee，国家电视标准委员会）是 1953 年美国研制成功的一种兼容的彩色电视制式。它规定每秒 30 帧，每帧 526 行，水平分辨率为 240～400 个像素点，隔行扫描，扫描频率 60 Hz，宽高比例 4∶3。北美、日本等一些国家使用这种制式。

（2）PAL 制式

PAL（Phase Alternate Line，相位逐行交换）是联邦德国 1962 年制定的一种电视制式。它规定每秒 25 帧，每帧 625 行，水平分辨率为 240～400 个像素点，隔行扫描，扫描频率 50 Hz，宽高比例 4∶3。我国和西欧大部分国家都使用这种制式。

（3）SECAM 制式

SECAM（Sequential Colour Avec Memorie，顺序传送彩色存储）是法国于 1965 年提出的一种标准。它规定每秒 25 帧，每帧 625 行，隔行扫描，扫描频率为 50 Hz，宽高比例 4∶3。表 4-1 所示为不同制式的比较。

表 4-1 不同制式的比较

制　　式	国家或地区	垂直帧数率（扫描线数）	帧数率（隔行扫描）
NTSC	美国、加拿大、韩国、日本、墨西哥	525（480 可视）	29.97 帧/s
PAL	中国、澳大利亚、欧洲大部分国家、南美洲国家	625（576 可视）	25 帧/s
SECAM	法国以及部分非洲地区	625（576 可视）	25 帧/s

2. 标清、高清、2K 与 4K

视频格式大致可以分为标清（SD）和高清（HD）两类，标清和高清是两个相对的概念，不是文件格式的差异，而是尺寸上的差别。

对于非线性编辑而言，标清格式的视频素材主要有 PAL 制式和 NTSC 制式。一般 PAL DV 的图像像素尺寸为 720×576 像素，而 NTSC DV 的图像尺寸为 720×480 像素。DV 的画质标准就能满足标清格式的视频要求。

高清就是分辨率高于标清的一种标准，通常可视垂直分辨率高于 576 线标准的即为高清，其分辨率常为 1 280×720 像素或者 1 920×1 080 像素，帧宽高比为 16:9。高清的视频画面质量和音频质量都比标清要高。需要注意的是，高清视频应该采用全帧传输，也就是逐行扫描。区别逐行还是隔行扫描的方式是看帧尺寸后面的字母。高清格式通常用垂直线数来代替图像的尺寸，比如 1080i 或者 720p，就表示垂直线数是 1080 或者 720。i 代表隔行扫描，p 代表逐行扫描。高清视频中还出现 i 帧，是为了向下兼容，向标清播放设备兼容。

2K 和 4K 标准是在高清之上的数字电影（Digital Cinema）格式，2K 是指图片水平方向的线数，即 2 048 线（1K=1 024），4K 是指图片水平方向的线数为 4×1024。它们的分辨率为 2 048×1 365 像素和 4 096×2 730 像素。标清、高清、2K 和 4K 视频图像帧尺寸的对比图如图 4-3 所示。

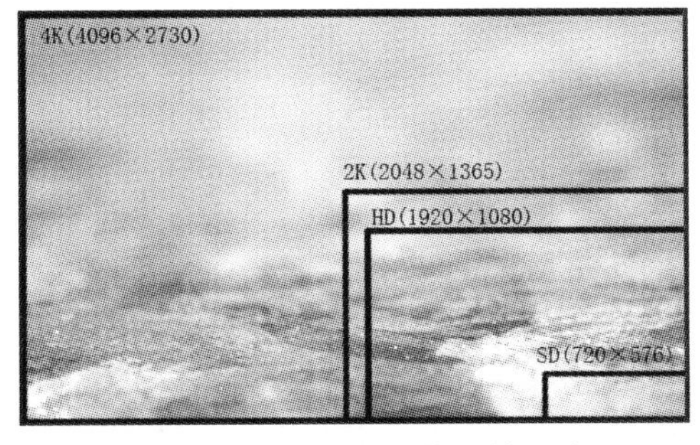

图 4-3　不同视频图像的帧尺寸

3. 线性编辑与非线性编辑

视频编辑的方法大体可以分为线性编辑和非线性编辑两类。

（1）线性编辑

线性编辑的过程就是使用放像机播放视频素材，当播放到需要的片段时就用录像机将其录制到磁带中；然后，再播放素材继续找下一个需要的镜头，如此反复播放和录制，直至把所有需要的素材片段都按事先规划好的顺序录制下来。图 4-4 所示为线性编辑控制器。

线性编辑过程烦琐，并且只能按照时间顺序进行编辑。线性编辑系统所需要的设备较多，如放像机、录像机、特技发生器、字幕机等，其工作流程十分复杂，投资大，费时费力。

（2）非线性编辑

非线性编辑可以直接从计算机的硬盘中以文件的方式快速、准确地存取素材进行编辑。可以随意更改素材的长短、顺序，并可以方便地进行素材查找、定位、编辑、设置特技功能等操作。非线性编辑系统还具有信号质量高、制作水平高、节约投资、方便地传输数码视频、实现资源共享等优点。目前，绝大多数的电视电影制作机构都采用了非线性编辑系统。

非线性编辑系统由硬件系统和软件系统两部分组成。硬件系统主要由计算机、视频卡或 IEEE1394 卡、声卡、高速 AV 硬盘、专用芯片、带有 SDI 标准的数字接口以及外围设备构成，图 4-5 所示为非线性编辑部分硬件设备。非线性编辑软件系统主要由非线性编辑软件以及其他多媒体处理软件等外围软件构成。本书介绍的 Premiere 就是一款主流的非线性编辑软件。

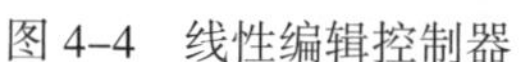

图 4-4　线性编辑控制器

图 4-5　非线性编辑部分硬件设备

4.2　非线性视频编辑软件 Premiere Pro CC 简介

Adobe 公司的 Premiere Pro 是一款广泛应用于音频、视频编辑的非线性编辑软件，它支持跨平台操作，在专业的数字视频编辑中 Premiere Pro 起着核心的作用。Premiere Pro 既可以将硬件终端输出的内容进行加工，又可以将其他软件输出的媒体素材进行编辑；在 Premiere Pro 中提供了与多种软件的接口，各种软件间融会贯通，使得用户能够创作出高质量的影视作品。目前常用的 Premiere Pro 版本有 CS6、CC 等。

4.2.1　Premiere Pro CC 的主要功能

Premiere Pro CC 提供了一整套标准的数字音频、视频编辑方法，以及多样化的音频视频输出文件格式。Premiere Pro CC 的主要功能有以下几点：

1. 编辑与剪辑素材

Premiere Pro CC 提供了大量的素材编辑工具、命令以及编辑窗口，用户可以轻松实现视频、音频素材的编辑与剪辑。

2. 添加过渡效果

Premiere Pro CC 包括音频过渡和视频过渡两大类过渡效果。可以为一个素材的首尾添加过渡效果，也可以在两个素材之间添加过渡效果，如图 4-6 所示。

图 4-6　过渡效果

3. 添加视频效果

Premiere Pro CC 提供了强大的视频、音频效果。可以对素材进行调色与校色、切换、合成视频、变形等多种效果处理。这些效果既可以单独使用也可以混合使用，制作出多种效果。如图 4-7 所示，将前景抠像并与背景进行了视频合成。

图 4-7　视频合成

4. 添加字幕

Premiere Pro CC 提供了功能强大的“字幕”面板，可以更方便地为视频添加字幕，设置其字体、大小、文字边缘等属性值。图 4-8 所示为视频添加描边字幕的效果。

图 4-8　添加字幕

5. 编辑、处理音频素材

使用 Premiere Pro CC 也可以方便地对音频素材进行剪辑、添加效果以及使用“音轨混合器”进行混音等操作。图 4-9 所示为利用音轨混合器为影片进行配音。

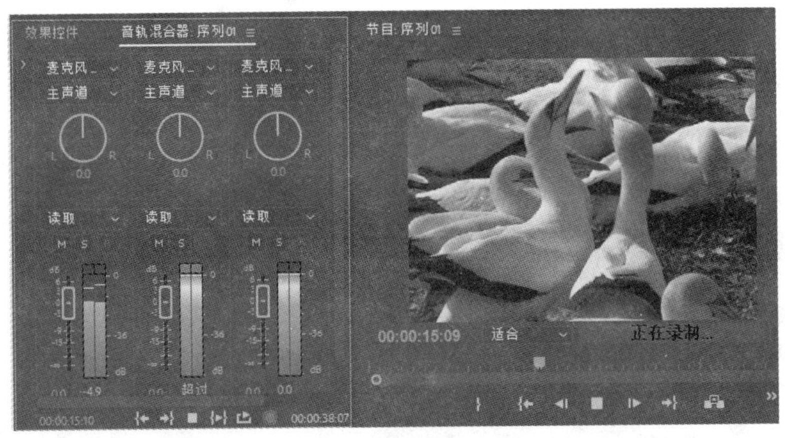

图 4-9　利用音轨混合器配音

6. 多样化的影片输出格式

用户在编辑完成一个项目文件之后，可以按照不同的用途将编辑好的内容输出为不同格式的文件。Premiere Pro CC 还整合了 Adobe Media Encoder 进行多样化的输出。

4.2.2 Premiere Pro CC 工作界面

随着 Premiere Pro 版本的不断升级，其工作界面的布局也更加合理和多样化。Premiere Pro CC 为用户提供了一种浮动的界面。当鼠标指针位于两个窗口之间的分界线或 4 个窗口间的对角位置时，可以拖动鼠标来同时调整多个窗口的大小。

1. Premiere Pro CC 的工作区

Premiere Pro CC 默认的工作区界面如图 4-10 所示。界面整合了多个编辑窗口。

在 Adobe Premiere Pro CC 中若需要打开某个面板，可以使用“窗口”菜单中的相应命令。选择“窗口 | 工作区”子菜单，可以看到 Premiere Pro CC 提供的多种预置的工作区，方便用户使用。用户可以将自定义的工作区保存起来以便随时使用。

注意：保存项目并退出 Premiere Pro CC 后，若重新打开该项目，自定义的窗口布局也将被保存。

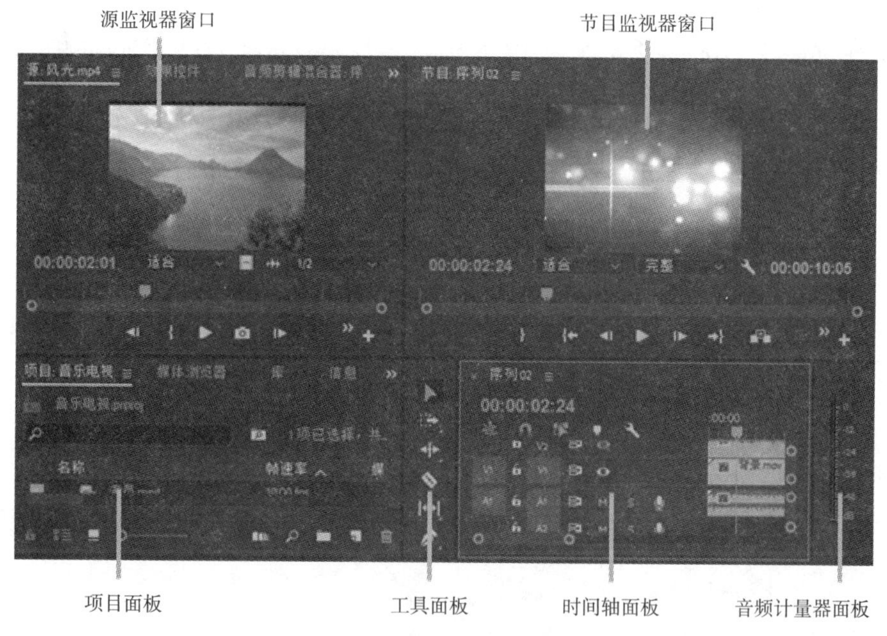

图 4-10 Premiere Pro CC“编辑”工作区界面

2. Premiere Pro CC 的常用面板

Premiere Pro CC 中包含了 20 余种面板，Premiere 的所有工作都是通过这些面板的协调工作来完成的。本节介绍一些常用的面板。

（1）“项目”面板

“项目”面板分为素材区和工具条区，主要用于导入、存放和管理素材，如图 4-11 所示。只有导入到“项目”面板中的素材才可以被 Premiere Pro CC 编辑。

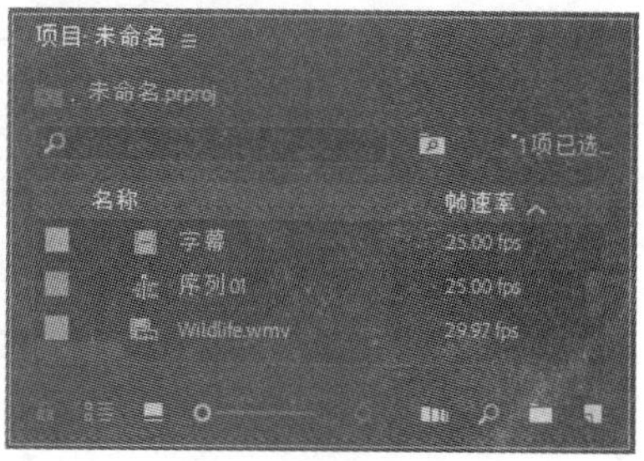

图 4-11 “项目”面板

（2）“监视器”窗口

监视器窗口有左右两个，在默认的状态下，左侧的是“源”监视器窗口，右侧为“节目”监视器窗口。“源”监视器窗口，用于播放和简单编辑原始素材，其工具按钮如图 4–12“源”监视器窗口工具按钮所示。“节目”监视器窗口用于对整个项目进行编辑和预览，其工具按钮如图 4–13“节目”监视器窗口工具按钮所示。

图 4–12 “源”监视器窗口工具按钮

图 4–13 “节目”监视器窗口工具按钮

（3）“时间轴”窗口

“时间轴”窗口是 Premiere Pro CC 最主要的编辑窗口，在此素材片段按照时间顺序在轨道上从左至右排列，并按照合成的先后顺序从上至下分布在不同的轨道上，如图 4–14 所示。视频和音频素材的大部分编辑操作以及大量效果的设置和转场效果的添加等操作都是在“时间轴”窗口完成的。

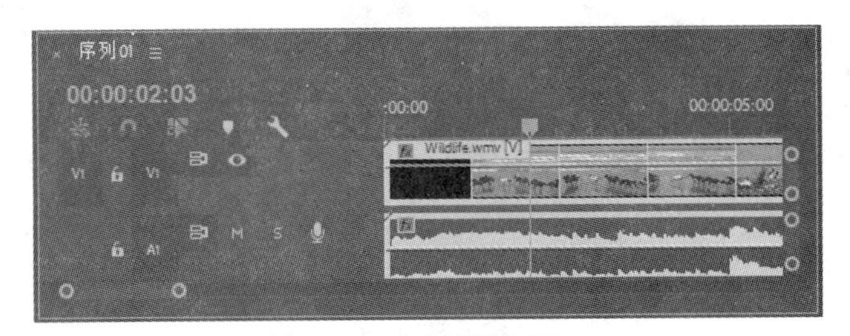

图 4–14 “时间轴”窗口

（4）工具面板

工具面板提供了若干工具按钮以方便编辑轨道中的素材片段，如图 4–15 所示。

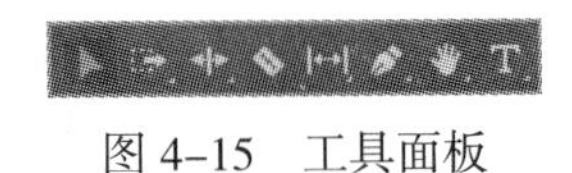

图 4–15 工具面板

（5）“效果”面板与“效果控件”面板

“效果”面板包括了预设的效果、音频效果与音频过渡、视频效果与视频过渡，以及 Lumetri Looks 效果等内容，如图 4–16（a）所示。为剪辑添加效果后，效果的参数设置往往需要在“效果”控件面板中进行进一步的设置，如图 4–16（b）所示。

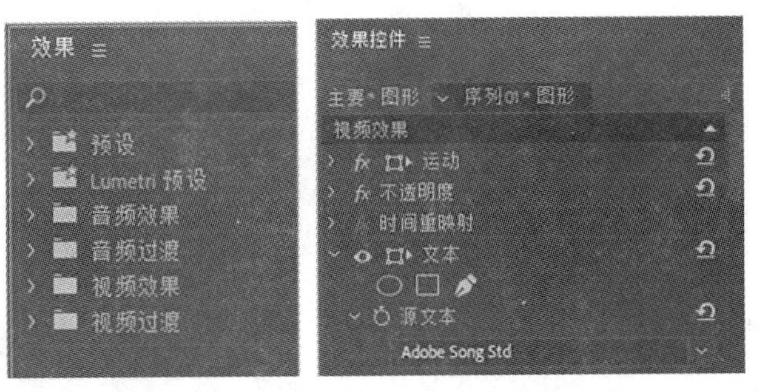

（a）“效果”面板　（b）“效果控件”面板

图 4–16 “效果”面板与“效果控件”面板

此外，还有“字幕设计器”窗口、“调音台”窗口、“信息”面板、“效果”面板等，将在后面的章节中讲解。

4.2.3　Premiere Pro CC 基本工作流程

非线性编辑系统的基本工作流程可分为以下几个环节：

1. 新建或打开项目文件

启动非线性编辑软件后，可以选择新建或打开一个或多个项目文件。

2. 采集或导入素材

将采集的数字视频信息或者将已有的视频素材导入至“项目”窗口。

3. 组合和编辑素材

将要制作影片所需的素材，采集并导入到“时间轴”窗口进行组合和编辑。

4. 添加字幕

添加字幕包括添加视频的文字信息和矢量图形元素等内容。

5. 添加转场和效果

通过添加转场可使场景的衔接更加自然流畅。添加各种效果起到渲染作品的作用。

微视频 4.1

Premiere Pro CC 工作界面与工作流程

6. 混合音频

为作品添加音乐或配音等效果。

7. 输出影片

影片编辑完后既可以输出到多种媒介上，也可以使用 Adobe 媒体编码器，对视频进行不同格式的编码输出。

本章将按照这样一个基本工作流程，介绍非线性编辑软件 Premiere Pro CC 的工作过程。

4.3　开启视频编辑之路——Premiere Pro CC 数字视频编辑

本节开始学习 Premiere 的基本操作，真正开启非线性视频编辑之路，内容包括项目文件的操作、序列的创建与管理。

4.3.1　项目文件的操作

项目文件又称工程文件，用于存储 Premiere Pro 中制作视频的所有编辑数据。

1. 新建项目

启动 Premiere Pro CC 后将出现欢迎屏幕，如图 4-17 所示。单击“新建项目”按钮新建一个项目。如果系统正在运行一个项目，则可以选择“文件 | 新建 | 项目”命令创建一个新项目。

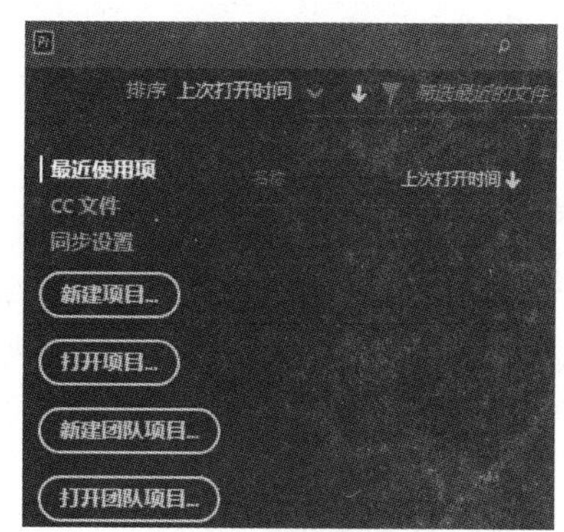

图 4-17　欢迎界面

在欢迎界面中单击“新建项目”按钮后，打开“新建项目”对话框，如图 4-18 所示。在“常规”选项卡中可以设置视频和音频的显示格式和采集格式等内容；在“暂存盘”选项卡中分别设置采集视频、采集音频、视频预览以及音频预览的暂存盘路径；在“收录设置”选项卡中可将剪辑复制到指定的位置；在“新建项目”对话框的上方给出项目的名称和项目存储位置。

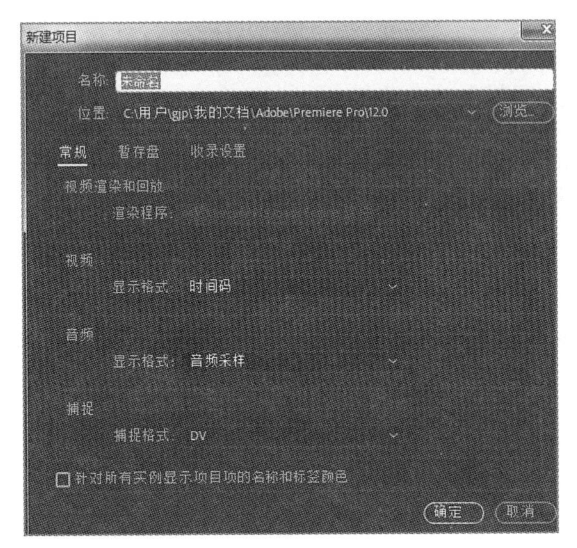

图 4-18 “新建项目”对话框

2. 打开项目、保存项目、关闭项目

（1）打开项目

选择“文件 | 打开项目”命令打开一个已有的项目，并进入 Premiere Pro CC 的工作界面。

（2）保存项目

选择“文件 | 保存”“另存为”“保存副本”命令，可分别将项目进行保存、另存为或保存为一个副本。项目文件的文件类型为“.prproj”。

（3）关闭项目

选择“文件 | 关闭项目”命令，将当前项目关闭并返回到欢迎界面。

注意：Premiere Pro CC 2018 支持编辑多个开放项目，可以同时在多个项目中打开、访问和编辑剪辑。

3. 序列的创建与设置

新建的项目都是一个空白项目，创建了项目之后，接着要创建序列。Premiere Pro CC 中所有对素材的编辑操作都要在“序列”中完成。

选择“文件 | 新建 | 序列”命令，在“新建序列”对话框中有“序列预设”选项卡，在其中可以选择一种合适的预设序列来使用，如图 4-19 所示。这里选择“DV-PAL 标准 48kHz”选项，在对话框的“预设描述”中可以了解该格式所预置的参数含义。

用户也可以利用“设置”选项卡来自行设置各种格式的视频、音频参数，并可以将自己的设置保存成预置格式以便日后使用。单击“轨道”选项卡，可以设置序列中各视频、音频轨道的数量和类型等内容。视频编辑最终作品的内容就存在于各个“序列”中。

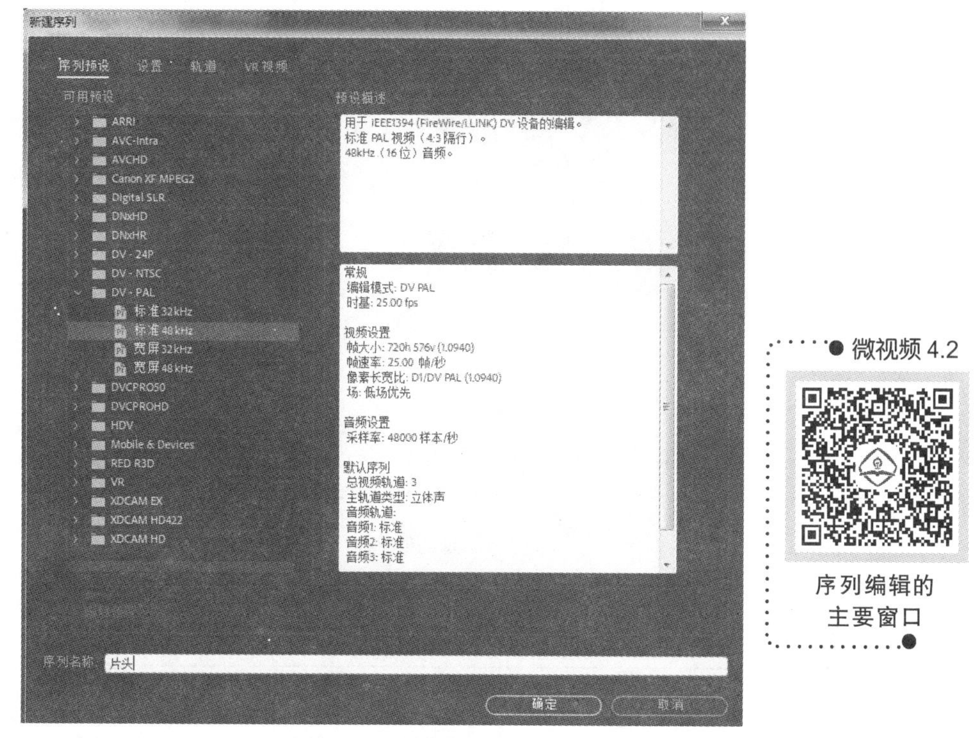

图 4–19　新建序列

4.3.2　素材的导入与管理

1. 素材的导入

素材的导入包括导入素材、导入文件夹、导入项目文件等。

选择“文件 | 导入”命令或直接在“项目”窗口的空白处双击，将打开“导入”对话框，如图 4–20 所示。

（1）导入单个文件

选中某文件，然后单击“打开”按钮。

（2）导入多个不连续的文件

按住【Ctrl】键逐个单击各个文件，然后单击“打开”按钮。

（3）导入多个连续的文件

单击第一个文件后，按住【Shift】键再单击最后一个文件，然后单击“打开”按钮。

（4）导入某文件夹

选中某文件夹，然后单击“导入文件夹”按钮。

（5）导入 Photoshop 文件

对于分层的.psd 文件，将打开“导入分层文件”对话框，用户可以选择导入的方式：合并所有图层、合并的图层、各个图层或者序列等。

（6）导入项目文件

选中某项目文件（.prproj），然后单击“打开”按钮。

2. 项目素材的管理

项目素材的管理在“项目”面板完成。

（1）“项目”面板

“项目”面板主要用于导入、存放和管理素材，如图 4–21 所示。

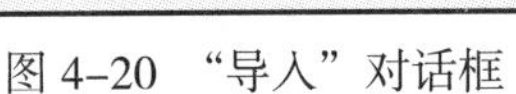
图 4–20 “导入”对话框

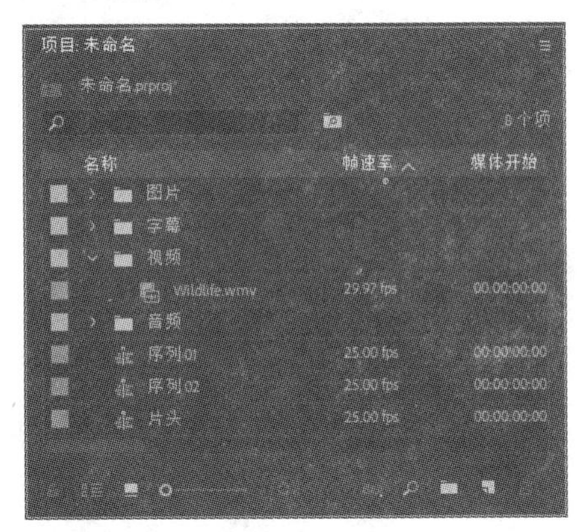

图 4–21 “项目”面板

“项目”面板下方工具栏中的工具按钮的名称和作用如表 4–2 所示。

表 4–2 “项目”面板工具条中各按钮及其作用

序　号	图　标	名　称	作　用
1		列表视图	素材以列表的方式进行显示
2		图标视图	素材以图标的方式进行显示
3		缩小与放大视图	可以缩小或者放大视图
4		排列图标	按照不同的分类方式将图标进行排列
5		自动匹配到序列	可将多个素材自动匹配到“时间轴”窗口中
6		查找	用于素材的查找
7		新建素材箱	用于新建文件夹，实现对不同类型的文件进行分类管理
8		新建项	将产生级联菜单，可以选择新建序列、脱机文件、字幕、彩条、黑场、彩色蒙版、倒计时向导以及透明视频等不同类型的文件，新建的文件将自动出现在素材区
9		清除	删除素材

（2）新建项

单击“项目”面板下方工具栏中的“新建项”按钮，利用弹出菜单可以新建序列、已共享项目、脱机文件、调整图层、字幕、彩条、黑场视频、颜色遮罩、HD 彩条、通用倒计时片头以及透明视频等内容。

① 序列：新建一个时间轴序列；一个项目文件可以包含多个时间轴序列。

② 彩条：在制作节目时，常在节目中加入若干秒的彩条和 1 kHz 的测试音，用于校准视频监视器和音频设备。

③ 黑场视频：创建与项目尺寸相同的黑色静态图片，其持续时间为 5 s，常用于做视频的黑色背景。

④ 通用倒计时片头：在正片开始前插入一个通用倒计时片头，用于校验音频、视频同步，并提醒正片即将开始。

⑤ 透明视频：将透明视频添加到空轨道上，实现为空轨道添加效果。

⑥ 调整图层：可使用调整图层功能，将同一效果应用至时间轴上的多个剪辑，也可以为一个剪辑的部分内容设置效果。

微视频 4.3

项目素材的管理

⑦ 脱机文件：又称离线文件，当打开一个项目文件时，系统找不到源文件时，就会产生脱机文件。在项目编辑过程中，随时可以在“项目”面板或“时间轴”序列窗口选中脱机文件，在其快捷菜单中选择“链接媒体”命令，再次打开“链接媒体”对话框进行设置。

脱机文件也常作为缺失文件的占位符代替其工作，可对脱机文件进行编辑，但是必须在渲染影片之前使原始文件恢复在线。

4.3.3　视频编辑工具

Premiere Pro CC 的工具面板提供了大量的实用工具，可以方便地进行素材的编辑。

1. 工具面板

工具面板中的内容如图 4–22 所示。

工具面板主要按钮及其作用，如表 4–3 所示。

图 4–22　工具面板

表 4–3　工具面板主要按钮及其作用

序　　号	图　　标	名　　称	作　　用
1		选择工具	选择、移动、拉伸素材片段
2		向前选择轨道工具	从被选中的素材开始直到轨道上的最后一个素材都将被选中
3		向后选择轨道工具	从被选中的素材开始直到轨道上的第一个素材都将被选中
4		波纹编辑工具	用于拖动素材片段入点、出点、改变片段长度
5		滚动编辑工具	用于调整两个相邻素材的长度，调整后两素材的总长度保持不变
6		比率拉伸工具	用于改变素材片段的时间长度，并调整片段的速率以适应新的时间长度
7		剃刀工具	将素材切割为两个独立的片段，可分别进行编辑处理
8		外滑工具	用于改变素材的开始位置和结束位置
9		内滑工具	用于改变相邻素材的出入点，即改变前一片段的出点和后一片段的入点
10		钢笔工具	用于调节节点
11		手形工具	平移时间轴窗口中的素材片段
12		文字工具	添加字幕效果

2. 选择与切割素材

（1）选择素材片段

使用工具箱中的选择工具单击时间轴序列窗口中的某素材，可以将其选中。若按住【Alt】键，再单击链接片段的视频或音频部分，可以单独选中单击的部分。按住【Shift】键逐个单击轨道素材，可将多个轨道上的素材同时选中。

微视频 4.4

选择工具与剃刀工具

使用工具箱中的轨道选择工具单击某素材，选择轨道上自该素材开始的所有素材。使用并单击素材，可以选择轨道上从第一个素材开始直到该素材为止的所有素材。

使用选择工具拖动素材片段，若时间轴窗口的自动吸附按钮处于开启状态，则在移动素材片段时，会将其与剪辑素材的边缘、标记以及由时间指示器指示的当前时间点等内容进行自动对齐。用于实现素材的无缝连接。

使用选择工具，当移动到素材片段的入点位置时，出现剪辑入点图标时，可以通过拖动对素材片段的入点进行重新设置；同理，单击选择工具，当移动到素材片段的出点位置，出现剪辑出点图标时，可以通过拖动对素材片段的出点进行重新设置。这种方法也常用来对剪辑掉的素材片段进行快速的恢复操作。

（2）素材的切割

使用工具箱中的剃刀工具可以将一个素材在指定的位置分割为两段相对独立的素材。选中剃刀工具，再按住【Shift】键，移动光标至编辑线标识所示位置单击，则时间轴窗口中未锁定的轨道中的同一时间点的素材都将被分割成两段。

注意：素材被切割后的两部分都将以独立的素材片段的形式存在，可以分别对它们进行单独的操作，但是它们在项目窗口中的原始素材文件并不会受到任何影响。

3. 波纹编辑与滚动编辑

波纹工具与滚动工具

波纹编辑工具与滚动编辑工具，都可以改变素材片段的入点和出点。波纹编辑工具只应用于一段素材片段，当选中该工具，更改当前素材片段的入点或出点的同时，时间轴上的其他素材片段相应滑动，使项目的总的长度发生变化；滚动编辑工具应用在两段素材片段之间的编辑点上，当使用该工具进行拖动时，会使得相邻素材片段一个缩短，另一个变长，而总的项目长度不发生变化。

4. 外滑工具与内滑工具

微视频 4.6

外滑工具与内滑工具

“外滑工具”与“内滑”工具都不改变总的节目长度。一般用于顺序放置的 A、B、C 三个镜头的调整。“外滑工具”：专用于确保 A、C 镜头的长度不变、位置不变的前提下，修改某个中间镜头 B 的截取范围。其使用前提是：中间素材在“时间轴”窗口编辑过，并且其长度小于原始的素材的时间长度。“内滑”工具：用于改变前一个素材 A 的出点和后一个素材 C 的入点，而不改变总的时间长度。

5. 比率拉伸工具

比率拉伸工具用于改变素材片段的时间长度，并调整片段的速率以适应新的时间长度。该工具常用于快速制作快镜头或慢镜头。单击工具箱中的“速率伸缩工具”，移动鼠标指针至“序列”窗口的视频剪辑的首端或尾端，在剪辑首端的位置鼠标指针将变形为，在剪辑的尾部鼠标指针将变形为，然后按住鼠标左键进行拖动。

6. 文字工具

单击工具箱中的“文字工具”，在“节目”监视器窗口单击并输入文字内容，在“时间轴”序列窗口的视频轨道上会自动生成一个字幕图层。

4.3.4 数字视频精确编辑

进行精确视频编辑时，经常要求进行帧精度编辑，这就要为特定的帧添加唯一的地址标记——时间码。

1. 时间码

Premiere Pro CC 可以显示多种时间码格式，选择“编辑 | 首选项 | 媒体”命令，在打开的“首选项”对话框中可以设置时间码的显示格式，如图 4-23 所示。

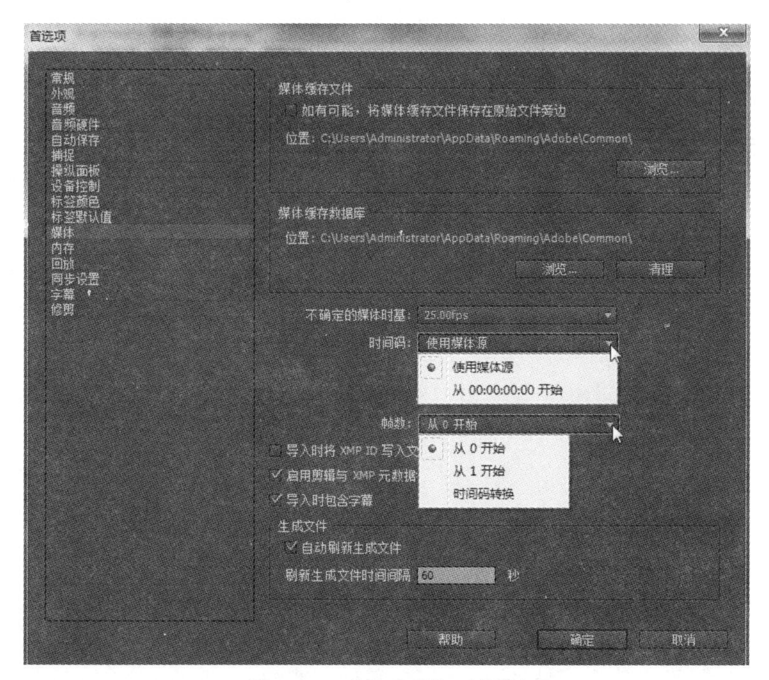

图 4-23　“首选项”对话框

（1）更改时间码的显示方式

在 Premiere Pro CC 的“源”素材监视器窗口、“节目”监视器窗口或“时间轴”面板中都可以设置当前窗口的时间码显示方式。右击时间码，在弹出的快捷菜单中有各种时间码的显示方式，如图 4-24 所示。

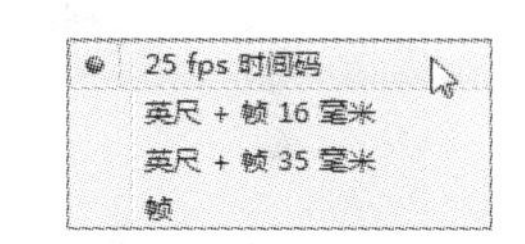

图 4-24　设置时间码格式

① 时间码：用于设置时间位置的基准，表示每秒放映的帧数。例如，25 fps，即每秒放映 25 帧。一般情况下，电影胶片选择 24 fps；PAL 或 SECAM 制式视频选择 25 fps；NTSC 制式视频选择 30 fps。

② 英尺+帧：用于胶片，计算 16 毫米和 35 毫米电影胶片每英寸的帧数。16 毫米胶片为 16 帧/英寸；35 毫米胶片为 35 帧/英寸。

③ 帧：按帧数计算，如 PAL 时间码为 00:00:01:00，转换为帧值为 25。

（2）设置时间码的值

在对视频作品进行精确编辑时，常需要精确设置其操作位置或者回放标记的位置。

① 时间码的数值。这里以 PAL 制为例介绍其时间码的数值含义。时间码是用“:”分隔开的四组数字，从左至右分别表示小时、分钟、秒、帧。对于 PAL 制来说，每秒 25 帧，所以帧位至秒位为二十五进制、秒位至分位为六十进制、分位至小时为六十进制、小时累计至 24 将被复位为 0。可见 PAL 制的最大时间码值为 24:59:59:24。

快速输入时间时，可以不输入间隔符号“:”，直接输入一串数字。其中，数字串的最后两位为帧值，倒数第 3、4 位为秒值，倒数 5、6 位为分值，倒数 7、8 位为小时值。例如，输入 26730 表示 00:03:08:05。因为 30 帧超出 25 帧的范围所以等于 1 秒 05 帧，同样 68 秒也超出了 60 秒的范围等于 1 分 8 秒，所以最终的转换结果为 00:03:08:05。

② 微调时间码的值。在 Premiere Pro CC 中可以基于当前位置来精确微调时间码的值，在输入时间码值的位置输入“+ 数值”表示向右移动指定的时间距离；“– 数值”表示向左移动指定的时间距离。例如，当前位置为 00:00:05:00 输入“+310”，表示基于当前位置，再向右移动 3 秒 10 帧的距离，即 00:00:08:10。

2. 标记的使用

“标记”常用来指示重要的时间点，进行精确的编辑定位、对齐剪辑以及实现对编辑位置的快速访问。

（1）添加标记

标记可以添加在素材上或时间轴上，所以可以通过“源”监视器窗口、“节目”监视器窗口以及“时间轴”面板来添加标记。

① 为素材添加标记。双击“项目”窗口的素材，将其在“源”监视器窗口打开；将播放指示器设置到要添加标记的位置；选择“标记 | 添加标记”命令；或按【M】键；或选择时间标尺快捷菜单的“添加标记”命令；或单击“源”监视器窗口“按钮编辑器”中的“添加标记”按钮，即把标记添加至素材，如图 4–25 所示。

② 为时间轴添加标记。既可以在“时间轴”面板完成，也可以在“节目”监视器窗口完成。在“时间轴”面板要放置标记的位置放置播放指示器；选择“标记 | 添加标记”命令；或按【M】键；或选择时间标尺快捷菜单中的“添加标记”命令；或者单击“节目”监视器窗口“按钮编辑器”中的“添加标记”按钮，即把标记添加至素材，如图 4–26 所示。

图 4–25　为素材添加标记

图 4–26　时间轴添加标记

注意：为时间轴打标记时，“时间轴”序列窗口可以有内容，也可以没有内容，标记只是打到了时间轴上而非素材上。

（2）编辑标记

双击标记图标打开“标记”对话框，进行标记的编辑。也可以使用“标记”面板来完成。

选择“窗口 | 标记”命令打开“标记”面板。该面板用来查看打开的剪辑或序列中的所有标记。在“标记”面板中同样可以设置标记名称、入点、出点以及注释的内容等信息，如图 4–27 所示。

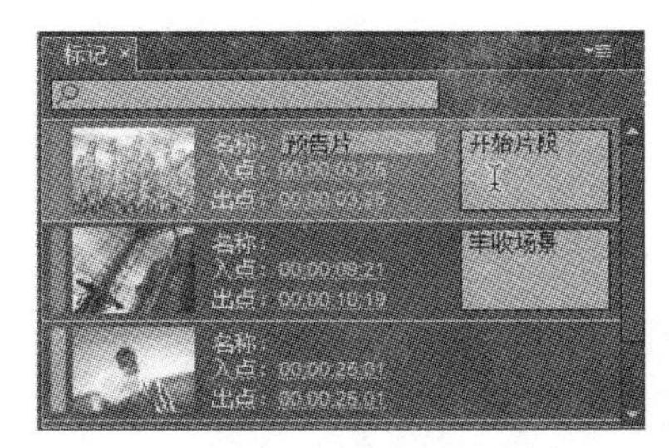

图 4–27　“标记”面板

4.3.5 精确添加镜头与删除镜头

1. 精确地添加镜头——三点编辑和四点编辑

三点编辑和四点编辑是最常使用的非线性编辑方法。

在插入素材到时间轴序列中时，除了可以使用鼠标直接拖动的方式外，还可以使用监视器底端的设置入点或出点命令按钮将素材添加到时间轴上。视频编辑中常用到三点编辑和四点编辑方法。三点编辑和四点编辑的“点”，既可以是在“源”监视器窗口设置的入点或出点，也可以是在“节目”监视器窗口（或”时间轴”序列窗口）设置的入点或出点。

三点编辑就是通过设置两个入点和一个出点或者一个入点和两个出点，对素材在时间轴序列中进行定位，第四个点将被自动计算出来。

例如，将一个素材在“源”监视器窗口打开，在第 3 秒处设置素材的入点，在第 5 秒处设置素材的出点。然后，在“节目监视器”窗口的 1 分钟处设置入点。单击源监视器窗口的“插入”或“覆盖”按钮。这样就把“源监视器”窗口第 3 秒到第 5 秒的内容以“插入”或“覆盖”的方式置入到时间轴序列的第 1 分钟后。

四点编辑既设置了素材的入点和出点，又设置了素材在时间轴上的入点和出点，称为四点编辑。

2. 精确删除镜头——提升和提取操作

节目监视器窗口用于显示、编辑当前时间轴上的序列内容。可以在该窗口设置序列片段的入点和出点，并指定从入点到出点之间内容的删除方式。

（1）设置要删除内容的范围

单击节目监视器窗口拖动编辑标记线到需要设置入点的开始帧处，单击“设置入点”按钮 ；拖动编辑标记线到需要设置出点的画面所在帧处，单击“设置出点”按钮 。

（2）删除素材片段

单击“提升”按钮 ，将当前选定的片段从编辑轨道中删除，其他片段在轨道上的位置不发生变化；单击“提取”按钮 ，将当前选定的片段从编辑轨道中删除，后面的片段自动前移，与前一片段连接到一起。

4.3.6 应用实例——制作“美景如画”短片

本实例将图片、视频、音频等素材合理组织起来，制作一个风光短片。涵盖的知识点有：新建项目文件与序列、导入素材、精确素材编辑等内容。

1. 新建项目文件

启动 Premiere Pro CC，新建一个名为“美景如画.prproj”的项目文件。

2. 导入素材

选择“文件 | 导入”命令，在打开的对话框中分别导入 01.jpg～04.jpg 四张图片文件、“短片.avi”文件以及“示例音乐.mp3”。

3. 新建序列

选择“文件 | 新建 | 序列”命令，在“新建序列”对话框中选择“序列预设”选项卡中的 DV-PAL 制中的标准 48 kHz。其他内容使用默认设置。

4. 制作通用倒计时片头

选择“文件 | 新建 | 通用倒计时片头”命令，使用默认的“视频设置”和“音频设置”，单

击“确定”按钮。在打开的“通用倒计时设置”中根据自己喜好设置不同的颜色信息，将通用倒计时片头插入到视频轨道 1 的零点处。

5. 组织作品内容

（1）插入图片文件

在“项目”窗口按照顺序选中 01.jpg、02.jpg、03.jpg、04.jpg，将 4 张图片拖动至视频 1 轨道 00:00:10:24 处。在轨道上选中 4 张图片文件，选择其快捷菜单中的“缩放为帧大小”命令，调整图片大小。

（2）无缝插入视频文件片段

在“项目”窗口双击“短片.avi”文件，将其在“源”素材监视器窗口打开，在 2 秒处设置其入点，5 秒处设置其出点。单击“节目”监视器窗口的“转到出点” 按钮，将播放指示器位置设置到图片文件的尾部。将设置好入点和出点的“短片.avi”文件插入至轨道 1 的播放点后，并与图片文件做无缝链接，如图 4–28 所示。

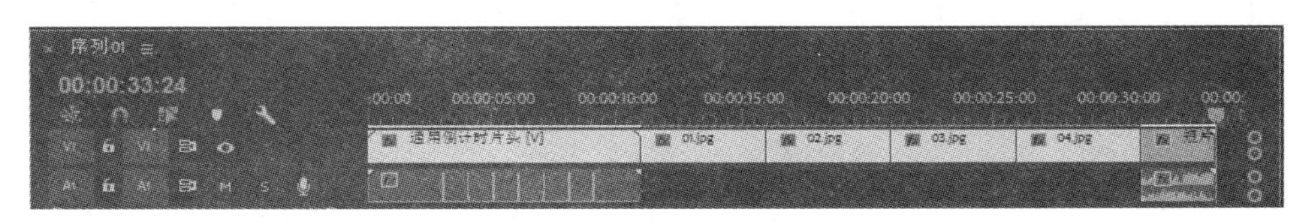

图 4–28　插入素材

右击“短片.avi”，在弹出的快捷菜单中选择“设为帧大小”命令，调整视频画面的大小。

（3）插入音频文件

双击“项目”窗口的“示例音乐.mp3”，将其在“源”监视器窗口打开，在 00:00:00:00 处设置其入点，在 00:00:34:00 设置其出点。将这段音频拖动至音频 1 轨道的零点处。

（4）编组素材

将轨道素材全部选中，右击在弹出的快捷菜单中选择“编组”命令，将内容编组，如图 4–29 所示。

图 4–29　编组素材

6. 预览效果并保存项目文件

最终效果图（片段）如图 4–30 所示，保存项目文件。

图 4–30　作品部分内容

4.4　让视频过渡更柔和——制作视频过渡效果

视频过渡也称视频转场效果，是指在一段视频结束之后以某种效果切换到另一段视频的开始处。Premiere Pro CC 提供了大量可应用于剪辑的视频过渡效果。

4.4.1　视频过渡效果的添加与预览

Premiere Pro CC 的“效果”面板中提供了“3D 运动”“划像”“擦除”“溶解”“滑动”“缩放”“页面剥落”等七类视频过渡。图 4-31 所示为视频过渡效果与部分展开的文件夹。

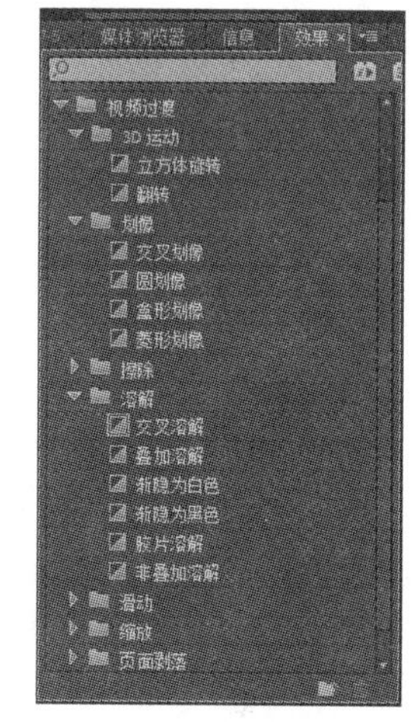

图 4-31　视频过渡效果与部分展开的文件夹

1. 添加视频过渡效果

在“效果”面板“视频过渡”选项下选中某效果，将其拖动到“时间轴”序列窗口两段轨道素材之间的交接线上，将会出现下面 3 种鼠标形状：

：视频过渡设置在两素材之间。

：视频过渡效果的起点与后一素材的入点对齐。

：视频过渡效果的结束点与前一素材的出点对齐。

视频过渡效果可以添加在某一素材的两端，也可以添加到两段素材之间。下面为两段素材的 3 个位置：即第一个素材的开始处、两段素材之间和第二个素材的结束位置，添加了 3 个视频过渡效果，如图 4-32 所示。

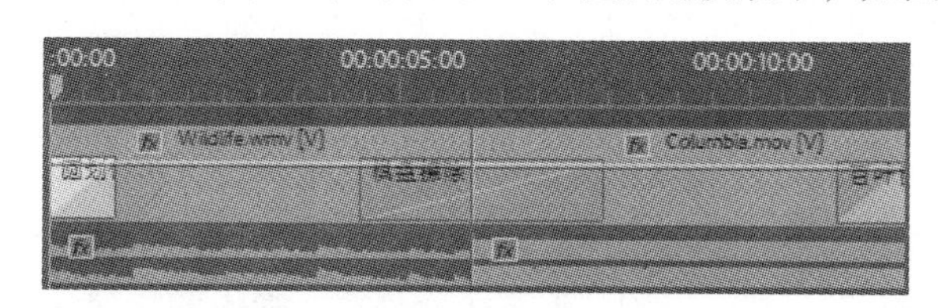

图 4-32　添加素材间的切换效果

预览其效果，如图 4-33 所示。

图 4-33　应用视频过渡效果后的效果图

2. 预览视频过渡效果

单击“节目”监视器窗口中的“播放”按钮，或直接拖动时间轴上的编辑标记线，在“节目”监视器窗口进行效果的预览。

4.4.2　视频过渡效果的设置与替换

1. 视频过渡效果的设置

利用“效果控件”面板可以进行视频过渡效果参数的设置。这里以“三维运动”文件夹中

“双侧平推门”的效果为例，说明视频过渡效果的设置方法。

（1）添加效果

在“时间轴”序列窗口的两素材间添加“双侧平推门”视频过渡效果。

（2）在“效果控件”面板设置参数

在“时间轴”序列窗口，单击已经添加到素材衔接处的视频转换效果“双侧平推门”。观察“效果控件”面板，如图 4-34 所示。将“效果控件”中的“显示实际源”复选框选中，两素材画面随即在“效果控件”打开。

图 4-34 “效果控件”面板

在面板的左上角有一个预览缩略图，缩略图的四周各有 4 个小箭头按钮，单击这些按钮可以改变开门的方向。设置视频过渡的时间长短，可以在“效果控件”的 持续时间 00:00:01:00 中进行设置。在“效果控件”中“对齐”右侧的下拉列表中可以选择效果相对于素材的位置。“开始”和“结束”用于控制效果的开始和结束状态；“边框宽度”和“边框颜色”是指切换时的边界宽度和边界的颜色；“反向”是设置反向的切换效果，若当前是“关门”效果，则反转后成为“开门”的效果。“消除锯齿品质”用来设置切换效果的边界是否要消除锯齿，可根据要求选择其中的“关、低、中、高”等选项。

2. 视频过渡效果的替换

将新的视频过渡效果拖动到“时间轴”序列窗口中原有的效果上，系统将自动替换原有视频过渡效果。

微视频 4.7

视频过渡效果

3. 视频过渡效果的其他操作

（1）设置默认视频过渡效果

在“效果”面板的“视频过渡”项中选取某个效果，在弹出的快捷菜单中选择“设置所选择为默认过渡”命令。

（2）同时为多段素材应用默认切换效果

在“时间轴”序列窗口选中多段素材，选择“序列 | 应用默认切换过渡到所选择区域”命令，将默认视频过渡效果同时应用于多个素材的衔接处。

（3）清除视频过渡效果

在“时间轴”序列窗口选中要清除的视频过渡效果，在弹出的快捷菜单中选择“清除”命令。

4.4.3 应用实例——制作电子相册

电子相册就是制作多个剪辑的连续播放效果，在每个剪辑间设置视频过渡效果，并为电子相册配上背景音乐。

本实例的项目文件中包括两个序列：在“序列 01”中，为已有的剪辑添加视频过渡效果；在“序列 02”中，为多个剪辑自动添加默认视频过渡效果。

1. 打开项目文件

将 4.3.6 节制作的项目文件“美景如画.prproj”打开，在“时间轴”窗口打开“序列 01”。

2. 为剪辑添加视频过渡效果

在 01.jpg 和 02.jpg 间的衔接位置添加“划像 | 圆划像”视频过渡效果；在 02.jpg 和 03.jpg 间的衔接位置添加“页面剥落 | 页面剥落”效果；在 03.jpg 和 04.jpg 间的衔接位置添加“擦除 | 时钟式擦除”效果；在“04.jpg”和“短片.MP4”间的衔接位置添加“滑动 | 中心拆分”效果；在“短片.MP4”的尾部添加“溶解 | 渐隐为黑色”效果，按【Enter】键进行序列内容的渲染，并预览效果。视频轨道中的素材如图 4–35 所示。

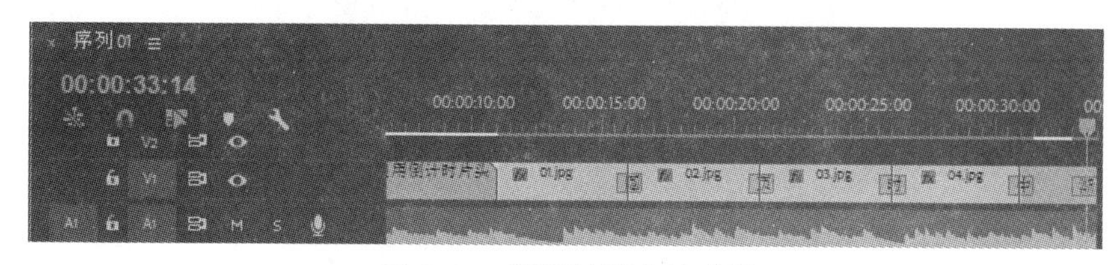

图 4–35　视频轨道中的素材

3. 批量添加视频过渡效果

（1）新建序列并导入素材

“序列 2”的参数设置同“序列 01”。选择“图片”文件夹，单击“导入文件夹”按钮，如图 4–36 所示。

图 4–36　导入文件夹

（2）设置默认视频过渡效果

在“效果”面板中选中“擦除”文件夹中的“棋盘”效果，在弹出的快捷菜单中选择“将所选过渡设置为默认过渡”命令，如图 4–37 所示。

图 4–37　设置默认过渡效果

（3）自动匹配序列

在“项目”窗口依次选中 01.jpg～10.jpg，单击下方的“自动匹配序列”按钮，将打开“序列自动化”对话框，如图 4–38 所示。

单击“确定”按钮后，在“时间轴”序列窗口的轨道上，可以看到各个剪辑间自动批量添加了默认的视频过渡效果，如图 4–39 所示。

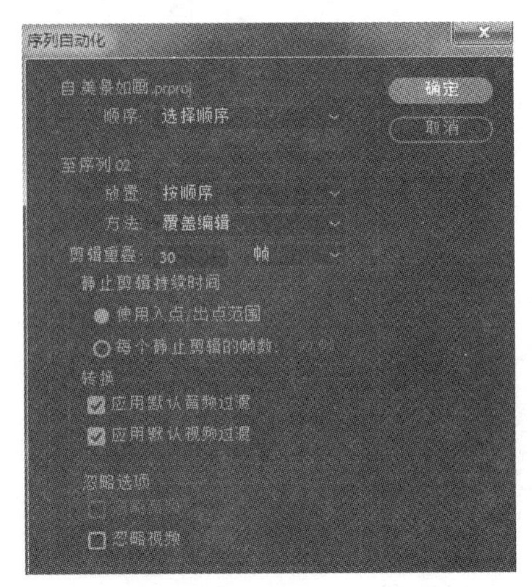

图 4–38　“序列自动化”对话框

图 4–39　添加默认过渡效果

4. 序列嵌套

新建“序列 03”，其参数设置同“序列 01”。将“项目”窗口的“序列 01”和“序列 02”拖到至“时间轴”窗口的“序列 03”视频轨道中，如图 4–40 所示。

图 4–40　序列嵌套

将“示例音乐.MP3”拖动至“序列 3”的 A1 音频轨道。利用“选择”工具，当鼠标指针变为 时拖动鼠标向左移动，删除多余的音频内容，如图 4–41 所示。

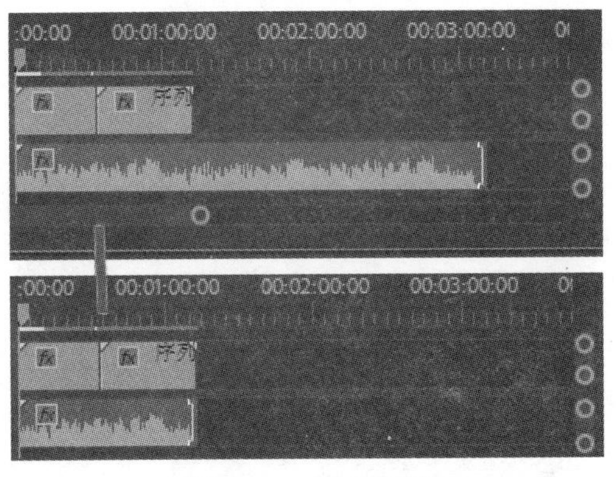

图 4–41　插入音频

5. **预览效果并保存项目文件**

最终效果图（片段），如图 4-42 所示，保存项目文件。

图 4-42　最终效果图

4.5　让视频中的对象动起来——动态效果

Adobe Premiere Pro CC 的内置视频效果包括运动、不透明度、时间重映射等，它们都可以在“效果控件”面板通过关键帧的设置来实现。

4.5.1　设置运动效果

运动效果可以用于控制镜头的位置、尺寸和旋转。在 Premiere Pro CC 中通过设置素材画面运动的位移、缩放和旋转的关键帧来实现动态效果。

1. **添加第一组运动关键帧**

在“时间轴”面板内选中素材，打开“效果控件”面板。在“节目”监视器窗口双击显示的素材，素材的边缘出现一个带 8 个控制点的线框。在“节目”监视器窗口直接拖动带控制点的线框，改变其位置、大小和旋转值，同时观察“效果控件”面板的“位置”“缩放”“旋转”选项的参数值也发生了改变。移动编辑标记线到 00:00:00:00 零点处，单击“位置”“缩放”“旋转”选项前的 “切换动画”按钮来设置第一组关键帧，如图 4-43 所示。

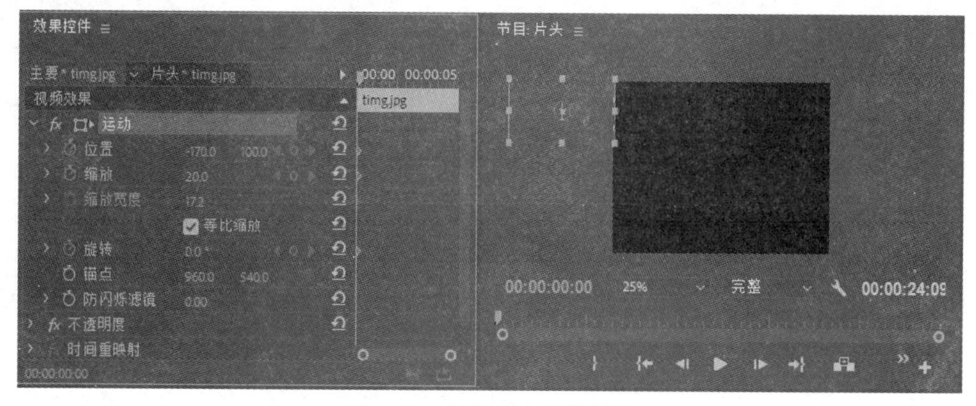

图 4-43　添加第一组关键帧

2. 设置第二组运动关键帧

移动编辑标记线到 00:00:02:00 处，在“节目”监视器窗口移动素材至屏幕中心，并在“效果控件”面板中将“缩放比例”值设置为 55，“旋转”值设置为 720，即旋转两周 2×0.0°，自动添加第二组关键帧，如图 4-44 所示。

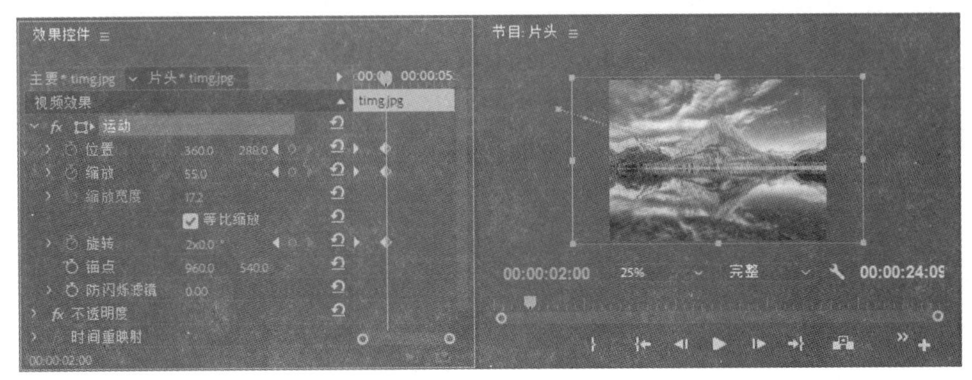

图 4-44　添加第二组关键帧

3. 设置第三组关键帧

移动编辑标记线到 00:00:04:00 处，然后在“节目”监视器窗口移动素材到屏幕右上方的位置，运动的路径变成一条曲线。同时，在“效果控件”右侧的时间轴视图中自动在当前位置创建了第三组关键帧，如图 4-45 所示。

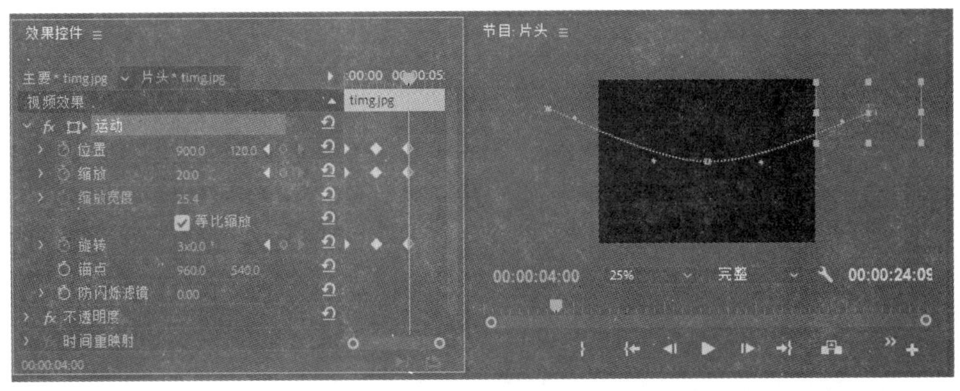

图 4-45　添加第三个关键帧

素材的运动轨迹形成了一条路径。路径是一条贝塞尔曲线，可以通过移动锚点（即关键帧）位置和拖动锚点切向量的方式改变路径的形状，预览观察运动效果，如图 4-46 所示。

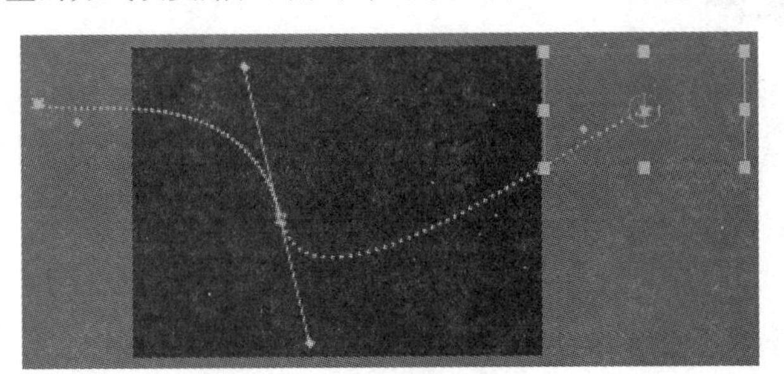

图 4-46　修改路径

微视频 4.8

运动效果

4．预览效果

按空格键，预览效果，如图 4–47 所示。

图 4–47　“运动”效果

4.5.2　设置不透明度效果

在“时间轴”面板中，不同视频轨道上的镜头从上到下是覆盖的关系，位于上层轨道之中的镜头优先显示，将覆盖屏幕中相同区域的下层镜头。一般称上层轨道中的镜头为前景，下层轨道中的镜头为背景。在 Premiere Pro CC 软件中，前景画面和背景画面的叠加是通过设置“不透明度”与“混合模式”实现的。

1．设置不透明度

下面通过设置不透明度，实现日出和日落效果。

在“时间轴”序列窗口的视频 1 轨道的零点处插入 SUN01.jpg，并设置其播放长度为 4 秒；在“时间轴”序列窗口的视频 2 轨道的 00:00:02:00 处插入 SUN02.jpg，并设置其播放长度为 6 秒；在“时间轴”序列窗口的视频 1 轨道的 00:00:06:00 处插入 SUN01.jpg，并设置其播放长度为 4 秒。“时间轴”轨道内容如图 4–48 所示。

移动编辑标记线到 00:00:02:00 处，单击视频 2 轨道的 SUN02.jpg 素材，在“效果控件”面板的“不透明度”中设置值为 0%，添加第一个不透明度关键帧。移动编辑标记线到 00:00:04:00 处，在“效果控件”的“不透明度”中设置值为 100%，系统自动产生第二个透明度关键帧，完成淡入效果的设置，如图 4–49 所示。

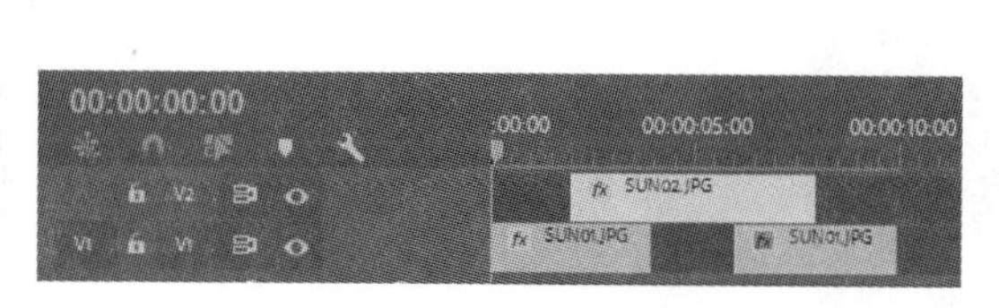

图 4–48　设置轨道素材

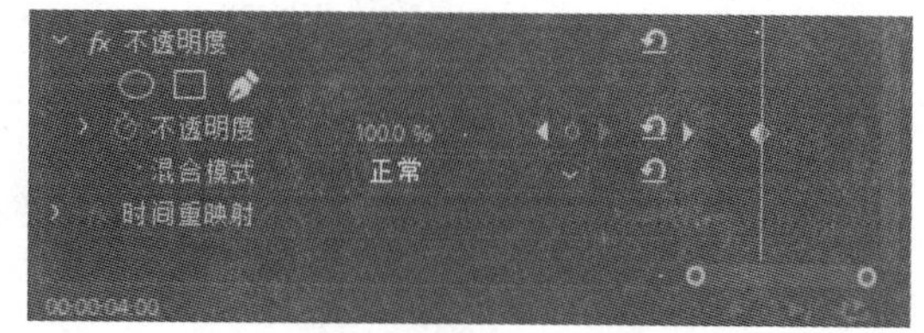

图 4–49　“不透明度”参数设置

移动编辑标记线到 00:00:06:00 处，在“效果控件”的“不透明度”中单击“添加/移除关键帧”按钮，系统自动产生第三个透明度的关键帧，如图 4–50 所示。

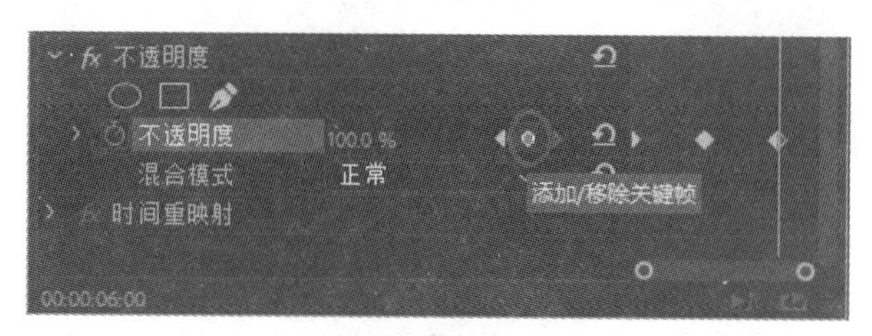

图 4–50　设置关键帧

移动编辑标记线到 00:00:08:00 处，单击视频 2 轨道的 SUN02.jpg 素材，在“效果控件”面板的“不透明度”中设置值为 0%，系统自动产生第四个透明度的关键帧，完成了淡出效果，如图 4–51 所示。

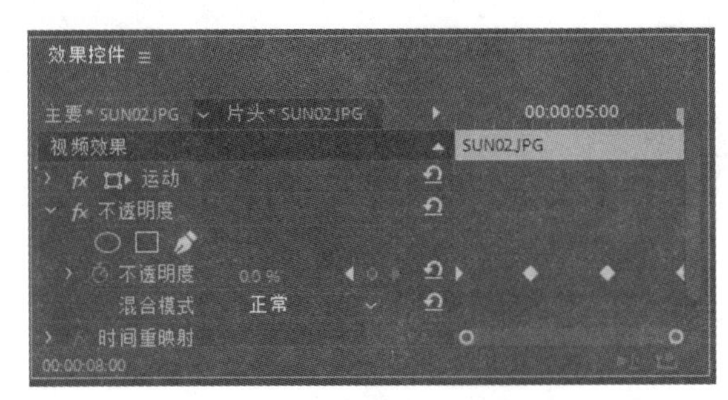

图 4–51　“不透明度”关键帧设置

按空格键，预览效果，可以看到从日出到日落的效果，如图 4–52 所示。

图 4–52　淡入/淡出效果

2. 设置混合模式

在 Premiere Pro CC 软件中，不同轨道素材之间的叠加还可以通过“混合模式”来实现。Premiere Pro CC 中为素材提供了多种“混合模式”，其含义与 Photoshop 中图层的混合模式含义相同。

在“时间轴”面板内选中素材，打开“效果控件”面板，单击 fx 不透明度 左侧的折叠按钮，展开“不透明度”选项，单击“混合模式”右侧的下拉按钮，弹出“混合模式”下拉菜单，如图 4–53 所示。

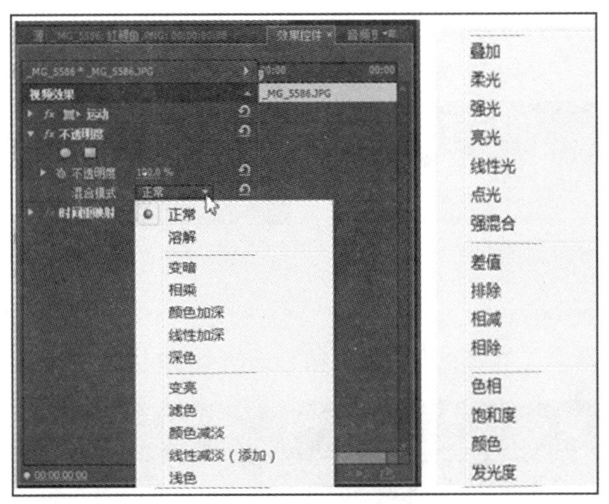

图 4–53　“混合模式”下拉菜单

例如，将视频 1 轨道放入“花朵.wmv”，视频 2 轨道放入“光.jpg”，如图 4–54 所示。在“时间轴”窗口选中“光.jpg”，将“效果控件”面板的“混合模式”设置为“滤色”。由于使用了“滤色”模式，所以“光.jpg”中的黑色部分被完全屏蔽，完成了两个视频层间的视频融合，效果如图 4–55 所示。

图 4–54　图片“光.jpg”

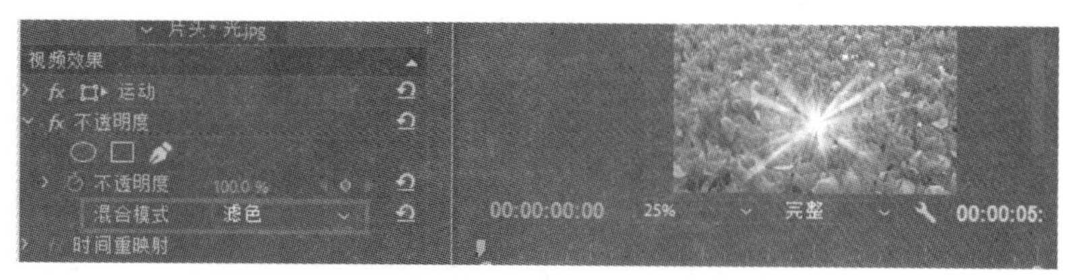

图 4–55　设置混合模式后的效果

4.5.3　设置时间重映射效果

使用“时间重映射”，可以为一个视频剪辑的不同部分设置不同的播放速度。“时间重映射”还可以实现倒放镜头和静帧画面。

1. 为剪辑的各个部分设置不同的播放速度

在“时间轴”窗口的视频 1 轨道零点处插入 Wildlife.wmv。分别在马群奔跑后和鸟群飞翔后添加两个速度关键帧。如图 4–56 所示，两个关键帧把素材划分了三段，第一段的内容是马群奔跑，第二段的内容是飞翔的鸟群，第三段为视频剩余的部分。下面将第一段素材内容设置为慢镜头，第二段素材的内容设置为快镜头。

使用工具箱中的选择工具，当其移动到“效果控件”时间轴视图的速度线上时，鼠标指针形状发生变化，按住鼠标向下拖动，观察速度值已经由 100%变为 50%，速度变慢了，同时时间延长了，如图 4–57 所示。

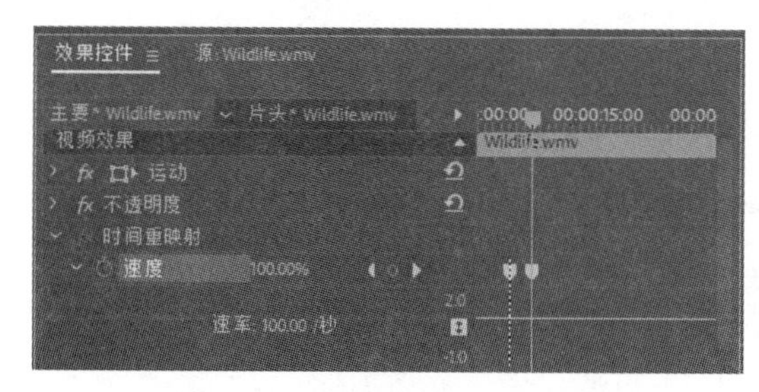

图 4–56　添加两个速度关键帧

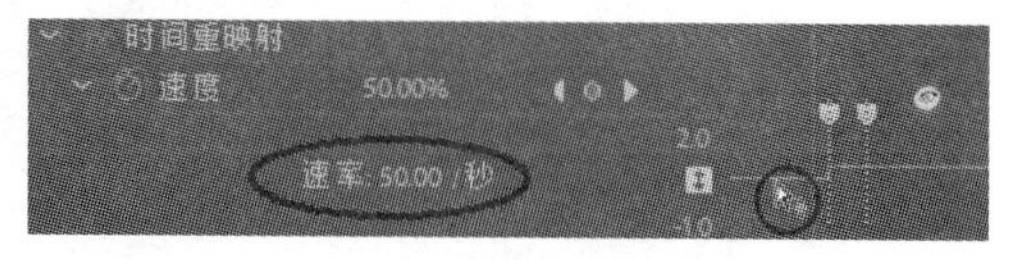

图 4–57　制作慢镜头

用同样的操作方法，在第二段速度线上向上拖动，制作快镜头，如图 4–58 所示。

速度关键帧实际上是两个相邻的图标，可以把这两个图标移开，来创建具有过渡效果的渐变速度，如图 4–59 所示。

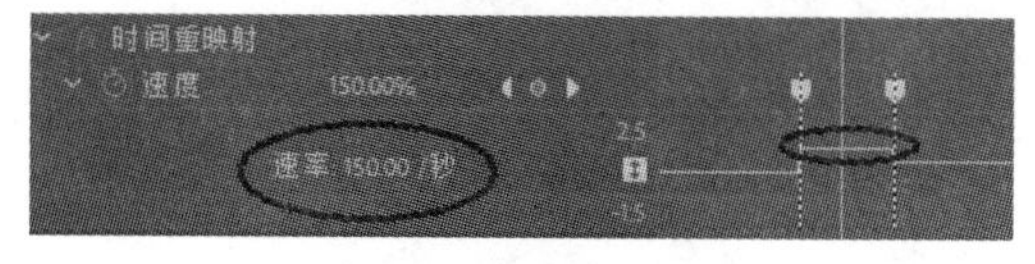

图 4–58　制作快镜头

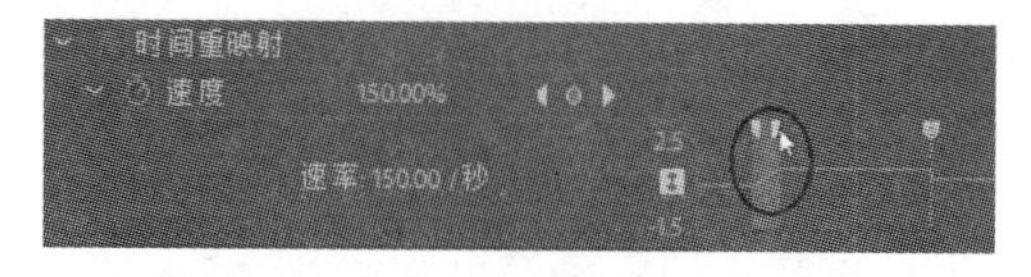

图 4–59　制作速度的平滑过渡效果

2. 设置倒放镜头

制作倒放的镜头效果，可以按住【Ctrl】键的同时，向右拖动速度关键帧，直至设置倒放效果的结束位置为止。释放鼠标后可以看到系统自动为视频剪辑添加了两个速度关键帧，在原有的速度“关键帧”与新增加的第一个速度“关键帧”之间有一串箭头标记，此段区间的内容为倒放的内容，观察此时的速度值为-100.00/秒，负数表示倒放速度，如图 4-60 所示。

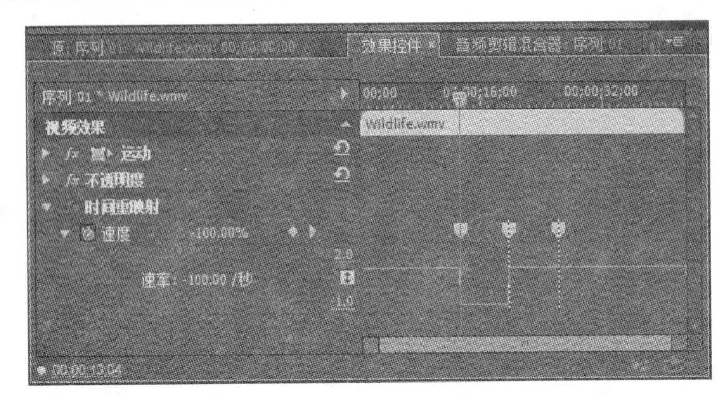

图 4-60　制作倒放效果

3. 设置静帧画面

按住【Ctrl】键和【Alt】键的同时向右拖动速度关键帧，直至设置冻结帧的结束位置为止，释放鼠标后，系统将自动在结束位置添加一个新的速度关键帧，在两速度关键帧之间有一串竖线标记，此段区间的内容为静帧画面，此时的速度值为 0.00/秒，如图 4-61 所示。

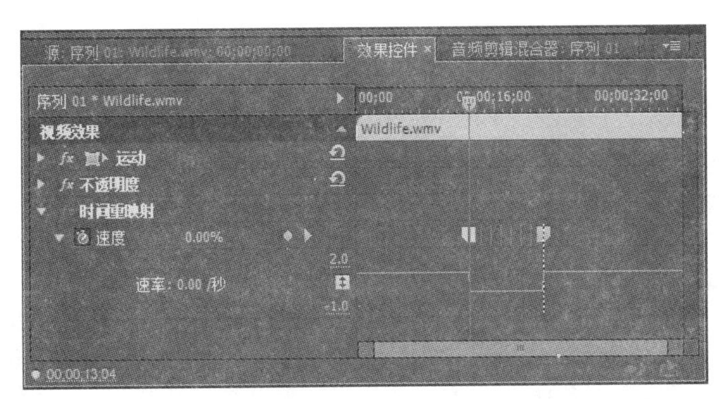

图 4-61　设置静帧画面

时间重映射功能既可以在“效果控件”面板完成，也可以在“时间轴”面板完成，如图 4-62 所示。

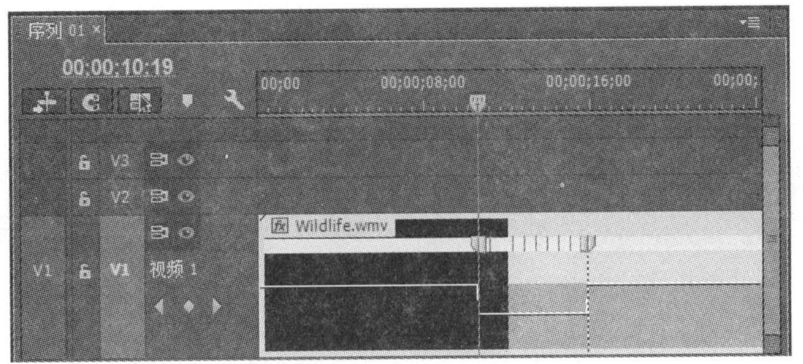

图 4-62　“时间轴”面板设置关键帧

在 Premiere Pro CC 中要改变素材的播放速度有很多种方法。

① 在“效果控件”中设置“时间重映射”选项关键帧的方法。

② 使用“素材”菜单中的“速度/持续时间”命令。

③ 使用工具箱中的“速率伸缩工具”。

微视频 4.9

制作快慢镜头

4.5.4　应用实例——蝶恋花

制作蝴蝶煽动翅膀、由远及近落到花朵上的视频效果。

1. 新建项目文件和序列

新建项目文件“蝶恋花.prproj”，新建“序列 01”，参数设置参照 4.3.6 节中的项目文件和序列的参数。

2. 导入素材

① 导入图片“蝴蝶.png”和视频“花海.mp4”。

② 将“花海.mp4”放至“时间轴”窗口“序列 1”的 V1 轨道零点处；将“蝴蝶.png”放至 V2 轨道零点处；用移动工具将 V2 中的“蝴蝶.png”拉伸至与 V1 轨道中的“花海.mp4”对齐，如图 4–63 所示。

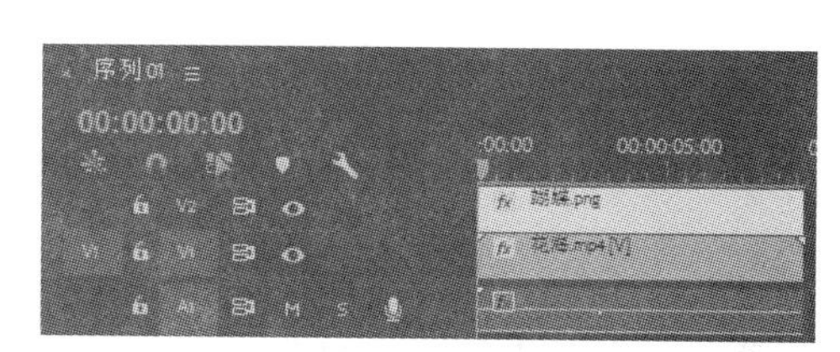

图 4–63　轨道素材

3. 制作蝴蝶飞舞效果

① 添加第一组关键帧。移动编辑标记线至零点，选中 V2 中的“蝴蝶.png”，在“效果控件”面板为其添加第一组关键帧：设置其位置、缩放高度、缩放宽度、旋转等值，如图 4–64 所示。

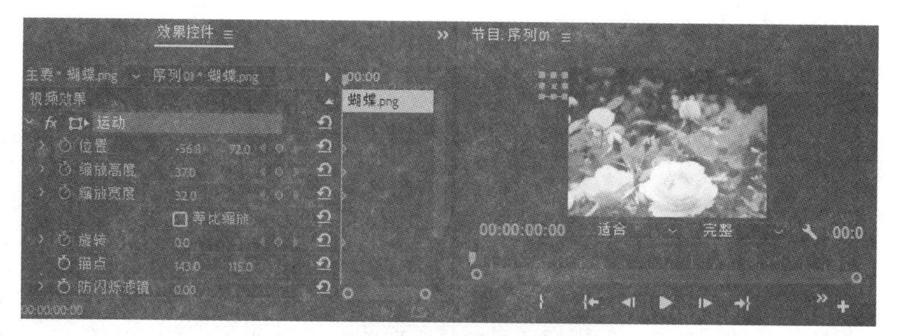

图 4–64　添加第一组关键帧

② 添加其他组关键帧。不断移动编辑标记线的位置，在“节目”监视器窗口改变素材的位置、缩放高度、缩放宽度、旋转值。在“效果控件”面板中将自动产生各组关键帧，如图 4–65 所示。

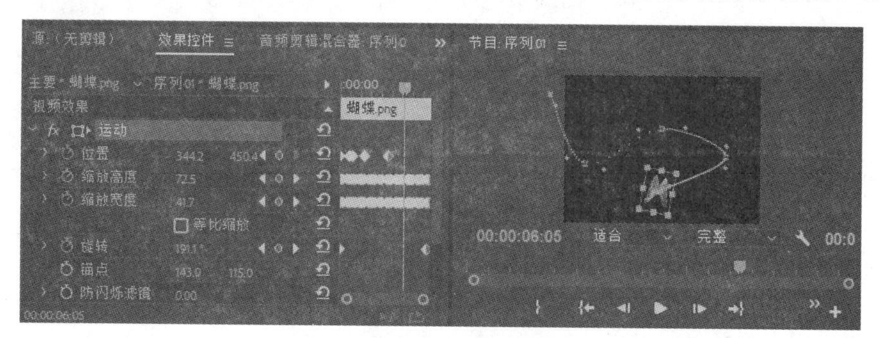

图 4–65　添加多组关键帧

4. 预览效果

按【Enter】键进行序列内容的渲染，并预览结果，保存项目文件，最终效果图（片段）如图 4-66 所示。

图 4-66　蝶恋花

4.6　强大的效果——视频效果

在 Adobe Premiere Pro CC 软件中，效果分为两大类：视频过渡和视频效果。

视频过渡常用于处理镜头之间的衔接，控制两个镜头；视频效果用于修饰某个镜头本身，控制一个镜头。例如，对视频画面进行调色、校色；将画面扭曲、进行视频合成等都可以通过视频效果来实现。

4.6.1　视频效果的分类与使用

1. 视频效果的分类

Adobe Premiere Pro CC 提供多种视频效果，如图 4-67 所示。

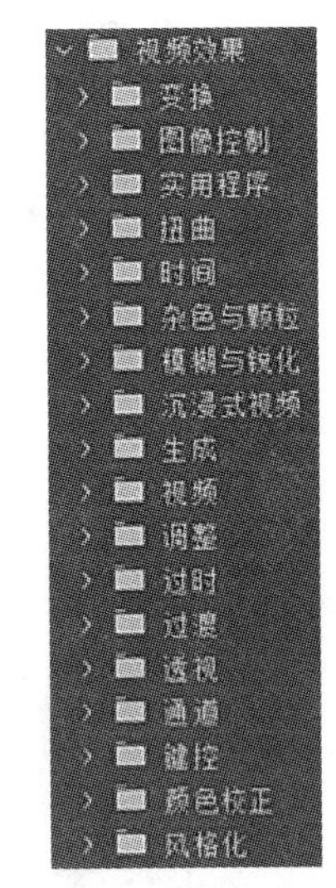

图 4-67　“效果”面板

① 变换：通过对图像的位置、方向和距离等参数进行调节，从而制作出画面视角变化的效果。

② 图像控制：对素材图像中的特定颜色像素进行处理，产生特殊的视觉效果。

③ 实用程序：通过调整画面的黑白斑来调整画面的整体效果。

④ 扭曲：通过对图像进行几何扭曲变形来制作画面变形效果。

⑤ 时间：通过处理视频相邻帧变化，产生特殊的视觉效果。

⑥ 杂色与颗粒：用于去除画面中的杂色或者在画面中增加杂色。

⑦ 模糊与锐化：用于柔化或者锐化图像，或边缘过于清晰，或对比度过强的图像区域，甚至把原本清晰的图像变得很朦胧，以至模糊不清楚。

⑧ 沉浸式视频：用于制作交互式全方位的视频效果，即观察者视点不变，改变观察方向能够观察到周围的全部场景。

⑨ 生成：用于画面的处理或增加生成某种效果。

⑩ 视频：用于使影片符合电视输出要求。

⑪ 调整：用于调整图像画面。

⑫ 过时：过时类集合了以前版本中不同视频类中包含的视频效果。

⑬ 过渡：用于场景过渡，但需要设置关键帧，方可产生转场效果。

⑭ 透视：用于制作三维立体效果和空间效果。

⑮ 通道：利用图像通道的转换与插入等方式来改变图像，产生各种特殊效果。

⑯ 键控：用于对图像进行抠像操作，制作视频合成效果。

⑰ 色彩校正：用于对素材画面颜色校正处理。

⑱ 风格化：通过改变图像中的像素，或对图像的色彩进行处理，从而产生各种抽象派或印象派的作品效果，还可以模仿其他门类的艺术作品，如浮雕、素描等。

2. 视频效果添加与清除

（1）添加视频效果

在“视频效果”文件夹中选择一种视频效果，将其拖动到“时间轴”序列窗口中要应用视频效果的素材上。或者，在“时间轴”序列窗口选中素材，然后将视频效果拖动到“效果控件”面板空白处。

一种视频效果可以应用到多个素材上；一个素材上也可以应用多种视频效果。

（2）清除视频效果

在“效果控件”面板选中要清除的效果，在其快捷菜单中选择“清除”命令。

4.6.2 视频效果的控制

在“时间轴”序列窗口中选中素材，“效果控件”面板将显示当前素材添加的所有效果。

1. 为剪辑整体添加视频特效

这里以为素材添加“高斯模糊”效果为例，说明视频效果的添加和设置方法。

（1）添加视频效果

将“视频特效”中“模糊和锐化 | 高斯模糊”拖动到“时间轴”窗口的素材上。在“效果控件”窗口可以看到加入的“高斯特效” fx 高斯模糊，单击 ▶ 按钮将“高斯模糊”的选项参数打开。

① 模糊入效果。在 00:00:00:00 处，将“模糊度”值设为 100，单击“模糊度”前面的“切换动画”按钮设置第一个关键帧，如图 4-68 左侧图所示。移动编辑标记线到 00:00:02:00 处，将“模糊度”值设为 0.0，自动添加第二个关键帧，如图 4-68 右侧图所示。模糊入的效果制作完成。

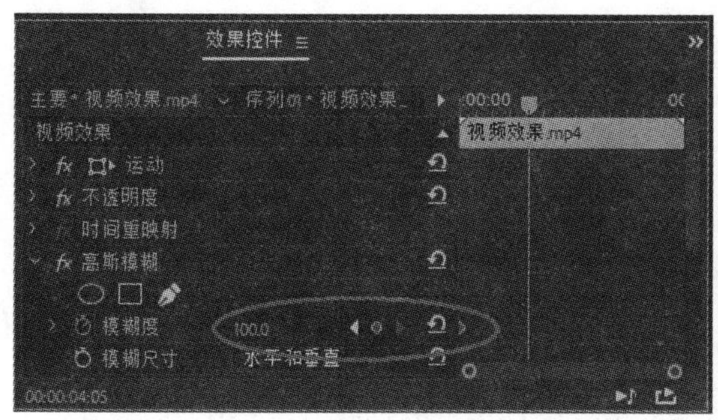

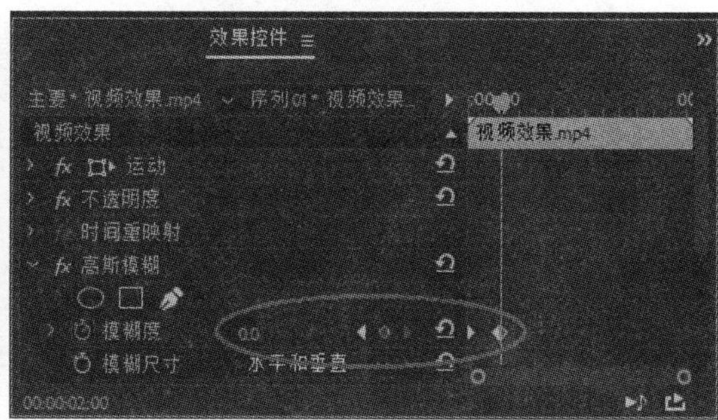

图 4-68　添加“模糊入”关键帧

② 模糊出效果。移动编辑标记线到 00:00:11:10 处，单击“模糊度”后面的“添加/删除关

键帧”按钮，设置第三个关键帧，如图 4–69 左侧图所示。移动编辑标记线到 00:00:13:10 处，将“模糊度”值设为 100，自动添加第二个关键帧，如图 4–69 右侧图所示。模糊出的效果制作完成。

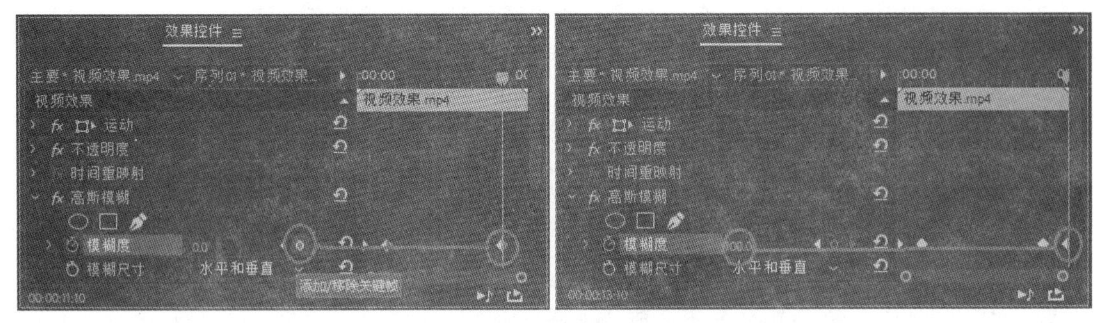

图 4–69　添加“模糊出”关键帧

（2）预览效果

按【Enter】键进行序列内容的渲染，预览结果。保存项目文件。效果片段如图 4–70 所示。

图 4–70　模糊入与模糊出

2. 为剪辑局部添加视频效果

在“效果控件”面板所呈现的很多效果的下方，都有 3 个添加蒙版按钮，可以方便地添加椭圆、矩形和自定义形状的蒙版，用来进行效果的局部遮罩，如图 4–71 所示。添加蒙版后，在蒙版路径的右侧有“跟踪方法”按钮，可以为蒙版设置多种跟踪方法，如图 4–72 所示。

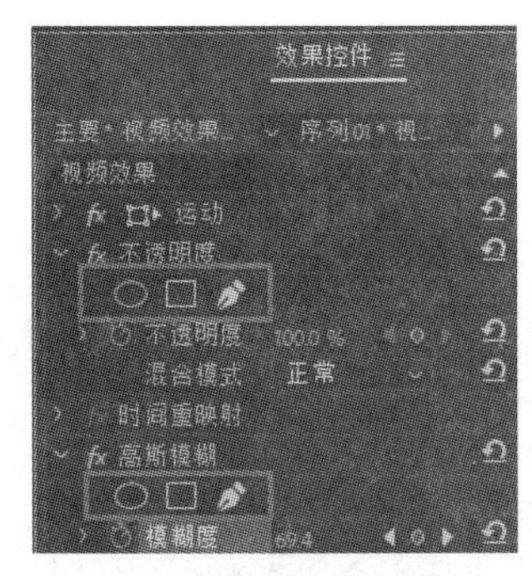

图 4–71　效果控件

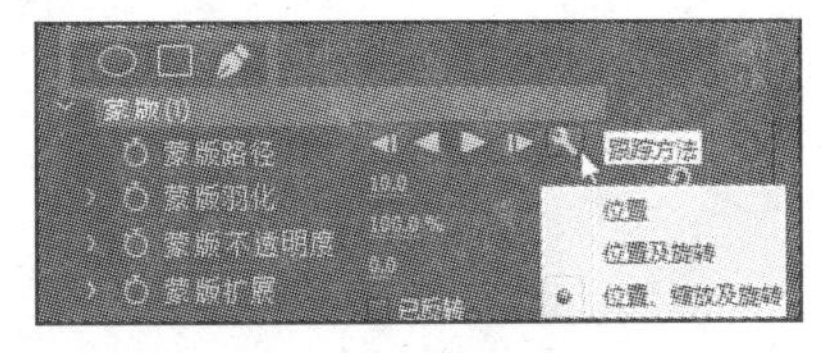

图 4–72　添加蒙版

（1）手动添加蒙版关键帧

在 00:00:00:00 处，单击“蒙版路径”前面的“切换动画”按钮设置第一个关键帧。然后，不断移动编辑标记线的位置并调整蒙版的位置、缩放及旋转，添加一系列关键帧，如图 4–73 所示。

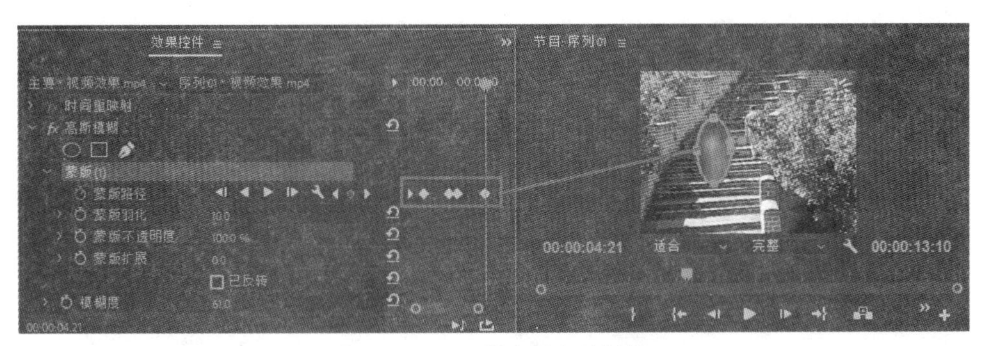

图 4-73　设置蒙版路径关键帧

（2）自动添加蒙版关键帧

在 00:00:00:00 处，单击“蒙版路径”后面的“向前跟踪所选蒙版”按钮，系统在播放视频的过程中，自动添加一系列蒙版关键帧，如图 4-74 所示。

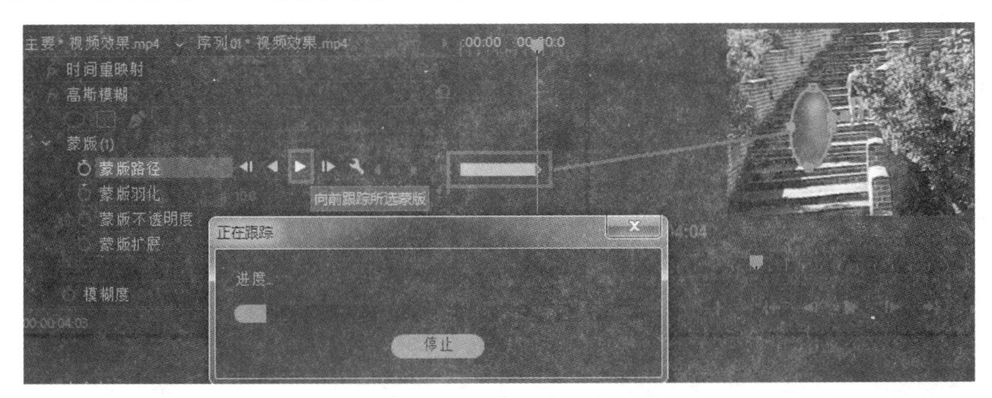

图 4-74　自动添加蒙版关键帧

注意：当一个视频素材添加了多个视频效果后，视频效果的排列顺序不同，视频显示结果也不同，可以在“效果控件”面板直接拖动视频效果以调整其位置。

4.6.3　应用实例——合成音乐电视

微视频 4.10

视频效果

将绿屏视频和背景视频进行合成，并为背景视频添加视频效果使其颜色不断变化，完成音乐电视的制作。

1. 新建项目文件和序列

新建项目文件“音乐电视.prproj”，新建“序列 1”。参数设置参照 4.3.6 中的项目文件和序列的参数。

2. 导入素材

导入视频“背景.mov”和“机器人.mp4”。

3. 制作背景效果

将“背景.mov”放至“时间轴”窗口“序列 1”的 V1 轨道零点处；适当调整其大小，用移动工具将其播放长度调整为 10 秒 5 帧，为其添加“颜色校正 | 颜色平衡（HLS）”视频效果。移动编辑标记线到零点处，添加“色相值”为“0”的关键帧；移动辑标记线到视频尾部，为其添加“色相值”为“360”的关键帧，如图 4-75 所示。

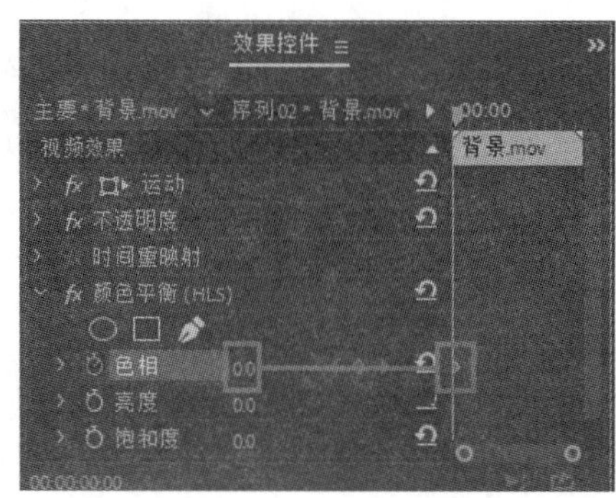

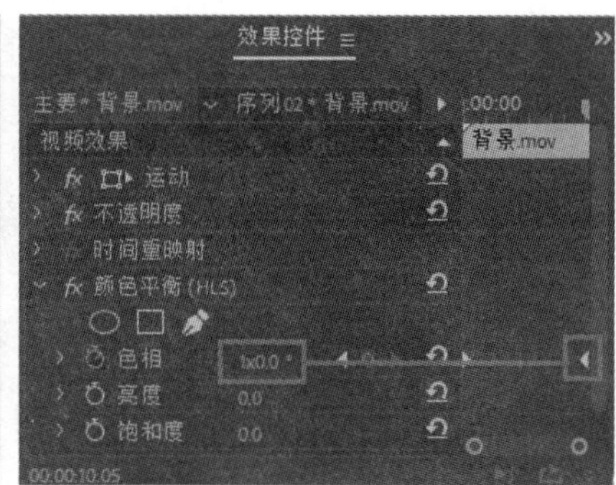

图 4-75　添加色相关键帧

4. 视频合成

将“机器人.mp4”放至“时间轴”窗口“序列 1”的 V2 轨道零点处，适当调整其大小。为其添加“键控 | 非红色键”视频效果。在“效果控件”面板中，设置其“去边”属性值为“绿色”，如图 4-76 所示。

5. 预览效果

按【Enter】键进行序列内容的渲染，预览结果，保存项目文件。视频合成前后效果对比如图 4-77 所示。

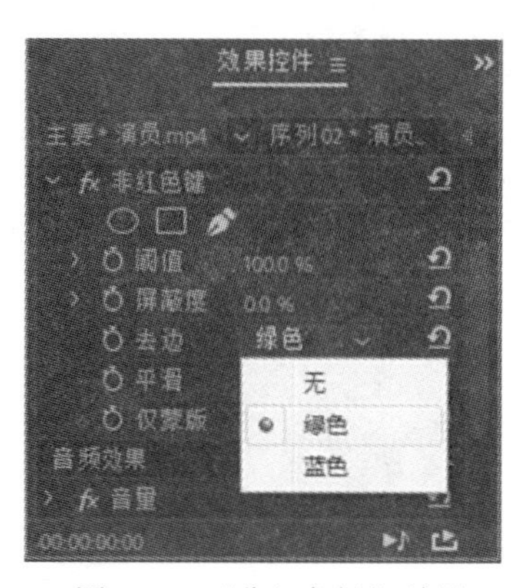

图 4-76　“非红色键”效果

图 4-77　视频合成前后效果对比

4.7　视频提词机——字幕

字幕是视频制作中的一个重要的部分，通过各种静态或动态的字幕可以更好地表达出作品的内容。Premiere Pro CC 高版本保留了旧版的“标题设计器”，可以使用它来创建字幕与形状；还可以使用工具栏中的“文字工具”在视频预览窗口的任意位置创建字幕；新版 Premiere 的字幕标题功能较之以往更加丰富，在创意云（Creative Cloud）强大协作功能下，Adobe 各系列软件之间的无缝对接大大加强，Premiere 字幕工具也同 Photoshop 一样引入了“图层”的概念。

4.7.1　标题设计器

在 Premiere 中可以使用“标题设计器”窗口来创建和编辑字幕。

1. 新建字幕文件

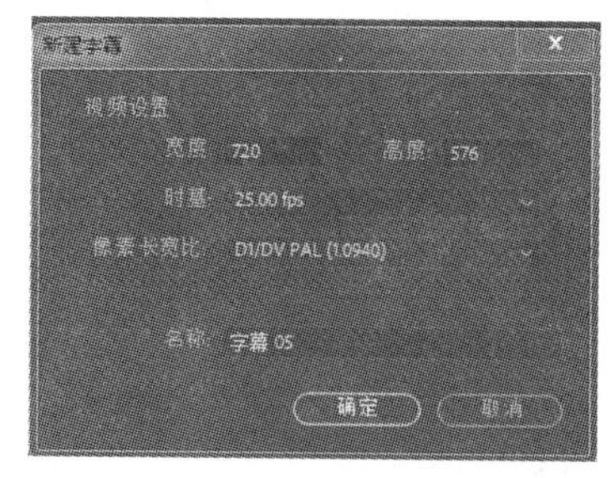

图 4–78　“新建字幕”对话框

选择“文件 | 新建 | 旧版标题”命令，打开“新建字幕”对话框，进行字幕视频大小和名称的设置，如图 4–78 所示。确定后，系统将自动打开“标题设计器”面板。用户可以创建可视化元素，包括文字、图形和线条等，如图 4–79 所示。

在“标题设计器”窗口编辑完字幕内容后，关闭窗口，字幕文件将自动保存并被添加到项目面板中。“标题设计器”窗口既可以创建字幕也可以创建形状。

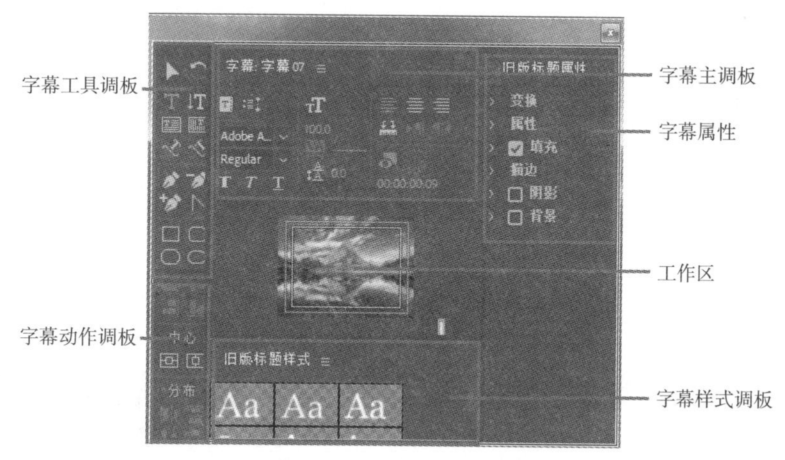

图 4–79　字幕可视化元素

2. 输入文本

（1）字符文字工具

字符文字工具包括水平文字工具和垂直文字工具。选择文字工具后，在工作区中要输入文字的开始处单击进行输入。输入过程中若要自动换行，可选择“字幕”菜单中的“自动换行”命令。输入完毕，选择“字幕工具”调板中的“选择”工具，在文本框外单击，结束输入。

（2）段落文字工具

段落文字工具包括区域文字工具和垂直区域文字工具。选择了段落文字工具后，在工作区中先拖动出一个文本框，然后进行段落文字输入。

（3）路径文字工具

路径文字工具包括路径文字工具和垂直路径文字工具。

先选中要使用的路径文字工具，然后绘制一条路径。路径绘制完成后，再次单击要使用的路径文字工具，然后在路径的开始位置单击输入文字，如图 4–80 所示。

图 4–80　沿路径输入文字

在绘制或修改路径时可以使用“字幕工具”调板中的钢笔工具组，其使用方法和在 Photoshop 中绘制矢量路径相同。

3. 创建形状

“标题设计器”窗口的“字幕工具”调板中提供了绘制形状的若干工具。形状绘制完成后，选择“字幕工具”调板中的“选择”工具将多个形状选中，利用“标题设计器”窗口的“字幕动作”调板，设置字幕的对齐、居中以及分布方式等，如图 4–81 所示。

4. 字符和形状的格式化

（1）使用“字幕样式”调板

字符和形状的格式化可以直接使用“标题设计器”窗口的“字幕样式”中的样式。单击“字幕样式”调板右侧的弹出式菜单按钮，利用弹出的菜单命令，可以完成保存样式、应用样式，以及进行样式库的追加等操作，如图 4–82 所示。

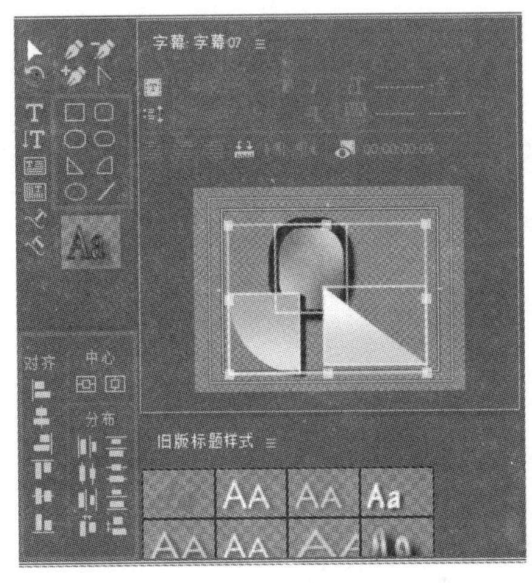

图 4–81　创建形状

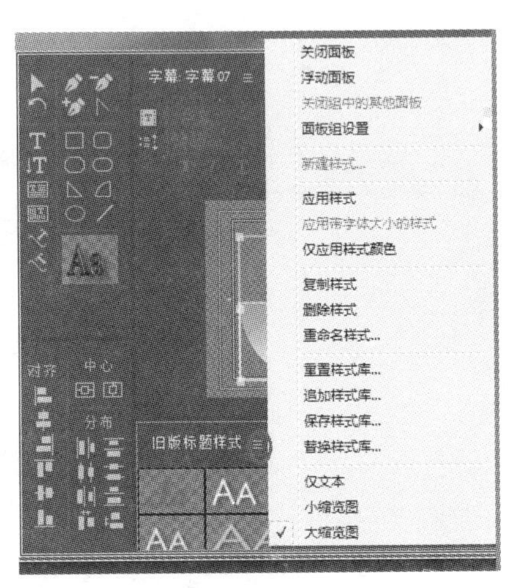

图 4–82　“字幕样式”命令

（2）使用“字幕属性”调板

在“标题设计器”窗口的“字幕属性”调板中，可以对字幕进行变换、填充、描边、阴影等属性的设置，如图 4–83 所示。

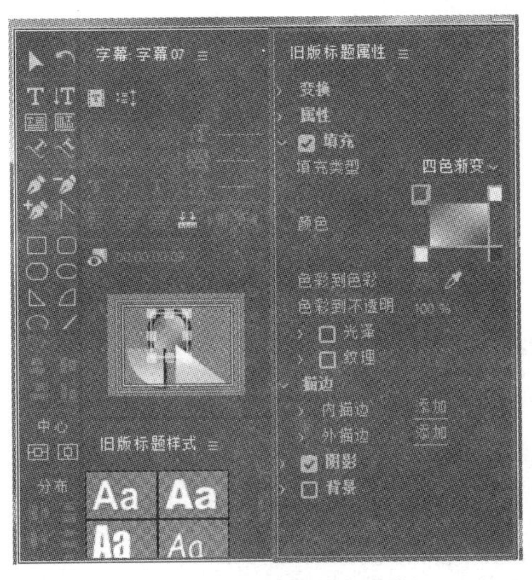

图 4–83　“字幕属性”调板

（3）使用“字幕主调板”

“字幕主调板”中也可以改变字符的字号、字体、对齐方式、字间距、行间距等内容。在“字幕主调板”中还包含了一些其他功能按钮。单击“显示背景视频”按钮，编辑标记线所在当前帧的画面就会出现在“标题设计器”窗口的工作区，作为背景显示。拖动该按钮旁边的“背景视频时间码”，工作区中显示的画面将随时间码的变化显示相应帧画面。“基于当前字幕新建字幕”按钮，可以在当前字幕的基础上新建一个字幕。

微视频 4.11

创建字幕文件

有时在输入文字后，发现文字的内容不能正常显示，这说明当前选择的字体不支持中文的字体。只要选择一种支持中文的字体即可，如图 4-84 所示。

图 4-84　字体的显示

4.7.2　字幕效果

在 Premiere Pro CC 中，可以创建静态字幕或动态字幕；也可以为字幕添加各种视频过渡效果和视频效果，制作出炫酷的字幕效果。

1. 动态字幕

创建动态字幕既可以使用 Premiere Pro CC 提供的默认命令，也可以基于静止字幕，通过在“效果控件”中设置关键帧的方法创建动态字幕。

（1）利用工具按钮创建动态字幕

利用“标题编辑器”窗口的“滚动/游动选项”工具按钮，创建滚动或游动的字幕。在“标题设计器”窗口，使用“垂直区域文字工具”，输入诗歌“望洞庭”，如图 4-85 所示。

图 4-85　创建“游动字幕”窗口

在“字幕面板”，单击滚动/游动选项按钮，打开“滚动/游动选项”对话框，可以对字幕类型和定时进行设置。其中，“预卷”指字幕在运动之前保持静止状态的帧数；“过卷”指字幕在运动之后保持静止状态的帧数；“缓入”指字幕由静止状态加速到正常状态的帧数；“缓出”指字幕由正常状态减速到静止状态的帧数，如图 4–86 所示。

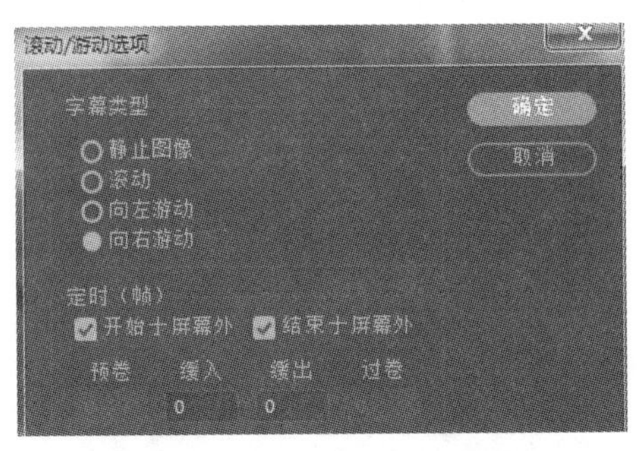

图 4–86 “滚动/游动选项”对话框

在字幕类型设置中，选择系统默认的设置“向右游动”，在“定时（帧）”设置中，选择“开始于屏幕外”和“结束于屏幕外”选项，单击“确定”按钮。在“项目”面板中找到创建的游动字幕文件，将其拖至“时间轴”面板的视频轨道中，预览效果，如图 4–87 所示。

图 4–87 游动字幕

（2）利用关键帧创建动态字幕

基于静止字幕，通过在“效果控件”中设置关键帧的方法创建动态字幕。下面创建一个动态字幕，要求：刚开始字幕由屏幕下方进入，在 2 秒后到达屏幕中心，在中心停留 1 秒后，再用 2 秒的时间将字幕由屏幕上方移出。

① 创建一个静止字幕，将其拖动到“时间轴”面板视频轨道上。

② 在“效果控件”面板中设置其位置关键帧。

在零点处，移动字幕至屏幕左侧，创建第一个关键帧，如图 4–88 所示。

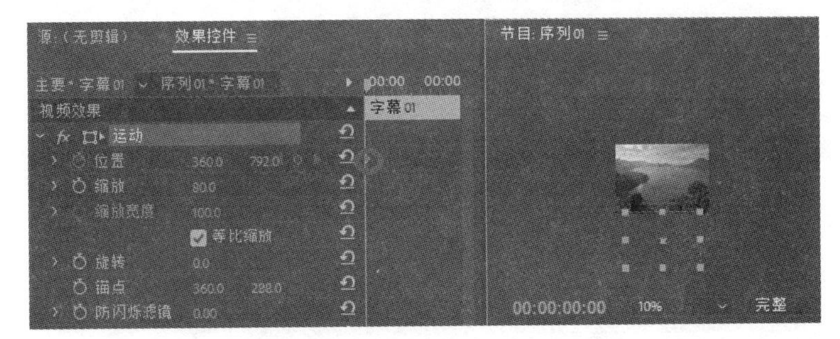

图 4–88 创建第一个关键帧

移动时间指示器至 00:00:02:00 处，拖动字幕到屏幕中央位置，为动态字幕创建第二个关键帧；移动时间指示器至 00:00:03:00 处，单击“添加/删除关键帧”按钮，添加第三个关键帧，如图 4–89 所示。

移动时间指示器至 00:00:05:00 处，拖动字幕到屏幕上方，为动态字幕创建第四个关键帧，如图 4–90 所示。

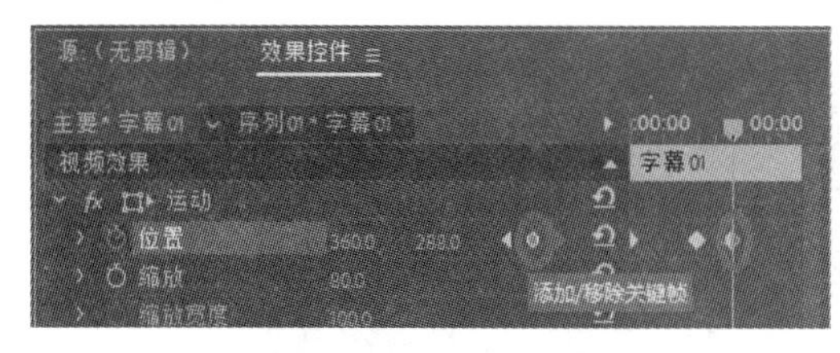

图 4–89　添加关键帧

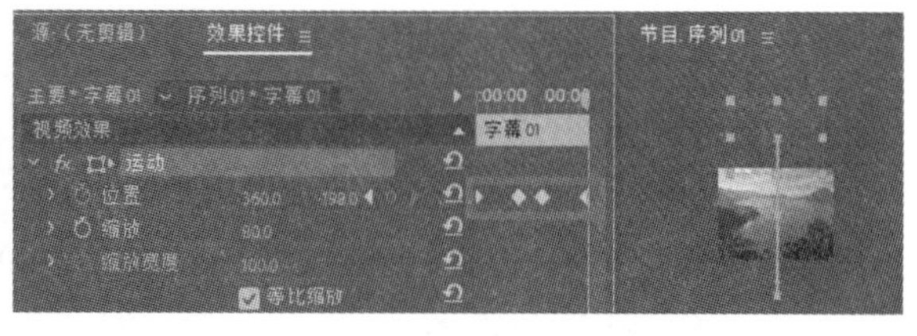

图 4–90　创建其他关键帧

③ 预览效果。通过关键帧控制字幕来制作运动字幕的方法更加灵活，如图 4–91 所示。

图 4–91　运动字幕效果

2. 字幕效果

可以为字幕添加视频过渡效果和视频效果，设计出更多样化的字幕内容。

（1）字幕添加视频过渡效果

在“时间轴”序列窗口中，选中视频轨道的字幕文件，在字幕文件的首部和尾部都添加“视频过渡 | 滑动”中的“推”视频过渡效果。轨道内容如图 4–92 所示。

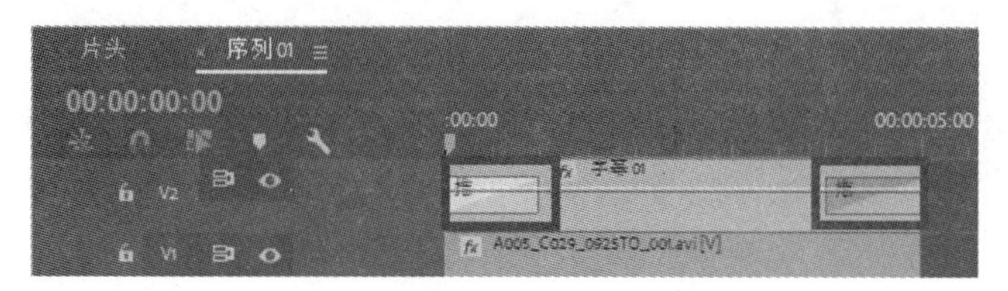

图 4–92　添加视频过渡效果

同样可以完成字幕的滚动效果，如图 4–93 所示。

图 4–93　字幕的滚动效果

（2）字幕添加视频效果

① 制作变幻颜色的字幕效果。

在“时间轴”序列窗口中，选中视频轨道的字幕文件，为其添加“视频效果 | 颜色校正”中的“颜色平衡（HLS）”视频效果。在 0 点处设置其“色相”值为 0，并添加第一个关键帧；移动时间指示器至 2 秒处，设置“色相”值为 360，添加第二个关键帧，如图 4–94 所示。

图 4–94　色彩平衡

字幕的文字颜色将按照色相环而改变一周。

② 字幕的 Alpha 通道。由于字幕文件自带 Alpha 通道，所以可以结合“轨道遮罩键”制作流光文字等效果。

在“时间轴”序列窗口的视频轨道中，由下而上的轨道中分别放置“背景.avi”“波光.mpg”“字幕 01”的内容，如图 4–95 所示。

为“波光.mpg”添加“视频效果 | 键控”中的“轨道遮罩键”，并在“效果控件”面板中设置其参数值：“遮罩”设为“视频 3”，“合成方式”为“Alpha 遮罩”，如图 4–96 所示。

微视频 4.12

字幕效果

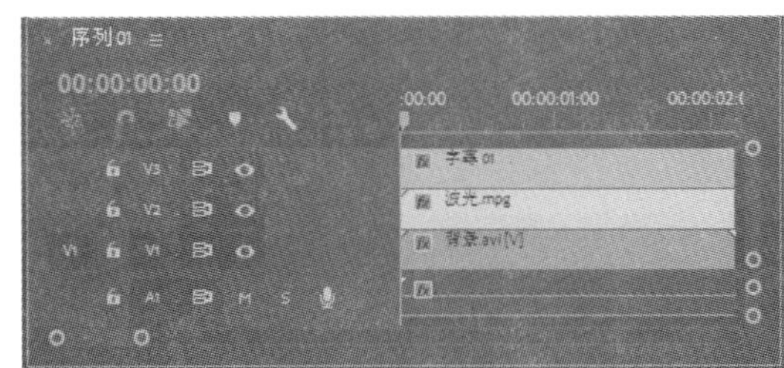

图 4–95　轨道素材

图 4–96　轨道遮罩

预览流光文字效果，如图 4–97 所示。

图 4–97　流光文字效果

4.7.3　文字图层

在 Premiere Pro CC 中增加了文字图层功能。可以使用工具组T中的“文字工具”和“垂直文字工具”创建，也可以使用系统命令“图形 | 新建图层”中的命令完成，使得字幕的创建更加简洁便利。

1. 编辑文字

（1）文本工具

在工具箱中选中“文字工具”，在“节目”监视器窗口单击，输入文字内容，在“时间轴”序列窗口的视频轨道上会自动生成一个字幕图层。在“效果控件”面板中可以对文本格式进行设置，如图 4-98 所示。

在“时间轴”序列窗口选中字幕图层，在它的效果控件面板就可以对字幕进行一系列编辑。包括：字体、大小、对齐方式、外观等内容。如图 4-98 所示，对字幕内容设置了填充、描边以及阴影等效果。

图 4-98　字幕图层及文本格式设置

（2）文本图层

选择“图形 | 新建图层”中的“文本”或“直排文本”命令创建文本图层，（见图 4-99），创建文本层、并输入内容“青山绿水”。

（3）“基本图形”窗口

① 创建文字图层。选择“窗口 | 基本图形”命令，在打开的“基本图形”窗口（见图 4-100）的“编辑”选项卡中可以创建多个文本图层。

选中各图层可以进行内容的编辑和位置的移动，如图 4-101 所示。

② 预制字幕样式。

选择“基本图形”窗口中的“浏览”选项卡，可以使用丰富的预制字幕样式。找到合适的字幕预设后，直接拖动到视频轨道上就可以使用。例如，选中 Social Media 中的 Subscribe 模板，将其添加到视频 2 轨道，在“基本图形”窗口的“编辑”选项卡中修改文字图层的内容为“青山绿水”，如图 4-102 所示。

图 4-99　文本图层及内容

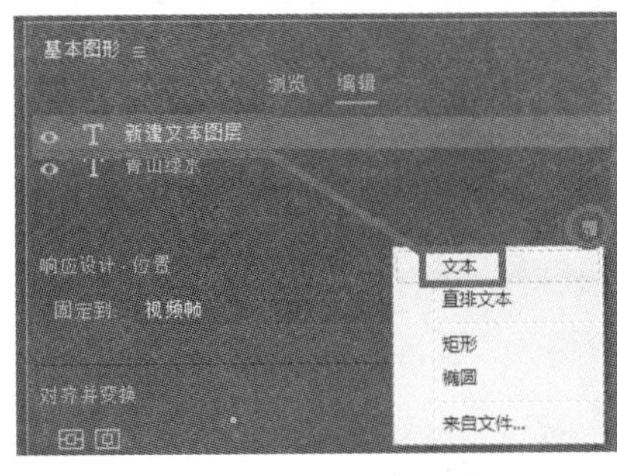

图 4-100　基本图形

图 4-101　多个文字图层

在“效果控件”面板中可以看到其内置的多组关键帧，用户可以根据自己的需要进行修改。预览效果，文字部分和花瓣形状都具有模糊放大效果，如图 4-103 所示。

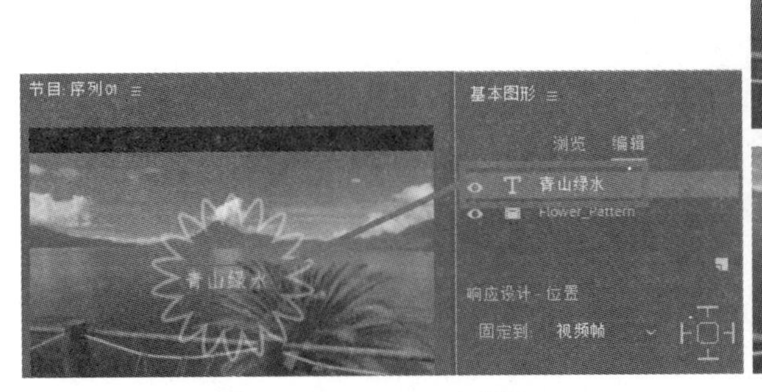

图 4-102　Subscribe 模板

图 4-103　预制文字效果

2. 动态字幕

在“效果控件”面板可以为“字幕”图层添加“运动”关键帧，设置其动态字幕效果。

3. 字幕效果

可以为字幕添加视频过渡效果和视频效果，其操作方法与 4.7.2 节中的字幕效果内容相同。

4.7.4 新版字幕

使用 Premiere Pro CC 等版本可以使用新版字幕功能，可用于添加文字内容较多的字幕。

1. 新建字幕文件

选择“文件 | 新建 | 字幕”命令，或者选择“项目”面板底端“新建项”中的“字幕”命令，都将打开“新建字幕”对话框，如图 4-104 所示。

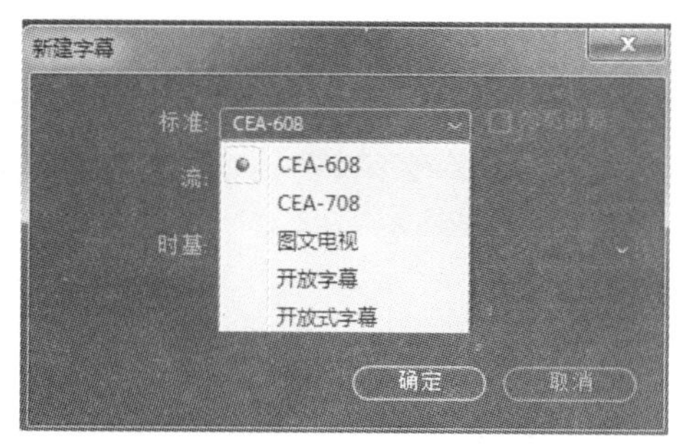

图 4-104 “新建字幕”对话框

在标准中选择“开放式字幕”，而其余几种为闭合字幕或称隐藏字幕。所谓隐藏字幕，是北美和欧洲地区电视类节目传输的字幕标准，需要播放设备控制才能显示出来。在“项目”面板中新建了一个“开放式字幕”文件，将其拖放至“时间轴”序列窗口的视频轨道中。

2. 编辑字幕文件

双击“项目”面板中的字幕文件，打开“字幕”面板，如图 4-105 所示。

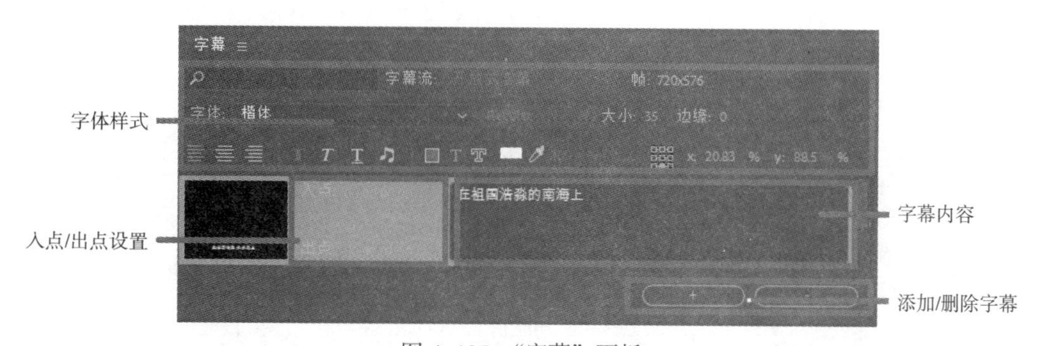

图 4-105 “字幕”面板

在“字幕内容”框中输入文字内容“在祖国浩淼的南海上”，在“字体样式”中设置文字样式。在“入点/出点设置”中设置文字的开始和结束时间，这里入点设为 0 点，出点设为 2 秒。“节目监视器”窗口中的内容和“时间轴”序列窗口轨道内容，如图 4-106 所示。

3. 字幕样式

在“时间轴”序列窗口，选中视频轨道的“开放式字幕”，可以为其添加视频过渡效果和视频效果。其操作方法与普通视频轨道素材的操作方法一样。如图 4–107 所示，为字幕添加 “Alpha 发光” 效果。

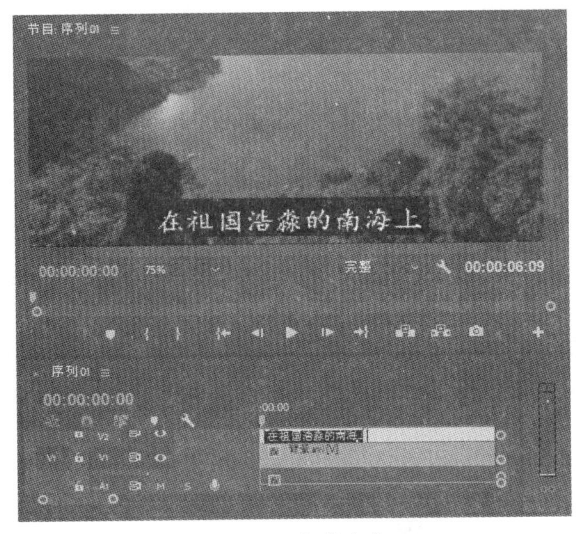

图 4–106　字幕内容

图 4–107　添加字幕样式

4.7.5　应用实例——视频解说词

使用静帧画面做视频的片头；在 “标题设计器” 中制作标题；为视频添加解说词，并为解说词设置展开效果。

1. 新建项目文件和序列

新建项目文件 “解说词.prproj”，新建 “标题” 序列。参数设置参照 4.3.6 中的项目文件和序列的参数。

2. 导入素材并制作视频片头的静帧画面

导入视频 “风光.mp4”，在 “项目” 窗口双击 “风光.mp4”，使其在 “源监视器” 窗口打开，单击窗口下方的 “导出帧” 按钮，在 “导出帧” 对话框输入名称 “片头”，格式为 JPEG 类型的图片文件，单击 “确定” 按钮，如图 4–108 所示。

图 4–108　导出图片

将 “片头.jpg” 放至 “时间轴” 窗口 “标题” 序列的 V1 轨道零点处；设置其播放长度为 3

秒，适当调整其大小。为图片添加“高斯模糊”，模糊值为 50。

3. 片头字幕

（1）制作片头字幕内容

选择“文件 | 新建 | 旧版标题”命令，设置字幕的视频大小和名称“片头字幕”。在“标题设计器”面板输入文字“美丽的海南岛”，设置其字体、大小、四色填充、描边以及阴影效果，如图 4–109 所示。

将“片头字幕”添加到 V2 轨道零点处，其结束位置与 V1 轨道的图片对齐。

（2）制作片头字幕的淡入/淡出效果

在“效果控件”面板中，为“片头字幕”设置“不透明度”关键帧。在 0 点设置“不透明度”值为 0；在 1 秒处设置“不透明度”值为 100；在 2 秒处设置“不透明度”值为 100；在 3 秒处设置“不透明度”值为 0，如图 4–110 所示。

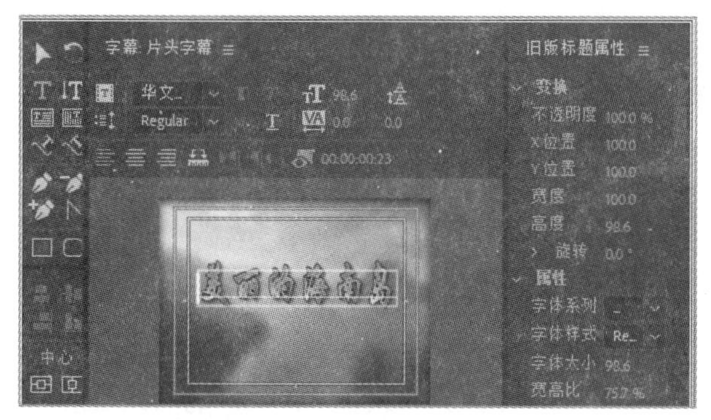

图 4–109 设置字幕格式

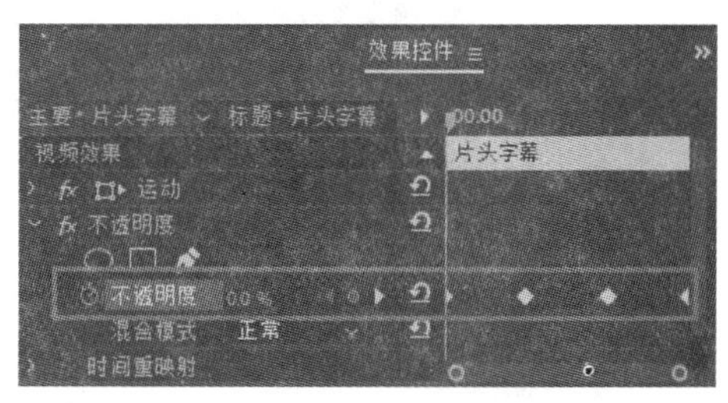

图 4–110 设置淡入/淡出效果

4. 视频正文解说词

新建序列“主体”，将“风光.mp4”放至 V1 轨道零点处，适当调整其大小。

选择“文件 | 新建 | 字幕”命令，选择“开放式字幕”。将“项目”面板中新建的“字幕”文件，拖放至 V2 轨道零点处。在 V2 轨道选中“字幕”文件，拖动其右侧延长其播放时间，使其与 V1 轨道的“风光.mp4”对齐。

（1）组织文字内容

在“字幕”面板输入文字“海南岛是个热带岛屿”，设置其入点为 10 帧，出点为 3 秒，字体大小为 56，如图 4–111 所示。

在“字幕”面板单击“添加字幕”按钮，输入文字内容“那里有辽阔的天空”，设置其入点为 3 秒 10 帧，出点为 6 秒。其字幕面板如图 4–112 所示。

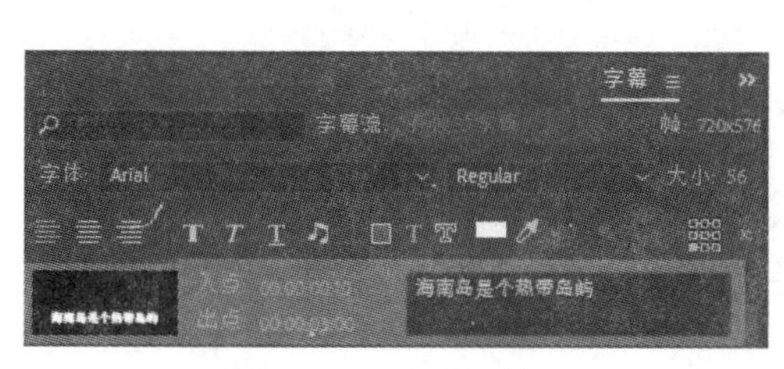

图 4–111 字幕面板

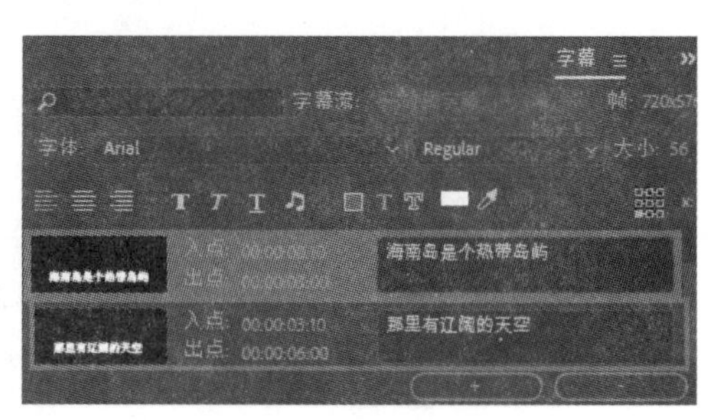

图 4–112 输入字幕内容

“时间轴”序列窗口内容，如图 4–113 所示。

图 4–113　字幕轨道内容

（2）去除黑色填充区域

预览会发现在字幕内容的下方有一个黑色填充区域。在视频轨道上选中该“字幕”，然后在“效果控件”面板中打开“不透明度”，将“混合模式”设置为“滤色”，如图 4–114 所示。

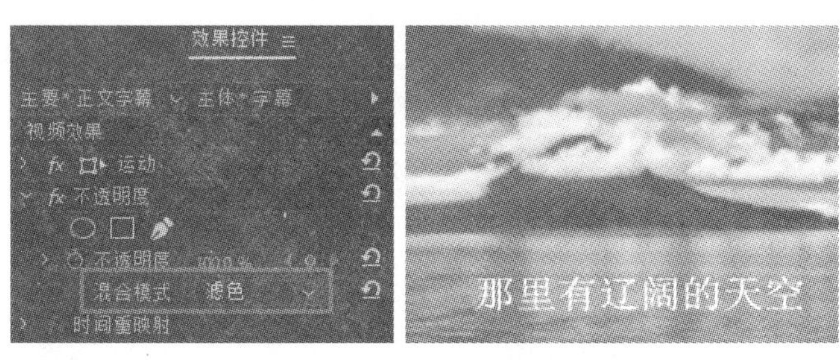

图 4–114　去除字幕的黑色背景

（3）文字展开效果

为字幕添加“不透明度”蒙版。使用“创建 4 点多边形蒙版”设置了 4 个蒙版路径关键帧，使文字一点点展开，如图 4–115 所示。

图 4–115　字幕展开效果

5. 序列嵌套

新建序列“作品”，将“标题”序列和“主体”序列放至 V1 轨道，如图 4–116 所示。

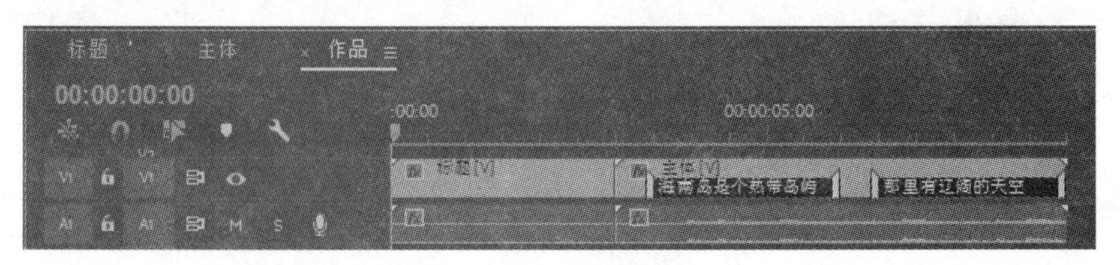

图 4–116　序列嵌套

6. 预览效果

按【Enter】键进行序列内容的渲染，并预览结果，保存项目文件，效果如图 4-117 所示。

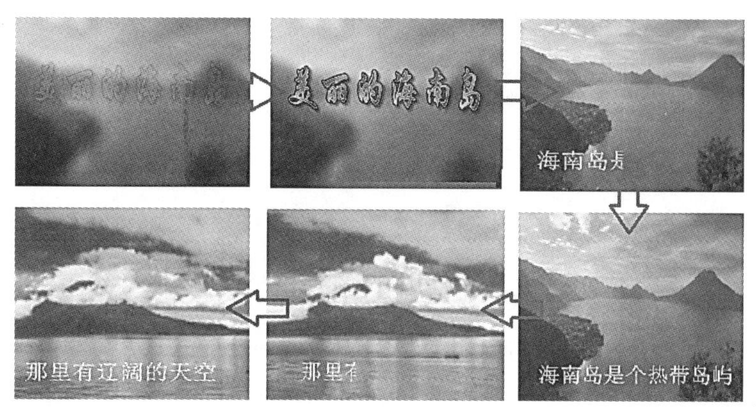

图 4-117　预览效果

4.8　成果展示——输出视频文件

在 Premiere Pro CC 中，用户在编辑完成一个项目文件之后，可以按照不同的用途将编辑好的内容输出为不同格式的文件。

4.8.1　预览窗口

在“时间轴”序列窗口编辑好作品后，选择“文件 | 导出 | 媒体”命令，在“导出设置”对话框对视频尺寸、编辑方式、输出文件的格式等导出参数进行设置，如图 4-118 所示。

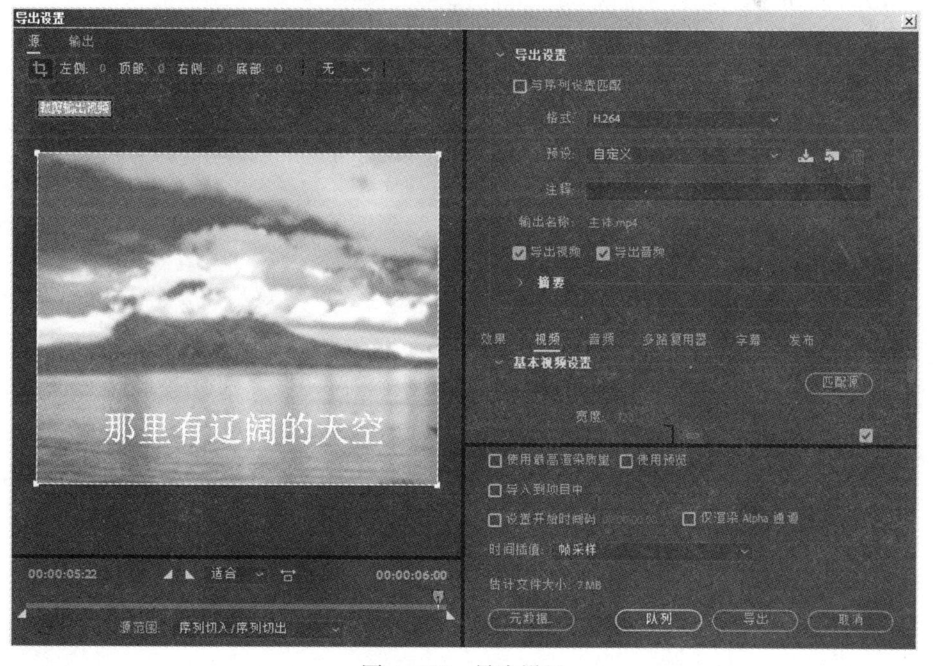

图 4-118　导出设置

在左侧的视频预览区上方有“源”和“输出”两个选项卡，其中“源”表示项目的编辑画面；单击“裁剪输出视频”按钮，可以在预览区域内直接拖动调整框控制画面的输出范围。预览窗口下方有播放控制按钮，拖动滑杆上方的滑块可以控制当前画面的播放位置，滑杆下方的左右两个小三角用来控制导出影片的入点和出点。调整结束后，单击“输出”选项卡，可以看到最终输出的视频画面效果。

4.8.2 导出设置

在“导出”窗口的右侧为具体的导出参数的设置。

选择“与序列设置匹配”可以自动从 Premiere Pro CC 序列中导出设置与该序列设置完全匹配的文件；在“预设”下拉列表中选择已经设置好的预设导出方案，完成设置后可以在“导出设置”对话框的“摘要”区域查看部分导出设置的内容；单击“导出设置”中的“格式”下拉列表框，显示出 Premiere Pro CC 能够导出的所有媒体格式，如图 4–119 所示。

在“格式”中选择所需的文件格式；根据实际应用，在“预设”中可以选择预置好的编码也可以自定义设置；在“输出名称”中设置文件的存储路径和文件名称。

单击“导出”按钮，可以直接输出；单击“队列”按钮系统将自动打开 Adobe Media Encoder，如图 4–120 所示。设置好的项目将自动出现在导出队列列表中。单击 Start Queue 按钮，可将序列按照设置输出到指定的磁盘空间。

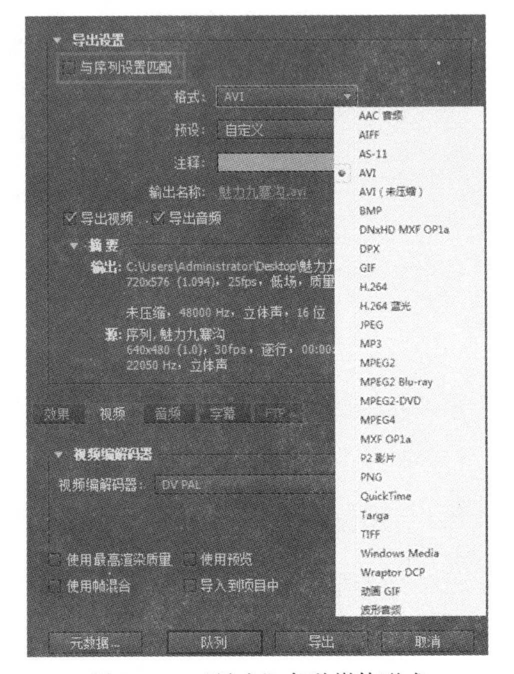

图 4–119 “导出”各种媒体形式

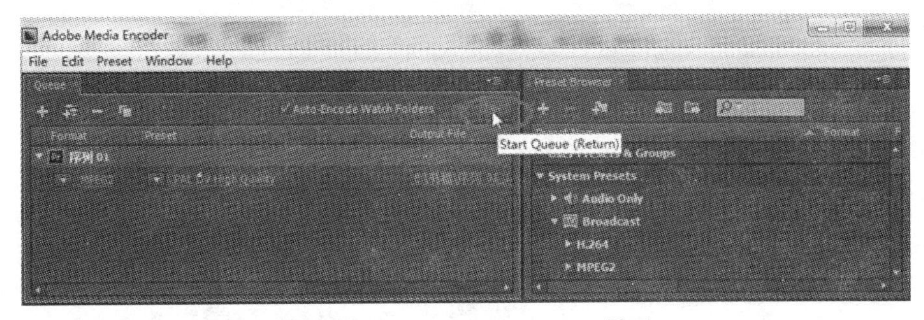

图 4–120 Adobe Media Encoder 界面

注意：默认情况下，Adobe Media Encoder 将导出的文件保存在源文件所在的文件夹中。

4.8.3 输出文件

Premiere Pro CC 可以输出多种类型的文件，这里介绍一些常用的输出文件。

1. 字幕文件

字幕文件和其他的素材文件一样，可以将其导出为多种视频格式，也可以直接被导入到其

他的项目文件中使用。在“项目”管理器窗口选择已有的字幕文件，选择“文件 | 导出 | 字幕”命令，在打开的对话框中设置文件的名称和位置，如图 4-121 所示。

图 4-121　“保存字幕”对话框

2. 图像文件

（1）输出单帧图像

Premiere Pro CC 可以将视频画面的某个静帧画面输出为图像。经常使用这一功能来制作影片的宣传海报。

方法 1：使用“导出帧”按钮。

设置播放显示器的位置，单击“源”监视器或者“节目”监视器中的“导出帧”按钮，在“导出帧”对话框中输入导出帧的名称、格式、保存路径、是否要将导出帧再次导入到当前项目中等信息。可保存的图片格式有 BMP、DPX、GIF、JPEG、PNG、TIFF 等。

方法 2：在“导出设置”的“格式”下拉列表中选择图像文件格式。

（2）输出图片序列

Premiere Pro CC 可以将视频输出为静止图片序列，即将视频画面的每一帧都输出为一张图片，这些图片会自动编号。这一功能常用来在 3D 软件中做动态贴图。

在“时间轴”序列窗口为要输出为图片序列的视频片段设置入点和出点。选择“文件 | 导出 | 媒体”命令，在“导出设置”对话框的“预设”选项中选择“PAL DV 序列”选项，如图 4-122 所示，设置文件的保存位置和名称，单击“导出”按钮。输出完成的图片序列文件。

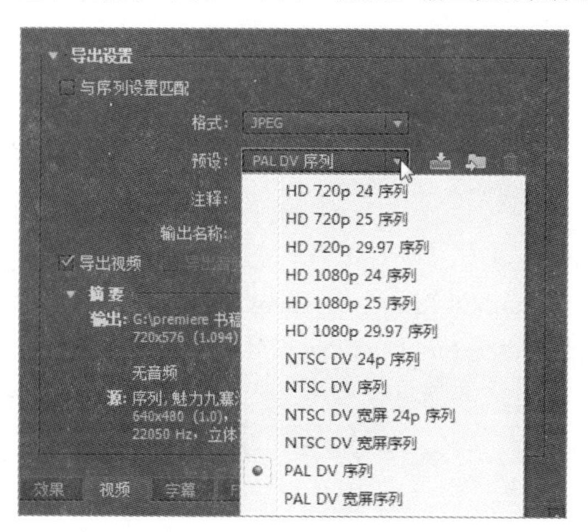

图 4-122　预设格式

3. 音频文件

在 Premiere Pro CC 中，可以在“导出设置”对话框的“格式”列表中选择一种音频编码格式（如 MP3 等），直接将影片的音频部分进行输出，如图 4-123 所示。也可以在“导出设置”的“格式”列表中选择一种包括音频的视频文件格式（见图 4-124），选中其下方的“导出音频”复选框，这样只输出视频文件的音频部分。

4. 视频文件

在“时间轴”序列窗口中编辑好要导出的视频内容后，选择“文件 | 导出 | 媒体”命令，在“导出设置”对话框的“格式”下拉列表中选择视频文件格式：P2 影片、QuickTime、H.264、

H.264Blu-ray、MPGE-4、MPGE-2、MPGE-2-DVD、MPGE24Blu-ray 等；还有只能在 Windows 中使用的 Microsoft AVI、动画 GIF、MPGE-1 以及 Windows Media 文件等。

图 4-123　导出音频格式

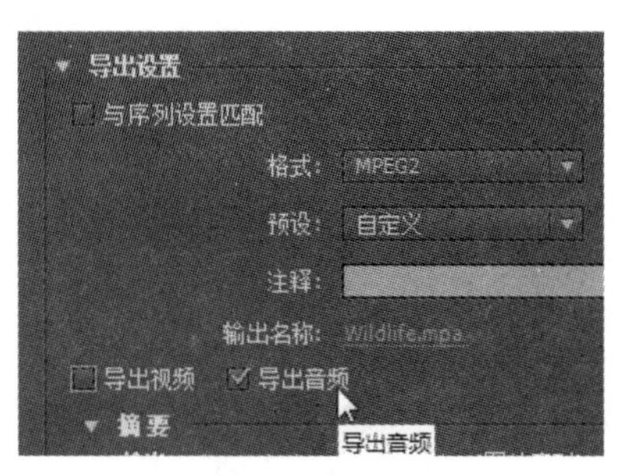

图 4-124　导出音频部分

5. EDL 文件

EDL（Editorial Determination List，编辑决策列表）是一个表格形式的列表，由时间码值形式的电影剪辑数据组成。EDL 常用来做视频编辑领域的编辑交换文件，它可以记录用户对素材的各种编辑操作，用户可以在支持 EDL 文件的编辑软件中共享编辑项目。

在 Premiere Pro CC 中，从“项目”面板或时间轴中选择序列，选择“文件 | 导出 EDL”命令，打开“EDL 导出设置”对话框，设置完毕单击“确定”按钮后在随即打开的“将序列另存为 EDL”对话框中设置文件名称和保存位置。

6. AAF 文件

AAF（Advanced Authoring Format，高级制作格式）是可以跨平台、跨系统在应用程序间交换数据媒体和元数据的文件。在 Premiere Pro CC 中，从“项目”面板或时间轴中选择序列，选择“文件 | 导出 AFF”命令，打开“将转换的序列另存为-AFF”对话框，设置文件名称和保存位置。

7. Final Cut Pro XML

可以使用 XML 项目在 Final Cut Pro 与 Premiere Pro 间交换信息。选择“文件 | 导出 | AAF”命令，在“将转换的项目另存为—Final Cut Pro XML”对话框中，输入文件名称和保存位置。

习　　题

一、选择题

1. PAL 制式影片的关键帧速率是（　　）。

   A. 24 fps　　B. 25 fps　　C. 29.97 fps　　D. 30 fps

2. 高清与标清的区别在于（　　）。

   A. 文件格式不同　　B. 文件存储内容不同

   C. 文件大小不同　　D. 文件编辑方法不同

3. 要为素材设置动态效果，应至少添加（　　）个关键帧。

   A. 1　　B. 2　　C. 3　　D. 4

4. Premiere 编辑的最小单位是（　　）。

   A. 帧　　B. 秒　　C. 毫秒　　D. 分

5.（　　）工具用于将素材切开为独立的两段素材。

A. 选择工具　　B. 滚动工具　　C. 比率拉伸工具　　D. 剃刀工具

二、填空题

1. 字幕文件是一类扩展名为__________的文件。
2. 可以预览节目的窗口叫作__________窗口。
3. 时间码输入“3210”表示__________。
4. Premiere Pro CC 可以显示并识别同一序列中在时间轴上使用多次的剪辑，这一功能叫作__________。
5. 要精确地删除序列窗口某轨道的视频镜头，并使得其右侧的内容自动左移，应先在序列窗口设置好入点和出点后，单击__________按钮。

三、简答题

1. 简述非线性编辑过程。
2. MPEG-1 和 MPEG-2 有何区别？将自己的视频文件分别输出为这两种格式，比较其差异。
3. 序列嵌套的原则是什么？
4. 视频合成的方法有哪些？
5. 字幕的添加方法有哪些？

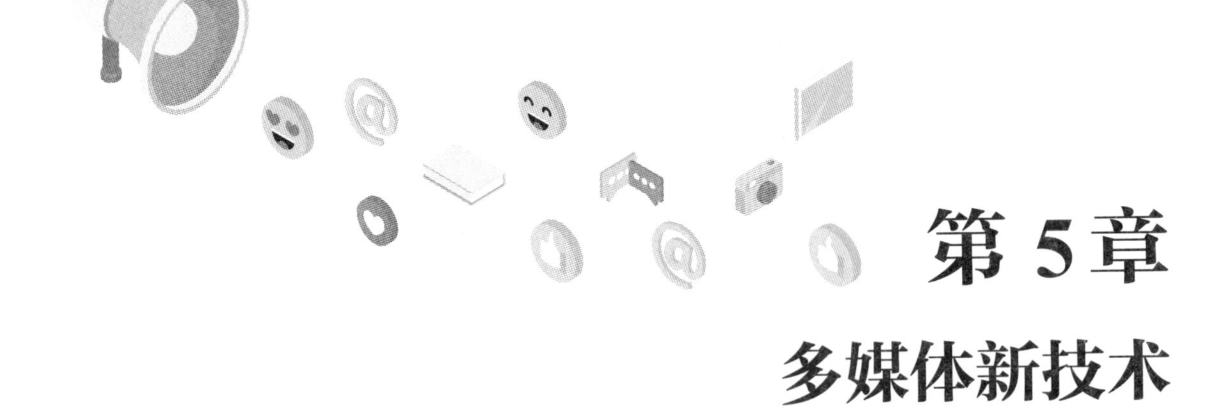

第5章 多媒体新技术

◎ **学习要点：**

- 了解图像理解的基本概念及其实现过程。
- 掌握机器视觉的基本概念及其实现原理。
- 了解机器视觉的应用领域。
- 了解压缩感觉技术的基本原理。
- 了解语音识别技术的基本原理。
- 了解全景声技术。
- 掌握音视频流媒体技术的基本概念。
- 掌握虚拟现实技术的主要特征。
- 掌握增强现实技术的基本概念。
- 掌握虚拟现实技术与增强现实技术的区别。

建议学时：上课1学时，上机1学时。

多媒体技术是当今信息技术领域中发展最快、最活跃的技术，是新一代计算机技术发展的竞争的焦点。多媒体的新技术不再是单一的媒体信息技术，它不断地与同时代发展的其他产业技术相结合。首先，随着人工智能技术的快速发展，多媒体技术已经开始逐步与人工智能技术相融合，以计算机图形理解、机器视觉、自然语言处理等为代表的技术已经应用到人们的日常生活中。其次，多媒体技术同网络技术相融合，形成了音频、视频的流媒体技术，使得在网上听音乐、看视频变成了每个人日常生活的一部分。第三，为了增加用户的临场体验感，为用户提供侵入式的虚拟环境，在多媒体技术之上视频领域形成了以虚拟现实技术和增强现实技术为代表的两个主流分支，为视频从传统的二维平面展现为三维立体表现提供了可能性。同时，音频领域形成了全景声技术，在环绕立体声的基础上为用户提供多方位、多距离的音频感受。可以说，随着多媒体新技术的发展，多媒体技术正被广泛地应用在教育、通信、军事、金融、医疗等多个领域，并潜移默化地改变着人们的生活面貌。

5.1　图形与图像新技术

5.1.1　图像理解

众所周知，计算机系统只能识别二进制数字，图像与图形数据在计算机中都是采用二进制编码的形式来存储，图像信息数据的存储方式决定了计算机系统对图像理解与人对图像理解存在着巨大的差距。图像理解（Image Understanding，IU）是研究计算机系统对图像的语义理解的技术。图像理解以图像作为识别的核心对象，将知识或语义理解为输出，模仿人对图像的分析和理解过程来研究图像中各类型的目标、目标之间的相互关系、图像展现的场景以及图像的应用场景的学科。

1. 图像理解简介

20 世纪 60 年代初，研究人员开始了计算机系统对图像理解的研究，其主要研究内容包括：图像信息获取、图像处理、图像内容和场景分析、图像目标识别等。其中，图像可以为静态图像，也可以是动态的视频图像，同时还包括二维图像和立体图像。图像理解技术输入的是图像数据，输出的是图像理解的语义信息数据。在图像理解技术中，图像识别是其主要的和根本的目的，即通过计算机系统来明确其识别的图像中具有的目标及目标之间的关系，以此来辅助人对图像进行初步的筛查和处理。通过图像理解技术，可以将复杂的、重复的人工劳动改为由计算机系统辅助进行，在减轻工作强度的同时也可以提高工作效率。

图像理解是门交叉学科，作为图像理解底层数据的是视觉信息，其设计的出发点是计算机视觉；作为图像理解的高层数据是知识信息，理论依据出发点是人工智能。从研究的广泛性来分类，图像理解的处理信息分为两种类型：视觉数据信息和人类知识信息。前者侧重原始获取的数据信息在计算机系统中的表示形式和结构存储，后者则注重于知识的表述，即指导计算机的理解过程，两部分表示相辅相成。图像理解中对视觉信息和知识信息的研究过程就是进行信息表示、处理和分析的过程。

图像理解与人工智能密切相关，人工智能是在已有知识系统的基础上对知识结构关系、语义网络、通用匹配、推断决策、产生式系统、问题求解、规划控制反馈和经验学习的研究。随着计算机视觉和人工智能学科的发展，相关研究内容不断拓展、相互覆盖，图像理解既是对计算机视觉研究的延伸和拓展，又是人类智能研究的新领域，渗透着人工智能的研究进程，近年来已在工业视觉、人机交互、视觉导航、虚拟现实、特定图像分析解释以及生物视觉研究等领域得到了广泛应用。

2. 图像理解的层次结构

从计算机信息处理的角度来看，认为一个完整的图像理解系统可以分为以下的 4 个层次：数据层、描述层、认知层和应用层。各层的功能如下：

① 数据层：获取图像数据，这里的图像可以是二值图、灰度图、彩色图像、深度图和动态图像等。数据层的功能主要涉及图像的压缩和传输，除此之外还包括对数字图像的基本操作平滑、滤波、去噪等操作。该层的主要操作对象是像素。

② 描述层：从图像数据中提取特征，并测量各个特征之间的相似性。该层的主要任务就是将基本像素表示符号化。

③ 认知层：在描述层的基础上完成对图像数据的学习和推理，由图像推理出计算机系统理解的知识。该层是图像理解系统的“中央处理器”。认知层的设计非常复杂，涉及面很广，对图

像的正确认知必须有强大的知识库作为支撑。该层操作的主要对象是从描述层获得的符号化的像素。

④ 应用层：根据图像理解的任务需求设计相应的分类器、设计特有的人工智能学习算法等。目前，图像理解的主要任务包括图像的分类、图像场景的识别、图像目标及目标关系的识别、图像的检测和图像目标的跟踪等。应用层是与用户最贴近的层数，相当于图像理解系统的接口。

3. 图像理解的分析过程

图像理解的分析过程如下：从视觉硬件采集设备获取到的二维阵列仅是信号描述，进行取样采集形成面向计算机的数据信息，形成像素点集，完成了场景图像的获取再通过图像处理技术在原始像素的基础上提取出视觉特征并存入计算机，实现了“视觉信息的表示与存储”，接着根据已有的先验知识或导师指导，基于学习算法和相应理论进行机器学习，进行图像理解中的目标识别、场景分类等任务，形成知识并存入计算机，实现知识信息的“表示与存储”，完成“认知与学习”，最后对已形成的知识进行“推理与分析”完成最终的图像理解任务，体现了计算机的视觉智能性。

4. 图像理解的应用

自 1965 年，Roberts 识别多面体以来，图像理解已经应用在不少领域。目前，图像识别主要在如下领域有着广泛的应用。

（1）图像压缩和传输

在电视电话、电视会议等需要传输图像的应用中，为保证通信过程的实时性，需尽可能地压缩图像数据，在基于理解基础上的压缩可以大大减少需要传输的图像数据。例如，用分形图像压缩的方法只需要很少的几组数据和相关的迭代算法来恢复整个图像。1992 年，微软公司推出的一张名为 Microsoft Encarta 的光盘，是一张多媒体百科全书，广泛收集了文章、动画、声音、插图、照片、地图册和一本字典，内有几百幅彩色地图（可以被局部放大）、几千张优质彩色照片。这么多内容，全部用分形图像压缩法压缩为不足 600 MB 的数据光盘。

（2）图像信息安全传输

通常解决信息传输安全的方法是对传输的信息进行加密，然而还是存在被解密的可能。现在有一种安全传输图像的方法是对传输图像进行伪装，即在普通的图像中隐藏一幅需要安全传输的图像。这幅普通图像成为一个伪装载体，人眼无法察觉，这就减少了被解密的可能性。同时，安全传输的图像可以方便地使用图像理解系统来获取和分析。

（3）军事和公共安全领域

图像理解技术在军事、公安等国家安全部门尤其重要。利用图像理解技术可以方便地对卫星采集的军事目标、制导和警戒系统、防御系统等进行分析。例如，应用与神经网络相结合的图像分析和理解技术可以对雷达图片进行实时分析，用于搜寻军事目标。再如，公安部门对现场照片、指纹、手迹、印章、人像等的分析和识别也可以使用图像理解系统来完成。

（4）交通管理

具有图像理解的实时车辆跟踪系统不仅可应用到交通管理，还可以为安全部门使用；例如，在交通节点，十字路口的车流量监测和高速公路上车辆的管理系统，可以实时提供车流量和车速。同样，也可以应用到火车和轮船的管理中。

（5）字符识别

用于历史文字和图片档案的修复和管理以及文字的自动识别。例如，清华大学研制的光学字符识别（OCR）系统能自动识别由扫描仪录入的文档。特别是，手写体识别技术更具有广泛的用途，联机识别还可以代替键盘输入提高输入速度。例如，一种在线手写体识别的数学编辑器，极大地方便了数学中一些特定格式的输入。脱机手写体字符识别系统可以用在判别签名的真伪等方面。

5.1.2　机器视觉

机器视觉系统是高度复杂的系统，它不仅涉及上节叙述的图像分析和理解等软件技术，还涉及与硬件系统相关的传感器技术、电视技术、数字图像处理技术等。

机器视觉又称计算机视觉，是指用图像采集系统和计算机系统来模拟人类视觉对目标进行识别、跟踪和测量等。简单来说，机器视觉就是用机器代替人眼来做测量和判断。机器视觉研究的是将图像信息数据进行加工和处理，使其成为计算机系统的分析、识别、跟踪、测试或传送给仪器检测的图像。机器视觉伴随着人工智能技术同步发展，目前机器视觉已经成长为人工智能中快速发展的重要分支。

按照机器视觉系统的集成性，机器视觉系统可以划分为两种类型，分别是采集和分析分开的系统、采集与分析一体的系统。其中，采集与分析分开系统，由镜头和摄像机来获取图像信息数据，由负责分析的计算机系统进行图像数据的分析；采集与分析一体的系统由负责图像采集与分析的智能数码照相机为主，配套外围设备还包括光源、显示、PLC 控制系统等。

1. 机器视觉基本原理

机器视觉检测系统采用 CCD 照相机将被检测的目标转换成图像信号，传送给专用的图像处理系统，根据像素分布和亮度、颜色等信息，转变成数字化信号，图像处理系统对这些信号进行各种运算来抽取目标的特征，如面积、数量、位置、长度，再根据预设的允许度和其他条件输出结果，包括尺寸、角度、个数、合格/不合格、有/无等，实现自动识别功能。

2. 典型结构

典型的工业机器视觉系统主要由图像理解系统软件和机器视觉硬件两部分组成。其中，硬件部分包括光源、镜头、照相机（包括 CCD 照相机和 COMS 照相机）、图像处理单元（或图像捕获卡）、监视器、通信、输入输出单元等。机器视觉系统的硬件根据功能划分为以下 5 个组成部分。

（1）照明

照明是影响机器视觉系统输入的重要因素，它直接影响输入数据的质量和应用效果。由于没有通用的机器视觉照明设备，所以针对每个特定的应用实例，要选择相应的照明装置，以达到最佳效果。光源可分为可见光和不可见光。常用的几种可见光源是白炽灯、荧光灯、水银灯和钠光灯。如何使光能在一定的程度上保持稳定，是使用过程中急需解决的问题。另一方面，环境光有可能影响图像的质量，所以可采用加防护屏的方法来减少环境光的影响。照明系统按其照射方法可分为背向照明、前向照明、结构光和频闪光照明等。其中，背向照明是被测物放在光源和摄像机之间，其优点是能获得高对比度的图像。前向照明是光源和摄像机位于被测物的同侧，这种方式便于安装。结构光照明是将光栅或线光源等投射到被测物上，根据它们产生的畸变，解调出被测物的三维信息。频闪光照明是将高频率的光脉冲照射到物体上，摄像机拍摄要求与光源同步。

（2）镜头

镜头根据类型可分为定焦镜头、变倍镜头、远心镜头、显微镜头，机器视觉系统需要根据系统的目标来选择镜头的种类，在镜头选择的过程中需要注意镜头的焦距、目标高度采集的影像高度、图像数据放大倍数、影像至目标的距离、中心点、节点和镜头的物理形变等。图 5–1 所示为机器视觉镜头。

图 5–1　机器视觉镜头

（3）高速照相机

高速照相机按照不同标准可分为：标准分辨率数字照相机和模拟照相机等。要根据不同的实际应用场合选择不同的照相机和高分辨率照相机。图 5–2 所示为高速照相机。

图 5–2　高速照相机

选择的依据包括。

① 按成像色彩，选择彩色照相机或黑白照相机。

② 按分辨率的需要可选择像素数在 38 万以下的为普通型，也可以选择像素数在 38 万以上的高分辨率型。

③ 按扫描方式，可选择行扫描照相机，即线阵照相机或面扫描照相机（面阵相机）两种方式；其中，面扫描照相机又可分别选择隔行扫描照相机和逐行扫描照相机。

④ 按同步方式，可选择具有内同步功能的普通照相机或具有外同步功能的照相机。

（4）图像采集卡

图像采集卡只是完整的机器视觉系统的一个部件，但是它扮演一个非常重要的角色。图像采集卡直接决定了摄像头的接口类型：黑白、彩色、模拟、数字等。比较典型的是 PCI 或 AGP 兼容接口的图像采集卡，可以将图像迅速地传送并保存到计算机的存储器。有些采集卡有内置的多路开关。例如，可以连接 8 个不同的照相机，然后告诉采集卡采用那一个照相机抓拍到的信息。有些采集卡有内置的数字输入以触发采集卡进行捕捉，当采集卡抓拍图像时数字输出口就发出电信号触发图像的采集。图 5–3 所示为多路图像采集卡。

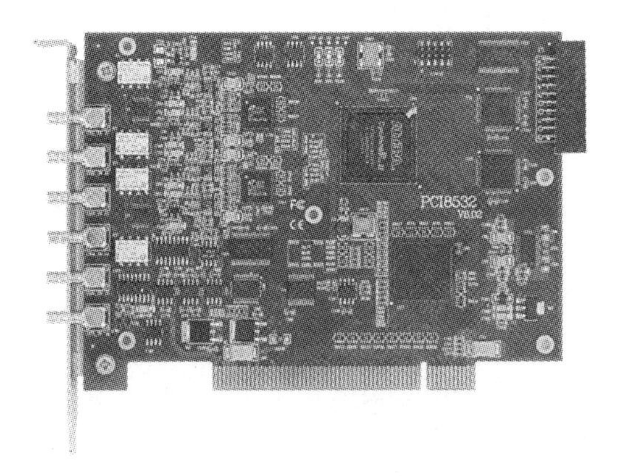

图 5–3　多路图像采集卡

（5）视觉处理器

视觉处理器主要负责图像信息的加工和处理。在机器视觉发展的早期，计算机处理的速度较慢时，采用视觉处理器可以有效地加快视觉处理任务。视觉处理器完成对传输系统内部的图像进行计算和分析操作。当前主流配置的计算机系统的处理能力足够高，同时其配置较高，视觉处理器已经逐步退出市场。

3. 机器视觉的应用

机器视觉的应用主要有检测和机器人视觉两方面：

①区性检测：又可分为高精度定量检测（例如显微照片的细胞分类、机械零部件的尺寸和位置测量）和不用量器的定性或半定量检测（例如，产品的外观检查、装配线上的零部件识别定位、缺陷性检测与装配完全性检测）。

② 机器人视觉：用于指引机器人在大范围内的操作和行动，如从料斗送出的杂乱工件堆中拣取工件并按一定的方位放在传输带或其他设备上（即料斗拣取问题）。至于小范围内的操作和行动，还需要借助于触觉传感技术。

此外，还有自动光学检查、人脸识别、无人驾驶汽车、产品质量等级分类、印刷品质量自动化检测、文字识别、纹理识别、追踪定位等机器视觉图像识别的应用，由于篇幅有限，在此不再详述。

5.1.3 压缩感知

1. 压缩感知技术简介

随着数字化技术的快速发展，电话、手机、照相机、电视等数字化产品如雨后春笋般涌现市场，无时无刻不在影响着人们的生活。在数字化时代，所有的数字信号采集都必须有相应的数字化的软硬件支撑。随着人们对于图像、视频等多媒体内容的需求和要求越来越高，对应的硬件设备如照相机、摄像机等信号采集的设备的压力也越来越大。例如，相片的分辨率越来越高，这就需要在照相机中内置越来越多的传感器，以采集质量更高的图像信号。此外，还有其他一些目前传统信号采集方式无法有效满足的需求，如 X 射线、伽马射线等信号采集、高速视频采集等。在这样一个对信号采集越来越苛刻的需求下，出现了一种更有效的采集、传输、存储以及处理的方法——压缩感知。

压缩感知（Compressed Sensing），也被称为压缩采样（Compressive Sampling）或稀疏采样（Sparse Sampling），是一种寻找欠定线性系统的稀疏解的技术。压缩感知应用于电子工程尤其是信号处理中，用于获取和重构稀疏或可压缩的信号。这种方法利用信号稀疏的特性，相较于奈奎斯特理论，从较少的测量值还原出原来整个欲得知的信号。核磁共振就是一个可能使用此方法的应用。这一方法至少已经存在了 40 年，由于 David Donoho、Emmanuel Cand è s 和陶哲轩的工作，最近这个领域有了长足的发展。近几年，为了适应即将来临的第五代移动通信系统，压缩感知技术也被大量应用在无线通信系统之中，并获得了大量的关注及研究。

在现有的传统信号处理模式中，信号要采样、压缩然后再传输，接收端要解压再恢复原始信号。采样过程要遵循奈奎斯特采样定理，也就是采样速率不能小于信号最高频率的两倍，这样才能保证根据采样所得的信息完整地恢复出原始信号。在现实中采样频率往往高于 2 倍的最高频率，达到 5～10 倍最高频率。这样一来采样频率变高，采样数据增多，需要更多的存储空间，增大设备的硬件复杂度和计算量。因此，采样后要进行压缩。压缩过程实际上是把数据变换到一个变换域上，然后把此变换域上数值较大的数据保留下来，而大部分数值较小的数据被丢弃。这样一来，采样到的绝大多数数据都在压缩过程中被丢弃，保留下来的一部分数据继续进行传输。

在压缩感知理论中，采样和压缩可以看作是同时进行的，在采样压缩时不需要遵循奈奎斯特采样定理。在接收端通过合适的重构算法就可以恢复出原始信号，因此压缩感知可以避免在传统的信号处理模式中的问题，即采样速率过大带来的数据量多、存储空间大、硬件复杂度高、计算量大的问题，以及压缩过程中数据浪费和资源浪费问题，如图 5-4 所示。

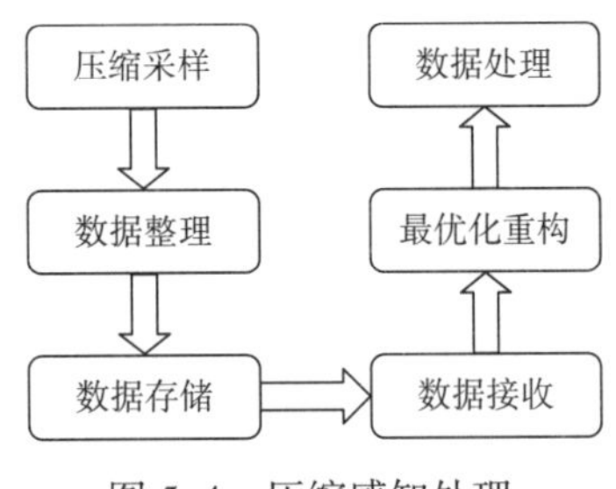

图 5-4　压缩感知处理

2. 压缩感知技术应用领域

（1）无线通信领域

压缩感知方法应用到宽带谱感知中：采用一个宽带数字电路，以较低的频谱获得欠采样的随机样本，然后在数字信号处理器中采用稀疏信号估计算法得到宽带谱感知结果。

信道编码：压缩传感理论中关于稀疏性、随机性和凸最优化的结论可以直接应用于设计快速误差校正编码，这种编码方式在实时传输过程中不受误差的影响。在压缩编码过程中，稀疏表示所需的基对于编码器可能是未知的。然而在压缩传感编码过程中，它只在译码和重构原信号时需要，因此不需要考虑它的结构，所以可以用通用的编码策略进行编码。实验证明，压缩传感方法仍可以准确重构图像。

（2）模拟信息转换方法

对于像雷达和射频信号等带宽非常高的信号，根据香农采样定理，要获得无损的信号信息，必须使用采样频率更高的采样器才能获取到信号信息。但是，由于传感器及转换硬件性能的限制，获得的信号的带宽远远低于实际信号的带宽，也就是说获取到的信号数据存在较大的信息丢失。使用压缩感知理论中测量信息可以得到完整信号的原理，可以改变传统的模拟信息转换方式。首先获得原始信号的线性测量，再利用后端 DSP 重构原始信号或直接计算原始信号的统计数据等信息。利用压缩感觉理论可以使用较低频率的采样信号来获取无损的模拟信号。

（3）图像成像领域

运用压缩传感原理，RICE 大学成功研制了“单像素”压缩数码照相机。该照相机直接获取的是多次随机线性测量值而不是获取原始信号的像素值，为低像素照相机拍摄高质量图像提供了可能。

在磁共振成像领域，压缩感知技术可以以少量的样本中无失真的图像数据来重建医学图像。因为需要获取的样本大大减少，从而加快了成像时间，避免了医学成像中长时间获取造成的过量照射、运动伪影等。

雷达成像在雷达领域的应用与传统雷达成像技术相比，实现了两个重要改进：在接收端省去脉冲压缩匹配滤波器，同时由于避开了对原始信号的直接采样，降低了接收端对模数转换器件带宽的要求，设计重点由传统的设计昂贵的接收端硬件转化为设计新颖的信号恢复算法，从而简化了雷达成像系统。

5.2　音视频领域新技术

5.2.1　全景声技术

1. 全景声技术简介

虚拟现实技术（Virtual Reality，VR）是计算机视觉、多媒体技术、信息科学和人工智能等多学科前沿交叉学科。在虚拟现实技术迅速发展的背景下，传统的立体声和环绕声效果已经不能满足人们对于真实场景听觉感知的种种需求，因此 VR 音频技术即全景声技术应运而生。

全景声技术是一种适应虚拟现实全景视频的空间音频制作技术，又称 3D 空间音频技术。目前重建 3D 音频声场有基于通道、基于对象和基于声场 3 种主要模式。

2012 年 5 月，Dolby 公司发布了杜比全景声（Dolby Atoms）系统，这套基于对象的音频处理系统率先引入了元数据概念，让混音摆脱了声道的束缚。其良好的声音定位能力和自由灵活的声场塑造手段非常适合应用于全景声领域。基于声场理念的 Ambisonics 是一种球形环绕声技术，是由英国国家研究与发展公司于 20 世纪 70 年代提出的。随着 VR 产业的发展，沉寂多年的 Ambisonics 技术以其适合 VR 全景声重现的特点被重新重视起来。

Ambisonics 是一种声道独立的球形声场再现技术，除了可以还放水平面信息外，还能还放自下而上的高度信息。这种技术会从传声器所在的点对声场中的整个球体空间进行拾取，因此可以提供沉浸式听感的全景声。Ambisonics 技术将拾取到的声源信号通过一系列打包渲染算法转换成传输编码格式 B 格式（B-format）。根据阶数不同，B-format 有不同的通道数要求。在解码端配合 HRTF（Head Related Transfer Function，头相关变换函数）以及双耳渲染器，我们就可以获得逼真的听音感受。

目前，全景声的制作还处于发展初期。在我国，由于技术和播放平台受限等原因，全景声制作更是处于探索阶段。国内外的研究机构已经逐步开始探索建立一套应用于现场音乐表演的 VR 全景声制作方法及流程，其中包括声光电舞美设计方案，舞台智能控制系统，灯光、体感、手势控制与观众视觉、听觉的交互相融。

2. 全景声技术的基本实现

（1）全景声制作方法

不论是基于对象还是基于声场的制作模式，全景声的制作和还放流程大致分为：声音采集—缩混—编码—传输—解码 5 个阶段。这其中解码阶段两种模式使用的方法是一样的。与基于声道的传统音频还放过程不同，全景声的解码阶段，系统需要实时调用用户的头部追踪数据并传给一个虚拟的旋转控制器。在旋转控制器的控制下，解码器会将实时听觉视角的音频数据解码成双耳立体声信号。

（2）全景式的定位测试

① 水平转动测试。用户在空间内原地旋转（或仅转动头部），场景内有成固定角度的双音源或多音源；用户在头部旋转时是否能正确感受到音源的相对位置；给出所有听音人在所有音源下能感受到音源相对位置变化的优良度。图 5-5 所示为水平转动测试图，图中人的头部进行水平方向随意转动。

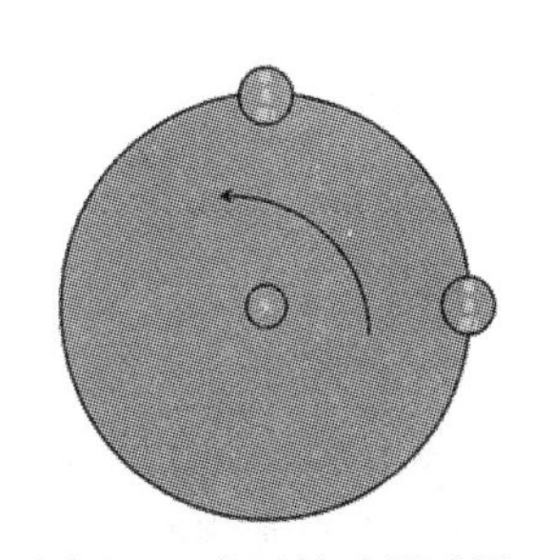

图 5-5　水平转动测试图

② 垂直上下测试。测试者在空间内保持头部左右不移动，仅垂直高低进行运动，场景内有成固定角度的双音源或多通道音源；

测试用户在头部高低变化时是否能正确感受到音源的相对位置；给出所有听音人在所有音源下能感受到音源相对位置变化的优良度。图 5-6 所示为垂直上下测试图，图中人的头部进行垂直方向上下随意移动。

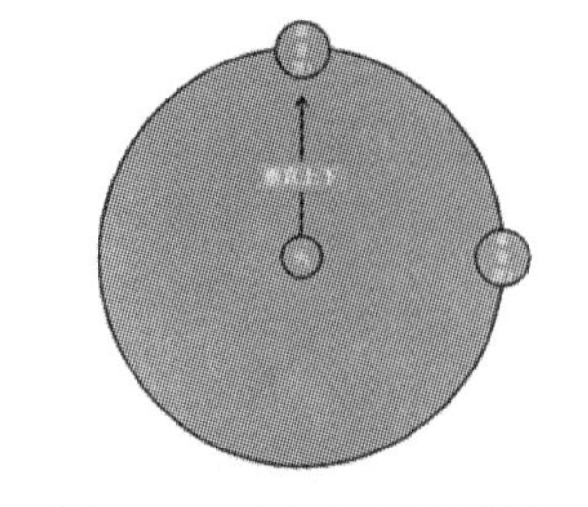

图 5-6　垂直上下测试图

③ 多声源定位测试。测试者在空间中位置变化，场景内有成固定角度的多个单音源；测试用户在不同位置时是否能正确感受到音源的相对位置；给出所有听音人在所有音源下能感受到音源相对位置变化的百分比。图 5-7 所示为多声源定位测试图，图中测试者在空间中随意移动感受多个单音源相对位置的变化。

④ 移动声源定位测试。可以采用声源运动朝向测试的方法，感受声源运动时位置、音量、频谱的变化，需要事先进行听音人感受多普勒效应的培训。图 5-7 所示为多声源定位测试图，图 5-8 所示为移动声源定位测试图。

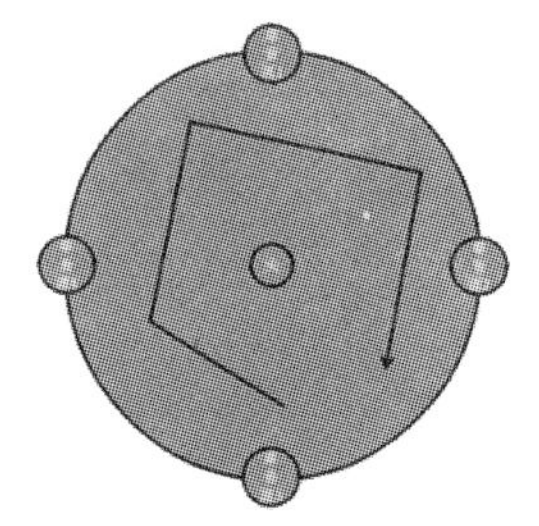

图 5-7　多声源定位测试图

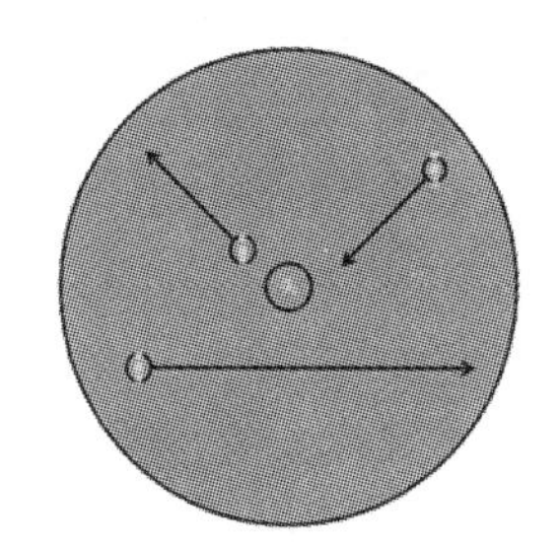

图 5-8　移动声源定位测试图

（3）全景声处理流程

VR 全景声的采集、处理、编码、传输、解码及还放流程如图 5-9 所示。

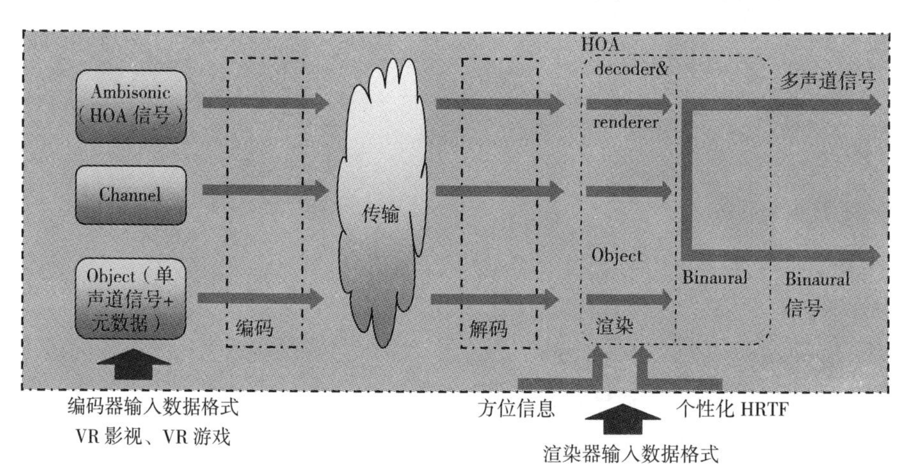

图 5-9　全景声处理流程图

编码器的输入格式应为 VR 音频信号，可支持多类型输入，包括多声道信号、声音对象信号、基于场景的信号，以及与信号相关的元数据。渲染器的输入格式应为解码后的 VR 音频信号及用户端的信息，包含且不限于头部位置姿态参数，可支持个性化 HRTF 参数、不同类型的 HRTF 库、不同混响模型、回放环境及系统配置信息。需要提供 VR 音频输入文件的样例，并解析输入文件格式。

VR 音频输出格式包括双耳音频和多声道信号。其中，VR 音频编解码器，可以编解码全景式音频输入信号。VR 音频渲染器应支持以用户为中心的音频播放，配合传感器获得用户头部方位信息，渲染出具有沉浸式效果的多通道音频和双耳音频。可支持根据用户不同的回放环境（例如扬声器位置、数量、混响等），进行扬声器信号输出映射，并保持一致的用户听音沉浸效果。

分析传感器对信号的感知能力，VR 视频、音频信号传输方法，根据 3D 空间定位理论和头部追踪技术，通过声音定位主观评价及实验方法研究。头部动作影响听觉感知，最终实现头部追踪与声源实际位置的准确匹配。充分利用传感器和 VR 视频、音频数据传输特性，实现视觉影像驱动听觉方位的变化、视觉影像与声音定位的有效统一。

5.2.2　流媒体技术

1. 流媒体的认识

流媒体就是指在互联网上使用类似水流的方式来连续传输时基媒体的传输技术。音频、视频媒体通常的都是体积庞大的文件，在互联网发展的早期，用户要观看视频或者听音频文件，必须将多媒体文件完全下载下来才能使用，极大地浪费了用户的时间，流媒体技术就是为了解决这个问题应运而生的。通过流媒体技术，用户可以在数据接收的同时实时播放。

流媒体技术采用“流式传输”技术，可以使得文件像水流那样流动。流媒体实现的关键技术就是流式传输，流式传输方式指的是将整个多媒体文件经过特殊的压缩方式分成一个个独立的压缩包，由视频服务器向用户计算机连续、实时传送。多媒体文件不是一次读取发送所有的数据，而是首先在线路中发送音频或视频剪辑的第一部分。在第一部分开始播放的同时，数据的其余部分源源不断地流出，及时到达目的地供播放使用。为保证因阻塞造成网络速度下降的情况下播放不会发生中断，播放器在开始播放前先采集一小部分缓冲的预备数据。如果数据流动速度保持得足够快，播放是连续的。无论文件长 30 秒还是 30 分钟，用户只是在观看文件前等上几秒钟生成这个缓冲数据。与传统的下载方式相比，使用流媒体技术不仅使启动延时大幅缩短，而且对系统缓存容量的需求也大幅降低。需要强调的是，流媒体技术是一种新型的媒体传输技术，而非一种新的媒体形式。

2. 流媒体的原理

（1）流式传输的实现途径与过程

① 多媒体数据进行预处理才能适合流式传输，这是因为当前的网络带宽对多媒体数据巨大的流量来说还显得远远不够。预处理主要包括两方面：一是降低质量；二是采用先进高效的压缩算法。

② 流式传输的实现需要缓存。这是因为 TCP/IP 技术的本质是以数据包的传输为基础进行连续的异步传输，对一个实时音频、视频文件，在传输中要将其分解为多个数据包。由于网络是动态变化的，每个数据包到达客户端的顺序会有较大的变化，有时可能先发的数据包后到，也有可能后发的数据包先到。为此，使用缓存系统来弥补音视频的延迟和抖动，保证数据包的顺序正确，从而使媒体数据能连续输出，降低因为网络暂时阻塞而造成的影响。通常，高速缓存所需的容量并不大，在高速缓存中通过丢弃已经播放的内容，多媒体的“流”就可以重新利用空出的高速缓存空间来缓存后续尚未播放的内容。

③ 流式传输的实现需要合适的传输协议。网络浏览技术是以 HTTP 协议为基础的，而 HTTP 又建立在 TCP 协议基础之上。TCP 协议在传输过程中需要较多的开销，故不太适合传输实时数据。在流式传输的实现方案中，一般采用 HTTP/TCP 来传输控制信息，而用 RTP/UDP 来传输实

时声音数据。

流式传输的过程如下：

① 用户选择某一流媒体服务后，浏览器与服务器之间使用 HTTP/TCP 交换控制信息，以便把需要传输的实时数据从原始信息中检索出来；然后，客户机上的浏览器启动 A/V Helper 程序，使用 HTTP 从服务器检索相关参数对 Helper 程序进行初始化。这些差数可能包括目录信息、A/V 数据的编码类型或与 A/V 检索相关的服务器地址。

② A/V Helper 程序及 A/V 服务器运行实时流控制协议（RTSP），以交换 A/V 传输所需的控制信息。RTSP 提供了操纵播放、快进、快倒、暂停及录制等命令的方法。

③ A/V 服务器使用 RTP/UDP 协议将 A/V 数据传输给 A/V 客户程序，一旦 A/V 数据抵达客户端，A/V 客户程序即可播放输出。

在流式传输中，使用 RTP/UDP 和 RTSP/TCP 两种不同的通信协议与 A/V 服务器建立联系，是为了能够把服务器的输出重定向到一个不同于运行 A/V Helper 程序所在客户机的目的地址。

（2）流媒体的传输方法

实现流式传输有两种方法：顺序流式传输和实时流式传输。

① 顺序流式传输是顺序下载，在下载文件的同时用户可观看在线媒体。在给定时刻，用户只能观看已下载的那部分，而不能跳到还未下载的部分，顺序流式传输在传输期间根据用户连接的速度进行调整。

由于标准的 HTTP 服务器可发送这种形式的文件，也不需要其他特殊协议，经常被称作 HTTP 流式传输。顺序流式传输比较适合高质量的短片段（如片头、片尾和广告），由于该文件在播放前观看的部分是无损下载的，因此可保证电影播放的最终质量。这意味着用户在观看前，必须经历延迟，对较慢的连接尤其如此。通过调制解调器发布短片段，顺序流式传输很实用，它允许用比调制解调器更高的数据传输速率创建视频片段。尽管有延迟，但可让用户发布较高质量的视频片段。

② 实时流式传输指保证媒体信号带宽与网络连接配匹，使媒体可被实时观看到。实时流与 HTTP 流式传输不同，需要专用的流媒体服务器与传输协议。实时流式传输总是实时传送，特别适合现场事件，也支持随机访问，用户可快进或后退以观看前面或后面的内容。实时流式传输需要特定服务器，如 QuickTime Streaming Server、Real Server 与 Windows Media Server。这些服务器允许用户对媒体发送进行更多级别的控制，因而系统设置、管理比标准 HTTP 服务器更复杂。实时流式传输还需要特殊网络协议，如 RTSP（Realtime Streaming Protocol）或 MMS（Microsoft Media Server）。这些协议在有防火墙时有时会出现问题，导致用户不能看到一些地点的实时内容。

一般来说，如视频为实时广播，或使用流式传输媒体服务器，或应用如 RTSP 的实时协议，即为实时流式传输。如果使用 HTTP 服务器，文件即通过顺序流发送。采用那种传输方法依赖用户的需求。当然，流式文件也支持在播放前完全下载到硬盘。

3. 流媒体的技术方式

主流的流媒体技术有 3 种，分别是 RealNetworks 公司的 RealMedia、Microsoft 公司的 Windows Media 和 Apple 公司的 QuickTime。这三家的技术都有自己的专利算法、专利文件格式甚至专利传输控制协议。

（1）Apple 公司的 QuickTime

QuickTime 是一个非常老牌的媒体技术集成，是数字媒体领域事实上的工业标准。QuickTime

实际上是一个开放式的架构，包含了各种各样的流式或者非流式的媒体技术。QuickTime 是最早的视频工业标准，1999 年发布的 QuickTime 4.0 版本开始支持真正的流式播放。由于 QuickTime 本身也存在着平台的便利，因此也拥有不少用户。QuickTime 在视频压缩上采用的是 Sorenson Video 技术，音频部分则采用 QDesign Music 技术。QuickTime 最大的特点是其本身所具有的包容性，使得它是一个完整的多媒体平台，因此基于 QuickTime 可以使用多种媒体技术来共同制作媒体内容。同时，它在交互性方面是三者之中最好的。例如，在一个 QuickTime 文件中可同时包含 midi、动画 gif、flash 和 smil 等格式的文件，配合 QuickTime 的 WiredSprites 互动格式，可设计出各种互动界面和动画。QuickTime 流媒体技术的实现基础是需要 3 个软件的支持：QuickTime 播放器、QuickTime 编辑制作、QuickTime Streaming 服务器。

（2）RealNetworks 公司的 RealMedia

RealMedia 发展的时间比较长，因此具有很多先进的设计，例如，Scalable Video Technology 可伸缩视频技术可以根据用户计算机速度和连接质量而自动调整媒体的播放质素。Two-Pass Encoding 两次编码技术可通过对媒体内容进行预扫描，再根据扫描的结果来编码从而提高编码质量。特别是 SureStream 自适应流技术，可通过一个编码流提供自动适合不同带宽用户的流播放。RealMedia 音频部分采用的是 RealAudio，该编码在低带宽环境下的传输性能非常突出。RealMedia 通过基于 smil 并结合自己的 RealPix 和 RealText 技术来达到一定的交互能力和媒体控制能力。Real 流媒体技术需要 3 个软件的支持：RealPlayer 播放器、RealProducer 编辑制作、RealServer 服务器。

（3）Microsoft 公司的 Windows Media

Windows Media 是三家之中最后进入这个市场的，但凭借其操作系统的便利很快便取得了较大的市场份额。Windows Media Video 采用的是 mpeg-4 视频压缩技术，音频方面采用的是 Windows Media Audio 技术。Windows Media 的关键核心是 MMS 协议和 ASF 数据格式，MMS 用于网络传输控制，ASF 则用于媒体内容和编码方案的打包。Windows Media 流媒体技术的实现需要 3 个软件的支持，Windows Media 播放器、Windows Media 工具和 Windows Media 服务器。总的来说，如果使用 Windows 服务器平台，Windows Media 的费用最少。

5.3　虚拟现实与增强现实

5.3.1　虚拟现实技术

1. 虚拟现实技术简介

虚拟现实技术（Virtual Reality，VR）是以计算机技术为基础，综合了计算机、传感器、图形图像、通信、测控多媒体、人工智能等多种技术，通过给用户同时提供视觉、触觉、听觉等感官信息，使用户如同身临其境一般。虚拟现实技术利用计算机模拟产生虚拟的、用户自定义的三维空间，用户置身该空间，借助轻便的跟踪器、传感器、显示器等多维输入/输出设备来模拟人类的视觉、听觉、触觉等感觉，同时用户可以即时、没有限制地观察三维空间内的事物。用户进行位置移动时，计算机可以立即进行复杂的运算，将精确的三维世界视频传回产生临场感。借助于虚拟现实，用户可以突破时空域的限制，优化自身的感官感受，极大地提高了对客观世界的认识水平。该技术集成了计算机图形、计算机仿真、人工智能、感应、显示及网上并行处理等技术的最新发展成果，是一种由计算机技术辅助生成的高技术模拟系统。

2. 发展历史

虚拟现实技术起源于20世纪30年代斯坦利·G·温鲍姆的科幻小说《皮格马利翁的眼镜》，该科幻作品简短的故事中详细地描述了包括嗅觉、触觉和全息护目镜为基础的虚拟现实系统，佩戴者可以通过嗅觉、触觉和全息护目镜来体验一个虚拟的世界。

1957年，摄影师莫顿·海利希成功造出了一台能够正常运转的3D视频机器Sensorama。它能让人沉浸于虚拟摩托车上的骑行体验，感受声响、风吹、震动和布鲁克林马路的味道。同时，还创造一个“体验剧场”，可以有效涵盖所有的感觉，吸引观众注意屏幕上的活动。Sensorama具有立体声扬声器，立体3D显示器、风扇、气味发生器和一个振动椅等部件，莫顿·海利希望通过这些部件刺激观看者的所有感官，将人完全沉浸在电影中。除此之外，莫顿·海利还于1960年发明了第一个头戴显示器——Telesphere，该设备可以看成早期的Gear VR。这些都是人们对VR技术的初步尝试。

1970—1990年，虚拟现实并不广为人知。在1987年，被誉为“虚拟现实之父”的杰伦·拉尼尔提出了VR的概念，并创建了与VR相关的VPL公司，随后虚拟现实开始吸引媒体的报道，人们开始意识到虚拟现实的潜力。有些媒体甚至将虚拟现实与莱特兄弟发明飞机相比。

20世纪90年代是虚拟现实技术尝试应用的十年。这些尝试包括，1991年，SEGA发行SEGA VR虚拟现实耳机街机游戏Mega Drive。它使用液晶显示屏幕、立体声耳机和惯性传感器，让系统可以追踪并反应用户头部运动。同年，游戏Virtuality推出，并成为第一大多人虚拟现实网上娱乐系统，它包含头盔和外骨骼手套，是第一个三维虚拟现实系统。1995年，任天堂完成Virtual Boy并在日本发布。Virtual Boy是任天堂第一款32位游戏机，它集成了高性能的显卡，并拥有用于模拟人双眼的两块屏幕，调整视角的方式为用户提供了3D成像的效果。整个20世纪90年代，基本跟VR搭上关系的公司都希望能够“布局”VR，但大多数以失败告终，原因主要是技术不够成熟，产品成本颇高。但这一代VR的尝试，为后续VR的积累和扩展打下了坚实的基础，通过有益的尝试丰富了虚拟现实领域的技术理论。

21世纪是虚拟现实爆发的世纪，高密度显示器和3D图形功能的智能手机的兴起，使得新一代轻量级高实用性的虚拟现实设备成为可能。深度传感摄像机传感器套件，运动控制器和自然的人机界面已经是日常人类计算任务的一部分。如今，以HTC、微软等科技巨头已经发力VR产业，全球VR产业进入初步产业化阶段，涌现出了HTC Vive、Oculus Rift、暴风魔镜等一系列优秀产品，大批中国企业也纷纷进军VR市场。2007年，谷歌推出街景视图，显示越来越多的世界各地全景，同时谷歌于2010年推出了立体3D模式。同年，帕尔默·拉奇创办欧酷拉，设计虚拟现实头戴式显示器Oculus Rift。2016年，HTC公司与电玩商Valve推出个人计算机VR眼镜产品。2018年，上海一个团队首先突破技术难点，于CES大会上推出了商用化的个人8K分辨率计算机VR眼镜，两眼各4K，有效消除了近距离观看显示器时人眼的纱窗效应。随着虚拟现实技术的快速发展，虚拟现实的应用也在不断增长。

3. 特征

虚拟现实技术与可视化技术、仿真技术、多媒体技术和计算机图形图像技术的根本区别是虚拟现实技术具有多感知性（Multi-Sensory）、交互性（Interaction）、沉浸性（Immersion）和想象性（Imagination）4个主要特征。其中，交互性、沉浸性和想象性由于其英文单词都包含字母I，所以也被称为虚拟现实的3I特征。

① 多感知性：指除一般计算机所具有的视觉感知外，还有听觉感知、触觉感知、运动感知，

甚至还包括味觉、嗅觉、感知等。理想的虚拟现实应该具有一切人所具有的感知功能。由于相关技术，特别是传感技术的限制，目前虚拟现实技术所具有的感知功能仅限于视觉、听觉、力觉、触觉、运动等几种。

② 沉浸性：又称临场感、浸没感等，指用户感到作为主角存在于模拟环境中的真实程度。理想的模拟环境应该达到使用户难辨真假的程度，使用户全身心地投入到计算机创建的三维虚拟环境中，完全模拟人的感官，使得用户仿佛沉浸在现实世界中。

③ 交互性：指用户对模拟环境内物体的可操作程度和从环境得到反馈的自然程度。例如，用户可以用手去直接抓取模拟环境中虚拟的物体，这时手有握着东西的感觉，并可以感觉物体的重量，视野中被抓的物体也能立刻随着手的移动而移动。

④ 想象性；也称构想性，指虚拟环境具有广阔的可想象空间，可拓宽人类认知范围，不仅可再现真实存在的环境，也可以随意构想客观不存在的甚至是不可能发生的环境。

4. 应用领域

（1）娱乐

丰富的感觉能力与 3D 显示环境使得 VR 成为理想的视频游戏工具。由于在娱乐方面对 VR 的真实感要求不是太高，故近些年来 VR 在该方面发展最为迅猛。此外，在家庭娱乐方面 VR 也显示出了很好的应用前景。

作为传输显示信息的媒体，VR 在未来艺术领域方面所具有的潜在应用能力也不可低估。VR 所具有的临场参与感与交互能力可以将静态的艺术（如油画、雕刻等）转化为动态的，可以使观赏者更好地欣赏作者的思想艺术。另外，VR 提高了艺术表现能力，如一个虚拟的音乐家可以演奏各种各样的乐器，手足不便的人或远在外地的人可以在其生活的居室中通过虚拟的音乐厅欣赏音乐会，等等。

对艺术的潜在应用价值同样适用于教育，例如，在解释一些复杂的系统抽象的概念（如量子物理等）方面，VR 同样是非常有力的工具。

（2）室内设计

虚拟现实不仅仅是一个演示媒体，而且还是一个设计工具。它以视觉形式反映了设计者的思想，例如，装修房屋之前，人们首先要做的事是对房屋的结构、外形做细致的构思，为了使其定量化，还需要设计许多图纸。虚拟现实可以把这种构思变成看得见的虚拟物体和环境，使以往只能借助传统的设计模式提升到数字化的即看即所得的完美境界，大大提高了设计和规划的质量与效率。运用虚拟现实技术，设计者可以完全按照自己的构思去构建装饰“虚拟”的房间，并可以任意变换自己在房间中的位置，去观察设计的效果，直到满意为止。既节约了时间，又节省了做模型的费用。

（3）文物古迹

将虚拟现实技术与网络技术相结合，可以将文物的展示、保护提高到一个崭新的阶段。首先，可以利用三维采集技术获取文物实体的三维信息数据，并建立起实物三维或模型数据库，保存文物原有的各项数据和空间关系等重要资源，实现濒危文物资源科学、高精度和永久的保存。其次，利用虚拟现实技术来提高文物修复的精度和预先判断、选取将要采用的保护手段，同时可以缩短修复工期。在文物的展示方面，博物馆可以将其整合为统一的文物资源通过网络在大范围内展示，展示的同时利用虚拟现实技术更加全面、生动、逼真地展示文物，从而使文物脱离地域限制，实现资源共享，真正成为全人类可以“拥有”的文化遗产。使用虚拟现实技术可以推动文博行业更快地进入信息时代，实现文物展示和保护的现代化。

（4）工业仿真

通过虚拟现实技术不仅能提前发现和解决实船建造中的问题，还为管理提供了充分的信息，从而真正实现船体建造、舾装、涂装一体化和设计、制造、管理一体化。在船舶设计领域，虚拟设计涵盖了建造、维护、设备使用、客户需求等传统设计方法无法实现的领域，真正做到产品的全周期服务。因此，通过对面向船舶整个生命周期的船舶虚拟设计系统的开发，可大大提高船舶设计的质量，减少船舶建造费用，缩短船舶建造周期。

汽车虚拟开发工程即在汽车开发的整个过程中，全面采用计算机辅助技术，在轿车开发的造型、设计、计算、试验直至制模、冲压、焊接、总装等各个环节中的计算机模拟技术联为一体的综合技术，使汽车的开发、制造都置于计算机技术所构造的严格的数据环境中，虚拟现实技术的应用，大大缩短了设计周期，提高了市场反应能力。

5.3.2 增强现实技术

1. 增强现实技术简介

增强现实技术（Augmented Reality，AR），也称为混合现实技术（Mixed Reality，MR），是随着计算机技术的高速发展而产生的一门新技术。增强现实技术以计算机为工具，将人为构建的辅助型虚拟信息应用到真实的世界，使得虚拟的物体信息和真实的环境信息叠加到同一个空间或平面，同时可以被用户识别并感知，并获得比真实世界更丰富的信息。增强现实技术简单的实现过程如下：首先，增强现实系统实时地计算摄影机影像的位置及角度；其次，系统通过定位技术将人为构建的虚拟信息（如图像、视频、3D 模型等）投射到屏幕的指定位置和角度上，由此实现虚拟物体信息与现实世界的连接和互动。随着随身电子产品 CPU 运算能力的提升，增强现实的用途将会越来越广。

增强现实技术也是一种以计算机技术为基础的人机交互技术，但与虚拟现实不同，增强现实技术是要在真实场景中添加计算机虚拟产生的物体信息，达到“虚实融合”的效果，提高用户对真实世界的感知能力。增强现实技术借助于多种设备，如光学透视式头盔显示器或不同成像原理的立体眼镜等，使虚拟得到的物体叠加到真实场景中，同时出现在用户的视场中。用户在不丢失真实场景信息的前提下，可以获得虚拟物体的信息并与之交互。相比于虚拟现实，增强现实技术系统的实现要更复杂，因此对相关技术要求更高，除了计算机技术、通信技术、人机界面、传感器、移动计算、分布式计算、计算机网络、信息可视化等技术之外，还对心理学、人机工程学等有比较高的要求。增强现实系统通过分析大量数据获取场景中各种位置信息，以便将计算机生成的虚拟物体以合适的姿态精确地定位到真实场景中特定的位置。总体来说，虚拟现实只是把真实世界展示给用户，而增强现实则是把虚拟世界和真实世界同时展示给用户，实现了虚实结合。增强现实技术能为人们探索宏观世界和微观世界提供极大的便利，具有广阔的发展前景。

人们普遍认为增强现实技术诞生于 20 世纪 90 年代。增强现实显示器，将计算机生成的图形叠加到真实世界中。从虚拟现实和真实世界之间的光谱来看，增强现实更接近真实世界。增强现实将图像、声音、触觉和气味按其存在形式添加到自然世界中。由此可以预见，视频游戏会推动增强现实的发展，但是这项技术将不仅仅局限于此，而且会有无数种应用。从旅行团到军队的每个人都可以通过此技术将计算机生成的图像放在其视野之内，并从中获益。

增强现实将真正改变人们观察世界的方式。例如，当读者行走或者驱车行驶在路上时，通过增强现实显示器或头戴式设备，信息化的各种虚拟图像将出现在你的视野之内，并且所播放的声音将与你所看到的景象保持同步。这些增强信息将随时更新，以反映当时大脑的活动，这将为人们带来非同寻常的体验感。

微软公司于 2015 年 1 月 22 日发布了 HoloLens 全息眼镜，这是增强现实技术的一个重要的时刻，标志着增强现实技术逐步开始进入普通人的日常生活中。

2. 技术原理

增强现实技术是一种将真实世界信息和虚拟世界信息“无缝”集成的新技术，是把原本在现实世界一定时间空间范围内很难体验到的实体信息（如人的视觉信息、声音、味道、触觉等）通过计算机技术模拟仿真后再叠加，将虚拟的信息应用到真实世界，被人类感官所感知，从而达到超越现实的感官体验。真实的环境和虚拟的物体实时地叠加到了同一个画面或空间同时存在。

增强现实技术包含多媒体、三维建模、实时视频显示及控制、多传感器融合、实时跟踪及注册、场景融合等新技术与新手段。增强现实提供了在一般情况下，不同于人类可以感知的信息。构建增强现实系统一般包括 4 个基本步骤：

① 利用摄像机实时获取真实世界中的环境信息。

② 通过对真实环境的坐标信息和摄像机的位置、角度等信息进行数据分析，构建虚拟世界与真实世界不同坐标系的关系。

③ 利用计算机技术，如 3D 模型、视频等，生成所需的虚拟物体信息。

④ 将虚拟的物体信息和真实世界相融合，并通过显示器或头戴设备呈现给用户。

在增强现实技术中，最核心的技术是成像技术、交互技术和跟踪与定位技术，因此这 3 个技术也并称为增强现实技术的三大支撑技术。

3. 应用领域

（1）维修和建设

增强现实可以将标记器连接到人们正在施工的特定物体上，然后增强现实系统可以在它上面描绘出图像。

（2）军事

增强现实在军事和国防中有着广泛的应用，其中美国海军研究所已经资助了一些增强现实研究项目，国防先进技术研究计划署已经投资了 HMD 项目来开发可以配有便携式信息系统的显示器。其理念在于，增强现实系统可以为军队提供关于周边环境的重要信息，例如，显示建筑物另一侧的入口。增强现实显示器还能突出显示军队的移动，让士兵可以转移到敌人看不到的地方。

（3）即时信息

人们可以使用这些系统了解有关特定历史事件的更多信息，并且在头戴式增强现实显示器上看到重现的历史事件。它可使人们沉浸在历史事件中，有身临其境之感，而且视角将是全景的。

习　题

一、选择题

1. 以下（　　）不属于增强现实技术的应用领域。

   A. 军事　　B. 即时信息　　C. 工业仿真　　D. 维修和建设

2. 全景式定位测试不包括（　　）测试。

A. 全方位多角度　　B. 水平转动　　C. 垂直上下　　D. 多声源定位

3. 虚拟现实技术具有多感知性、交互性、沉浸性和（　　）4个主要特征。

A. 想象性　　B. 复杂性　　C. 可压缩性　　D. 规范性

4. 机器视觉系统的硬件根据功能划分为以下5个组成部分：照明、镜头、高速照相机、图像采集卡和（　　）。

A. 视觉处理器　　B. CCD.　　C. 无线通信设备　　D. A/D转换设备

5.（　　）不是压缩感知技术的应用领域。

A. 无线通信领域　　B. 模拟信息转换方法

C. 图像成像领域　　D. 数据采集领域

二、填空题

1. __________是指在互联网上使用类似水流的方式来连续传输时基媒体的传输技术。

2. __________被应用于电子工程，尤其是信号处理中，用于获取和重构稀疏或可压缩的信号。

3. 典型的工业机器视觉系统主要由__________软件和__________硬件两部分组成。

4. 从计算机信息处理的角度来看，认为一个完整的图像理解系统可以分为4个层次：数据层、描述层、__________和__________。

5. __________（Virtual Reality，VR），是以计算机技术为基础，综合了计算机、传感器、图形图像、通信、测控多媒体、人工智能等多种技术。

三、简答题

1. 简述图像理解的层次结构。

2. 简述机器视觉的基本原理。

3. 简述全景声技术的基本实现方法。

4. 流媒体的传输方法有哪些？

5. 虚拟现实技术的基本特征有哪些？

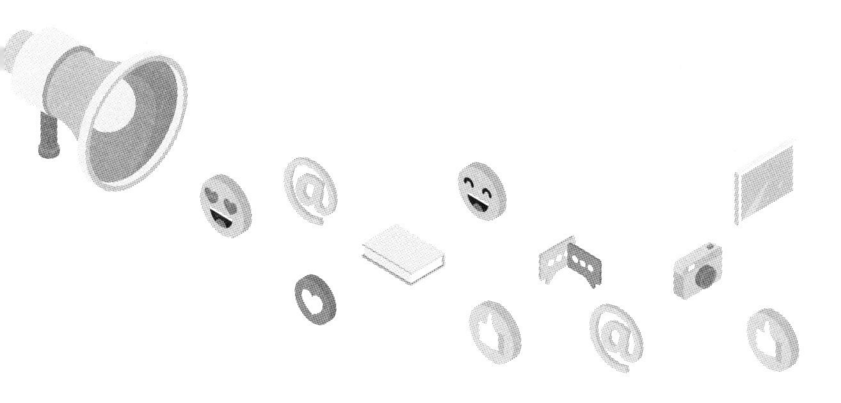

参 考 文 献

[1] 李振华．多媒体应用设计师教程[M]．北京：清华大学出版社．2018．

[2] 韩伟颖．多媒体技术应用教程[M]．天津：天津大学出版社，2018．

[3] 张振花．多媒体技术与应用[M]．北京：人民邮电出版社，2018．

[4] 安德鲁·福克纳．Adobe Photoshop CC 2018 经典教程[M]．北京：人民邮电出版社，2018．

[5] 马克西姆·亚戈（Maxim Jago）．Adobe premiere Pro CC[M]．北京：人民邮电出版社，2018．

[6] 郭建璞，董晓晓，刘立新．多媒体技术基础及应用[M]．北京：电子工业出版社，2014．

[7] 赵阳光．Adobe Audition 声音后期处理实战手册[M]．北京：电子工业出版社，2017．

[8] 陈萍．多媒体技术与应用多媒体技术与应用[M]．北京：中国铁道出版社，2017．

[9] 周德福．多媒体制作技术[M]．北京：人民邮电出版社，2015．

[10] ACCA 专家委员会．Adobe Premiere CC 标准培训教材[M]．北京：人民邮电出版社，2014．